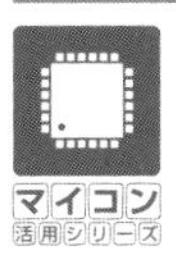

ラズパイ／M5Stack用サンプルで学ぶ

IPネットワーク通信プログラム入門

Programming of IP network communication for Raspberry Pi and M5Stack

国野亘 著

IoTマイコンの入出力を
ワイヤレス通信で自由自在

CQ出版社

はじめに

いまやマイコン用プログラミングにおいてIP(インターネット・プロトコル)の知識が欠かせなくなりました．また，近年のマイコンは，ワイヤレス通信機能を内蔵もしくは対応可能になってきており，クラウドとの連携も容易になりました．

本書では，このような時代に合ったIT機器，IoT機器，IoTセンサ機器用のプログラム製作方法について解説します．インターネットやLANを活用したIoTシステムなどの基礎的な知識を習得することができるでしょう(ただし，セキュリティ対策は本書の範囲外)．

とくに本書では，試しながら学習し，学習したプログラムを応用できるように，なるべく短めのサンプル・プログラムを数多く紹介します．短めのサンプル・プログラムは，プログラムの内容と実際の通信との関係を把握しやすくします．また，数多くのサンプルは，実際に動かしてみることで理解を深めやすくするほか，自分の目的に合ったサンプル・プログラムを見つけやすくします．もちろん，それぞれのプログラムの主要な処理内容についても解説しましたので，お読みいただくだけでも，多くのシステム開発を疑似的に体験することができます．

ぜひ本書を，IPに関する知識の習得と，IPに対応したプログラミング能力の向上に役立てていただければと思います．

本書は，マイコンのIPネットワーク通信プログラムをテーマに，トランジスタ技術増刊『エレキジャックIoT』のNo.1，No.3，No.4，No.7，No.8で掲載した記事に加筆して1冊にまとめました．

サンプル・プログラムのダウンロード

本書で解説したプログラムは，GitHubからダウンロードできます．URLは，それぞれの解説の中で紹介しています．

ダウンロードしたファイルには，本書で解説しているプログラムと，そのプログラムの説明対象の機能を切り出したプログラム(ファイル名にbasic付加)が含まれている場合があります．合わせてご利用ください．

目 次

第1章 IP通信プログラミング

UDPブロードキャストで送受信する

例えば，時系列のセンサ値を伝送する場合，汎用的なデータ形式で，シンプルなプロトコルで伝送すると手間がかからず，データの加工も簡単です．

ここでは，カンマ区切りのテキスト・データ(CSVデータ)をUDPのプロトコルで伝送するPythonのプログラムを紹介します．

カンマ区切りのテキスト・ファイル形式CSVは，他のソフトウェアで作成したデータを取り込むときによく使われています．とくに表計算ソフトにデータを入力するのに便利な形式です．

本章では，インターネット・プロトコル上で動作するTCPやUDPの基礎的な解説に加え，10行に満たない行数で実現できるPythonのネットワーク通信プログラムを紹介します．

使用機材

- ラズベリー・パイ2台(1台でも実験可)
- M5Stack用 ENV II または III (なくても実験可)

UDPのブロードキャストを使用し，ネットワーク内の全機器にCSV形式のセンサ値を送信するシステムを製作します(**図1**)．

本来は送信機と受信機の2台以上の機器でデータのやり取りをしますが，その前の動作確認として，1台のラズベリー・パイで送受信を行ってみましょう．

インターネット・プロトコルTCPとUDP

インターネットやLANで使われているIP(インターネット・プロトコル)のデータ転送には，TCPとUDPの2つの方法があります．これらの違いとUDPの特長について説明します．

● TCP(Transmission Control Protocol)

TCPはインターネット・ブラウザでウェブ・ページを閲覧するときに使うHTTPなどでも使われているプロトコルです．あたかも電話回線の接続が行われたかのように通信相手との相互接続を確保してから通信を行います．この仮想的な回線をコネクションと呼び，TCPではコネクションを確立する手続きが必要です(**表1**)．

一般的に使われている多くの通信の場合，送信側がリクエストを送信し，受信側がリクエストに応じた処理を行い，その結果を送信側に応答します．このため，リクエスト時にコネクションを確立(接続)し，必要な通信を相互で行い，処理完了時にコネクションを開放(回線を切断)するTCPが適しています．

● UDP(User Datagram Protocol)

一方，本章で使用するUDPの送信機は，コネクションを確立する手続きなしに，宛て先(受信側)のIPアドレスとポート番号だけを指定して，一方

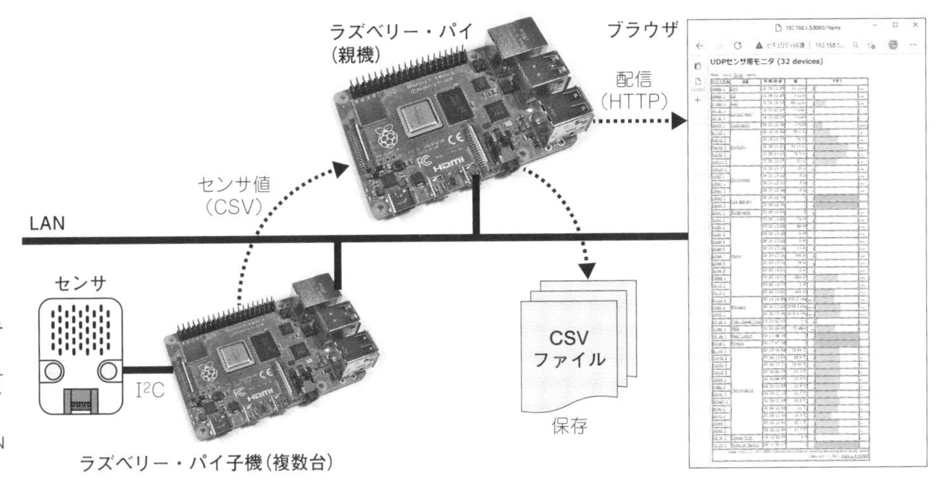

図1
本稿で解説するシステムの全体図
複数台の子機からセンサ値を受信し，CSVファイルに保存するとともに，センサ値をHTTPでLAN内に配信する

表1　TCPとUDPの違い

項　目	TCP	UDP
通信用コネクション手続き	要	不要
通信の信頼性(受信確認・再送・順序再生)	○ あり	× なし
リクエストに対する応答	○ 適している	△ 可能
ブロードキャスト送信	× 不可能	○ 可能
ゲートウェイ(NAT)越え	○ 容易	△ 煩わしい
主な用途・プロトコルなど (※TCPで実装されている場合もある)	HTTP，HTTPS，SSH，IMAP	VoIPデータ転送，DHCP，DNS※，NTP※

的に送信します．受信側はあらかじめ取り決めたポート番号でデータを待ち受けて受信します．このためUDPは，機器の存在をLAN内のサーバに知らせる仕組みや，遅延を抑えたい電話の音声通話，時刻などのタイミング調整，簡易的な通信用などに用いられています．

近年は，TCPに比べると，UDPはあまり目立たなくなりました．LANや無線LAN機器の普及に伴ってルータ機能(NAT機能)を搭載した家庭用ゲートウェイが主流となり，ゲートウェイを跨(また)ぐ場合のUDP通信が煩わしくなったことや，インターネット・セキュリティの観点から一部のUDP通信を制限する場合があるためです．とはいえ，DHCPやDNSのようなインターネット接続の基盤となる機能にUDPが使われているほか，LAN内の通信，アプリケーション間の通信といった用途で使われており，ITを支えるためには欠かせないプロトコルです．

IoTセンサ・システムに使いやすいUDP

UDPの宛て先IPアドレスを255.255.255.255(または一般的なクラスCのIPネットワークの場合，IPアドレスの末尾を255)にすれば，LAN内の全機器にブロードキャスト送信を行うことができます．

ブロードキャスト送信は，テレビやラジオの放送用に，1つの送信機からネットワーク内のすべての機器に同じデータを一斉送信できます．

受信側は送信側が設定した宛て先ポート番号で待ち受けます．相互でコネクションの確立が必要なTCPではブロードキャスト送信ができません．

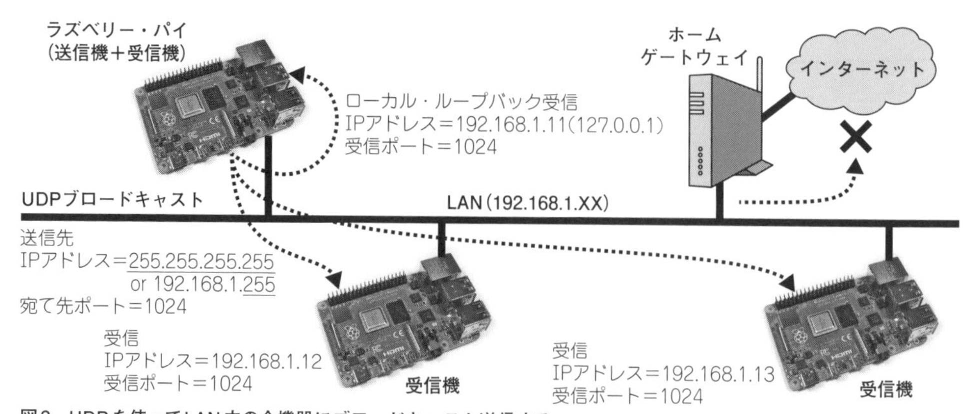

図2　UDPを使ってLAN内の全機器にブロードキャスト送信する
宛て先のIPアドレスとポート番号でUDPを送信する．アドレスの末尾を255にすれば，LAN内の全機器へブロードキャスト送信が行える

● ブロードキャストでセンサ値をCSVで送信

本章で製作するシステムは，ブロードキャストが使えるUDPの特長を活かし，簡単なプログラムでLAN内の送受信を行います．

例えば，**図2**のように，IPアドレス192.168.1.11の送信機から，宛て先255.255.255.255または192.168.1.255にUDPブロードキャスト送信すると，同じセグメント(同じ192.168.1.xx内)の全機器で同じデータを受信することができます．

また，ローカル・ループバックにより，送信したラズベリー・パイで受信することもできます．これらの方法で送信したUDPのデータはLAN内に留まり，インターネット側には出ていきません(同じLAN以外の宛て先セグメントを指定すると出ていく場合もある)．

また，ホーム・ゲートウェイによっては，無線LAN内のブロードキャストや，異なるインターフェース間(有線LANと無線LANなど)の通信データを破棄することがあります．ルータの設定の変更によって通過させることもできますが，誤ってインターネット側の設定を変更すると，LAN内のすべての機器が脅威にさらされることもあるので，ネットワークの設定は注意してください．

column1　CSVデータ通信の特長

カンマ区切りのテキスト・ファイル形式CSVは，パソコン用のアプリケーション・ソフトウェアにおいて，他のソフトウェアで作成したデータを取り込むときに使われています．とくに表計算ソフトにデータを入力するのに便利な形式です．

ソフトウェアによる入出力が容易なだけでなく，テキスト・データとして閲覧したときに，人がデータの内容を理解できることや人が容易に編集できることも，普及した理由の1つで，今では最も一般的な汎用データ形式と言っても過言ではないでしょう．

送信と受信が頻繁に行われるデータ通信においては，データ形式がより重要になります．ネットワーク通信では，異なるソフトウェアを使用することで新たな価値が生まれ，より多機能なシステムへの発展につながり，ますます同じデータを異なるソフトウェアとの間で利用する機会が増えるからです．

本章では，センサ値データをCSV形式のファイルで出力し，表計算ソフトで開けるようにするという基礎的な解説に加え，10行に満たない簡単なプログラムによるネットワーク通信ソフトウェアの作成方法を紹介し，その応用により発展性の高い応用システムを実現してみます．

最初にUDP送受信の確認

UDPでの通信実験には，送信側と受信側で2台以上の機器が必要ですが，その前に，ラズベリー・パイ1台で送信と受信の動作確認を行います．

前述のとおり，UDPブロードキャスト送信を行えば，ローカル・ループバックで受信することができます．ここでは，同じラズベリー・パイ上で2つのLXTerminalを起動し，片方で送信を，もう片方で受信してみます．

LXTerminalを起動するには，ラズベリー・パイの画面右上の[>_]マークのアイコンをクリックします(**図3**)．プロンプト「pi@raspberrypi:~ $」が表示されたらコマンド入力待ち状態です．

ここでは，TCPとUDPのIP通信確認用ツールNetcat(ncコマンド)を使用します．下記のコマンドをLXTerminalに入力すれば準備完了です．

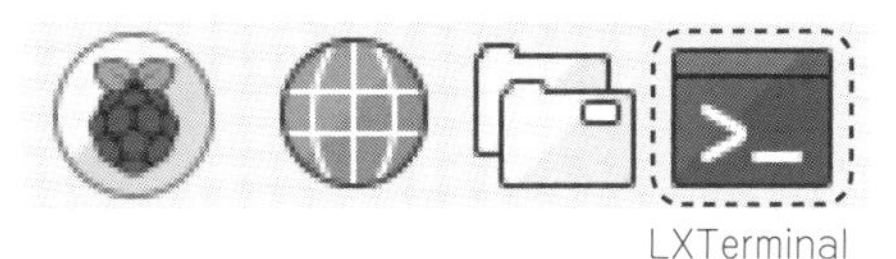

図3 LXTerminalを起動する
コマンドを入力・実行するためのターミナル・ソフトLXTerminal

```
sudo apt install netcat ⏎
```

図4の①のように，1つ目のLXTerminal(受信側)ではnc -luw0 1024⏎を入力し，UDPポート1024で待ち受けを開始してください．その後，もう一度，[>_]マークのアイコンをクリックして2つめのLXTerminal(送信側)を起動し，②のように文字列[Ping]を送信すると，③のように受信側のLXTerminalに受信した文字列[Ping]が表示されます．受信側のncコマンドのオプション-luw0は，-l -u -w0をまとめて表記したもので，オプション-lは受信(listen)を示し，-uはUDP，-w0はタイムアウトなしを示します．また，送信側のncコマンドに用いる-bはブロードキャスト送信を示します．

送信先のIPアドレスを指定して個別にUDP(ユニキャスト)送信するときは，ncコマンドの-bのオプションを削除し，例えばecho "Pong" | nc -uw0 127.0.0.1 1024のように入力します．IPアドレスがローカル・ループバック・アドレス(127.0.0.1)の場合は本機内に送信し，LANには送信しません．宛て先のIPアドレスがLAN内の場合はLAN内の別の機器に送信し，異なるセグメントやインターネット上のアドレスの場合はルータが目的の端末に向けて中継します．

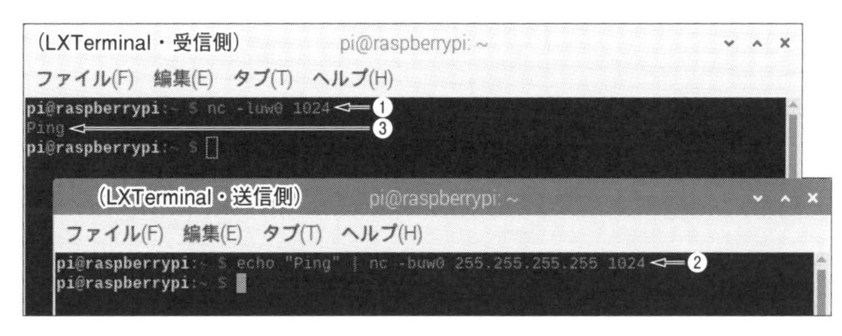

(LXTerminalで受信)	(LXTerminal・送信)
pi@raspberrypi:~ $ **nc -luw0 1024** ⏎ ←①	pi@raspberrypi:~ $ **echo "Ping"**
Ping ←③	**| nc -buw0 255.255.255.255 1024** ⏎ ←②
pi@raspberrypi:~ $	pi@raspberrypi:~ $

図4 UDPブロードキャストの送信実験例(LXTerminal)
nc(Netcat)コマンドを使って①UDPポート1024で待ち受け，②文字列Pingを送信し，③受信したときのようす

プログラム1 わずか7行で UDPブロードキャスト送信 ex1_tx.py

最初のプログラムex1_tx.pyは，LAN内に文字列[Ping]をUDPブロードキャストで送信します(図5)．ブロードキャスト用のIPアドレス255.255.255.255宛てに送信すると，同じLAN内のすべての機器で受信することができます．通常，255.255.255.255宛ての送信データは，ゲートウェイやルータを超えられず，インターネットや別のセグメントに出ていくことはありません．

● プログラム集のダウンロード方法

初めに，LXTerminalで下記のコマンドを実行し，筆者が製作したUDP用サンプル・プログラム集をダウンロードしてください．

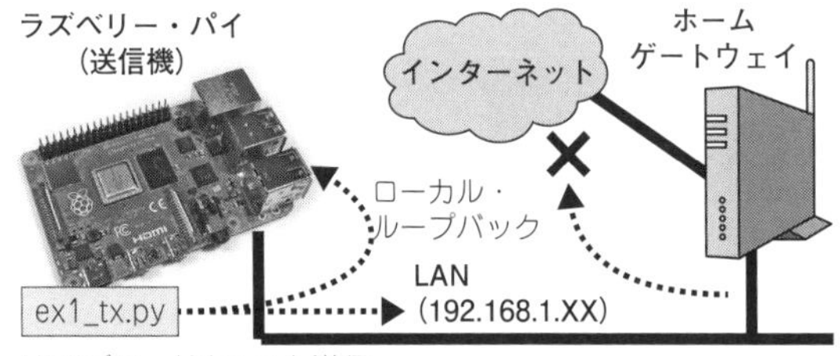

図5　UDPブロードキャスト送信を行うプログラム
実行すると，文字列[Ping]をLAN内に送信する

UDPプログラム集のダウンロード：
git clone http://bokunimo.net/git/udp ⏎
(https://github.com/bokunimowakaru/udp)

サンプル・プログラム集は/home/pi/udpフォルダ内に保存されます．

● プログラムを確認してから実行する

ファイル・マネージャ(ラズベリー・パイの画面右上のフォルダ形状のアイコン)を起動し，udpフォルダ内のlearningに進むと，学習用サンプル・プログラムが表示さます．それをダブルクリックして[開く]を選択，またはex1_tx.pyを右クリックして[Thonny Python IDE]を選択すると，図6のように，プログラムの内容がThonny Python IDE上に表示されます．画面内の[Run]アイコンをクリックすると，文字列"Ping"をUDPブロードキャストで送信します．

LXTerminalでnc -luw0 1024⏎を入力した後に，Thonny Python IDE上の[Run]ボタンでプログラムを実行すると，図7のように，受信結果が表示されます．

● わずか7行の送信用プログラムex1_tx.pyの内容

以下にリスト1のプログラムex1_tx.pyのUDP

column2 UDPのキャスト方法

UDP通信には，ユニキャストやブロードキャスト，マルチキャストと呼ばれる通信方法があります．これらは，下の表のように，宛て先の範囲が異なります．

ユニキャスト，マルチキャスト，ブロードキャストの違い

ユニキャスト	宛て先IPアドレスの機器にデータを個別送信する方法(1対1の通信)
マルチキャスト	マルチキャスト専用の宛て先IPアドレスを使って，複数の機器に同時送信する方法
ブロードキャスト	同じLAN内の全機器に同時送信する方法

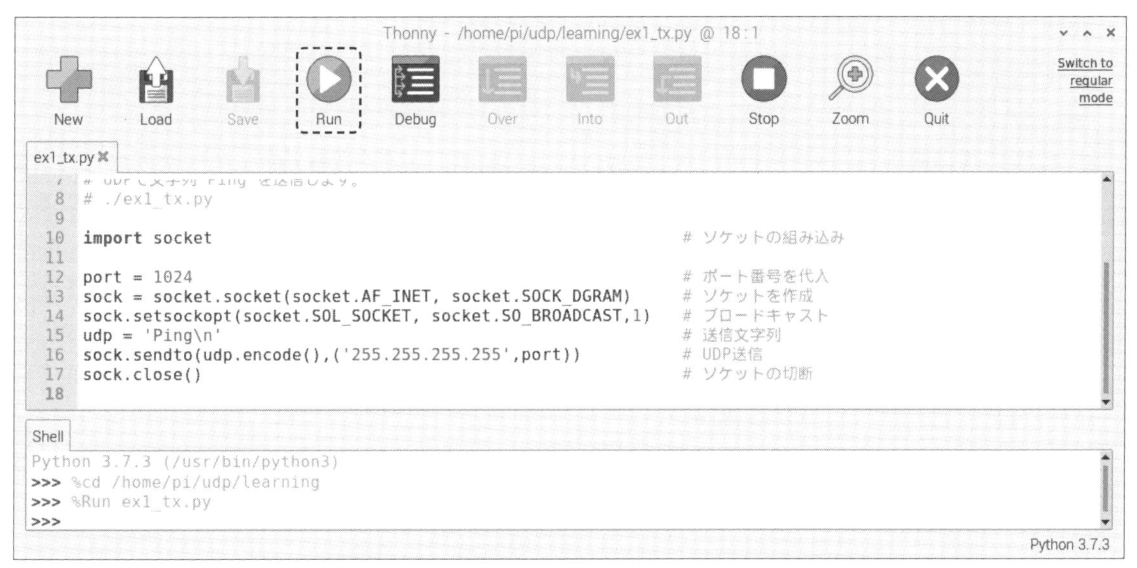

図6　プログラムのダウンロードとその内容
ファイル・マネージャ上でプログラムex01_gpio.pyをダブルクリックし，「開く」を選択するとThonny Python IDEが起動し，プログラムの内容が表示される

図7
LXTerminalで受信したときのようす
nc -luw0 1024を入力して待ち受ける．本例では文字列Pingを受信した

リスト1　プログラム ex1_tx.py
ソケットを生成し(③)，ブロードキャストに設定(④)してから，UDPを送信する(⑥)

```
#!/usr/bin/env python3

import socket ←①                                                   # ソケットの組み込み

port = 1024 ←②                                                     # ポート番号を代入
sock = socket.socket(socket.AF_INET, socket.SOCK_DGRAM) ←③          # ソケットを作成
sock.setsockopt(socket.SOL_SOCKET, socket.SO_BROADCAST,1) ←④        # ブロードキャスト
udp = 'Ping\n' ←⑤                                                   # 送信文字列
sock.sendto(udp.encode(),('255.255.255.255',port)) ←⑥               # UDP送信
sock.close() ←⑦                                                     # ソケットの切断
```

ブロードキャスト送信処理の手順を説明します．

① TCPやUDPなどのソケット通信インターフェース用モジュールsocketを組み込みます．このモジュールは，古くからさまざまなOS内のネットワーク機能に使われているC言語のライブラリが基になっています．Python以外でも同じ定義名で利用できます．

② 変数portにUDPの宛て先ポート番号1024(整数値)を代入します．ポート番号はテレビのチャネル番号のようなものです．ポート番号1024宛てに送信したUDPデータは，同じポート番号1024で待ち受けて受信します．

③ ソケット通信モジュールsocketのオブジェクトsockを生成します．AF_INETはインターネット・プロトコルIPを示し，SOCK_DGRAMはUDPを示しています．

④ 生成したオブジェクトsockのブロードキャスト設定をsetsockopt命令を使って変更します．SOL_SOCKETは，IP用のオプション設定を意味し，ここではブロードキャスト用の設定項目SO_BROADCASTを1(有効)に変更します．以降，オブジェクトsockを使って，UDPブロードキャスト送信ができるようになります．

⑤ 変数udpに文字列"Ping⏎"を代入します．文字列はダブルコーテーション(")またはシングルコーテーション(')で括ります．文字列にアポストロフィ(')が含まれているときはダブルコーテーションを使うほうが便利です．\nは改行を示します．ただし，Microsoft Windowsやキャラクタ LCDでは，逆スラッシュ(\)の代わりに¥記号が表示されることがあります．

⑥ 変数udp内の文字列を，sendto命令を使って送信します．第1引き数は送信データです．ソケット通信ではバイト列と呼ばれる1バイト(8ビット)の配列でデータを取り扱うので，encode命令を使ってバイト列に変換する必要があります．第2引き数は，宛て先となるIPアドレス(またはホスト名)とポート番号です．Pythonのタプル型と呼ばれる配列変数を使います．

⑦ 生成したsockによる通信を終了します．以降，オブジェクトsockを使った通信ができなくなります．送信データを追加するときは，処理④より後ろ～本処理⑦までの区間に追加してください．

プログラム2 わずか9行で UDPブロードキャスト受信 ex2_rx.py

前節のプログラムが送信したUDPのデータを受信するプログラムを作成して受信してみましょう(図8)．受信用プログラムex2_rx.pyを起動してから，送信用プログラムex1_tx.pyを起動すると，ex1_tx.pyが送信した文字列"Ping⏎"を，ex2_rx.pyが受信し，Thonny Python IDE上に表示します．

● 2つのプログラムを1台のラズパイで実行する方法

Thonny Python IDEで複数のプログラムを開くことはできますが，複数のプログラムを[Run]ボタンで実行することはできません．そこで，受信用プログラムex2_rx.pyをThonny Python IDEで開き，図9の[Run]ボタンで実行した後に，ファイル・マネージャで送信用プログラムex1_tx.py

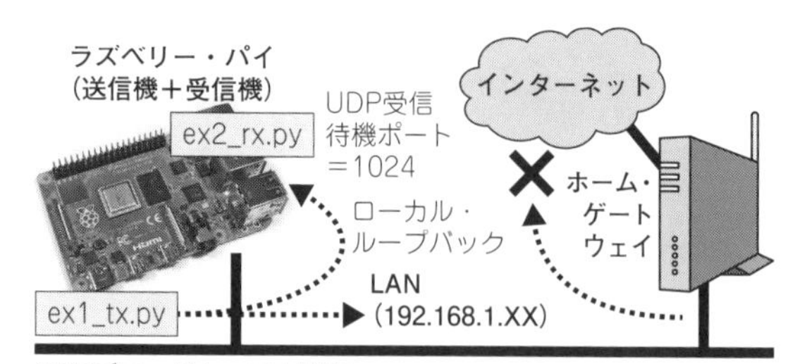

図8　UDPを受信するプログラム
ポート番号1024でUDPデータを待ち受ける

column3 Pythonの変数

プログラミング言語では，数値や文字列を保持するために変数を用います．多くの言語では，変数の型と呼ばれる代入する値の種類を宣言する必要がありますが，Pythonでは代入時に自動的に設定されます．リスト1のport=1024の場合，変数portの型は整数に，udp=' Ping\n'の場合，変数udpの型は文字列型となります．

変数の型をプログラムの途中で変更することもできます．例えば，整数型変数に対して除算結果を代入すると，自動的に浮動小数点型に変わります．

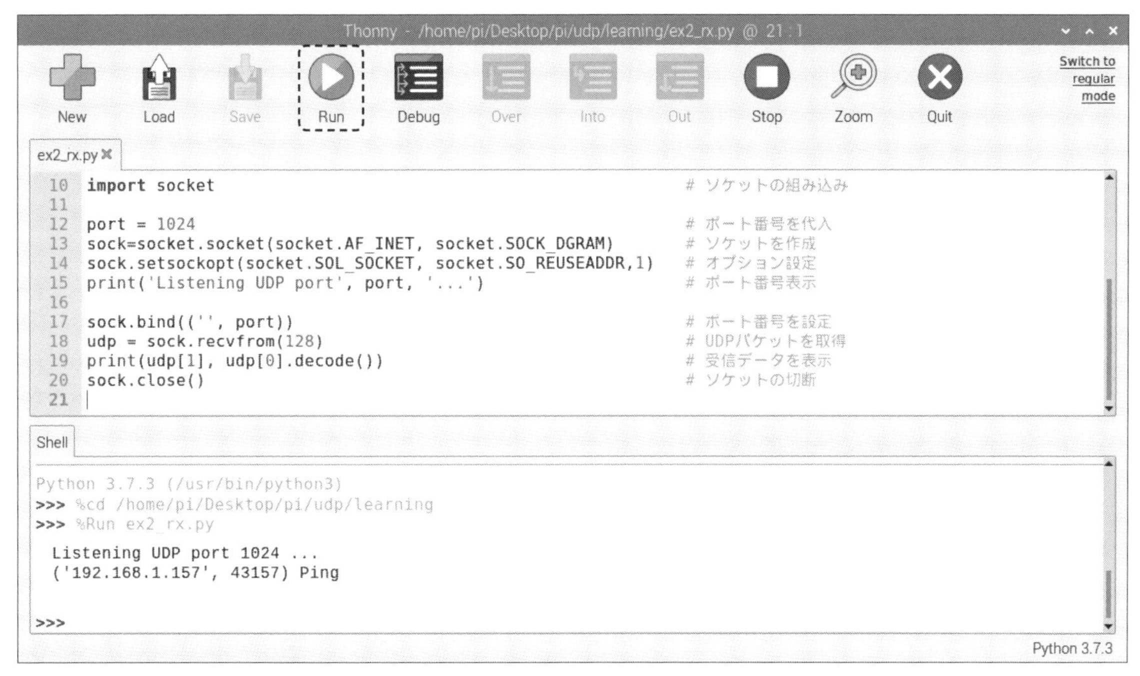

図9　UDP受信プログラムを実行する
プログラムex2_rx.pyをThonny Python IDEで開き，[Run]ボタンをクリックする

図10　UDP送信プログラムを実行する
ファイル・マネージャでex1_tx.pyのファイルをダブルクリックし，[実行]ボタンで実行する

のファイルをダブルクリックし，**図10**の[実行]または[端末で実行する]ボタンで直接実行します．

● わずか9行の受信用プログラムex2_rx.pyの内容

以下に**リスト2**のプログラムex2_rx.pyのUDP受信処理について説明します．

① インターネット・プロトコルIPを示すAF_INETと，UDPを示すSOCK_DGRAMを指定し，オブジェクトsockを生成します．

② 生成したオブジェクトsockのアドレス再使用設定SO_REUSEADDRを有効に変更します．この設定により，同じUDPポートを複数のアプリケーションで使えるようになります．

③ 待ち受け用のIPアドレスとポート番号をタプル型の引き数で設定します．IPアドレスを''のように省略すると，本機の全インターフェースで待ち受けます(INADDR_ANYの設定と同等)．

④ UDP受信を開始し，受信が終わるまで待機します．引き数は受信用バッファサイズです．受信結果はタプル型変数udpに代入されます．要素0番のudp [0]には受信データが，1番のudp [1]には送信元のIPアドレスとポート番号がタプル型で代入されます(タプル内のタプル)．

⑤ 送信元のIPアドレスと送信元のポート番号，受信データを表示します．

なお，本プログラムは，受信すると終了します．連続で待ち受けたい場合は，④と⑤の処理をwhile構文で繰り返し実行するex2_rx_loop.pyを実行してください．[Run]ボタンを押下後は，[Stop]ボタンを押すまで，UDPデータを受信するたびに表示を行います(ただし，送信元は表示しない)．

リスト2　プログラム ex2_rx.py
ソケットを生成し(①)，待ち受けポート番号を設定(③)してから，UDPの受信を開始する(④)

```
#!/usr/bin/env python3

import socket                                                # ソケットの組み込み

port = 1024                                                  # ポート番号を代入
sock=socket.socket(socket.AF_INET, socket.SOCK_DGRAM) ←①      # ソケットを作成
sock.setsockopt(socket.SOL_SOCKET, socket.SO_REUSEADDR,1) ←②  # オプション設定
print('Listening UDP port', port, '...')                     # ポート番号表示

sock.bind(('', port)) ←③                                     # ポート番号を設定
udp = sock.recvfrom(128) ←④                                  # UDPパケットを取得
print(udp[1], udp[0].decode()) ←⑤                            # 受信データを表示
sock.close()                                                 # ソケットの切断
```

プログラム3　センサ値のCSVデータ送信 ex3_tx_hum.py, ex3_tx_temp.py

センサで取得した温度値や湿度値を，CSV形式でUDP送信するプログラムの作成方法について説明します(図11)．また，本章で定義するUDP用CSVのデータ形式や，受信したCSVデータをエクセルなどの表計算ソフトで開く方法についても説明します．センサにはラズベリー・パイ内蔵のCPU温度センサもしくは，M5Stack製のENV II

column4　自由に割当可能なポート番号は49152～65535

LANやインターネットで使用するポート番号は，IANAと呼ばれるインターネット・プロトコルに関する各種番号管理を行う団体が管理しています．

ポート番号0～1023は，システム・ポートと呼ばれ，IANAによって割り当てられた用途で使用します．用途以外で使用すると，OSやアプリケーションの本来の用途が機能しなくなる場合があります．また，OSレベルで使用を制限しています．

ポート番号1024～49141は，ユーザ・ポートと呼ばれ，こちらもIANAで管理されていますが，未登録の用途で使用する場合もあります．他の用途と干渉することもあるので，多くの場合，使用するポート番号を変更できるようになっています(表)．

本章で使用するポート番号1024は，将来，特別な用途で使われる可能性があります．このため，IANAは通常のアプリケーションを割り当てない予約済みポートとしています．一方，アプリケーションによっては，ポート番号1024以上の空き状態を確認し，空いていた場合に一時的に使用する場合があります．乱数を用いないでポート番号を確保するアプリケーションでは，最初に確認するポート番号でもあり，予約済みの空きポートであるはずの一方で，実際にはよく使われるポート番号の1つです．

自由に使えるポート番号は，49152～65535です．ユーザ・ポートと同様に，他の用途と干渉することがあるので，ポート番号を(動的に)変更できるようにします．

なお，これまでウェルノウン・ポートと呼ばれていた区間は「システム・ポート」に，登録済みポートは「ユーザ・ポート」に改名されました．

システム・ポートとユーザ・ポート

項　目	範　囲	OS制限	利用方法	備　考
システム・ポート	0～1023	あり	規定の用途で利用	目的外で使用しないほうが良い
ユーザ・ポート	1024	なし	予約済み(空き)	将来のために空けている
	1025～49151	なし	要登録	準ウェルノウンの位置づけ
プライベート・ポート	49152～65535	なし	自由に利用可能	自由ゆえに干渉する可能性がある

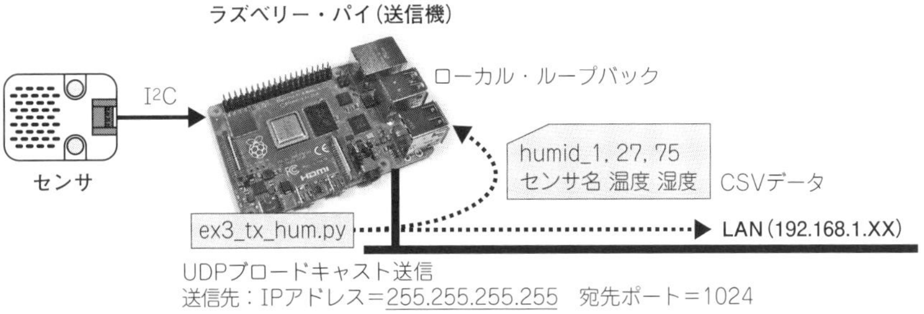

ラズベリー・パイ(送信機)
ローカル・ループバック
I2C
センサ
humid_1, 27, 75
センサ名 温度 湿度
CSVデータ
ex3_tx_hum.py
LAN(192.168.1.XX)
UDPブロードキャスト送信
送信先：IPアドレス=255.255.255.255　宛先ポート=1024

図11
センサ値のCSVデータ送信プログラム
センサ値をCSV形式でUDP送信する

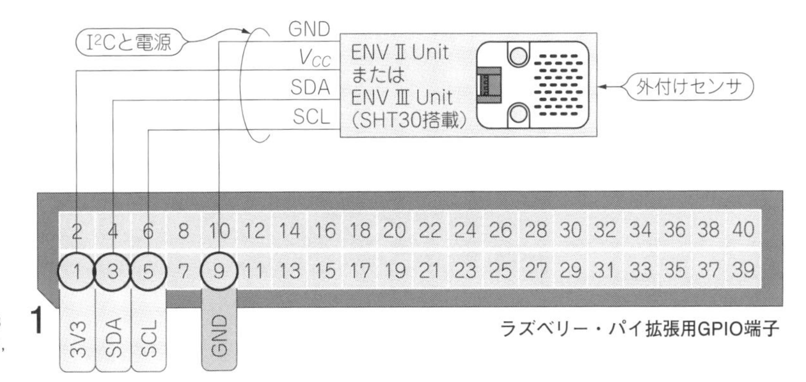

図12
M5Stack　ENV II/III Unitの配線例
ラズベリー・パイ全機種で共通の電源3V3(1番ピン)，SDA(3)，SCL(5)，GND(9)を，センサ側のそれぞれの端子に接続する

Unit (またはENV III Unit)を使用します．

● 温湿度センサをラズベリー・パイに接続する

センシリオン製の温湿度センサSHT30を搭載したM5Stack製のENV II Unit(またはENV III Unit)をラズベリー・パイに接続する方法について説明します．CPU温度センサを使用する場合は，外付けセンサは不要なので，次節に進んでください．

ラズベリー・パイ本体は，Raspberry Pi 4 Model Bや，**写真1**のRaspberry Pi Zero Wなどを使用します．ラズベリー・パイ用GPIO端子のうち，ラズベリー・パイ全機種で共通の電源3V3(1番ピン)，SDA(3)，SCL(5)，GND(9)を，センサ側のそれぞれの端子に接続します(**図12**)．センサ側の電源入力仕様は5Vですが，SDAとSCLの信号電圧を3.3Vに合わせるために，ラズベリー・パイの3.3V出力から供給します．このため，センサ内の電源レギュレータ(Holtek製HT7553)による電圧安定化が得られなくなりますが，温湿度センサ

写真1　ラズベリー・パイにセンサを接続した製作例
Raspberry Pi 4 Model BやRaspberry Pi Zero WなどのGPIO端子に接続する

SHT30の電源電圧要件2.4V以上と，デカップリング・コンデンサ要件100nFを満たしており，実力的には問題なく動作します．

ラズベリー・パイの電源を切った状態でセンサを接続し，ラズベリー・パイを起動後，[Raspberry Piの設定]内の[インターフェイス]にて，[I2C]を有効に設定すれば，ハードウェアの準備は完了です．

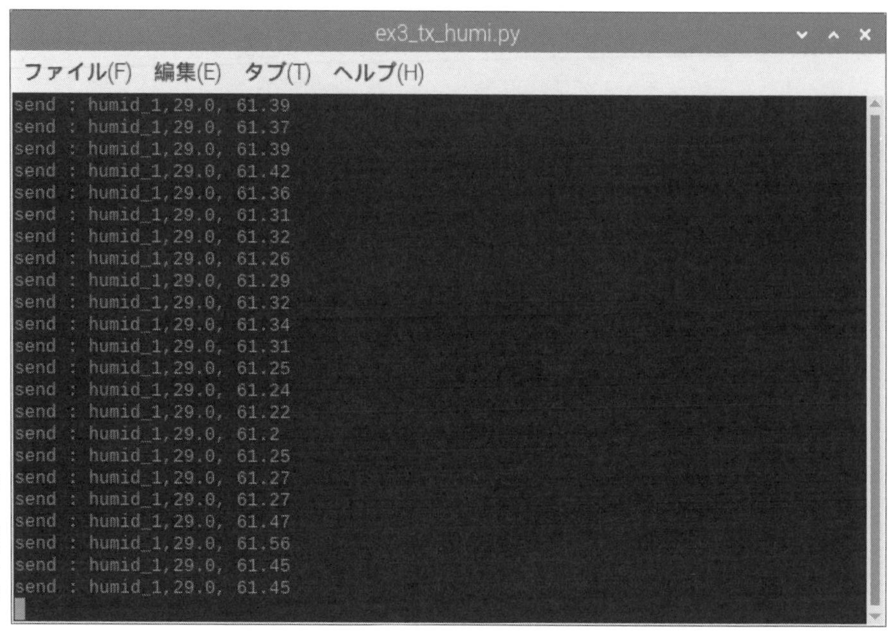

図13
センサ値のCSVデータ送信プログラムの実行例
ファイル・マネージャでプログラムex3_tx_hum.pyをダブルクリックし，[端末で実行する]ボタンをクリックすると表示される

表2　本章で使用するUDP用CSVデータの形式(括弧内は文字数・バイト数)

項　目	センサ名(5)					区切(1)	番号(1)	区切(1)	CSV数値データ(可変長)	終端(1)
定義	センサ名					_	数値	,	カンマ区切のテキストデータ	\n
(例)温湿度センサ	h	u	m	i	d	_	1	,	27.00, 75.0	\n
(例)温度センサ	t	e	m	p	.	_	1	,	27.00	\n

● CSVデータ送信プログラムを実行する

送信用プログラムex3_tx_hum.pyまたは，ex3_tx_temp.pyを実行する方法について説明します．M5Stack製のENV II Unit(またはENV III Unit)をラズベリー・パイに接続している場合は，ex3_tx_hum.pyを，接続していない場合はex3_tx_temp.pyを，ファイル・マネージャ上でダブルクリックし，[端末で実行する]ボタンをクリックすると，**図13**のような画面が表示されます．

画面の表示中は10秒ごとにセンサ値を送信します．終了するには[Ctrl]+[C]を入力します．

● センサ用CSVデータ形式

本章で使用する**表2**のUDP用CSVデータの形式について説明します．システムを設計するうえで，データ形式の定義は重要です．主に，誤作動の原因を減らすことと，拡張性に考慮しました．

各送信用プログラムのCSV形式には，データの先頭にhumid_1,もしくはtemp._1,の8文字(8バイト)を付与しました．はじめの5文字のhumidは温湿度センサを，temp.は温度センサを示し，アンダースコア(_)1文字に続く1桁の数値は，同じ種類のセンサが複数台あったときの識別番号を示します．本章では，この先頭7文字(センサ名，アンダースコア，識別番号)をデバイス名と呼びます．また，CSVの区切り文字には，表計算ソフトで使用しやすいカンマ(,)を用いました．

温湿度センサの場合は，humid_1,に続いて，温度値[℃]と相対湿度[%]をカンマ(,)で区切って送信し，温度センサの場合は，temp._1に続いて温度値[℃]を送信します．データ形式の末尾にはLF改行(\n)を付与しました．

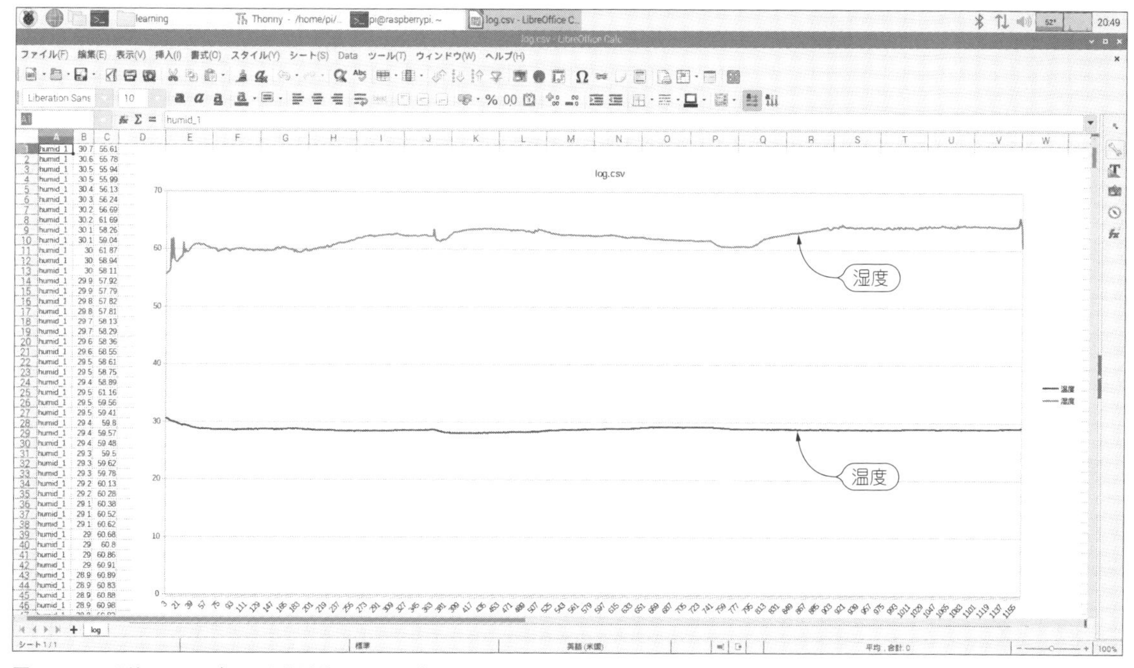

図14 センサ値のCSVデータを表計算ソフトでグラフ化する
ファイル・マネージャでCSVファイルをダブルクリックし，LibreOffice Calcでグラフ化した

このようにデータ形式を定めることによって，先頭の8文字(7文字とカンマ)および終端のLF改行文字の1文字から，本システム用のデータであることを判断しやすくなり，この形式に合わないデータを排除することで，誤作動の原因を減らすことができます．また，新たに先頭5文字のセンサ名を定義することで，さまざまな種類のセンサに対応することができ，さらに7文字目の数字を変更することで同じ種類の複数のセンサに対応します．

なお，本データ形式は，筆者がCQ出版社のトランジスタ技術2016年9月号で公開し，以降，筆者が製作するさまざまな機器で使用しています(詳細は第2章の最終節を参照)．

● 受信したCSVデータを保存する

プログラムex3_tx_hum.pyや，ex3_tx_temp.pyが送信するCSVデータを保存するには，送信機と同じラズベリー・パイ，もしくは同じLAN内の異なるラズベリー・パイで，LXTerminalを起動し，以下のコマンドを実行します．

```
CSV保存：
cd ~/udp/learning ⏎
./ex2_rx_loop.py > log.csv ⏎
```

CSV形式のファイルlog.csvがlearningフォルダ内に作成されるので，ファイル・マネージャで確認してみてください．

CSVファイルは，LibreOffice CalcやMicrosoft Excelなどの表計算ソフトで読み込むことができます．ラズベリー・パイ上で，CSVファイルをダブルクリックするとLibreOffice Calcが起動します．起動しない場合は，ラズベリー・パイの画面左上のメニューの[設定]からRecommended Softwareを起動し，LibreOfficeをインストールしてください．

図14は，CSVデータをLibreOffice Calcでグラフ化したときの一例です．グラフの横軸は約10秒ごとの時間経過を示し，折れ線グラフの下側は温

リスト3　プログラム ex3_tx_humi.py
別ファイルlib_humiSensorSHT.py内で定義されているHumiSensorを組み込み(①)，センサを使用できるように実体化(②)し，センサ値tempとhumiを取得する(④)

```
#!/usr/bin/env python3

import socket                                          # ソケットの組み込み
from time import sleep                                 # スリープの組み込み
from lib_humiSensorSHT import HumiSensor ←①           # センサの組み込み

port = 1024                                            # ポート番号を代入
sock = socket.socket(socket.AF_INET, socket.SOCK_DGRAM)  # ソケットを作成
sock.setsockopt(socket.SOL_SOCKET, socket.SO_BROADCAST,1)  # ブロードキャスト

humiSensor = HumiSensor() ←②                          # センサの実体化

while True:                                            # 繰り返し構文
  ③ (temp, humi) = humiSensor.get() ←④                # 温度と湿度値を取得
    udp = 'humid_1,' + str(round(temp, 1)) + ', ' ←⑤  # 送信文字列を生成
    udp += str(round(humi, 2)) + '\n' ←⑥              # 湿度値を追加
    sock.sendto(udp.encode(),('255.255.255.255',port))  # UDP送信
    print('send :', udp, end='')                       # 送信データを出力
    sleep(10)                                          # 10秒の待ち時間処理
sock.close()                                           # 切断(実行されない)
```

度値(℃)，上側は湿度値(%)です．温度が下がったときに，湿度が上がるようすや，温度が一定であっても(換気状態などで)湿度が変化するようすなどが分かります．

もし，保存データの中に他のシステムからのデータが混じってしまう場合は，リダイレクト(>)の前に「|grep "^humid_1,"(または"^temp._1,")」を付与し，目的のセンサからのデータだけを保存してください．

温湿度センサの場合：
./ex2_rx_loop.py|grep "^humid_1,">log.csv⏎
温度センサの場合：
./ex2_rx_loop.py|grep "^temp._1,">log.csv⏎

プログラムは，CSVデータの受信と保存の繰り返し処理を実行し続けます．プログラムを停止するには，LXTerminalを閉じるか，LXTerminal上で[Ctrl]+[C]の操作を行います．

● プログラムex3_tx_humi.pyとex3_tx_temp.pyの内容

プログラムex3_tx_humi.pyとex3_tx_temp.pyの内容について説明します．これらの主な違いはセンサ値の取得部です．それぞれ異なる方法で取得し，温度値を数値変数temp，湿度値を変数humiに保存し，CSV化してから，UDPブロードキャスト送信します．UDP送信の手順は**リスト1**のプログラムex1_tx.pyと同様です．

以下は，**リスト3**のプログラムex3_tx_humi.pyのセンサ値のCSV化処理の手順です．

① 温湿度センサSHT30から温度と湿度を取得するために，同じフォルダ内に保存されたプログラム・ファイルlib_humiSensorSHT.py内のHumiSensorを本プログラムに組み込みます．
② 温湿度センサをプログラム内で使用できるようにHumiSensorを実体化します．
③ 繰り返し構文whileを使って繰り返し処理を行います．Pythonでは，対象区間を字下げ(インデント)で示します．本プログラムでは空白4文字で字下げしました．同じ区間内で字下げ数(空白文字数)を変更することはできません．空白の代わりにタブを使うこともできます．
④ HumiSensorのオブジェクトhumiSensor内のget命令を使って，温度値と湿度値を取得し，

それぞれを変数tempとhumiに代入します．

⑤ 温度値の数値変数tempと湿度値humiを**表2**の形式でCSVデータにします．Pythonでは文字列を＋記号で連結することができます．ここでは，文字列'humid_1,'と温度値，カンマを連結し，文字列変数udpを生成します．温度値tempは，round関数で小数点第1位を丸め，str関数で文字列に変換してから，文字列udpに連結します．

⑥ ここでは，⑤で生成した変数udpの末尾に湿度値と改行(\n)を連結します．湿度値humiは，round関数で小数点第2位までに丸めました．

プログラムex3_tx_temp.pyでは，HumiSensorの代わりにTempSensorを使用し，get命令では温度値tempのみを取得し，また温度値tempはCPUの動作による温度上昇分(30℃相当)を減算して算出します．詳細については，プログラム内の各行に記したコメントをご覧ください．

なお，CPU動作による温度上昇は，使用環境やCPUの性能，個体差などで変化し，また，精度も低いので，UDP送信の実験や仕組みを理解する目的の範囲内で使用してください．プログラムex3_tx_temp.py内のtempSensor.offset値を，実際の室温に合うように変更することで，改善することもできますが，CPU負荷や冷却ファン，室内の空気対流などの影響を回避するのは困難です．

column5 LAN内のUDPが受信できないとき

UDPの受信ができない場合は，以下のような原因が考えられるので，確認してみてください．

(1) ネットワーク接続不良(Wi-FiのSSIDなどの設定誤り，LANケーブル断線)
(2) IPアドレスの設定誤り(DHCP機能が有効になっていないなど)
(3) ネットワーク機器のパケット破棄機能(後述)

このうち(3)のパケット破棄は，ネットワーク機器のセキュリティ機能や，隔離機能，ループ防止機能の誤作動などによって発生する場合があります．

また，単方向UDP通信である特有の現象として，ネットワーク機器のブリッジ機能が，不要なパケットであると誤認知して破棄する場合があります．この場合は，双方向となる通信の繰り返し試行によって修復できます．

例えば，pingコマンドを使って，ping 192.168.1.XXのように対象機器との双方向通信を繰り返してみてください．何度，試行しても解決しない場合は，原因となっている機器(ゲートウェイ，無線アクセス・ポイント，スイッチング・ハブなどが考えられる)を再起動します．DHCPサーバが含まれていない機器のみを再起動した場合は，再起動後にpingなどの双方向通信を行ってください．

なお，DHCPを使用していない場合など，単方向通信のみが継続すると，再びブリッジ機能がパケットを破棄するようになります．何らかの双方向通信を定期的に行ってください．

第2章 UDP通信でCSVデータを受け取る
ラズベリー・パイで センサ値データ収集システム

マイコンで取得したセンサ値をプライベートネットワーク内で伝送するには，UDPのブロードキャスト通信が便利です．時系列で取得したセンサ値を加工しやすいCSV形式のデータで伝送共有するプログラムを紹介します．

前章で製作したUDP送信機からセンサ値を受信し，受信時刻と紐づけてCSV形式で保存したり，HTTPでLAN内に情報共有したりするセンサ値データ活用システムを製作します(**図1**)．

プログラム1 受信時刻と紐づけてセンサ名ごとに保存する

プログラムex3_tx_hum.pyや，ex3_tx_temp.pyが送信するCSVデータを受信したときに，受信時刻を付与してからCSVファイルに保存するプログラムex4_rx_log.pyを製作します．

作成したCSVファイルをLibreOffice CalcやMicrosoft Excelなどの表計算ソフトに入力することで，時刻を横軸にしたグラフが作成できるようになり，センサ値データの活用範囲が広がります．

LibreOffice Calcで開くには，CSVファイルをダブルクリックし，**図2**の①の列を「日付(YMD)」に設定(②)してからインポートし，先頭A列を含む「散布図」でグラフ化します．

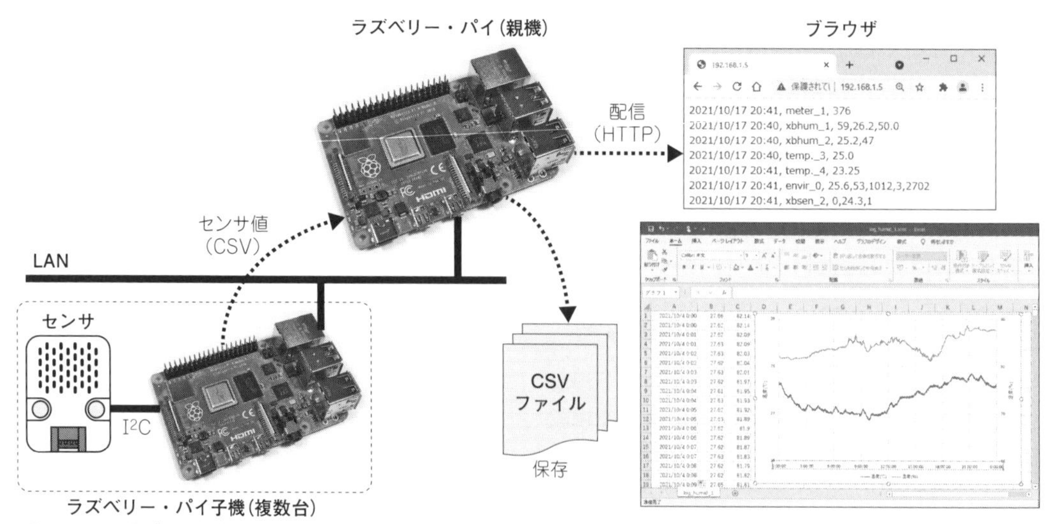

図1　センサ値データ収集システムの全体図
前章で製作したUDP送信機からセンサ値を受信し，受信時刻と紐づけてCSV形式で保存したり，HTTPでLAN内に情報共有したりするセンサ値データ活用システム

図3はMicrosoft Excelを使い，24時間分の温度と湿度の推移をグラフ化したときの一例です．図中の区間①の朝7時までと区間④の夜21時以降は，湿度の変化が緩やかで，人などの活動が少なかったようす(就寝など)がうかがえます．日中の②には小刻みな変化がみられるとともに，温度が上がると(相対)湿度が下がる傾向がみられました．一般的に，室内の空気中の水分量に変化がなくても，温度値が1度上昇すると(相対)湿度値は4ポイントほど下がります．区間③では温度と湿度の両方が上昇しており，何らかの影響(炊事など)で室内の水蒸気量が増大したようです．

● 受信用プログラムex4_rx_log.pyの実行方法

受信用のプログラムex4_rx_log.pyを実行すると，送信用のプログラムex3_tx_humi.pyまたはex3_tx_temp.pyから送られてきたすべてのCSVデータをファイルlog_all.csvに保存します．また，送信用プログラムex3_tx_humi.pyから送られてきたデータはlog_humid_1.csv，ex3_tx_temp.pyから送られてきたデータはex3_temp._1.csvとしてセンサ名ごとのファイルも保存します．

LXTerminalでex4_rx_log.pyを実行するときは，以下のように入力してください．

受信用プログラムの実行：
./ex4_rx_log.py ⏎

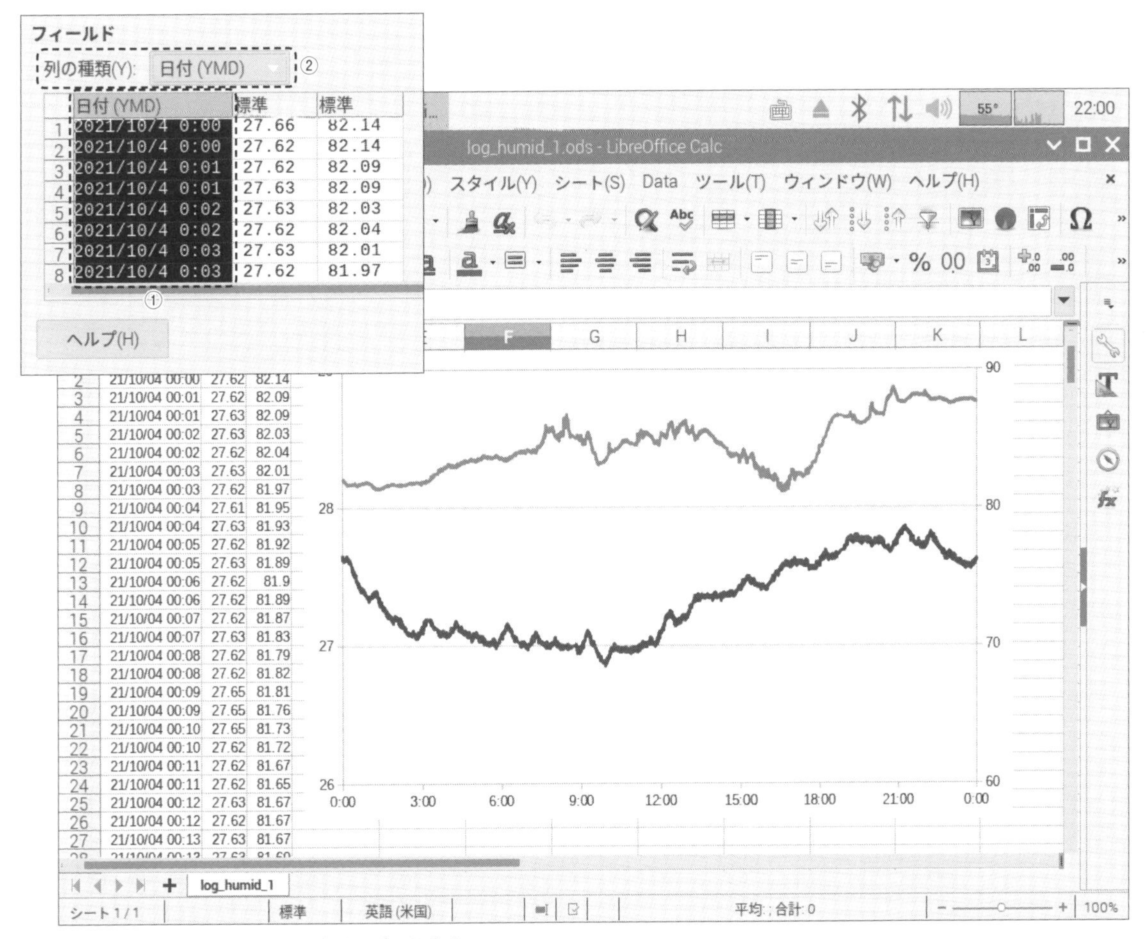

図2　日時を付与したCSVファイルをインポートする
先頭列を選択(①)し，列の種類を「日付(YMD)」に設定する(②)

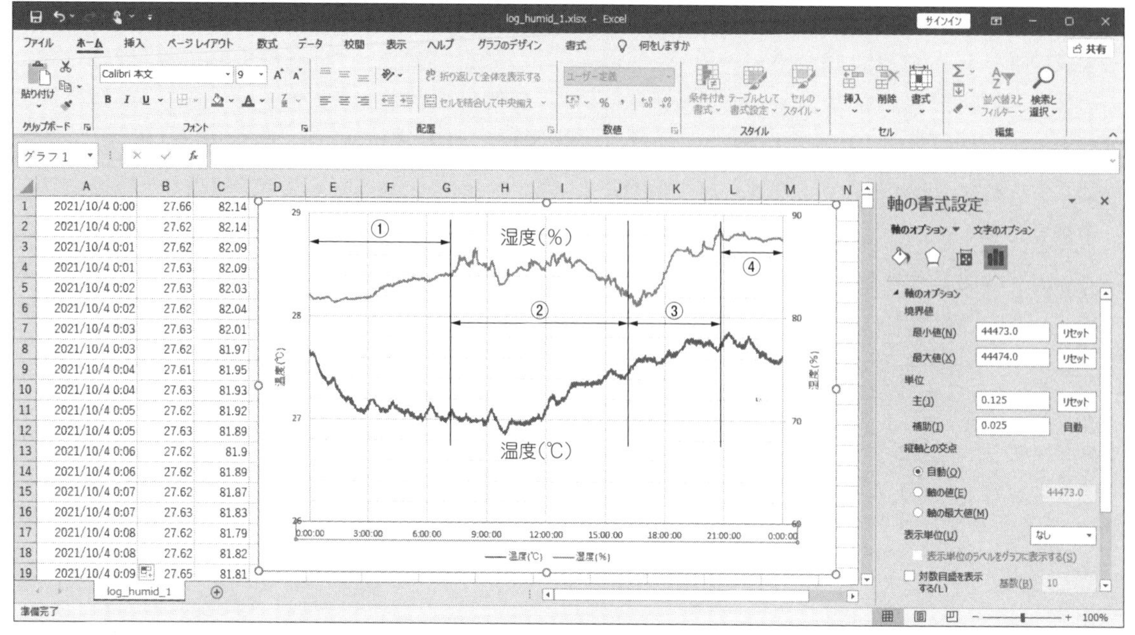

図3　センサ値データ収集システムで保存したCSVファイルをグラフ化したときの一例
作成したCSVファイルをMicrosoft Excelで開き，時刻を横軸にしたグラフを作成した

```
(LXTerminal・送信)
pi@raspberrypi:~ $ cd ~/udp/learning/ ⏎
pi@raspberrypi:~/udp/learning
                         $ ./ex3_tx_temp.py ⏎
send : temp._1,24.5
send : temp._1,25.0
send : temp._1,24.5
send : temp._1,25.5
send : temp._1,25.5
```

```
(LXTerminal・受信)
pi@raspberrypi:~ $ cd ~/udp/learning/ ⏎
pi@raspberrypi:~/udp/learning
                         $ ./ex4_rx_log.py ⏎
Listening UDP port 1024 ...
2021/10/16 13:16, temp._1, 24.5
2021/10/16 13:16, temp._1, 25.0
2021/10/16 13:17, temp._1, 24.5
2021/10/16 13:17, temp._1, 25.5
```

図4　センサ値の送信プログラムと受信プログラムの実行例(LXTerminal)
温度センサ送信用プログラムex3_tx_temp.pyと受信用プログラムex4_rx_log.pyを実行したときの一例

送信側も同じラズベリー・パイ上で実行することができます．もちろん，同じLAN内の他のラズベリー・パイで実行しても，受信できます．実行結果の一例を**図4**に示します．

プログラムは，CSVデータの受信と保存の繰り返し処理を実行し続けます．プログラムを停止するには，LXTerminalを閉じるか，LXTerminal上で[Ctrl]+[C]の操作を行います．

LXTerminalを閉じても持続的に実行し続けたいときは，次のようにnohupで実行します．

> **持続的に受信用プログラムを実行：**
> nohup ./ex4_rx_log.py &> /dev/null & ⏎

● プログラムex4_rx_log.pyの内容

リスト1のex4_rx_log.pyは，第1章の**リスト2** ex2_rx.pyのUDP受信用プログラムに，日時を付与する処理とCSVファイルの保存処理を追加したプログラムです．以下におもな変更点を記します．

① 日時を取り扱うためのモジュールdatetimeを組み込みます．

リスト1　プログラム ex4_rx_log.py
日時データを作成し(⑧)，デバイス名，センサ値をファイル名log_all.csvで保存する(⑨)．また，デバイス名を含むファイル名でも保存する(⑩)

```
#!/usr/bin/env python3

import socket                                                # ソケットの組み込み
import datetime ←①                                          # 日時管理の組み込み

def save(filename, data):           ┐                       # 関数(ファイル保存)
    try:                            │                       # 例外処理の監視
        fp = open(filename, mode='a')│                      # 書き込みファイルを開く
    except Exception as e:          ├②                     # 例外処理発生時
        print(e)                    │                       # エラー内容を表示
    fp.write(data + '\n')           │                       # dataをファイルへ
    fp.close()                      ┘                       # ファイルを閉じる

port = 1024                                                  # ポート番号を代入
sock=socket.socket(socket.AF_INET, socket.SOCK_DGRAM)        # ソケットを作成
sock.setsockopt(socket.SOL_SOCKET, socket.SO_REUSEADDR,1)    # オプション設定
print('Listening UDP port', port, '...')                     # ポート番号表示

sock.bind(('', port))                                        # ポート番号を設定
while True:                                                  # 繰り返し構文
    udp = sock.recvfrom(128)                                 # UDPパケットを取得
    s=''                                                     # 文字列変数sを生成
    for b in udp[0]: ←③                                     # UDPパケット内
        if b > ord(' ') and b <= ord('~'):┐④               # 表示可能文字
            s += chr(b)                   ┘                  # 文字列sへ追加
    if s[5] != '_' or s[7] != ',' or len(s) < 9:┐⑤         # 形式が一致しない時
        continue                                ┘            # whileの先頭に戻る
    dev = s[0:7] ←⑥                                         # デバイス名をdevに
    csv = s[8:] ←⑦                                          # データをcsvに代入
    date = datetime.datetime.today()  ┐⑧                   # 日付を取得
    date = date.strftime('%Y/%m/%d %H:%M')┘                  # 日付を文字列に変更
    output_str = date + ', ' + dev + ', ' + csv ┐            # 日付とデータを結合
    print(output_str)                           ├⑨          # 結合データを表示
    save('log_all.csv', output_str)             ┘            # 単一ファイルに保存
    save('log_' + dev + '.csv', date + ', ' + csv) ←⑩       # 機器ごとに保存
sock.close()                                                 # 切断(実行されない)
```

② ファイル保存用の関数の定義部です．引き数は保存するファイル名filenameと保存するデータdataです．同じ名前のファイルがなければ作成し，ファイルがあればファイルの末尾にデータを追記します．データの末尾には改行(\n)を付与します．

③ for構文を使って，受信したUDPデータを，先頭から順に1バイトずつ変数bに代入し，UDPデータの末尾まで繰り返し処理を行います．

④ 変数bの値がASCII文字コードのスペース'␣'よりも大きく，チルダ'~'以下であるときのみ，変数bの値を文字に変換して，文字列変数sに追記します．LANなど，外部から入力されたデータを取捨選択することは，意図しないデータによる誤作動を防ぐだけでなく，悪意ある攻撃者からのセキュリティ対策としても有効です．より安全を確保したい場合は，アルファベット(a～z)，数字(0～9)，ピリオド(.)，マイナス(-)に限定することで，ファイル名に使えない記号が入力されたときの脆弱(ぜいじゃく)な動作を防止できます．

⑤ デバイス名のフォーマットが規定外だったときに，while構文の先頭行に戻ります．UDPデータを文字列に変換した文字列変数sには，先頭文字s[0]から8文字目のs[7]までに第1章 **表2**で定義したセンサ名などが代入されています．6文字目のs[5]には，アンダースコア(_)が，8文字目のs[7]にはカンマ(,)が代入されており，センサ値を含めたデータ長は9バイト以上にな

ります．これらの条件を満たさなかったときに規定外と判断し，continue命令を実行します．

⑥ 文字列変数sの先頭7文字のデバイス名（センサ名，アンダースコア，識別番号）を文字列変数devに代入します．

⑦ 文字列変数sの9文字目s[8]以降のセンサ値データを文字列変数csvに代入します．

⑧ 日時を取得し，オブジェクトdateに代入後，dateを文字列に変換して上書きします．したがって，dateは文字列変数となります．変換後のフォーマットは「年/月/日 時:分」です．

⑨ 文字列変数output_strに，日付date，デバイス名dev，センサ値データcsvを代入し，print命令で表示し，処理②で定義したsave関数を使ってファイル名log_all.csvで保存します．複数のデバイス名から受信した場合も，同一のファイルに追記します．

⑩ デバイス名を含むファイル名で保存します．複数のデバイス名から受信したときに，それぞれ別ファイルに保存するので，表計算ソフトでの集計作業が容易になります．

プログラム2 HTTPサーバでLAN内に情報共有する

UDPで受信したセンサ値データをHTTPサーバでLAN内に共有し，インターネット・ブラウザでセンサ値を確認できるようにしてみましょう（**図5**）．ラズベリー・パイのブラウザだけでなく，同じLAN内に接続されているパソコンやスマートフォンなどの機器で表示することもできるようになります．

● HTTPサーバのプログラムex5_rx_htsrv.pyの実行方法

リスト2のプログラムex5_rx_htsrv.pyをLXTerminalなどで実行し，インターネット・ブラウザのアドレスバーに下記のURLを入力すると，**図6**のような画面が表示されます．

HTTPサーバにアクセス：
http://127.0.0.1:8080/ ⏎

同じLANに接続したPCやスマートフォンからアクセスする場合は，127.0.0.1の部分をラズベリ

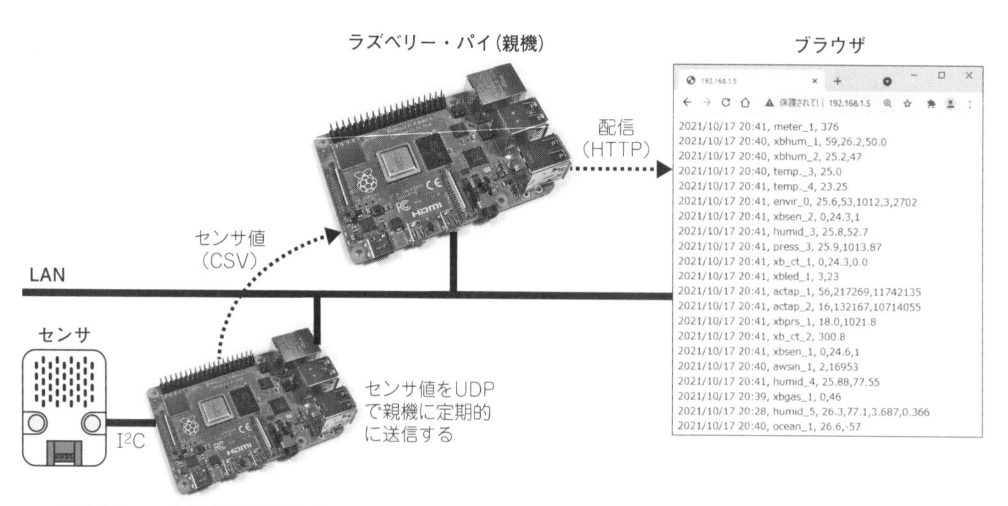

図5 UDPで受信したセンサ値データをHTTPサーバでLAN内に共有するシステム
同じLAN内のパソコンやスマートフォンなどのインターネット・ブラウザでアクセスできる

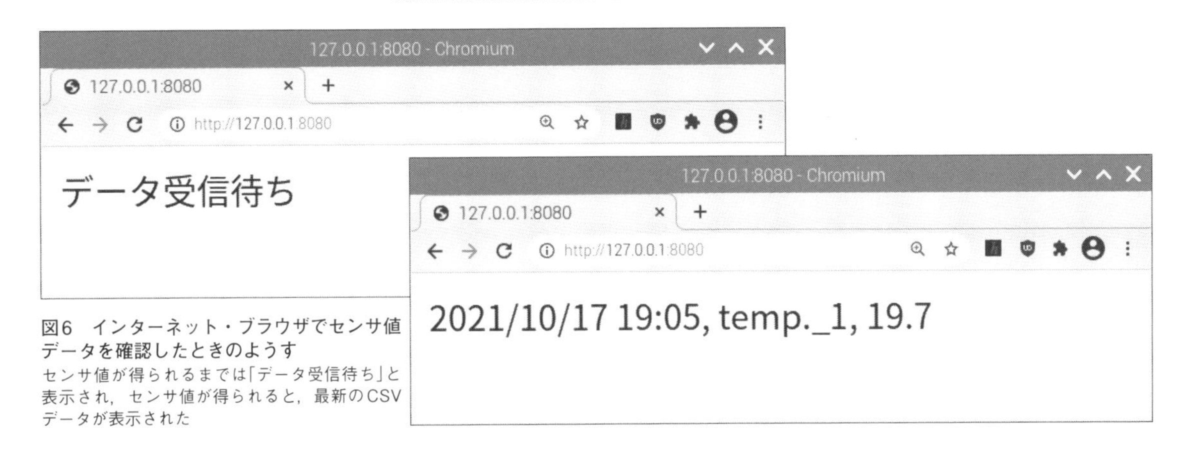

図6　インターネット・ブラウザでセンサ値データを確認したときのようす
センサ値が得られるまでは「データ受信待ち」と表示され，センサ値が得られると，最新のCSVデータが表示された

```
(LXTerminal・送信)
pi@raspberrypi:~
$ cd ~/udp/learning/ ⏎
pi@raspberrypi:~/udp/learning
$ ./ex3_tx_temp.py ⏎
send : temp._1,26.0
send : temp._1,25.0
send : temp._1,25.5
send : temp._1,25.5
send : temp._1,26.5
send : temp._1,25.5
send : temp._1,24.5
```

```
(LXTerminal・受信)
pi@raspberrypi:~ $ cd ~/udp/learning/ ⏎
pi@raspberrypi:~/udp/learning $ ./ex5_rx_htsrv.py ⏎
Listening UDP port 1024 ...
192.168.1.3 - - [16/Oct/2021 14:55:05] "GET / HTTP/1.1" 200 124
192.168.1.3 - - [16/Oct/2021 14:55:05]
                              "GET /favicon.ico HTTP/1.1" 404 16
2021/10/16 14:55, temp._1, 26.0
192.168.1.3 - - [16/Oct/2021 14:55:15] "GET / HTTP/1.1" 200 124
2021/10/16 14:55, temp._1, 25.0
192.168.1.3 - - [16/Oct/2021 14:55:26] "GET / HTTP/1.1" 200 124
2021/10/16 14:55, temp._1, 25.5
192.168.1.3 - - [16/Oct/2021 14:55:36] "GET / HTTP/1.1" 200 124
```

図7 センサ値の送信プログラムとHTTPサーバの実行例(LXTerminal)
温度センサ送信用プログラムex3_tx_temp.pyとHTTPサーバのプログラムex5_rx_htsrv.pyを実行し，IPアドレス192.168.1.3の機器のブラウザからのアクセスがあったときの結果例

ー・パイのIPアドレスに書き換えて実行してください．IPアドレスの後ろの:8080は，HTTPサーバのポート番号です．通常，HTTPサーバはTCPポート80を使用しますが，OSがポート番号0～1023の利用を制限しているので，本章では8080を使用しました．

LXTerminalでプログラムを起動し，同じLAN内の他の機器のブラウザからアクセスがあったときの一例を**図7**に示します．本例ではIPアドレス192.168.1.3の機器からアクセスしました．

なお，**リスト2**のex5_rx_htsrv.pyの処理⑨make_server内の8080を80に変更し，LXTerminalでsudoを付与してプログラムを起動すると，通常のHTTP用ポート番号80で動かすことも可能です(セキュリティの観点では推奨しない)．

● 受信プログラムex5_rx_htsrv.pyの内容

リスト2のex5_rx_htsrv.pyは，第1章の**リスト2** ex2_rx.pyのUDP受信用プログラムに，日時を扱う処理とHTTPサーバ機能を追加したプログラムです．本例ではデバイスごとに最新のデータのみを表示しますが，過去データを保持して表示することや，CSV形式で保存したファイル名をダウンロードするといった機能拡張も可能です(この章の応用を参照)．

以下に**リスト2**のHTTPサーバ機能の動作と，辞書型変数output_dictについて説明します．

① HTTPサーバを提供するモジュールwsgiref.simple_serverを組み込みます．このHTTPサーバにプログラム上でアクセスするには，WSGI(Web Server Gateway Interface)いうAPIを使

リスト2　プログラム ex5_rx_htsrv.py

WSGI準拠のHTTPサーバを使用する(①, ⑨, ⑩). HTTPリクエストを受信したときに, 受信処理用の関数(③)が実行され, HTMLコンテンツを作成して(⑤), 応答する(⑧)

```
#!/usr/bin/env python3


import socket                                            # ソケットの組み込み
import datetime                                          # 日時管理の組み込み
from wsgiref.simple_server import make_server ←①       # HTTPサーバ組み込み
import threading ←②                                    # スレッドを組み込む

def wsgi_app(environ, start_response): ←③              # (関数)HTTP受信処理
    path  = environ.get('PATH_INFO')                  ┐ # リクエストのパスが
    if path != '/':                                   │ # ルート以外のとき
        start_response('404 Not Found',[])            ├④ # 404エラー設定
        return ['404 Not Found\r\n'.encode()]          ┘ # 応答メッセージ返却
  ┌ html = '<html>\n<head>\n'                            # HTMLコンテンツ
  │ html += '<meta http-equiv="refresh" content="10;URL=/">\n'  # 自動更新
  │ html += '</head>\n<body>\n'                          # HTML本文
  │ global output_dict ←⑥                              # CSVデータ読み込み
⑤┤ if len(output_dict) == 0:                  ┐          # データ件数が0の時
  │     html += 'データ受信待ち<br>\n'            ┘⑦        # '受信待ち'を追記
  │ else:                                                # 1件以上の時
  │     for dev in output_dict:                          # デバイス名毎に
  └         html += output_dict[dev] + '<br>\n'          # データを追記
    html += '</body>\n</html>\n'                         # htmlの終了
⑧┌ start_response('200 OK', [('Content-type', 'text/html; charset=utf-8')])
  └ return [html.encode('utf-8')]                        # 応答メッセージ返却

def httpd():                                       ┐     # (関数)HTTPサーバ
    htserv = make_server('', 8080,wsgi_app)        │     # サーバ実体化
    try:                                           │     # 例外処理の監視
        htserv.serve_forever()                     ├⑨    # HTTPサーバを起動
    except KeyboardInterrupt as e:                 │     # キー割り込み発生時
        raise e                                    ┘     # 例外を発生

output_dict = dict()                                     # CSVデータ保存用
thread = threading.Thread(target=httpd, daemon=True) ┐   # httpdの実体化
thread.start()                                       ┘⑩  # httpdの起動

port = 1024                                              # ポート番号を代入
sock=socket.socket(socket.AF_INET, socket.SOCK_DGRAM)    # ソケットを作成
sock.setsockopt(socket.SOL_SOCKET, socket.SO_REUSEADDR,1) # オプション設定
print('Listening UDP port', port, '...')                 # ポート番号表示

sock.bind(('', port))                                    # ポート番号を設定
while True:                                              # 繰り返し構文
    udp = sock.recvfrom(128)                             # UDPパケットを取得
    s=''                                                 # 文字列変数sを生成
    for b in udp[0]:                                     # UDPパケット内
        if b > ord(' ') and b <= ord('~'):               # 表示可能文字
            s += chr(b)                                  # 文字列sへ追加
    if s[5] != '_' or s[7] != ',' or len(s) < 9:         # 形式が一致しないとき
        continue                                         # whileの先頭に戻る
    dev = s[0:7]                                         # デバイス名をdevに
    csv = s[8:]                                          # データをcsvに代入
    date = datetime.datetime.today()                     # 日付を取得
    date = date.strftime('%Y/%m/%d %H:%M')               # 日付を文字列に変更
    output_str = date + ', ' + dev + ', ' + csv          # 日付とデータを結合
    print(output_str)                                    # 結合データを表示
    print(output_str)                                    # 日付とデータを出力
    output_dict[dev] = output_str ←⑪                    # データの更新
```

用します．プログラム上ではHTTPサーバ機能そのものを記述する必要がないので，安定したHTTPサーバ機能を簡単に実現することができます．

② HTTPサーバをプログラム本体から独立して動作させるためにスレッド機能を組み込みます．

③ 外部機器からHTTPサーバにアクセスがあったときに呼び出されるWSGIというAPI準拠のコールバック関数です．第1引き数のenvionにはアクセス時のリクエスト情報(パスやクエリなど)が代入されています．第2引き数は，アクセス元にHTTPステータス・コードなどの応答値が代入されたオブジェクトです．ブラウザに送信するHTML コンテンツは，本関数の戻り値で返します．

④ 外部機器からのリクエストに含まれるパス情報を取得し，ルート(/)以外のときにステータス・コード404を応答します．意図しない入力は，早い段階で拒絶するようにしました．

⑤ 外部機器へ応答するHTML文を文字列変数htmlに代入します．

⑥ 関数の外で生成した辞書型変数output_dictを取得します．この変数にはデバイス名とセンサ値を含むCSVデータが代入されています．複数のデバイスのCSVデータを格納することができ，例えばデバイス名temp._1のCSVデータを呼び出すにはoutput_dict [‘temp._1’]のように，デバイス名humid_1の場合はoutput_dict [‘humid_1’]のようにします．デバイス名を検索キーにした辞書のようにアクセスできるので辞書型変数と呼ばれています．

⑦ 辞書型変数output_dict内の(検索)キーを変数devに代入し，output_dict内のすべてのキーに対するデータを文字列変数htmlに追加します．
はHTMLでの改行を示します．

⑧ ステータス・コード200とHTTPヘッダ，HTMLをWSGIのAPIに応答します．

⑨ HTTPサーバの処理を行う関数httpdの定義部です．手順⑩の処理部からプログラム本体から独立して動作するスレッドとして起動します．

⑩ 関数httpdをスレッドとして登録し，起動します．

⑪ 辞書型変数output_dictにCSVデータoutput_strを代入します．辞書の(検索)キーにはデバイス名を用います．過去に使われていないキーの場合は，新しいキーとCSVデータを辞書型変数output_dictに保存します．既に保持しているキーの場合は，当該キーのCSVデータを新しいCSVデータで上書きします．

応用
さまざまなセンサ情報を統合管理

応用システムの一例として，センサ値の棒グラフ表示機能や，複数のデバイスから得られた情報を一覧表示する機能，同じセンサを搭載した複数のデバイスから同じ測定項目のみを比較表示する機能，受信履歴を表示する機能，CSVデータのダウンロード機能を追加したプログラムを紹介します．

● 応用システム例のプログラムudp_monitor_chart.py の実行方法

プログラムの実行方法と使用方法について説明します．プログラムはudp_monitorフォルダに収録しました．実行するには，LXTerminalで以下のコマンドを入力してください．

```
cd ~/udp/udp_monitor ⏎
./udp_monitor ⏎
```

また，送信機となる温度センサを実行するには別のLXTerminalで下記のコマンドを入力します．

```
cd ~/udp/learning ⏎
./ex3_tx_temp.py ⏎
```

インターネット・ブラウザのアドレスバーに下

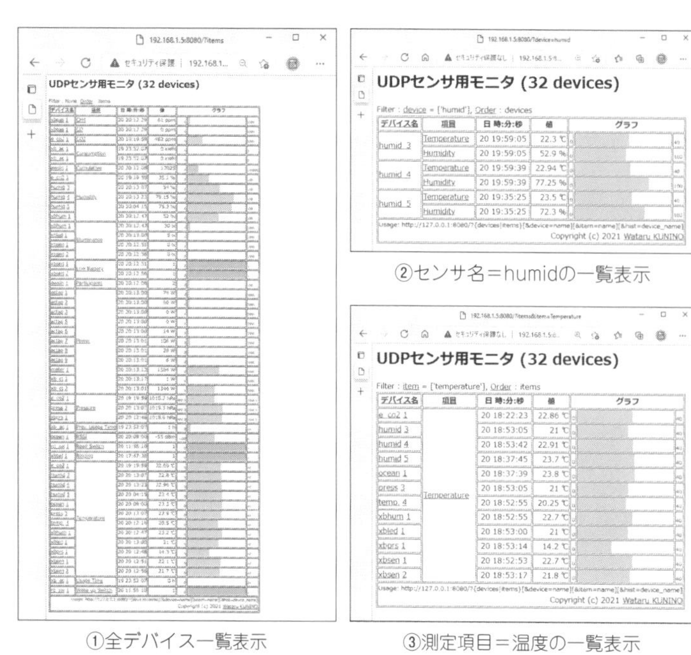

図8 UDPで受信したさまざまなセンサ値データを統合管理する応用システム例
一覧表示機能，測定項目の選択機能，履歴表示機能，CSVダウンロード機能を追加した

UDPセンサ用モニタ (1 devices)

Filter : device = ['temp._1'], Order : devices

デバイス名	項目	日 時:分:秒	値	グラフ
temp._1 [csv]	Temperature	23 11:20:12	23.6 ℃	0 40
		23 11:20:22	25 ℃	0 40
		23 11:20:32	25.5 ℃	0 40
		23 11:20:42	25 ℃	0 40
		23 11:20:52	23.6 ℃	0 40
		23 11:21:02	23.6 ℃	0 40
		23 11:21:12	23.6 ℃	0 40
		23 11:21:22	24.5 ℃	0 40
		23 11:21:32	24 ℃	0 40
		23 11:21:42	23.6 ℃	0 40

Usage: http://127.0.0.1:8080/?{devices|items}[&device=name][&item=name][&hist=device_name]
Copyright (c) 2021 Wataru KUNINO

図9 UDPで受信したセンサ値データをHTTPサーバでLAN内に共有する応用システム
同じLAN内のスマートフォンなどのインターネット・ブラウザでもアクセスできる

記を入力すれば，センサ値を確認できます．

```
http://127.0.0.1:8080/
```

● 応用システムに実装した各種機能

本応用システムでは，前節のex5_rx_htsrv.pyを元に機能追加を行いました．以下に，追加した機能と，使い方について説明します．それぞれの画面の表示例は**図8**を参照してください．

① 棒グラフ・複数デバイス一覧表示機能

インターネット・ブラウザでアクセスしたときに最初に表示されるトップ画面に，複数のデバイスから得られたセンサ値を棒グラフで一覧表示する機能です．

グラフ表示するときに必要なグラフ軸の最小値と最大値はプログラム内の辞書型変数csvs_rangeで定義しました．温度値Temperatureの場合は最小値0℃～最大値40℃，湿度値Humidityの場合は最小値0%～最大値100%です．

表示対象となるデバイス名は，プログラム内の辞書型変数sensorsに定義してあり，本書で製作した温度センサは'temp.'，温湿度センサは'humid'です．また，辞書型変数csvsに各デバイスの測定項目TemperatureやHumidityを定義しました．

② デバイス選択機能

一覧表示画面の「デバイス名」に列に表示された文字をクリックすると選択したデバイスのみを抽出して一覧表示します．温度センサtemp._1であれば，「temp.」をクリックするとすべての温度センサが抽出されます．アドレスバーに以下を入力して表示することもできます．

```
http://127.0.0.1:8080/?device=temp.
```

また，温度センサtemp._1の「1」をクリックすると，受信履歴を表示します(④の機能)．

③ 測定項目選択機能

一覧表示画面の「項目」の列に表示された文字をクリックすると，同じセンサを搭載した複数のデバイスから同じ測定項目のみを抽出表示します．例えば，温度センサtemp.温湿度センサhumidのどちらにも含まれる温度値Temperatureをクリックすると，全デバイスの中から温度値データを抽出し，表示します．以下をアドレスバーに入力して表示することもできます．

```
http://127.0.0.1:8080/?items&
                        item=Temperature
```

④ 受信履歴を表示機能

受信したセンサ値の履歴を棒グラフで表示します(**図9**)．表示する履歴件数はプログラム内の整数型変数HIST_BUF_Nで定義しており，初期値は10件です．一覧表示画面の②の画面の操作で表示することができる他，以下のようにアドレスバーにデバイス名を指定することもできます．

```
http://127.0.0.1:8080/?hist=temp._1
```

⑤ CSVダウンロード機能

受信履歴の表示画面の「デバイス名」内の[CSV]をクリックすると，選択したデバイスについて，これまでに受信したCSV形式の全データをダウンロードすることができます．

● 本応用システムに対応した各種センサ機器

本応用システムは，本書内で紹介するセンサ機器の一部(UDPブロードキャスト送信に対応した機器)をはじめ，書籍「超特急Web接続！ESPマイコン・プログラム全集」に掲載した各種Wi-Fiセンサ(Wi-Fiレコーダ，Wi-Fi照度計，Wi-Fi温度計，Wi-Fi温湿度計，Wi-Fiドア開閉モニタ，Wi-Fi気圧計，Wi-Fi人感センサ，Wi-Fi 3軸加速度センサ)

図10　超特急Web接続！ ESPマイコン・プログラム全集［CD-ROM付き］
ESPマイコンを搭載したWi-FiモジュールESP-WROOM-02を使って，Wi-Fiセンサ機器(IoTセンサ)，Wi-Fiコンシェルジェ(IoT制御機器)など，さまざまなIoTデバイスを製作する書籍．プログラムはESP8266用とESP32用の両方をCD-ROMに収録

図11　Pythonで作るIoTシステム プログラム・サンプル集
Pythonを使ったIoT機器のサンプル・プログラム集．おもにラズベリー・パイを使って，IoTセンサ子機やIoT制御子機IoT，IoT管理サーバ親機の製作方法を紹介している

などに対応しています．

また，本書内のオリジナルESP32マイコン用ファームウェアIoT Sensor Coreを使えば，ESP32マイコン内の温度センサや，磁気センサ，ADコンバータをはじめ，外付け人感センサSB412A，照度センサNJL7502L，温度センサLM61，MCP9700，温湿度センサSHT31，Si7021，AM2320，AM2302(DHT22)DHT11，環境センサBME280，BMP280，加速度センサADXL345などに対応したWi-Fiセンサ機器を簡単に製作することができます．

書籍「超特急Web接続！ESPマイコン・プログラム全集」(**図10**)は，Wi-Fiセンサ機器(IoTセンサ)，Wi-Fiコンシェルジェ(IoT制御機器)など，さまざまなIoTデバイスを製作する方法について解説した書籍です．書名の「超特急」のとおり手早く簡単に製作して実験できるように，ハードウェアについては，おもにESPマイコンを搭載したWi-FiモジュールESP-WROOM-02と小型のブレッドボードを使用し，ソフトウェアについてはArduino言語を使用しました．もちろん，最新のESP32-WROOM-32で製作することも可能(同書Appendix 6)ですが，より大きなブレッドボードが必要です．

CD-ROMにはESP-WROOM-02(ESP8266)用とESP32-WROOM-32(ESP32)用の両方のサンプル・プログラム，ラズベリー・パイで製作するIoTサーバ用プログラム，ツール類などを含め，全100本に及ぶソフトウェアを収録しました．

また，Pythonを使ったIoT機器のプログラム集「Pythonで作るIoTシステム プログラム・サンプル集」(**図11**)で紹介する各種IoTセンサ子機にも対応しています．おもにラズベリー・パイを使って，IoTセンサ子機やIoT制御子機IoT，IoT管理サーバ親機を製作する方法を紹介しています．

こちらは，Pythonを使ったことのない方を対象にしたPython入門の章や，簡単な実験用ボードをGPIO制御するハードウェア制御の入門の章も含まれています．

学習したいプログラミング言語がC/C++の場合は**図10**の書籍「超特急Web接続!ESPマイコン・プログラム全集」を，Pythonの場合は**図11**の「Pythonで作るIoTシステム プログラム・サンプル集」が参考になります．

第3章 プロトコルを理解してマイコン制御

インターネット・プロトコル通信プログラミング

マイコンを使ったIoT機器に重要な，インターネット・プロトコルの仕組みをを理解します．ラズベリー・パイをPythonプログラムを使ってデータの送信と受信をして理解を深めます．

IP通信用プログラムを作ってみよう

本章では，IP通信用プログラムを行うときに必要なIP(インターネット・プロトコル)について説明します．

インターネットやIPアドレスという言葉はよく知っていると思いますが，インターネット・プロトコルと呼ぶと難しく感じるかもしれません．IPが一般的な名詞として使われている一方で，「プロトコル」という単語に堅苦しさがあるからだと思います．

通信のプロトコルとは，通信相手に情報を正しく伝えるために定めた手順や構造なので，基本的にはIP通信を行うすべての機器で共通です．また，プロトコル部のソフトウェアはすでにライブラリ

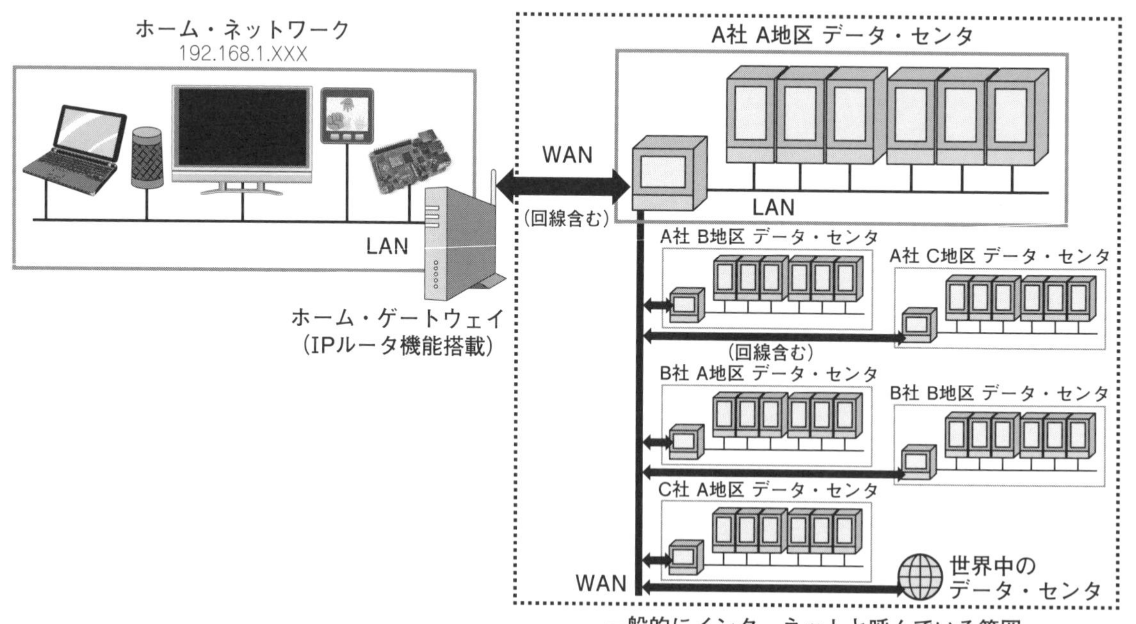

図1 IPインターネット・プロトコルによるネットワークの相互接続例
家庭内LANとデータ・センタ内のLANを相互接続する

やソフトウェア・モジュールとして提供されています．したがって，いくつかのIP通信用プログラムが組めるようになれば，多くのIP対応機器のプログラミングができるようになります．

IP(インターネット・プロトコル)通信とは

はじめに，IPの役割について説明します．一般的に「インターネット」は，クラウドやウェブ・サイト，それらに接続するための公衆回線を示します．元々のインターネットの意味は，相互接続(インター)可能なネットワーク(ネット)であり，IPは異なるLAN(ローカル・エリア・ネットワーク)やWAN(ワイド・エリア・ネットワーク)の機器と通信を行うためのプロトコルです．例えば，パソコンのブラウザから，データ・センタ内のウェブ・サイトにアクセスできるのは，家庭内のLANからデータ・センタ内のLAN上のサーバまでの全区間がIPで接続されているからです．

LANを他のLANやWANに接続するにはIPルータを使用します．**図1**は，家庭内のLANのホーム・ゲートウェイ内のIPルータ機能を使って，世界中のデータ・センタに相互接続する一例です．

このようにLANやWANをIPで相互接続することで，あるLAN上の機器から他のLAN上の機器にアクセスできるようになります．もちろん，同じLAN内の機器にもIPでアクセスします．

IPルータが複数のLANやWANを中継してパケットを運ぶ

家庭内の機器がLANやWAN内のIPルータを中継して，データ・センタ内のサーバにアクセスするようすを**図2**の例を用いて説明します．図中のパソコンAやBは，IPネットワーク上の複数のIPルータを経由して，サーバAやBにつながっています．IPルータは，他のIPルータと相互接続されており，蜘蛛(くも)の巣(ネット)のように世界中のWANにつながっています．

WANはLANやWANを相互接続して構成されたネットワークですが，家庭内のゲートウェイが世界中のゲートウェイと物理的な電線などで，直接，つながっているわけではありません．情報は

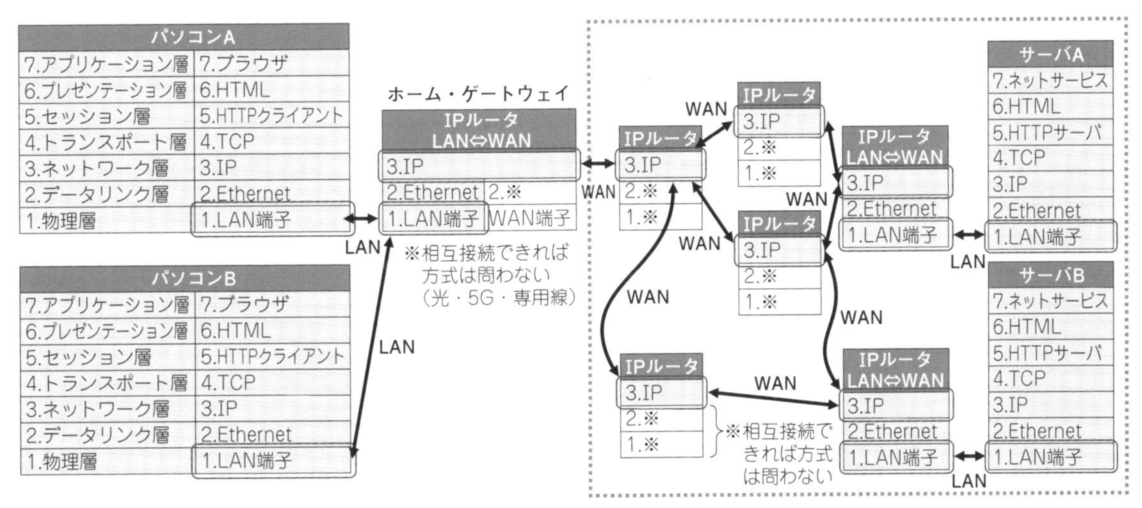

図2　IPネットワークにおける端末とサーバの接続
家庭内LANとデータ・センタ内のLANを相互接続する

IPでパケット化され，バケツ・リレーのように複数のIPルータを経由してLANやWANを運搬します．このため，物理的な実伝送路を共用しやすくなり，ネットワークを低コストに実現できます．また，複数の経路が存在するので，災害や故障，メンテナンスで一部の区間が不通になったとしても，別の経路を使って接続することができます．一部の区間の不通によるスループットの低下は逃れられませんが，完全に不通となるリスクを低減することができます．

グローバルIPアドレスとプライベートIPアドレス

一般のインターネット用WAN(閉域WANを除く)などで使われるグローバルIPアドレスと，おもにLANで使われるプライベートIPアドレスについて説明します．

図2のパソコンAがサーバAに接続するには，サーバAのネットワーク上の所在を知る必要があります．IPアドレスは，その所在を示すIDで，例えば203.0.113.11のようにピリオド(.)で区切られた4組の数字で示されます．WAN内では同じアドレスが重複しないようにグローバルIPアドレスを使用します．WAN内のIPルータについてもグローバルIPアドレスを使用します．

一方，パソコンAのように家庭内や会社などの事業所内のLAN内の機器の場合は，グローバルIPアドレスが不要です．IPルータ機能付きのゲートウェイが，192.168.1.123のようなプライベートIPアドレスをLAN内の機器の中で重複しないように割り当てるからです．IPルータは，パソコンAとサーバAとの通信をIPルータのWAN側に割り当てられたグローバルIPアドレスを使って代理で実行し，その応答をパソコンAのプライベートIPアドレスに返します．IPルータは，同じLAN内にあるパソコンBについても同じIPルータのグローバルIPアドレスを使うので，WAN側から個々のパソコンをIPアドレスで特定することはできません(特定するには別の仕組みが必要)．

データ・センタ内のIPルータやサーバAを含むLANでは，グローバルIPアドレスを使う場合と，LAN内(仮想LANを含む)用のプライベートIPアドレスを使う場合があります．プライベートIPアドレスを使う場合であっても，IPルータが個々のサーバごとにグローバルIPアドレスとプライベートIPアドレスを付け替えて接続するので，サーバ個別のグローバルIPアドレスが必要です．

column1 IPのプロトコル・スタックとパケットの運搬方法

IPパケットをパソコンからサーバまで運搬する方法について，**図2**の例を用いて説明します．

本例のパソコンAやB，サーバA，Bは，第3層目にIPを含む7階層の通信プロトコルを搭載しています(OSI参照モデル)．また，パソコンの第7層目にインターネット・ブラウザがあり，サーバの第7層目のネットサービスに，それぞれ第1層から第6層の通信プロトコルを使って接続します．

パソコンとサーバとの間には，複数のIPルータが接続されています．IPルータの第3層目がIPであれば，第1層目と第2層目の方式は問いません．光回線の場合であったり，モバイル回線であったり，海底ケーブルで接続されることもあるでしょう．ホーム・ゲートウェイからWANの間や，LAN内の第1層目と第2層目についても，接続する区間で同じであれば，方式を問いません．LAN内であれば，Wi-FiおよびIPとの接続層を組み込むことで，Wi-Fiに対応することもできます．

いつも使っている HTTP通信の仕組み

ここで，多くの人がよく使っているHTTP(Hypertext Transfer Protocol)の仕組みについて説明します．HTTPは，ユーザ・インターフェースやコンテンツの表現方法や表示方法などをブラウザ側に任せ，コンテンツの取得に特化した通信プロトコルです．HTTPプロトコルと呼ぶこともあります．

図3は，各サーバからコンテンツを取得する動作例です．左側のクライアントは，Webブラウザを搭載したパソコンなどで構成され，情報を提供する右側のサーバとの間で通信を行います．

クライアントは，サーバにHTTPリクエストを送信し，それを受信したサーバはリクエストに応じたコンテンツを応答します．HTTPリクエストには，サーバ上にある情報のディレクトリ・パス(場所)が含まれており，トップページは「/」や「/index.html」を指定することが多いです．

本例では，サーバAから取得したコンテンツにHypertext(コラム3参照)と呼ばれるサーバBとサーバCのリンクのURLが含まれています．Webブラウザ上に表示されたリンクをクリックすることで，サーバBやサーバCにアクセスすることができます．同じサーバA上にリンクを張ることや，画像やスクリプトなどを自動的に取得して同じページ内に表示することもできます．

以上のように，HTTPは得たい情報のURLを指定して受信するシンプルな通信プロトコルです．商用インターネットが開始されて以降，技術や用途が変化していますが，複雑な動作はWebブラウザ側が行っているので，HTTPそのものに大きな変化はありませんでした．例えば，照明機器の電源ONコマンドが含まれるHTTPリクエストを照明機器に送信することで，家電機器を制御することや，天気サーバからHTTPで天気情報を取得してスピーカに出力することも可能です．

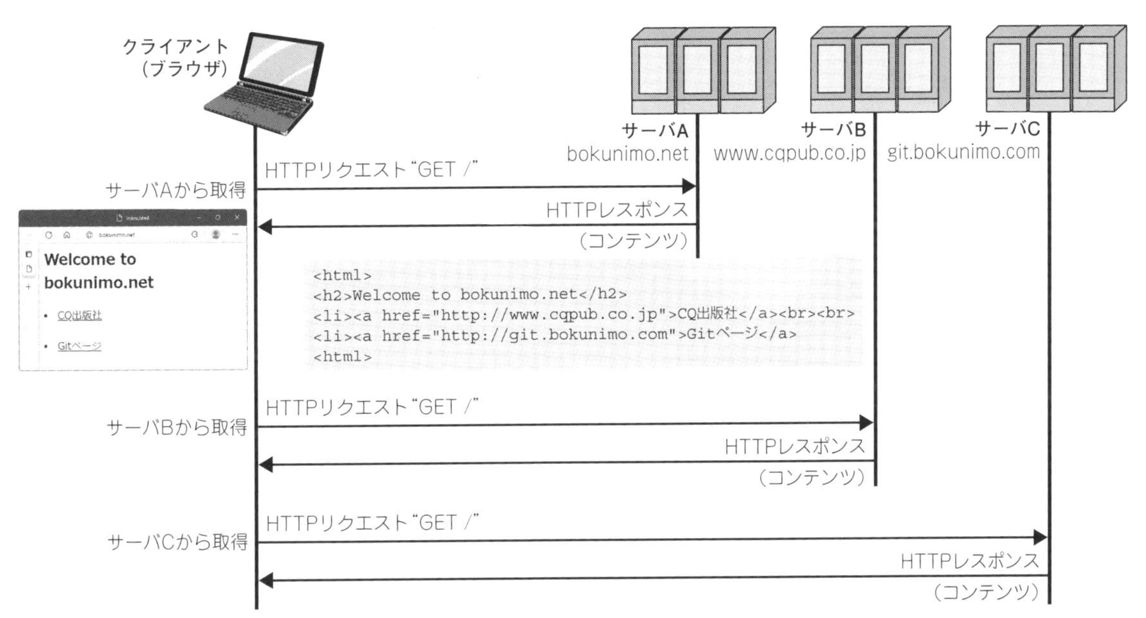

図3　サーバからHTTPで情報を取得する架空の動作
クライアントは，サーバにHTTPリクエストを送信し，サーバはリクエストに応じたコンテンツを応答する

IP通信を実現するプロトコル・スタック

次にIP通信のもっとも身近な代表例として，前述のHTTP通信におけるプロトコル・スタックについて説明します．プロトコル・スタックとは，**図4**のように通信の役割ごとに階層的に分割したソフトウェアのことです．このようなスタック構造にすることで，サーバとクライアント間の各層は，より下位のプロトコルの中身を気にせずに，あたかも同じ階層のプロトコル同士で通信しているかのように処理することができます．

本図では，最上位の第7層でコンテンツ[Hello!]を生成し，図の下方向に向かって処理を進めます．各層では，各層のプロトコルに応じたヘッダを生成し，上位層のデータの先頭にヘッダを付与してから下位層に渡します．なお，層数や層番号，役割は一例であり，実装と異なることがあります．

HTMLコンテンツの送信時は，第7層でコンテンツを生成し，第6層でHTMLコンテンツ化し，第5層ではHTTPヘッダを付与します．この第5層のデータをクライアントに送ることでHTTP通信が行われます．第4層ではTCPヘッダを付与してデータ送受信の確実性と図るとともに，上位層のさまざまな通信方式や複数のセッションに応じたポート番号を付与し，第3層のIPとの橋渡しを行います．第3層では，サーバとクライアント間をIPルータ経由で接続します(コラム1)．

次に，受信となるクラアント側について簡単に説明します．クライアント側にも本図と同じプロトコル・スタックが用意されており，HTMLコンテンツを受信する場合は，下位層から上位層に向けて処理が行われます．クライアント側の第4層のTCP層は，1つ下の第3層から送られてきたIP

column2 ようやく広まりつつあるIPv6

本コラムではIPv4とIPv6について説明します．IPに続くv4やv6はバージョンを示しています．IPv4がインターネットを普及させ，また現在も現役なので，単にIPというとIPv4を示します．

実は，商用インターネット利用が始まった当初(1993年)からIPv4のグローバルIPアドレスが足りなくなることがわかっており，128ビットのIPアドレスを使用するIPv6への移行が進められてきました．IPv4が32ビットの約43億個(43×10^8)しか表せないのに比べて，IPv6は約340,282京・京個($340,282 \times 10^{32}$)になります．膨大な数のアドレスは，より細かな特性を示すこともできるようになり，個人情報としての意味合いも，従来のIPアドレスよりも強くなります．また，その反対に膨大な数の乱数を使って個人情報を隠す方法もあるので，目的や用途に合わせた活用ができるようになります．IPv6アドレスは，コロン(:)で区切られた8組の16ビット(4桁)の16進数で示します．

インターネットが普及し始めた2000年代に入ると，IPアドレスの枯渇(こかつ)が問題視され，パソコンやネットワーク機器，ISP(インターネット・サービス・プロバイダ)等がIPv6に対応し始めます．とくに加入者の増加による枯渇問題の影響を受けやすいホーム・ゲートウェイのWAN側(アクセス網)のIPv6対応を積極的に行ったため，既にIPv6になっている場合が多く，もっともIPv6化が進んでいます．

また，かつてグローバルIPだった機器でのローカルIPアドレス利用や余剰IPアドレスの再利用が進んだことで，枯渇問題は(発生しているものの)限定的にとどまっている事実もあります．その結果，執筆時点でもIPv4しか対応していないウェブ・サイトやサービスが数多く存在します．

約20年もの歳月をかけてIPv6化が進んだことは確かですが，IPv4が残る限り，両対応する必要があります．このため，端末とサーバの両方をセットで提供するサービスを除けば，IPv4のほうが必須と言えます．IPv4を用いない完全なIPv6化には，もう少し時間がかかるでしょう．

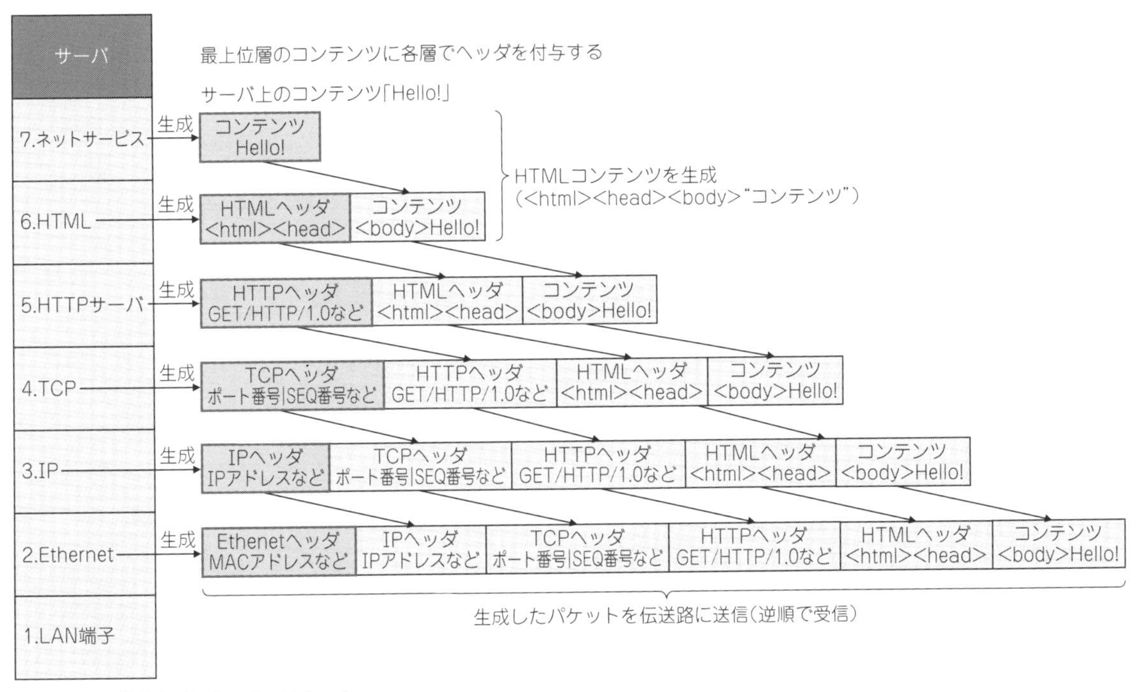

図4　HTTP通信のプロトコル・スタック
最上位となる第7層でコンテンツ「Hello!」を生成し，その各下位層では各プロトコルに応じたヘッダを生成してデータの先頭に付与する

データを，TCPヘッダ内のポート番号に応じて第5層の通信方式やセッションに仕分けして渡します．最上位の第7層ではインターネット・ブラウザが動作し，受信したコンテンツを表示します．

データ転送プロトコルTCP/IP

本節では**図4**の第4層に位置するTCP(Transmission Control Protocol)について説明します．

column3　インターネットを普及させた立役者HTTP

HTTPはインターネットの普及に寄与したプロトコルの1つです．商用インターネットが開始される前のインターネットは，研究機関などの限られた人しか接続することができないうえ，テキストのみのメールやニュース配信が中心でした．Telnetというプロトコルを使った公開サーバも存在しましたが，接続にはサーバのアドレスを入力する必要があり，サーバ間をリンクで移動することはできませんでした．

HTTPのHypertextは，他のサーバなどへのリンクを埋め込んだテキスト文字のことです．HTTPとHTMLに対応したWebブラウザが登場すると，文字にリンクを埋めることができるようになり，公開サーバ間をクリック1つで移動できるネット・サーフィンの原型が誕生します．当初はテキストとGIF画像の表示が主体でしたが，回線速度やパソコンの処理速度が進化すると，ブラウザが写真をHTTPで自動取得するようになり，ページ内に写真を埋め込むサイトが急増しました．HTTPは，このインターネットの立役者であり，今ではIT機器やIoT機器のデータ通信にも使われるようになりました．

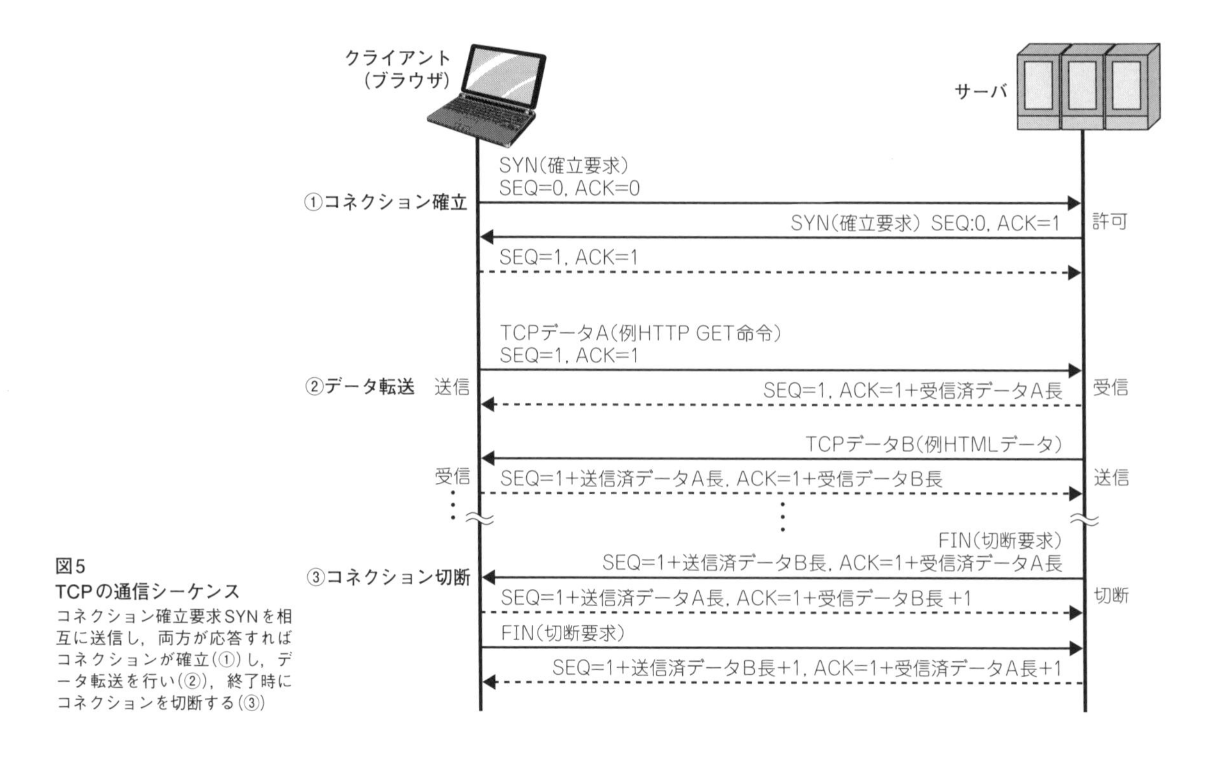

図5
TCPの通信シーケンス
コネクション確立要求SYNを相互に送信し，両方が応答すればコネクションが確立(①)し，データ転送を行い(②)，終了時にコネクションを切断する(③)

IPのデータ転送方法には，第1章の**表1**に示したTCPとUDPの2種類があり，TCPは前節で説明したようにウェブ・サイトの閲覧時に使用するHTTPなどに使われています．TCPやUDPは第3層のIPと組み合わせて使用し，TCP/IPやまれにUDP/IPと表記することもあります．

TCPは，通信相手との相互接続を確保してから通信を行います．多くのIP通信システムでは，このTCPを用い，クライアント(端末)側からサーバ側に接続して通信を行います．

このため，TCPで1文字1バイトのデータを送る場合であっても，複数のIPデータを送受信する必要があり，TCPで最低6回，HTTPだと7回以上の送受信が発生します．

図5は，クライアントが確立要求SYNを送信してコネクションを確立(接続)し，それを受信したサーバ側がリクエストに応じた処理を行い，その結果を応答し，処理が完了(もしくはタイムアウト)するとコネクションを開放(切断)する通信シーケンス例です．それぞれの手順について，以下で説明します．

①コネクション確立

コネクション確立要求SYNを相互に送信し，両方が応答(ACK)すればコネクションが確立します．応答(ACK)の送信時に確立要求SYNを含めることができるので，通常は1. SYNのみの送信，2. SYN+ACKの受信，3. ACKのみ送信の計3回の通信が行われます．

②データ転送

コネクションが確立すると，クライアント側，サーバ側のどちらからでも送信できるようになります．通信データはパケットで送られ，受け取った側は必ず応答を返します．このため，少なくとも送信1回，ACKの受信の計2回以上の通信が必要です．また，HTTPの場合はHTTPリクエストの送信とレスポンスの受信，ACKの送信で最低3回の通信が必要です．

パケットには，SEQ番号とACK番号が付与され，これらを用いることで，パケットの消失や受信順序の入れ違いがあっても，それらを検出し，再送要求や順序入れ替えを行うことができます．SEQ番号は過去に送信した情報のデータ長で，ACK番号は過去に受信した情報のデータ長です．これから送信しようとしている情報のデータ長は含めません．コネクション確立要求SYNなどもデータ長1としてカウントします．

③コネクション切断

通信を終了するときも手順が決まっており，双方で切断要求FINを送信します．コネクション確立時と同様に計3回の通信で切断することができますが，本図のように1回目のFINを受信したクライアント側のACK応答にはFINを含めず，計4回の通信で切断する手順が多いようです．また，一方的に片側がRSTを送信する1回の通信で切断する方法もあります．

切断処理はプログラムを作るときにおろそかになりがちですが，複数の切断方法がある点や，タイムアウト，通信エラーなどに配慮する必要があります．例えば，Webブラウザの場合，ブラウザを閉じることによる切断や，タイムアウトによる切断，アクセス拒否による切断などがあります．ライブラリを使った実装でも，これらを想定したソフトウェア評価が必要になります．

Wiresharkを使ったTCP/IP通信の確認方法

ネットワーク・プロトコル解析ソフトウェアWiresharkを使って，TCP通信を確認してみます．

Wiresharkの起動後，通信インターフェースを選択すると図6のような画面が開きます．そしてサメの背ビレのような三角のアイコンをクリックすれば，受信したパケットの内容を次々に表示し，TCPの場合，Infoの欄に送信元ポート番号，宛て

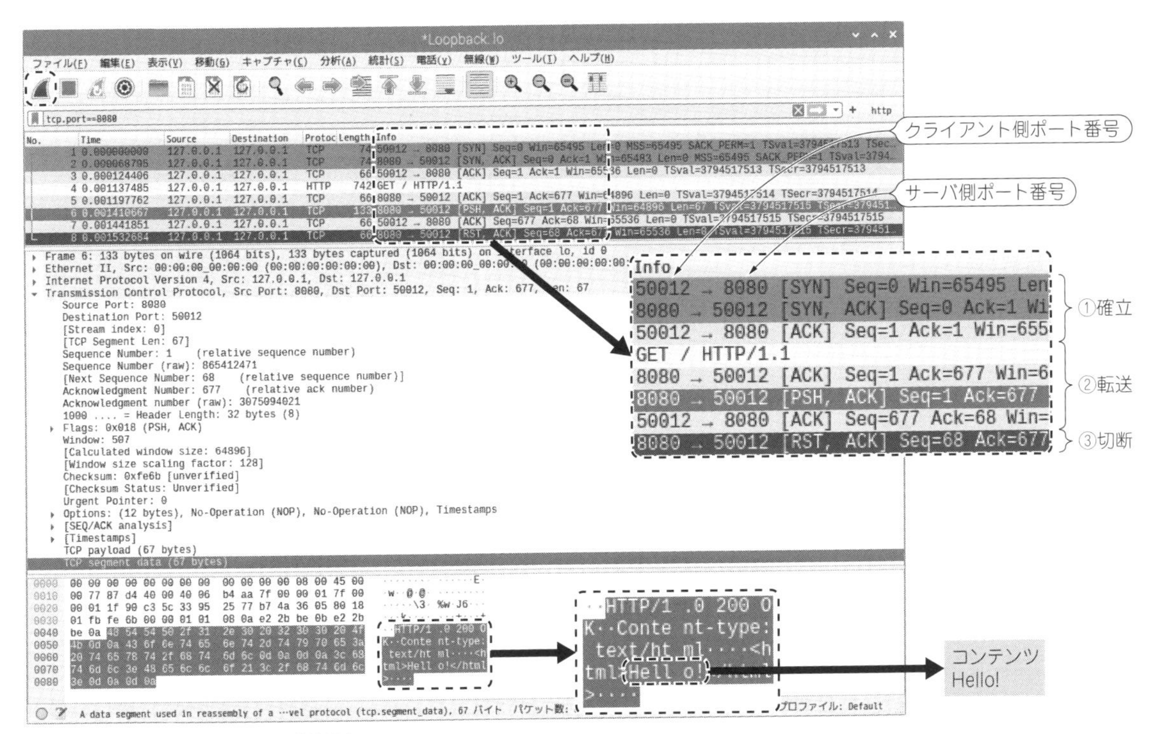

図6　Wiresharkを使ったTCPの解析例
TCPを受信した場合，Infoの欄に送信元ポート番号，宛て先ポート番号，TCPヘッダ情報の要約が表示される

先ポート番号，TCPヘッダ情報の要約が表示されます．

使い方を習得する際のポイントは，パケットにフィルタをかける方法です．Wiresharkが受信する全パケットの中からフィルタによる選別なしに目的のパケットを見つけるのは，かなりの労力がかかるからです．フィルタ方法を模索するうちに，プロトコルに関する知識も増えるので，一石二鳥です．

本例は，HTTPクライアントがサーバにアクセスし，コンテンツ[Hello!]を取得したときのパケットを簡単なフィルタで抽出したときの例です．HTTPサーバにはプログラムex4_http_srv.py（ダウンロード方法は後述）を使用しました．このHTTPサーバの接続待ち受けポート番号は8080なので，フィルタの設定欄に[tcp.port==8080]を入力し，ポート番号8080のTCPパケットのみを抽出するようにしました．

このフィルタ設定によって，図中①にHTTPのコネクション確立のようす，②にコンテンツ転送のようす，③にRSTによるサーバからの強制切断のようすが表示されました．また，転送時のパケットの中に，コンテンツ[Hello!]が含まれていることも確認できました．

プログラム1 わずか7行で TCP送信クライアント ex1_tx.py

プログラムex1_tx.pyは，TCP受信サーバに文字列[Ping]を送信するTCP送信クライアントです（**図7**）．宛て先をインターネットのアドレスに変更すれば，クラウド上のTCP受信サーバに送信することもできます．ただし，UDPのようにLAN内の全端末に向けてブロードキャストで送信することはできません．また，送信先となるTCP受信サーバをあらかじめ起動しておく必要があります．

column4 Wireshark等の登場で ネットワーク解析や機器開発が手軽になった

Wiresharkの前身となるEtherealは，西暦2000年前後に注目され，多くのネットワーク技術者が使用するようになったソフトウェアです．それまでは，計測器として販売されるLAN用プロトコル・アナライザが一般的でした．

計測器として販売されていたLAN用プロトコル・アナライザの価格は数百万円程度と高価で，重量も20kg以上あり，キーのみ（機種によってダイヤルもあった）で操作性も良くありませんでした．

LAN用プロトコル・アナライザは，移動させて使用することも多く，計測器が小型で軽量であることは重要です．また，計測器の中でも機能が多いことから，操作時は多階層のメニューや画面上の多数の項目を選択して設定する必要があり，マウスなどのポインタによる操作が望まれます．

Etherealは，同等の機能をパソコン上のフリー・ソフトウェアで行えるようにし，これら3つの課題を解決した画期的なツールとして広まりました．なにより数百万円の計測器と同等のツールが無料で手に入ることが，衝撃的でした．

現在のWiresharkは，Ethernetだけでなく，Wi-FiやBluetooth，USBなどの通信インターフェースにも対応し，また解析可能なプロトコルも増え続けています．対応OSが多いのも特徴の1つです．LAN上の全パケットを受信するというソフトウェアの性質上，パソコンやLANが脆弱（ぜいじゃく）になるので，古いパソコンに最新のLinux系OSを導入するか，ラズベリー・パイで利用するのが良いでしょう．

もちろん，類似のソフトウェアも多く存在し，例えば国産のSocketDebugger（ユードム製）は，受信したパケットの解析だけでなくTCPサーバ機能も備えているので，ネットワーク機器の開発時に便利です．

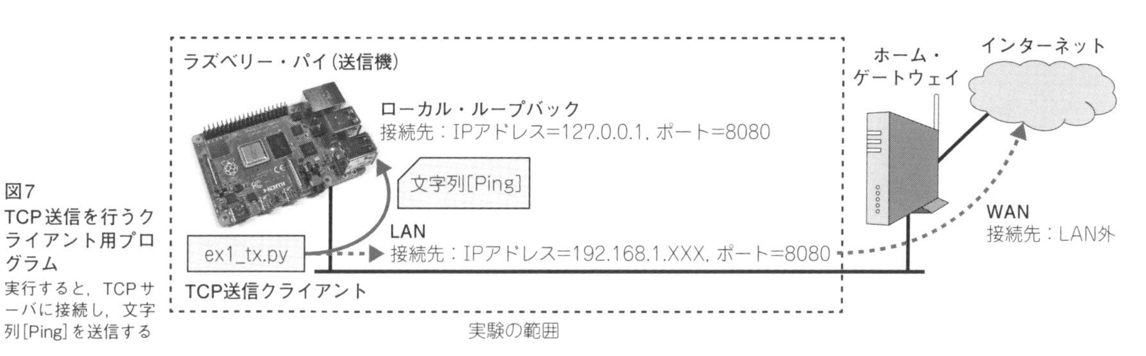

図7 TCP送信を行うクライアント用プログラム
実行すると，TCPサーバに接続し，文字列[Ping]を送信する

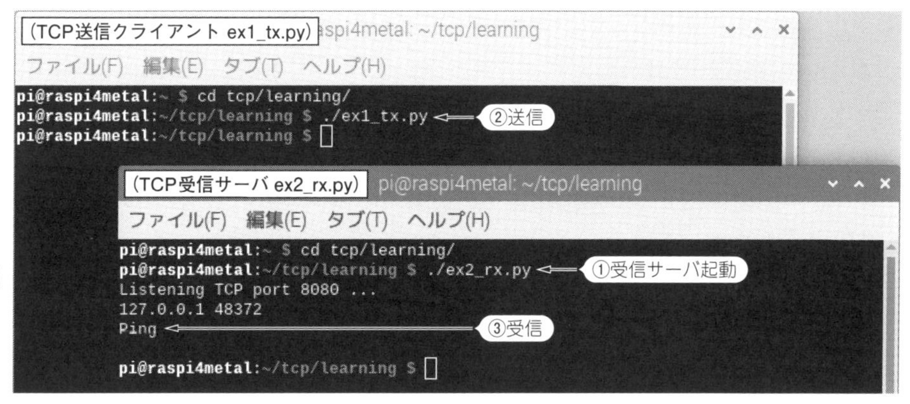

図8 TCP送信クライアントの実験(LXTerminal)
2つのLXTerminalを開き，受信サーバ用**プログラム2** ex2_rx_py(①)を起動してから，送信クフイアント用**プログラム1** ex1_tx.py(②)を起動すると，文字列[Ping]が表示された(③)

● プログラム集のダウンロード方法

はじめに，LXTerminalで次のコマンドを実行し，筆者が製作した各種TCP用サンプル・プログラム集をダウンロードしてください．UDP用とは収録先(レポジトリ)が異なります．

TCPプログラム集のダウンロード：
git clone http://bokunimo.net/git/tcp ⏎
(https://github.com/bokunimowakaru/tcp)

サンプル・プログラム集は/home/pi/tcpフォルダ内のlearningフォルダに保存されます．

● ラズベリー・パイ1台で試せるTCP送受信

通信の実験には，通常，クライアント側の機器とサーバ側の機器の合計2台以上の機器が必要ですが，ここでは1台のラズベリー・パイ上に2つのLXTerminalを起動し，片方をクライアント，もう片方をサーバとして動かしてみます．

図8のように，2つのLXTerminalを開き，次のページで紹介しているTCP受信サーバ用の**プログラム2** ex2_rx_py(①)を起動してから，TCP送信クライアント用の**プログラム1** ex1_tx.py(②)を起動すると，受信側のウィンドウに文字列[Ping]が表示されます(③)．受信サーバが起動していないと接続できません．

● わずか7行のTCP送信クライアント用プログラムex1_tx.pyの内容

以下に**リスト1**のプログラムex1_tx.pyのTCP送信処理の手順について説明します．

① TCPなどのソケット通信インターフェース用モジュールsocketを組み込みます．このモジュールは，古くからC言語で用いられている通信ライブラリが基になっています．

リスト1　プログラム ex1_tx.py（TCPクライアント）
ソケットを生成し(③)，TCPサーバに接続 (④) してから，TCPを送信(⑥) し，送信後に切断(⑦) する

```
#!/usr/bin/env python3

import socket ←――――――――――――――――――――――――――――①      # ソケットの組み込み

port = 8080 ←―――――――――――――――――――――――――――――②      # ポート番号を代入
sock = socket.socket(socket.AF_INET, socket.SOCK_STREAM) ←―③      # TCP用ソケット作成
sock.connect(('127.0.0.1', port)) ←――――――――――――――④      # TCP接続
tcp = 'Ping\n' ←―――――――――――――――――――――――――――⑤      # 送信文字列
sock.send(tcp.encode()) ←―――――――――――――――――――――⑥      # メッセージ送信
sock.close() ←――――――――――――――――――――――――――――⑦      # ソケットの切断
```

②変数portに宛て先となるTCPサーバのポート番号8080(整数値)を代入します.

③ソケット通信モジュールsocketのオブジェクトsockを生成します. AF_INETはインターネット・プロトコルIPを示し, SOCK_STREAMはTCPを示します.

④TCPでは, コネクション確立のための接続処理が必要です. 処理③で生成したsockを使って, sock.connectでTCPサーバ(ex2_rx.py)に接続します. 括弧内の引き数は, 丸括弧でIPアドレスとポート番号を組み合わせたタプル型の宛て先です. 二重の丸括弧の外側は関数の引き数用を, 内側はタプル型の配列変数を示しています.
宛て先のIPアドレス'127.0.0.1'をLAN内のサーバのIPアドレスや, クラウド上のサーバのドメイン名に変更することで, 他のTCP受信サーバに送信することもできます.

⑤変数tcpに文字列[Ping⏎]を代入します. 文字列はダブルコーテーション(")またはシングルコーテーション(')で括ります. 文字列にアポストロフィ(')が含まれているときはダブルコーテンションを使うほうが便利です. \nは改行を示します. ただし, Microsoft Windowsやキャラクタ LCDでは, 逆スラッシュ(\)の代わりに¥記号が表示されることがあります.

⑥変数tcp内の文字列を, send命令を使って送信します. 引き数は送信データです. encode命令を使ってバイト列に変換してからsend命令に渡します.

⑦生成したsockによるTCP接続を切断します. 以降, オブジェクトsockを使った通信ができなくなります. 送信データを追加するときは, 処理④よりも後ろで本処理⑦より前に追加してください.

なお, 本プログラムはTCPクライアントの実験や仕組みを理解する目的で作成しました. より一般的に使用されているHTTPクライアントについては, 後述の**プログラム5**で紹介します.

プログラム2　わずか12行でTCP受信サーバ ex2_rx.py

前節のTCPクライアントが送信するデータを受信するTCP受信サーバのプログラムを作成します(**図9**). 実行方法は前節を参照してください.

● わずか12行のTCP受信サーバ用プログラムex2_rx.pyの内容

以下に**リスト2**のプログラムex2_rx.pyのTCP受信サーバ処理について説明します.

①ソケット通信インターフェースsocketのオブジェクトsock0を生成します. socketは, 複数のアクセス元からの同時接続に対応しています. このため, 本プログラムでは通信用ソケットそのもののオブジェクト名に0を付与し, 個々の接続用のオブジェクト名をsockにしました.

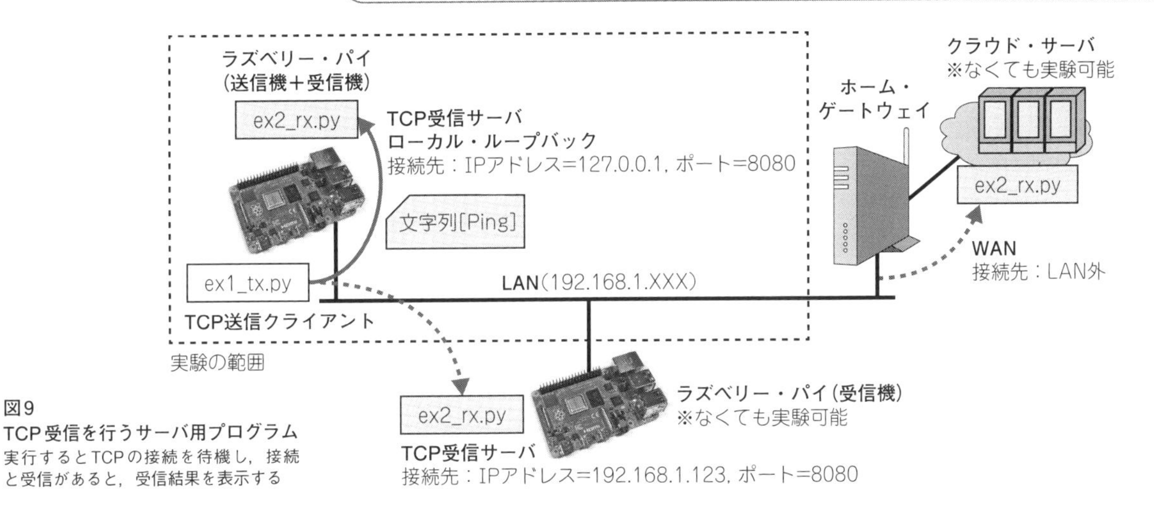

図9
TCP受信を行うサーバ用プログラム
実行するとTCPの接続を待機し，接続と受信があると，受信結果を表示する

リスト2　プログラム ex2_rx.py(TCPサーバ)
ソケットを生成し(①)，待ち受けポート番号を設定(③)してから，TCPコネクションの確立を待機(⑤)する．受信すると受信データを取得し(⑥)，表示(⑦)してから，コネクションを切断する(⑧)

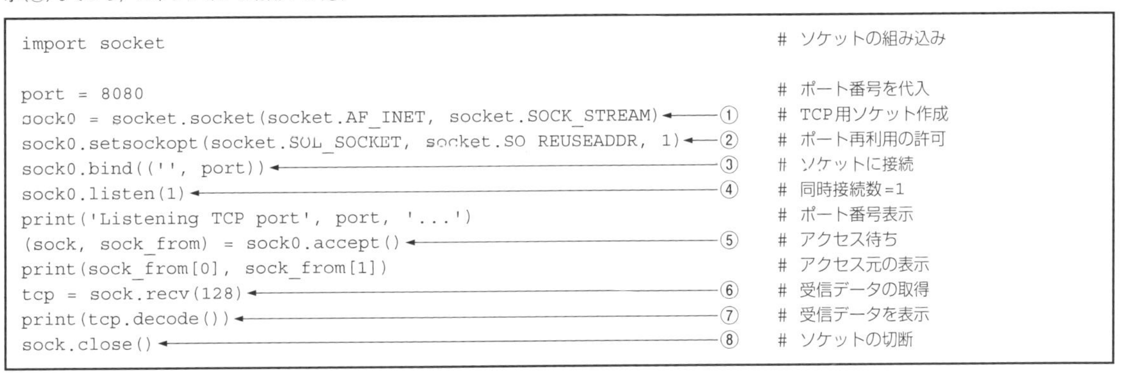

```
import socket                                                        # ソケットの組み込み

port = 8080                                                          # ポート番号を代入
sock0 = socket.socket(socket.AF_INET, socket.SOCK_STREAM)  ←①       # TCP用ソケット作成
sock0.setsockopt(socket.SOL_SOCKET, socket.SO_REUSEADDR, 1) ←②     # ポート再利用の許可
sock0.bind(('', port))  ←③                                          # ソケットに接続
sock0.listen(1)  ←④                                                 # 同時接続数=1
print('Listening TCP port', port, '...')                             # ポート番号表示
(sock, sock_from) = sock0.accept()  ←⑤                              # アクセス待ち
print(sock_from[0], sock_from[1])                                    # アクセス元の表示
tcp = sock.recv(128)  ←⑥                                            # 受信データの取得
print(tcp.decode())  ←⑦                                             # 受信データを表示
sock.close()  ←⑧                                                    # ソケットの切断
```

②生成したオブジェクトsock0のアドレス再使用設定SO_REUSEADDRを有効化します．この設定により，同じTCPポートを複数のアプリケーションで使えるようになるほか，前回の接続が継続していても，新しいプログラムによる待ち受けができるようになります．

③生成したオブジェクトsock0を待ち受け用のTCPポート8080に接続します．本例のようにIPアドレスを省略すると本ラズベリー・パイのすべての通信インターフェースで待ち受けます．

④同時接続数を1に設定し，複数のクライアントからの同時アクセスを禁止します．

⑤TCPの通信を行うには，コネクションの確立が必要です．ここではsock0.acceptを使用し，接続があるまで待機し，接続したときに通信用のオブジェクトsockを生成します．

⑥TCPの受信データを取得し，変数tcpに代入します．引き数は受信用バッファ・サイズです．

⑦受信したバイト列のデータをdecodeで文字列に変換してから表示します．

⑧TCPコネクションを切断します．

なお，本プログラムは受信すると終了します．連続で接続を待ち受けたい場合は，ex2_rx_loop.pyを実行してください．TCPによる接続があるたびにデータを受信し，表示します．また，同時接続数と受信バッファ・サイズを増やし，受信データ以外の表示の無効化しました．

プログラム3 センサ値のTCP送信 ex3_tx_hum.py, ex3_tx_temp.py

センサで取得した温度値や湿度値を送信するTCP送信クライアントのプログラムの作成方法について説明します(**図10**). TCP受信サーバは, あらかじめ起動しておく必要があります.

● 温湿度センサ搭載ハードウェアの製作方法

ハードウェアはラズベリー・パイを使用し, センサはラズベリー・パイ内蔵のCPU温度センサ, もしくはM5Stack製のENV III Unit(もしくはENV II Unit)を使用します.

ENV III Unit(もしくはENV II Unit)を使用する場合は, ラズベリー・パイ用GPIO端子のうち, 電源3V3(1番ピン), SDA(3), SCL(5), GND(9)を, センサ側のそれぞれの端子に接続します. センサ側の電源入力仕様は5Vですが, SDAとSCLの信号電圧を3.3Vに合わせるために, ラズベリー・パイの3.3V出力から供給しました. **写真1**に製作例を**図11**に配線例を示します.

● TCP受信サーバを実行してからセンサ値の送信プログラムを実行する

センサ値の送信用プログラムex3_tx_hum.pyまたは, ex3_tx_temp.pyを実行する方法について説

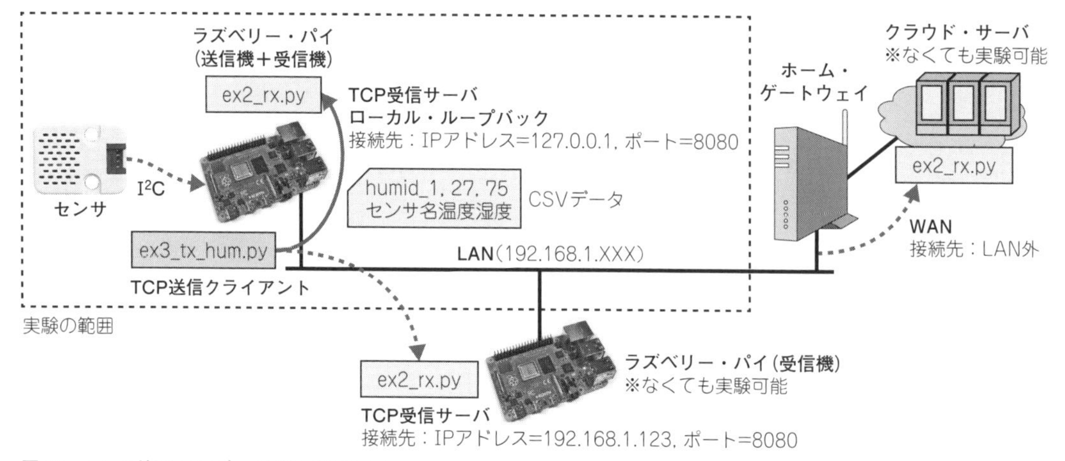

図10 センサ値のCSVデータ送信プログラム
センサ値をCSV形式でTCP送信クライアントからTCP受信サーバに送信する

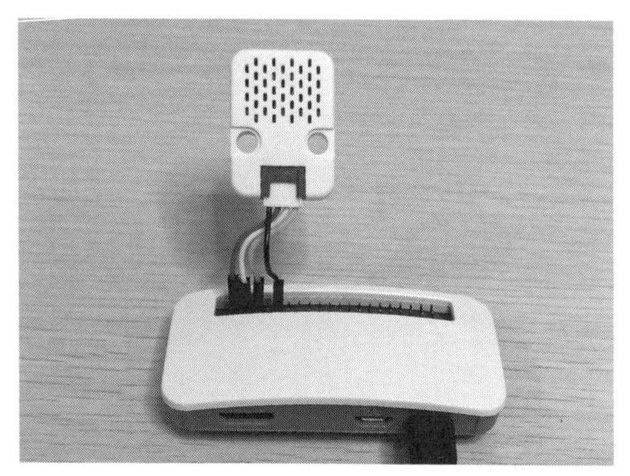

写真1 ラズベリー・パイにセンサを接続した例
Raspberry Pi 4 Model BやRaspberry Pi Zero WなどのGPIO端子に接続する

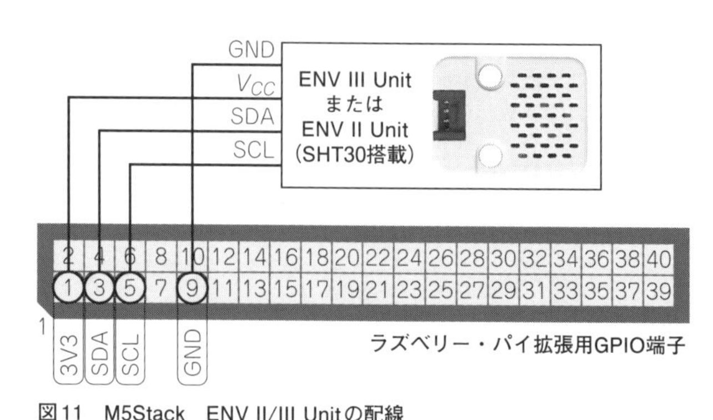

図11 M5Stack ENV II/III Unitの配線
ラズベリー・パイ全機種で共通の電源3V3(1番ピン), SDA(3), SCL(5), GND(9)を, センサ側のそれぞれの端子に接続する

明します.

はじめに，TCP受信サーバex2_rx_loop.pyをLXTerminal上であらかじめ起動しておきます．下記のteeは，プログラムの出力を表示とファイルなどに分岐するコマンドです．受信データを表計算ソフトLibreOffice CalcやMicrosoft Excelで扱うことを考慮し，ファイル名log.csvとして保存します.

TCP受信サーバの起動：

```
cd ~/tcp/learning/ ⏎
./ex2_rx_loop.py |tee -a log.csv ⏎
```

次に，TCP送信クライアントの設定と起動方法を説明します.

ENV III Unit(またはENV II Unit)を接続している場合は，ex3_tx_hum.pyを，接続していない場合はex3_tx_temp.pyを使用します．1台のラズベリー・パイで実験するときは，プログラムの設定変更の必要はありません．LAN上の別のラズベリー・パイやクラウド上で動作するTCP受信サーバに送信するときは，プログラム内のsock.connectの宛て先IPアドレス127.0.0.1を受信サーバのIPアドレスやドメイン名(クラウド上に送信する場合)に変更してください.

起動済みのTCP受信サーバとは別の新しいLXTerminalウィンドウ上や，ファイル・マネージャ，Thonny Python IDEで，TCP送信クライアントex3_tx_hum.pyまたはex3_tx_temp.pyを起動すると，TCP受信サーバex2_rx_loop.pyに接続し，センサ値の送信を開始します．また，TCP受信サーバ側のLXTerminalに受信結果が表示されます．実行結果の例を**図12**に示します.

温度センサの場合はtemp._1に続いて温度値[℃]が表示され，温湿度センサの場合はhumid_1,に続いて，温度値[℃]と相対湿度[%]が表示されることを確認してください.

● プログラムex3_tx_humi.pyとex3_tx_temp.pyの内容

プログラムex3_tx_humi.pyとex3_tx_temp.pyの処理の内容を説明します．これらのおもな違いはセンサ値の取得部です．それぞれ異なる方法で取得し，温度値を数値変数temp，湿度値を変数humiに保持し，CSV化してから，TCPで送信します．TCPクライアントの送信手順は**リスト1**のプログラムex1_tx.pyと同様です.

以下は，**リスト3**のプログラムex3_tx_humi.pyのセンサ値データ処理部の手順です.

①温湿度センサSHT30を扱うためのHumiSensorを本プログラムに組み込みます.

②温湿度センサをプログラム内で使用できるようにHumiSensorを実体化します.

③HumiSensorのオブジェクトhumiSensor内のget命令を使って，温度値と湿度値を取得し，それぞれを変数tempとhumiに代入します.

④温度値の数値変数tempと湿度値humiをCSV形式に変換します．ここでは，文字列[humid_1,]と温度値，カンマを連結し，文字列変数tcpを

```
pi@raspberry:~ $ cd ~/tcp/learning/ ⏎
pi@raspberry:~/tcp/learning $ ./ex2_rx_loop.py |tee -a log.csv ⏎
temp._1,25.5
temp._1,26.5   } ex3_tx_temp.pyから温度を受信
temp._1,24.5
humid_1,24.7, 74.69
humid_1,24.7, 74.64   } ex3_tx_hum.pyから温度と湿度を受信
humid_1,24.7, 74.71
```

図12　TCP受信サーバでセンサ値を受信したときのようす
TCP送信クライアントが送信するCSV形式のセンサ値データを受信した

リスト3　プログラム ex3_tx_humi.py（温湿度センサ・TCPクライアント）
別ファイル lib_humiSensorSHT.py 内で定義されている HumiSensor を組み込み（①），センサを使用できるように実体化（②）し，センサ値 temp と humi を取得する（③）

```
#!/usr/bin/env python3

import socket                                              # ソケットの組み込み
from time import sleep                                     # スリープの組み込み
from lib_humiSensorSHT import HumiSensor  ←——①            # センサ組み込み

port = 8080                                                # ポート番号を代入
humiSensor = HumiSensor()  ←——②                           # センサの実体化

while True:                                                # 繰り返し構文
    sock = socket.socket(socket.AF_INET,socket.SOCK_STREAM)  # TCP用ソケット作成
    sock.connect(('127.0.0.1', port))                      # TCP接続
    (temp, humi) = humiSensor.get()  ←——③                  # 温度と湿度値を取得
    tcp = 'humid_1,' + str(round(temp, 1)) + ', '  ←——④   # 送信文字列を生成
    tcp += str(round(humi, 2)) + '\n'  ←——⑤                # 湿度値を追加
    sock.sendall(tcp.encode())                             # メッセージ送信
    print('send :', tcp, end='')                           # 送信データを出力
    sock.close()                                           # 切断
    sleep(10)                                              # 10秒の待ち時間処理
```

生成します．

⑤ここでは，④で生成した変数tcpの末尾に湿度値と改行（\n）を連結します．

プログラム4　IP通信を理解するための実験用HTTPサーバ

普段，インターネットで使っているHTTPについて，実験用HTTPサーバのプログラムを作成し，その仕組みの理解を深めます．

● プログラムex4_http_srv.pyの動作確認方法

ラズベリー・パイのLXTerminal上でプログラムex4_http_srv.pyを実行し，同じラズベリー・パイのWebブラウザのアドレス・バーにhttp://127.0.0.1:8080/と入力すると，［Hello!］が表示されます（**図13**）．または，同じLAN内のパソコンのWebブラウザから本機のIPアドレスとポート番号8080を含むURL（例：http://192.168.1.123:8080/）を入力して表示することもできます．プログラムをクラウド・サーバに実装すれば，世界中に公開する実験も可能です．

● プログラムex4_http_srv.pyの内容

リスト4のプログラムex4_http_srv.pyの処理内容について説明します．HTTPはTCP上で動作するので，プログラムの多くはex2_rx.pyと共通です．以下は，HTTPリクエスト受信時の動作と，HTTPヘッダやHTMLを付与して応答する処理部の動作内容です．

①Webブラウザからの HTTPリクエストを待ち受けます．受信するとsockを生成します．

②TCPの受信データを取得し，変数tcpに代入します．引き数は受信用バッファ・サイズです．

③受信したHTTPリクエストをdecodeで文字列に変換してから表示します．**図14**のHTTPリクエストで示した行は，受信結果の例です．アクセス元のWebブラウザによってリクエストの内容は変化します．1行目の［GET␣/␣HTTP/1.1］は，HTTPバージョン1.1のGET（コンテンツ取得）命令です．GETに続く［/］は，ディレクトリ・パスです．ルート・ディレクトリを示しています．本来のHTTPサーバでは，リクエストに応じた処理を行いますが，本プログラムの場合はリクエスト内容を表示するだけです．どんなリ

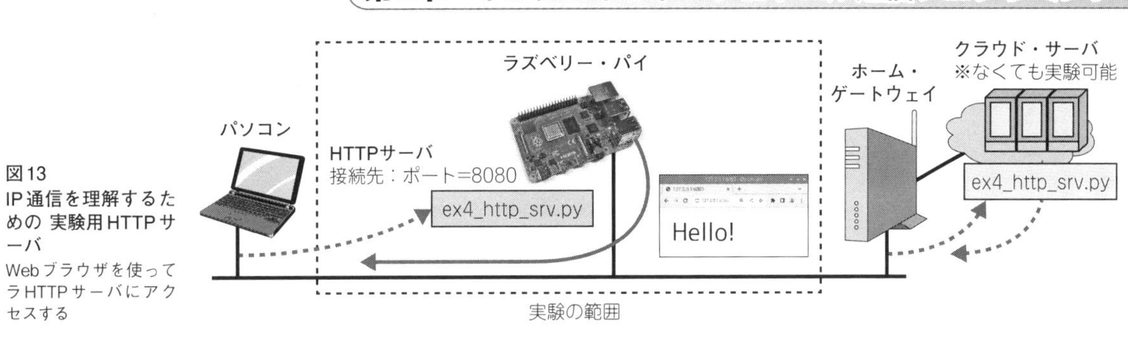

図13　IP通信を理解するための 実験用HTTPサーバ
Webブラウザを使ってラHTTPサーバにアクセスする

リスト4　プログラム ex4_http_srv.py (HTTPサーバ)
WebブラウザのHTTPリクエストを待ち受け(①)，受信するとリクエストの内容を表示し(③)，HTTPレスポンスを生成し(④⑤)，応答する(⑥)

```
#!/usr/bin/env python3

import socket                                                         # ソケットの組み込み

port = 8080                                                           # ポート番号を代入
sock0 = socket.socket(socket.AF_INET, socket.SOCK_STREAM)             # TCP用ソケット作成
sock0.setsockopt(socket.SOL_SOCKET, socket.SO_REUSEADDR, 1)           # ポート再利用の許可
sock0.bind(('', port))                                                # ソケットに接続
sock0.listen(1)                                                       # 同時接続数=1
print('Listening TCP port', port, '...')                              # ポート番号表示
(sock, sock_from) = sock0.accept() ←──────────────────── ①           # アクセス待ち
print(sock_from[0], sock_from[1])                                     # アクセス元の表示
tcp = sock.recv(1024) ←───────────────────────────────── ②           # 受信データの取得
print(tcp.decode().strip()) ←─────────────────────────── ③           # 受信結果の表示
head = 'HTTP/1.0 200 OK\r\nContent-type: text/html\r\n' ←── ④         # HTTPヘッダ
body = '<html>Hello!</html>\r\n' ←────────────────────── ⑤           # HTTPボディ
sock.send((head + '\r\n' + body + '\r\n').encode()) ←──── ⑥          # 応答メッセージ送信
sock.close() ←────────────────────────────────────────── ⑦           # ソケットの切断
```

```
pi@raspberry:~ $ cd ~/tcp/learning/ ⏎
pi@raspberry:~/tcp/learning $ ./ex4_http_srv.py ⏎
Listening TCP port 8080 ... ←──────── 待ち受け中
192.168.1.12 56797 ←───────────────── アクセス元
GET / HTTP/1.1                    ┐
Host: 192.168.1.123:8080          ├ HTTPリクエスト
(以下略)                           ┘
```

図14　HTTPサーバの実行例
Webブラウザからのコネクションが確立するとアクセス元のIPアドレスとポート番号が表示され，続いてHTTPリクエストの内容が表示された

クエストがあっても，以降の処理は同じです．

④HTTPレスポンス(応答)のヘッダを生成します．本プログラムでは文字列の代入で，固定値を応答します．[200 OK]は正常応答を示すHTTPのステータス・コードです．\r\nは行末の改行を示し，その改行以降は[項目：値\r\n]の形式で各種パラメータ情報を付与します．Content-type: text/htmlは応答本文の書式がHTMLであることを示しています．

⑤HTTPレスポンスの本文をHTML形式で生成します．ここでは<html>Hello!</html>としました．HTMLには<head>タグと<body>タグが必要ですが，本例では省略しました．

⑥HTTPのヘッダとボディを空の改行で連結し，WebブラウザにHTTPレスポンスを応答します．

⑦バインドしたポート8080のTCPソケットを切

断します．

なお，本プログラムは，一度，接続して応答すると終了します．連続で接続を待ち受けたい場合は，同じフォルダ内のex4_http_srv_wsgi.pyなどを実行してみてください．

プログラム5 HTTPクライアント

リスト5のプログラムex5_htget.pyは，urllib.requestモジュールを使ったHTTPクライアントです．Webブラウザのアドレスバーに入れるURLと同じ形式でHTTPリクエストを送信することができます．実行結果の一例を図15に，おもな処理内容を下記に示します．

①URLを文字列変数url_sに代入します．パスやクエリなどを含めることもできます．

②urllib.requestモジュールを使ってHTTPリクエストを送信します．

③受信したHTTPレスポンスの内容を取得し，文字列に変換してから表示します．

④HTTPクライアントの処理を終了します．

また，JSON形式で取得した情報を処理するHTTPクライアントのプログラムex5_htget_json.pyも同じフォルダに収録しました．筆者Webサイトから HTTPで取得して表示します(図中②)．

IPネットワークの理解を深めるために

本章では本書の全体に関連するIPのプロトコルについて説明しました．IPやHTTPの説明，プログラムを作るうえで必要な通信手順，あまり重要でないIP通信の歴史，そして少し難しめの要素なども解説しました．

理解できた部分は，他の章の内容の理解をより深めることができ，理解できなかった部分は，他の章の実験を進めるうちに身に付くと思います．また，IPに詳しい方にも，これまでと少し違った視点で見ていただこうと考えながら執筆しました．

リスト5 プログラム ex5 ex5_htget.py(HTTPクライアント)
URL形式(①)で簡単にHTTPリクエストを送信(②)し，結果を得る(③)ことができる

```
#!/usr/bin/env python3

import urllib.request                                  # HTTP通信ライブラリを組み込む

url_s = 'http://127.0.0.1:8080/' ←──①                 # アクセス先を変数url_sへ代入

res = urllib.request.urlopen(url_s) ←──②              # HTTPアクセスを実行
print(res.read().decode().strip()) ←──③               # 受信データを表示する
res.close() ←──④                                      # HTTPアクセスの終了
```

```
pi@raspberry:~/tcp/learning $ ./ex5_htget.py ⏎
<html>Hello!</html> ←──①
pi@raspberry:~/tcp/learning $ ./ex5_htget_json.py ⏎
title  : テスト用ファイル
descr  : HTTP GET の動作確認に使用します  ┐
state  : 執筆中です                        │
url    : https://bokunimo.net/cq/ip       ├②
date   : 2022/10/09                       ┘
```

図15 HTTPクライアントの実行例
HTTPサーバex4_http_srv.pyに接続し，HTMLコンテンツを取得した(①)．また，筆者のWebサイトからJSON形式で取得した(②)

なお，本章で紹介したTCP送信クライアントや受信サーバ，HTTPサーバ，HTTPクライアントのプログラムは，実験や仕組みを理解する目的で作成しました．異常時の例外処理やセキュリティ対策を講じていないので，目的の範囲内で使用してください．

第4章 ラズベリー・パイ使用
GPIOでON/OFF DCモータ制御

マイコンのGPIOでDCモータを制御するプログラムを紹介します．
DCモータのON/OFFと，PWM(パルス幅変調)を使って，DCモータの回転数を制御するプログラムを作ります．

使用機材

ラズベリー・パイ　CPU冷却用DCファン
ラズベリー・パイ用ケース　サーボ・モータSG90ほか

本章ではDCモータをラズベリー・パイで制御するプログラムについて説明します．

その一例としてCPU冷却ファンを制御してみます．CPUの負荷が増えCPUの温度が上昇したときに，DCモータでファンを回し冷却します．温度によりファンの回転数を制御します(**図1**)．

ハードウェアの準備①
ラズベリー・パイ4専用DCファンと汎用DCファン

ハードウェアは，ラズベリー・パイ4(Raspberry Pi 4 Model B)専用の純正DCファンを用いる方法(製作例A)と，汎用のDCファンを用いる方法(製作例B)を紹介します．ハードウェアの準備を手軽に済ませたい方は製作例Aを，ハードウェアを手作りしたい方は製作例Bに挑戦してみると良いでしょう．

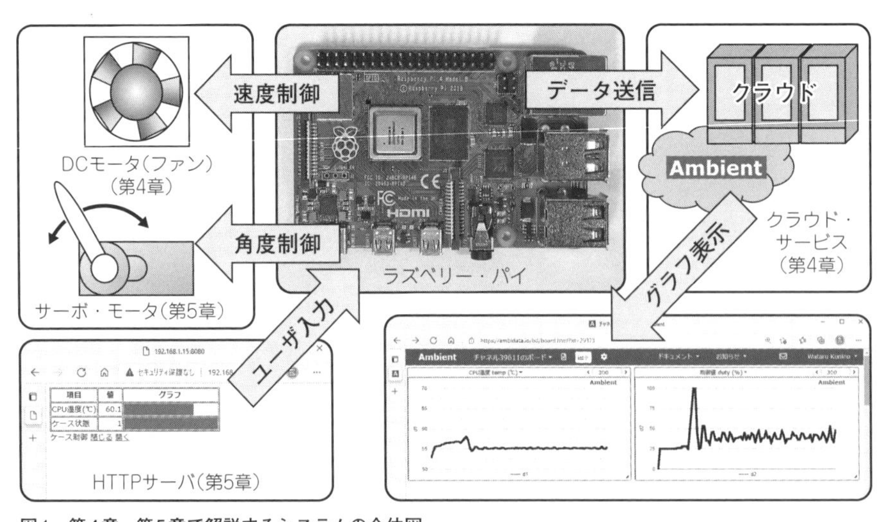

図1　第4章～第5章で解説するシステムの全体図
CPU冷却システムの製作をとおして，DC動力制御の基礎を学習する．第4章ではDCファン，第5章でサーボ・モータについて説明する

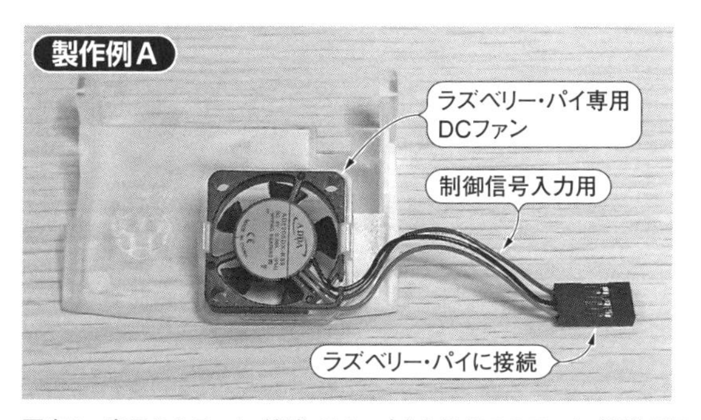

写真1　専用DCファン（製作例A・左）と汎用DCファン（製作例B・右）
ラズベリー・パイ専用DCファンには制御信号用の端子が付いているので，ラズベリー・パイのGPIOから直接制御できる．汎用のDCファンを使用する場合は制御用FET回路を経由してラズベリー・パイに接続する

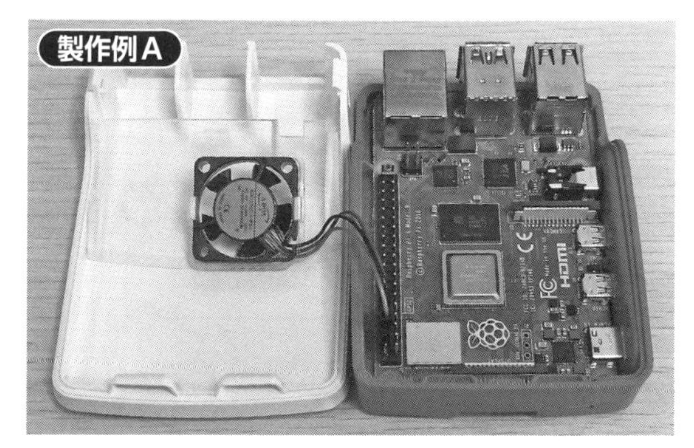

写真2　専用DCファン（製作例A）
はんだ付けやケース加工が不要なので手軽に製作できる

表1　専用DCファンの実験に必要な機器

機器名	数量
ラズベリー・パイ本体（Raspberry Pi 4 B）	1台
ACアダプタ，マイクロSDカード	1式
専用ケース（Raspberry Pi 4 Case）	1個
DCファン（Raspberry Pi 4 Case Fan）	1個

■ 製作例A

ラズベリー・パイ純正の専用ケース（Raspberry Pi 4 Case）とCPU冷却用DCファン（Raspberry Pi 4 Case Fan）を使用します．純正のDCファンには，制御信号の入力用端子が付いているので，ラズベリー・パイのGPIOから直接制御できます（**写真1**左）．使用する機器のリストを**表1**に示します．

DCファン付属の取扱説明書に従って，DCファンの緑色シールがある面が基板側になる向きに取り付け，回路図［**図2(a)**］どおりに配線すれば完成です（**写真2**）．完成したら，ラズベリー・パイの準備の節に進んでください．

■ 製作例B

汎用のDCファンを使用します．ラズベリー・パイに接続するには，制御用FET回路を経由する必要があります．筆者はラズベリー・パイ3を使用しましたが，4でもかまいません．製作には，はんだ付けやケースの加工作業が必要です．回路図の一例を**図2(b)**に，必要な部品を**表2**に示します．

ハードウエアの準備②　汎用DCファン制御用FET回路

ラズベリー・パイで汎用の冷却ファンを制御するためのFET回路について説明します．

筆者は日本電産製 D02X-05TS1（5V 50mA）を使用しました．他のCPU冷却用DCファンを用いる場合は，5V動作で，なるべく消費電流が少なく（50mA程度以内），ケースへの取り付けが可能な大きさ（記事では25mm角 10mm幅を使用）を選びます．ラズベリー・パイ用のケースとセットで売られているものであれば，ケースを加工する手間が省けます．完成例を**写真3**に示します．

制御用FET回路［**図2(b)**］は，ラズベリー・パイのGPIO14をNch MOS FET（2SK4150）のゲート

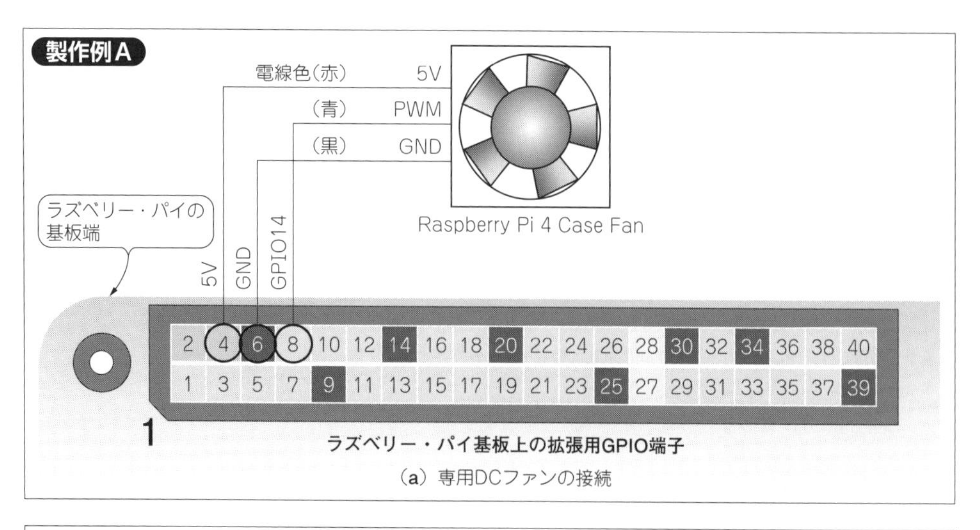

(a) 専用DCファンの接続

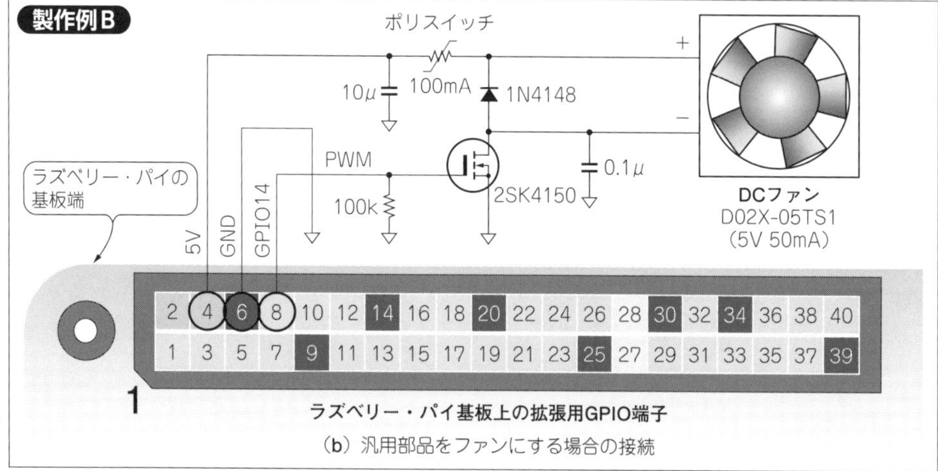

(b) 汎用部品をファンにする場合の接続

図2 専用DCファンと汎用DCファンの回路図の一例
専用DCファンの場合は，電源5V，GNDとPWM制御用GPIO14を接続する．汎用のDCファンの場合は，GPIO14をNch MOS FETのゲートに入力し，ファンのマイナス端子側を制御する

表2 汎用DCファンに必要な部品

機器名	数量
ラズベリー・パイ本体(Raspberry Pi 3 B)	1台
ACアダプタ，マイクロSDカード	1式
ラズベリー・パイ用ケース	1個
DCファン(日本電産 D02X-05TS1)	1個
Nch MOS FET(2SK4150)	1個
ポリスイッチ(100mA)	1個
ダイオード(1N4148)	1個
コンデンサ(10 μF/16V)	1個
コンデンサ(0.1 μF)	1個
抵抗器(100kΩ)	1個
16ホール・ユニバーサル基板	1枚
ピンヘッダ，ソケット，電線，ビス	必要量

に入力し，DCファンのマイナス端子側の電圧を制御します．ポリスイッチF_1はDCファンや回路が故障したときに電流が流れ続けるのを防ぐための保護部品です．リセッタブル・ヒューズやポリマPTCと呼ぶこともあります．故障したモータに電流を流し続けると，火災の原因にもなるので，必ず入れてください．一般的なポリスイッチの遮断電流は定格の2倍です．定格が大きすぎると過電流を検出できなくなり，小さすぎると誤作動や劣化の原因になる場合があるので，ポリスイッチの定格電流は，遮断したい電流値の半分未満かつ，モータの定格電流の2倍程度を目安に設定します．ここでは定格電流50mAのDCファンに対して100mAのポリスイッチを使用しました．

MOS FETも，DCファンの定格電圧と定格電流を供給できる能力が必要です．最大ドレイン電流

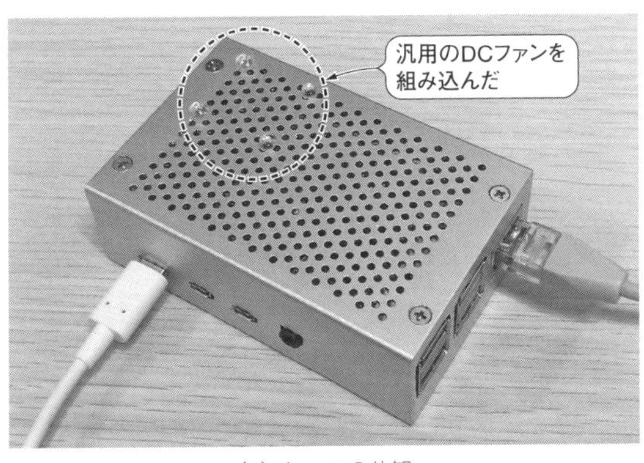

(a) ケースの外観

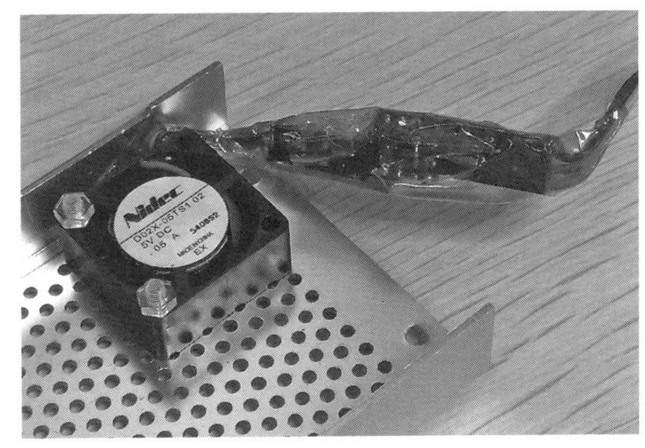

(b) 内部のようす

写真3　金属ケースに汎用DCファンを組み込んだ(B)
パンチング加工された金属ケースにビス穴を追加し，内側に汎用のDCファンを取り付けた．ケースの外観(a)と内部のようす(b)

I_Dはファン始動時の所要電流を考慮し，定格電流の2倍以上のものを使用してください．出力電圧は，ラズベリー・パイの5VからDCファンの定格電流×FETのON抵抗R_{DS}の電圧降下が伴うことを考慮します．また，ラズベリー・パイのGPIO出力は3.3Vなので，ゲート閾(しきい)電圧V_{TH}は2.5V以下のものを選びます．5V 50mAのDCファンをMOS FET(2SK4150)で駆動した場合，最大ドレイン電流I_DがDCファンの定格電流の約8倍の0.4A，ON抵抗$R_{DS}=4\,\Omega$による電圧降下が0.2V程度，ゲート閾電圧V_{TH}は1.5V(0.1A時)程度となり，十分に動作することがわかります．

ダイオード，コンデンサ，抵抗についてはコラム1を参照してください．

ハードウェアの準備③ 汎用DCファン制御用FET回路の製作

DCファン制御用FET回路を製作する方法について説明します．筆者は，**写真4**の部品を，16ホール・ユニバーサル基板にはんだ付け実装して製作しました．実装例を**写真5**に示します．

基板の表面には，MOS FET，ポリスイッチ，ダイオード，コンデンサを，裏面には抵抗器を実装しました．本例では，この基板をラズベリー・パイやDCファンに接続するために，ピンヘッダを使用し，コネクタ付きの電線で接続できるようにしました．コネクタを使うことで，製作した回路基板の交換が容易になりますが，コネクタの容積がラズベリー・パイ用ケース内で邪魔になることがあります．製作した基板に，直接，はんだ付けしたほうが本回路をラズベリー・パイ用ケース内に収めやすくなります．

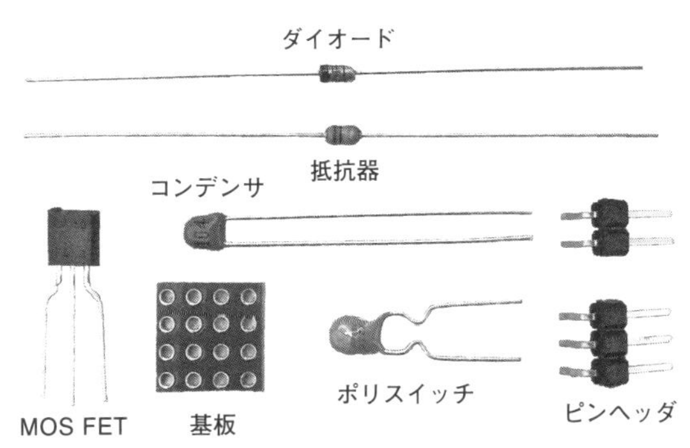

写真4　汎用DCファンの制御用FET回路作成に使用した部品
MOS FETおよびポリスイッチなどの周辺部品，基板，ピンヘッダを使用する

回路基板が完成したら，**写真5**の5Vをラズベリー・パイの拡張用GPIO端子4番ピン(5V)に，GNDを6番ピンに，PWMを8番ピン(GPIO14)に接続し，プラス極をDCファンの＋に，マイナス極をDCファンの－に接続し，DCファンをケースに固定すれば完成です(**写真3**)．

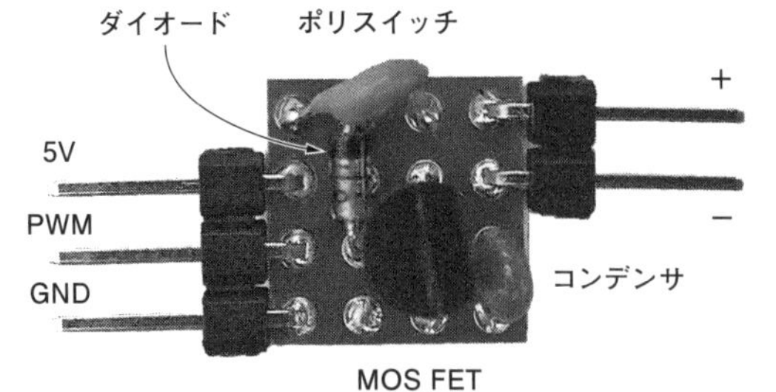

（a）おもな部品（実装面）

（b）はんだ面

写真5　汎用DCファンの制御用FET回路の実装
16ホール・ユニバーサル基板にMOS FET，ポリスイッチなどの周辺部品，ピンヘッダを実装した．ピンヘッダとコネクタを使うと回路基板の交換が可能になるが，直接はんだ付けするとラズベリー・パイ用ケース内にコンパクトに収納することができる．おもな部品実装面(a)と裏のはんだ面(b)

ラズベリー・パイの準備①　起動用ディスクを作成する

マイクロSDカードにラズベリー・パイ起動用OSを書き込むためのパソコン用ソフトウェアRaspberry Pi Imagerを下記からダウンロードします．

Raspberry Pi Imager（PC用ソフト）：
https://www.raspberrypi.org/downloads/

図3のように，パソコン（Windows，macOS，Ubuntu）を使って，ラズベリー・パイ公式のRaspberry Pi OS（旧名Raspbian）をマイクロSDカードに書き込みます．

① Raspberry Pi OSを選択
② 書き込み対象のマイクロSDを選択
③ 書き込みボタンをクリック

以上で起動用ディスクは完成です．

column1　制御用FET回路の周辺部品

図2(b)のダイオードやコンデンサ，抵抗は，故障や誤作動を簡易的に予防するために使用しました．なくても動作しますが，入れておくと安心です．

ダイオードはDCファンの回転中や停止時に発生する逆起電力の簡易的な保護用です．平常の動作であれば必要ありませんが，予期しない高電圧が生じるのを防ぐ効果があります．ここでは安価なダイオードをDCファンに対して並列に挿入しました．DCファンに対して直列に入れたほうが，より安全ですが，直列に挿入する場合は，電圧降下が生じる点と，ダイオードに電流が流れ続ける点を考慮し，整流用ダイオードを使用します．

コンデンサはモータ始動時の瞬時ピーク電流や，モータの逆起電力，MOS FETのON/OFF動作時の急激な電圧変化を鈍らせ，本回路やラズベリー・パイの電源の電圧変動を低減する働きがあります．コンデンサの容量を大きくすると電圧変動を抑えられますが，鈍らせた電流分の突入電流がコンデンサに流れるので，コンデンサの許容電流と，システム始動時の電流供給不足に注意する必要があります．0.1 μF以下の小さなコンデンサであれば，電圧変動の低減効果は少ないものの，突入電流は減るので，安定性に対するリスクや部品の大きさを低減できます．なお，製作例では，回路のサイズの関係から回路図(b)中の10 μFを省略し，0.1 μFのみを実装しました．

抵抗はGPIOがオープンとなったときにFETが誤作動しないように挿入しました．

以上に記した課題は製品設計の際にも考慮が必要な内容ですが，回路や対策内容については実験目的の簡易的なものです．製品化時は十分に検証してください．

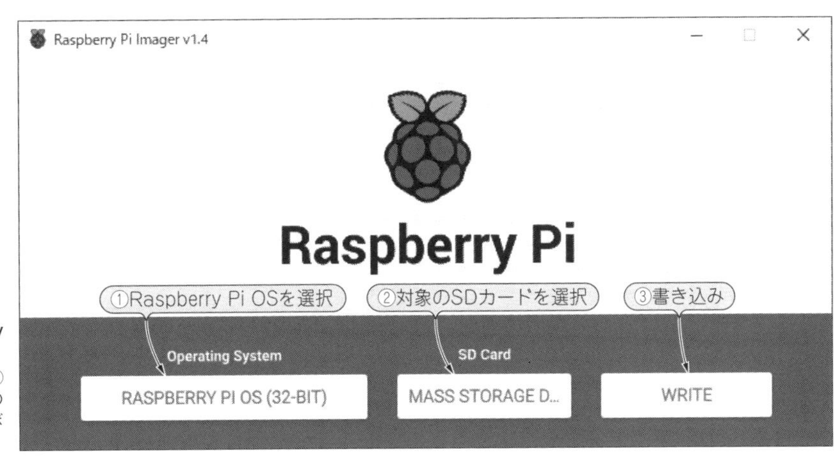

図3
マイクロSDカードにRaspberry Pi OSを書き込む
Raspberry Pi Imagerを起動し，①Raspberry Pi OSを選択し，②対象のマイクロSDを選択し，③書き込みボタンをクリックする

ラズベリー・パイの準備② 周辺機器を接続する

Raspberry Pi OSを書き込んだマイクロSDカードが完成したら，それをラズベリー・パイに装着し，ラズベリー・パイにパソコンのモニタを，USBポートにキーボードとマウスを接続し，最後にACアダプタを接続します．ACアダプタを接続すると，ラズベリー・パイの電源がすぐにONになってOSが起動してしまうので，必ず最後に接続してください．

モニタは，一端がMicro HDMI仕様のHDMIケーブルや，変換アダプタなどを使用して接続します．Raspberry Pi 4 Model BのMicro HDMI端子は2つありますが，電源用のType Cコネクタに近いほう(**図4**の左側)を使用してください．

ラズベリー・パイの準備③ 起動後の設定

初めてOSを起動したときに初期設定ツールが起動します．案内に従ってパスワードやネットワークなどを設定し，再起動してください．とくにパスワードは重要です．ラズベリー・パイが乗っ取られると，LANを経由して他のパソコンやネットワーク機器にも被害が及ぶこともあります．あとで設定を変更する場合は，**図5**のように，画面左上のメニュー・ボタンから[設定](または[Preferences])を選択し，サブ・メニューで[Raspberry Piの設定](または[Raspberry Pi Configuration])を選択します．なお，日本語の設定が有効になるまでは英語表示となる場合があります．

ラズベリー・パイの準備④ LXTerminalを開く

Raspberry Pi OSはDebianというLinux系のOSがベースになっており，システムの詳細な操作には，Bashと呼ばれる文字コマンドを用います．Bashコマンドを入力・実行するには，**図6**のアイコンからLXTerminalを起動します．

LXTerminalにプロンプト「pi@raspberrypi:~ $」が表示されたらコマンド入力待ち状態です．

ラズベリー・パイの準備⑤ 本章のプログラムをダウンロードする

本章で使うプログラムは，LXTerminalに以下のコマンドを入力してダウンロードします．これは筆者が作成したラズベリー・パイ用のサンプ

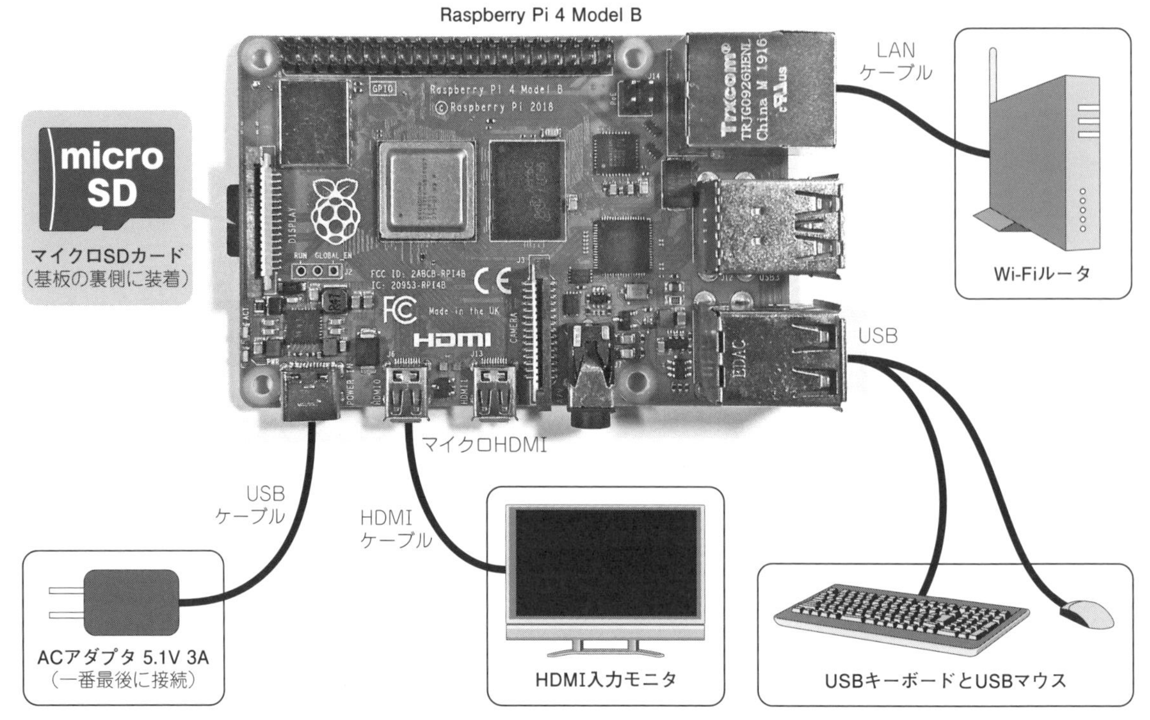

図4　ラズベリー・パイに周辺機器を接続する
作成したマイクロSDカードを挿入し，各周辺機器を接続し，最後にACアダプタを接続する

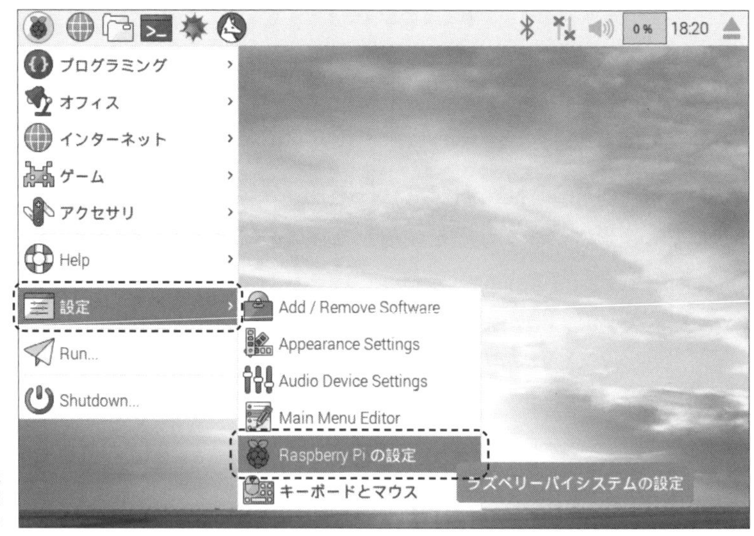

図5
設定画面を開く
表示画面左上の「Menu」内の「設定」(または「Preferences」)から「Raspberry Piの設定」(または「Raspberry Pi Configuration」)を選択する

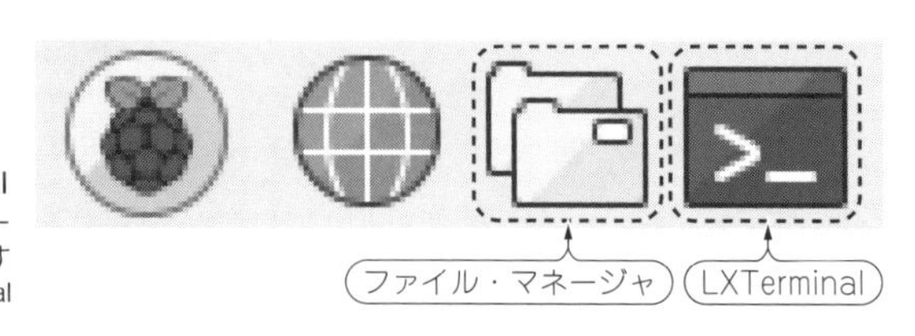

図6
ファイル・マネージャとLXTerminal
画面左上に表示されるファイル・マネージャと，Bashコマンドを入力・実行するためのターミナル・ソフトLXTerminal

ル・プログラム集(raspifan)です.

サンプル・プログラム集:

git clone https://bokunimo.net/git/raspifan⏎

ダウンロードが完了するとraspifanフォルダ内に拡張子pyのサンプル・プログラムが格納されます.

cd raspifan ⏎

で移動し,

ls ⏎

でファイルの一覧を確認してみてください.

プログラムの内容を確認するには,**図6**のファイル・マネージャからpiディレクトリ→raspifanディレクトリに移動し,プログラムex01_gpio.pyをダブルクリックしてから[開く]を選択します.**図7**のようなThonny Python IDEが起動し,プログラムの内容が表示されます.

プログラム1　GPIOでCPU冷却用DCファンを手動ON/OFF制御

最初のプログラムex01_gpio.pyは,キーボードから入力した値に応じてDCモータ(CPU冷却用DCファン)をON/OFF制御します(**図8**).ラズベリー・パイのGPIO14にHレベル(約3.3V)を出力すると,ファンが回転し,Lレベル(約0V)になると停止します.

● 手動DCファン制御プログラムex01_gpio.pyの実行方法

Thonny Python IDE上のプログラムを実行するには,**図9(a)**のThonny Python IDEの[Run]ボタンをクリックします.画面下部のShell部[**図9(b)**]で1⏎を入力するとDCファンがONし,0⏎でOFFします.動作確認を終えたら,**図9(c)**の[Stop]ボタンをクリックし,プログラムを停止させます.

図7　プログラムのダウンロードとその内容
ファイル・マネージャ上でプログラムex01_gpio.pyをダブルクリックし,「開く」を選択するとThonny Python IDEが起動し,プログラムの内容が表示される

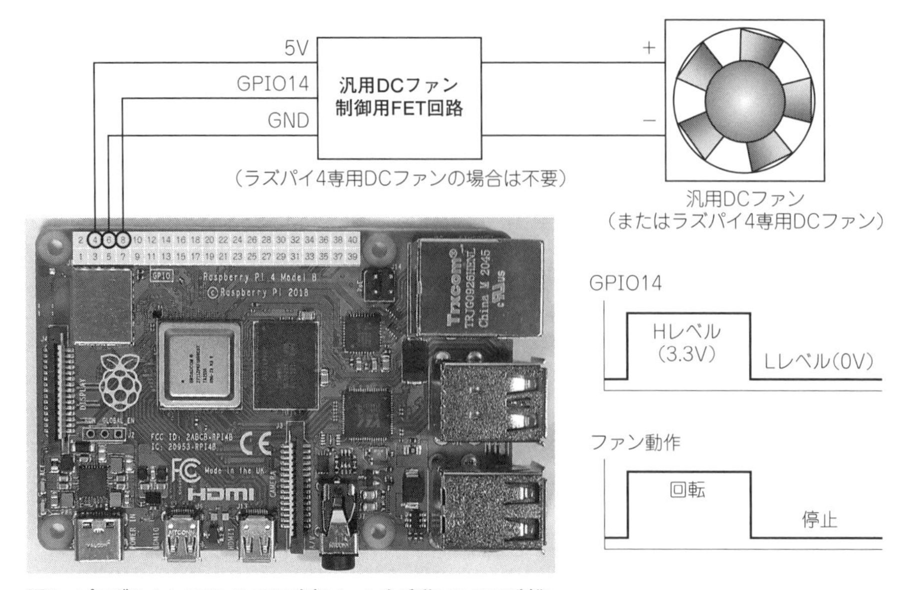

図8　プログラム1 GPIOでCPU冷却ファンを手動ON/OFF制御
ラズベリー・パイ4に接続したCPU冷却用ファンをPythonのプログラムで制御する

図9　Thonny Python IDEの使い方
プログラムを実行するには，(a)の[Run]ボタンを押す．Shell部(b)で1⏎を入力するとON，0⏎でOFFする．(c)の[Stop]ボタンで停止する

```
pi@raspberrypi:~ $ cd ~/raspifan ⏎
pi@raspberrypi:~/raspifan $ ./ex01_gpio.py ⏎
GPIO14 = 0
fan > 1 ⏎
GPIO14 = 1
fan > 0 ⏎
GPIO14 = 0
fan > ^C
KeyboardInterrupt
pi@raspberrypi:~/raspifan $
```

図10　プログラムex01_gpio.pyの実行結果(LXTerminal)
プログラムのパス./に続けてプログラム名を入力すると実行できる．終了は[Ctrl]＋[C]

図10のようにLXTerminalでプログラムを実行することもできます．

● DCモータ制御プログラム(手動) ex01_gpio.pyの内容

リスト1のプログラムex01_gpio.pyの処理の手順について以下に記します．

① 数値変数portにDCファン制御用のGPIOポート番号の14を代入します．

② ラズベリー・パイのハードウェア用デバイス・ドライバRPiモジュールの中からGPIOを制御するGPIOクラス・メソッド(関数)を，本プログラム内に組み込みます．

③ ラズベリー・パイのGPIOポート番号port(＝14)を出力に設定します．

④ 数値変数valを生成して0を代入します．本変数は，GPIOの制御値を保持するために使用します．以降，GPIO出力のLレベルを示す0，またはHレベルを示す1のどちらかを代入します．

⑤ GPIOポート番号port(＝14)の出力値を，処理④で生成した変数valの値に設定します．val＝0のときLレベル(約0V)を，val＝1のときHレベル(約3.3V)を出力します．

⑥ キーボードから文字を入力します．キーボードのリターン・キーが押されるまでプログラムは待機状態になり，リターン・キー入力を受け付けると変数val_sにキーボードで入力した文字列が代入されます．ここでは数字が入力された場合であっても文字列として保持します．

⑦ 文字列変数val_sの内容を0または1の数値に変換し，数値変数valに代入する処理部です．関数boolを使い，0以外の数値が入力されたとき

リスト1　プログラム ex01_gpio.py
キーボードから入力した値(⑥)に応じて，DCモータ(ファン)の回転，停止制御を行う(⑤)

```
#!/usr/bin/env python3

port = 14 ←①                                    # GPIO ポート番号=14 (8番ピン)

from RPi import GPIO ←②                         # GPIOクラスメソッドの取得
GPIO.setmode(GPIO.BCM)                          # ポート番号の指定方法の設定
GPIO.setup(port, GPIO.OUT) ←③                   # ポートportのGPIOを出力に設定

val = 0 ←④                                      # GPIO 制御値 0 または 1
try:                                            # キー割り込みの監視を開始
  ┌ while True:                                 # 繰り返し処理
  │     print('GPIO'+str(port),'=',str(val))    # ポート番号と変数valの値を表示
  │     GPIO.output(port, val) ←⑤               # 変数valの値をGPIO出力
  │     print('fan',end=' > ');                 # キーボード入力待ち表示
⑧│     val_s =input() ←⑥                       # キーボードから入力
  │     val = 0                                 # 制御値を0(Lowレベル)に
  │     if len(val_s) > 0 and val_s.isdigit():  # 入力が数字のとき
  └         val = int(bool(int(val_s))) ←⑦      # 真偽値の整数値をvalに代入
                         ←⑨
except (KeyboardInterrupt,EOFError):            # キー割り込み発生時
    print('\nKeyboardInterrupt')                # キーボード割り込み表示
    GPIO.cleanup(port)                          # GPIOを未使用状態に戻す
    exit()                                      # 終了
```

に1に変換します．文字列変数val_sを関数intで整数型に変換し，関数boolで真理値(TrueまたはFalse)に変換してから関数intで再度，整数型に変換します．外部から入力されたデータは誤作動の原因になることがあるので，一度，文字列変数val_sで受け，数値変数valが取り得る値だけをvalに代入します．

⑧ 繰り返しを行うwhile構文を使用し，処理⑤～⑦を繰り返し実行します．

⑨ キーボードから割り込み処理([Ctrl]＋[C])が発生したときにGPIOを初期状態に戻します．

プログラム2 GPIOでCPU冷却用DCファンを自動ON/OFF制御

プログラムex02_auto.pyは，CPU温度が60℃以上になるとDCモータ(冷却用DCファン)の電源を入れて回転を開始し，55℃以下で停止するファンの自動制御を行います(**図11**)．

● DCモータ制御プログラム(自動) ex02_auto.pyの実行方法

プログラムをLXTerminalで実行するには，ファイル名ex02_auto.pyにパス(./)を付与して，以下のように実行します．

プログラム2の実行方法：

```
cd raspifan ⏎
./ex02_auto.py ⏎
```

このようにLXTerminalからファイル名で実行するには，以下の2つの設定が必要です．記述に従ってダウンロードした拡張子pyの各サンプル・プログラムはすでにこの設定をしてあります．

1つ目の設定は，プログラム・ファイルの実行属性です．新しいファイルを作成するときに，「chmod a＋x ファイル名」を実行し，実行属性を付与してあります．

もう1つの設定は，スクリプト言語を指定するためのshebangです．Pythonの場合，プログラムの先頭行に「#!/usr/bin/env python3」のように記

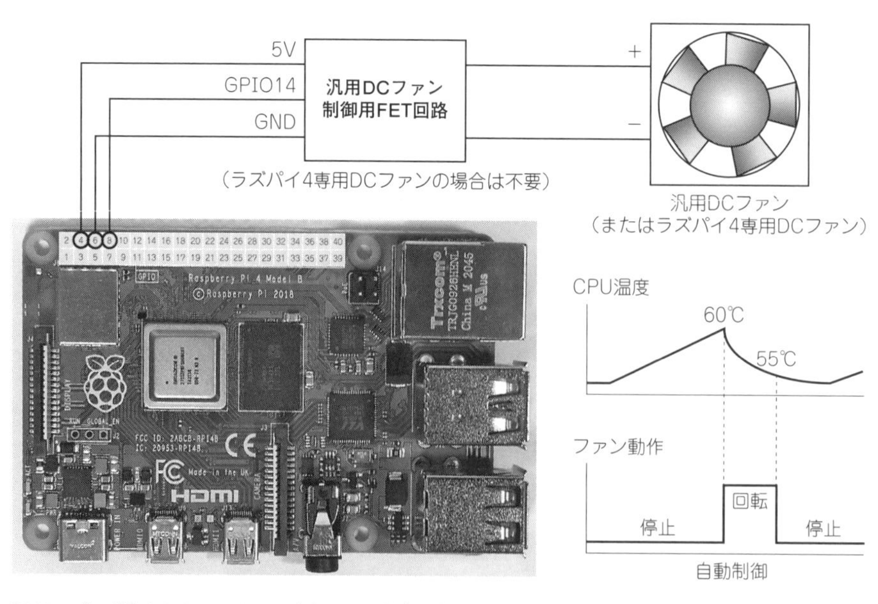

図11　プログラム2 GPIOでCPU冷却ファンを自動制御
CPU温度が60℃に達すると冷却用DCファンを回転させ，55℃以下で停止する

述します．

自分でPythonプログラムを作成したときは，実行属性とshebangの付与を忘れないようにしましょう．

実行結果の一例を**図12**に示します．60℃を超えた図中(a)でGPIO14＝1となってDCファンが回転を始めます．その後，55℃を下回った(b)でGPIO＝0となり，DCファンが停止しました．

● DCモータ制御プログラム(自動) ex02_auto.pyの内容

リスト2のプログラムex02_auto.pyのファン電源を自動制御する処理部について説明します．

① 変数temp_fan_onにDCファンをONにすると

```
pi@raspberrypi:~ $ cd ~/raspifan ⏎
pi@raspberrypi:~/raspifan $ ./ex02_auto.py ⏎
Temperature = 52.6, GPIO14 = 0
Temperature = 53.1, GPIO14 = 0
 ~~~~~~~~~~~~~~~~~~~~~~(省略)~~~~~~~~~~~~~~~~~~~~~~
Temperature = 59.4, GPIO14 = 0
Temperature = 60.9, GPIO14 = 1 ←(a) DCファンの回転を開始
Temperature = 61.3, GPIO14 = 1
 ~~~~~~~~~~~~~~~~~~~~~~(省略)~~~~~~~~~~~~~~~~~~~~~~
Temperature = 55.1, GPIO14 = 1
Temperature = 54.5, GPIO14 = 0
^C                              ←(b) DCファンの回転を停止
KeyboardInterrupt
pi@raspberrypi:~/raspifan $
```

図12 プログラムex02_auto.pyの実行結果(LXTerminal)
60℃を超えた図中(a)でGPIO14＝1となりDCファンが回転を始め，55℃を下回った(b)でGPIO＝0となり，DCファンが停止した．終了は[Ctrl]＋[C]

リスト2 プログラムex02_auto.py
CPU温度が60℃以上でFANを回転(⑦)，55℃以下で停止(⑧)するファンの自動制御を行う

```
#!/usr/bin/env python3

port = 14                                                     # GPIO ポート番号 = 14 (8番ピン)
temp_fan_on = 60   }①                                         # ファンをONにする温度
temp_fan_off = 55  }                                          # ファンをOFFにする温度

from RPi import GPIO                                          # GPIOクラス・メソッドの取得
from time import sleep ←②                                     # スリープ実行関数の取得
GPIO.setmode(GPIO.BCM)                                        # ポート番号の指定方法の設定
GPIO.setup(port, GPIO.OUT)                                    # ポートportのGPIOを出力に設定

filename = '/sys/class/thermal/thermal_zone0/temp' ←③         # 温度値が書かれたファイル
val = 0                                                       # GPIO 制御値 0 または 1
try:            }⑪                                            # キー割り込みの監視を開始
    while True: }                                             # 繰り返し処理
        fp = open(filename) ←④                                # 温度ファイルを開く
        temp = float(fp.read()) / 1000 ←⑤                     # ファイルを読み込み1000で除算
        fp.close() ←⑥                                         # ファイルを閉じる
        print('Temperature =', round(temp,1), end=', ')       # 温度を表示する
        if temp >= temp_fan_on: }⑦                            # CPU温度が60℃以上のとき
            val = 1             }                             # GPIO 制御値用の変数valを1に
        if temp <= temp_fan_off: }⑧                           # CPU温度が55℃以下のとき
            val = 0              }                            # GPIO 制御値用の変数valを0に
        print('GPIO'+str(port),'=',str(val))                  # ポート番号と変数valの値を表示
        GPIO.output(port, val) ←⑨                             # 変数valの値をGPIO出力
        sleep(5) ←⑩                                           # 5秒間の待ち時間処理
except KeyboardInterrupt:            }⑫                       # キー割り込み発生時
    print('\nKeyboardInterrupt')     }                        # キーボード割り込み表示
    GPIO.cleanup(port)                                        # GPIOを未使用状態に戻す
    exit()                                                    # 終了
```

きのCPU温度を代入し，変数temp_fan_offにOFFにするときの温度を代入します．

② 時間を管理するtimeモジュールから待ち時間処理を行うsleep関数を取得します．

③ ラズベリー・パイのCPUに内蔵された温度センサの温度値ファイルです．このファイルにCPU温度の1000倍の値が書かれており，OSが，最新の温度値に随時更新し続けています．

④ 処理③のファイルを開き，ファイルにアクセスするためのオブジェクトfpを生成します．

⑤ 処理④で生成したfpのファイルをread関数で読み込み，float関数で数値に変換し，1000で除算してから変数tempに代入します．

⑥ 処理③で開いたファイルを閉じます．

⑦ CPU温度が代入された変数tempの値が，ファン回転開始温度temp_fan_on以上のときにGPIO出力値を保持する変数valに1を代入します．

⑧ 変数tempの値が，ファン回転開始温度temp_fan_off以下のときにvalに0を代入します．

⑨ 変数valの値をGPIO出力します．変数valが1のときにHレベル（約3.3V）を出力してDCファンを回転し，0のときにLレベル（約0V）でDCファンを停止します．

⑩ 5秒間，何もしない待機処理を行います．

⑪ 処理④～⑩をwhile構文で繰り返し実行します．例外処理の開始を示すtry文は，キーの割り込み処理が発生したときに，処理⑫を実行します．

⑫ キーボードから割り込み処理（[Ctrl]＋[C]）が発生したときにGPIOを初期状態に戻し，プログラムを終了します．

プログラム3 PWM出力でCPU冷却用DCファンの回転速度制御

プログラムex03_pwm.pyは，CPU温度を55 ℃以下に抑えるように，DCモータ（CPU冷却用DCファン）をON/OFF制御ではなく，回転速度を調整します．回転速度は温度を監視しながら自動で行います．

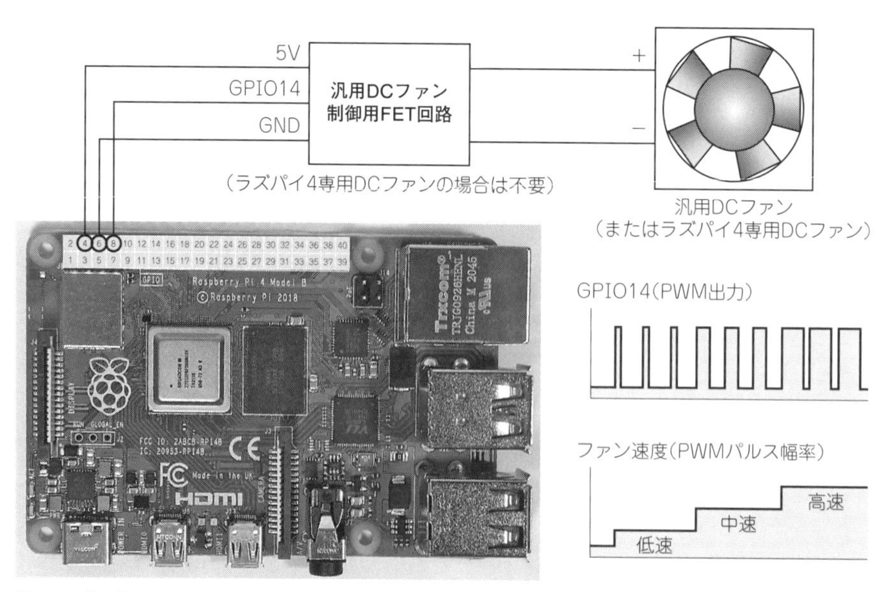

図13　プログラム3 PWM出力でCPU冷却ファンの回転速度を自動制御
CPU温度を55℃以下に抑えるようにDCファンの回転速度を調整する

● PWM出力で回転速度を自動調整する

PWM(パルス幅変調)は，GPIOのON/OFFを周期的に繰り返し，ON/OFFの比率(ON時パルス幅の比率)で1周期分の通電時間(平均電圧)を可変する信号処理です．**図13**のようにON時のパルス幅が狭いときは，通電時間(平均電圧)が短く(低く)なり，DCファンが低速で回転します．ON時のパルス幅を広くすると，より高速に回転させることができます．

本章ではPWMのパルスの周期を20ms(50Hz)にしました．PWM信号をDCファンの電源に使用した場合，PWMのパルスが可聴周波数内だと耳ざわりなノイズが聴こえることがあるので可聴周波数域を避けました．ほかにも出力電圧を直流に平滑化してから制御する方法や，可聴周波数域を超える高い周波数を使用する方法があります．

LXTerminal上での実行結果の一例を**図14**に示します．CPU温度が59.3℃と目標の55℃を大きく超えた**図14**(**a**)の位置ではPWM = 100(制御率100%)でDCファンを高速回転します．温度が56.8℃まで下がった**図14**(**b**)の位置ではPWM = 84(制御率84%)に下げて回転速度を抑える制御を行いました．さらに，目標温度付近の**図14**(**c**)の位置ではPWM = 25(制御率25%)までDCモータの回転数を下げました．

● PWM制御プログラムex03_pwm.pyの内容

リスト3のプログラムex03_pwm.pyのPWMパルス幅を調整する処理部分について説明します．

① 変数temp_targetにCPU温度の目標値を代入します．ここでは55℃に設定しました．

② 目標温度と現在の温度との差に応じて，ファン速度を上げます．ここでは，温度差1℃につきPWMパルス幅比(制御率[%])を35ポイント上げるように設定しました．

③ 目標温度に達したときのファン速度です．ここでは，PWMの制御率25%を設定しました．

④ DCファンが動作可能な最小のPWMパルス幅比(制御率)を変数duty_minに代入します．制御率を下げ過ぎると，DCファンへの電力供給が不足し，回転できなくなります．筆者所有のDCファンでは制御率20%前後で不安定になったので，余裕を見て最小の制御率を25%に設定しました．

⑤ PWMパルス幅比(制御率)を変更する周期を設定します．ここでは，15秒に設定しました．

```
pi@raspberrypi:~ $ cd ~/raspifan ⏎
pi@raspberrypi:~/raspifan $ ./ex03_pwm.py ⏎
Temperature = 59.3, PWM(14)= 100 ←(a) 55℃を大きく超えている
Temperature = 58.0, PWM(14)= 100
Temperature = 56.8, PWM(14)= 84  ←(b) 55℃に近づいた
Temperature = 55.8, PWM(14)= 53
Temperature = 54.8, PWM(14)= 25  ←(c) 55℃を下回った
Temperature = 55.0, PWM(14)= 30 ┐
Temperature = 55.6, PWM(14)= 47 │
Temperature = 55.2, PWM(14)= 35 ├(d) 55℃付近
Temperature = 54.8, PWM(14)= 25 │
Temperature = 55.0, PWM(14)= 29 ┘
^C
KeyboardInterrupt
pi@raspberrypi:~/raspifan $
```

図14　プログラムex03_pwm.pyの実行結果(LXTerminal)
55℃を大きく超えた図中(a)ではPWM＝100でDCファンを高速回転するが，(b)で55℃に近づくと回転速度を抑える自動制御を行った

リスト3　プログラム ex03_pwm.py
CPU温度を55℃以下(①)に抑えるようにDCファンの回転速度を調整する(⑨)

```
#!/usr/bin/env python3

port = 14                                                   # GPIO ポート番号 = 14 (8番ピン)
temp_target = 55 ←①                                        # ファンをOFFにする温度(℃)
accele = 35 ←②                                              # 温度1℃当たりのファン速度
velocity = 25 ←③                                            # 平衡時のファン速度
duty_min = 25 ←④                                            # 最小Duty(ファン動作可能電圧)
period = 15 ←⑤                                              # 制御間隔(秒)

from RPi import GPIO                                        # GPIOクラス・メソッドの取得
from time import sleep                                      # スリープ実行関数の取得
GPIO.setmode(GPIO.BCM)                                      # ポート番号の指定方法の設定
GPIO.setup(port, GPIO.OUT)                                  # ポートportのGPIOを出力に設定
pwm = GPIO.PWM(port, 50) ←⑥                                 # 50Hzを設定
pwm.start(0) ←⑦                                             # PWM出力 0% (Lレベル)

filename = '/sys/class/thermal/thermal_zone0/temp'          # 温度値が書かれたファイル
duty = 0                                                    # PWM制御値(Duty比) 0～100
try:                                                        # キー割り込みの監視を開始
    while True:                                             # 繰り返し処理
        temp = 0                                            # 温度を保持する変数tempを生成
        for i in range(period):                             # 繰り返し処理(回数=period)
            fp = open(filename)                             # 温度ファイルを開く
    ⑧      temp += float(fp.read()) / 1000                 # ファイルを読み込み1000で除算
            fp.close()                                      # ファイルを閉じる
            sleep(1)                                        # 1秒間の待ち時間処理
        temp /= period                                      # 平均値を算出
        print('Temperature =', round(temp,1), end=', ')     # 温度を表示する
⑨→      duty = (temp - temp_target) * accele + velocity     # 出力dutyを算出
        duty = round(duty)                                  # 変数dutyの値を整数に丸める
        if duty <= 0:                                       # 目標以下なので冷却不要
            duty = 0                                        # PWM Duty(ファン速度)を0に
        elif duty < duty_min:                               # ファン非動作範囲(だが要冷却)
            duty = duty_min                                 # PWM Duty(ファン速度)を最小値
        elif duty > 100:                                    # 最大ファン速度を超過
            duty = 100                                      # PWM Duty(ファン速度)を100に
        print('PWM('+str(port)+')=', str(duty))             # ポート番号と変数dutyの値を表示
        pwm.ChangeDutyCycle(duty)          ←⑩               # 変数dutyの値をGPIO出力
except KeyboardInterrupt:                                   # キー割り込み発生時
    print('\nKeyboardInterrupt')                            # キーボード割り込み表示
    GPIO.cleanup(port)                                      # GPIOを未使用状態に戻す
    exit()                                                  # 終了
```

⑥ PWMのパルスの周波数を設定します．ここでは，50Hz(20ms)に設定しました．

⑦ PWM出力を開始します．引き数の0は制御率0%(ファンの回転停止)を示します．

⑧ 1秒ごとに温度を測定し，15秒後に直近15回分の温度の平均値を算出します．

⑨ PWMのパルス幅比を処理⑧で得たCPU温度と，処理①～③で設定した値から算出します．

パルス幅比Duty[%]=(CPU温度－目標温度)×35＋25

⑩ PWMのパルス幅比(制御率)をGPIOに設定し，DCファンの回転速度を変更します．

プログラム4　回転速度制御のようすをクラウドに送信

プログラムex04_ambient.pyは，CPU温度による冷却用DCファン制御のようすをクラウド・サービスAmbientに送信します．Ambientは，測定値などの数値データを蓄積し，スマートフォンやラズベリー・パイ，パソコンのインターネット・ブ

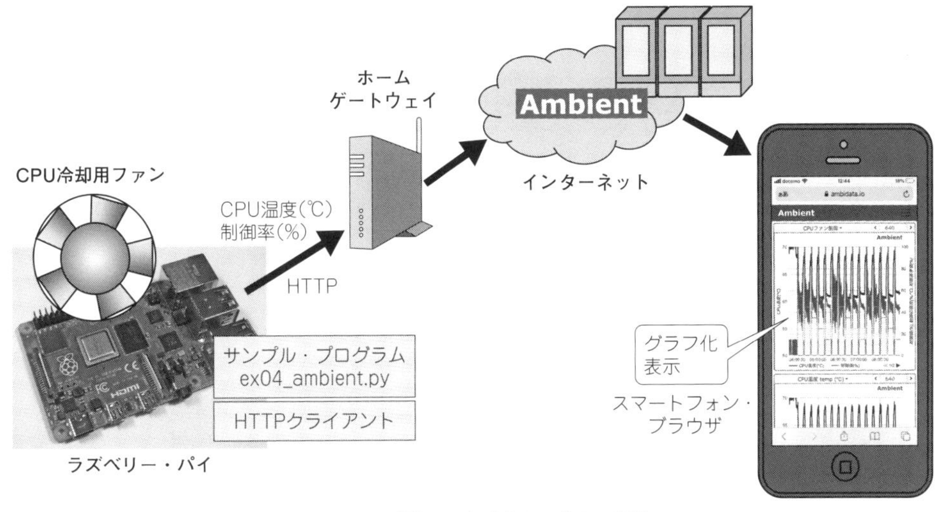

図15　プログラム4 CPU冷却用DCファンの制御のようすをクラウドに送信
測定値などを蓄積しグラフ化するクラウド・サービスAmbientにCPU温度値と制御率[%]を送信し，外部のブラウザでグラフ表示する

ラウザでグラフ表示できるサービスです．無料で最大8つのチャネルID(送信機)まで利用できます．

ここでは，ラズベリー・パイからAmbientにHTTPでデータを送信するシステムを製作します(**図15**)．

● Ambient用IDとライトキーの取得

Ambientを利用するには，ウェブ・サイト(https://ambidata.io/)でユーザ登録後，チャネル一覧画面の[チャネルを作る]を実行し，チャネルIDと，ライトキーを取得します．チャネルIDは送信機に割り当てられた番号で，ライトキーはデータを送信するのときの認証キーです．**リスト4**の①の変数ambient_chidとambient_wkeyを，取得したチャネルIDとライトキーに書き換えてください．

1つのチャネルID(送信機)につき8項目の数値データ(d1～d8)を送信することができます．ここでは，データ項目d1にCPU温度[℃]，d2に制御率[%]を代入して送信します．

● Ambientに送信したデータをブラウザで確認する

プログラムex04_ambient.pyを実行すると，CPU温度と制御率[%]を30秒ごとの間隔でAmbientに送信します．送信データは，Ambientが受信した時刻情報とともにクラウド上のデータベースに保存され，インターネット・ブラウザで表示することができます．データベース容量の制限から，送信間隔は30秒以上(1日3000件以内)にします．データの保存期間は4ヵ月です．

ブラウザでクラウド・サーバAmbientにアクセスすると，送信したデータがほぼリアルタイムにグラフ上に表示されます．**図16**の左側のグラフ*d1*がCPU温度，右側のグラフ*d2*がPWMの制御率duty[%]です．CPU温度が目標の55℃で安定していることと，安定させるために制御したようすがわかります．

● クラウド送信プログラムex04_ambient.pyの内容

リスト4のプログラムex04_ambient.pyのHTTP

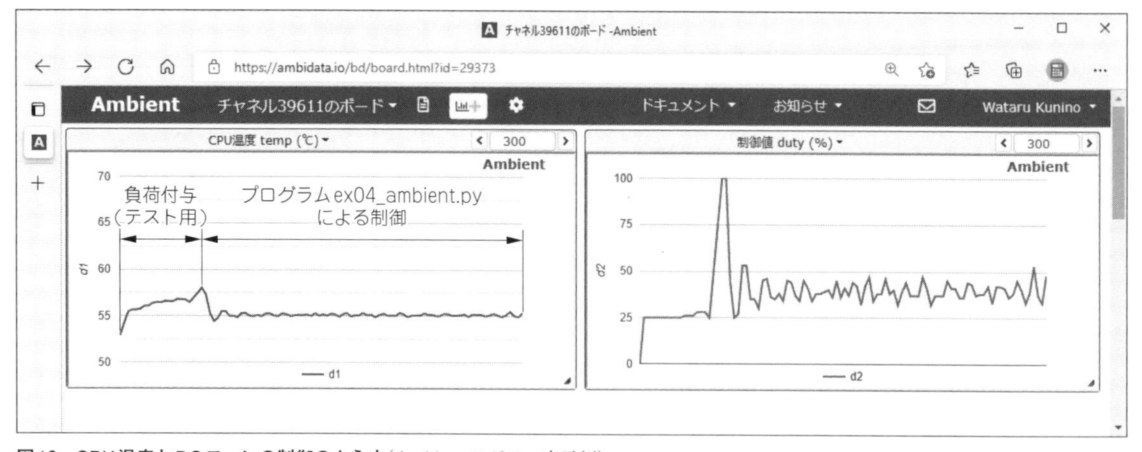

図16　CPU温度とDCファンの制御のようす(Ambientのグラフ表示例)
ほぼリアルタイムにグラフ上に表示される．左側のグラフd1が，CPU温度，右側のグラフd2がPWMの制御率duty(%)

リスト4　プログラム ex04_ambient.py
AmbientにCPU温度値と制御率を辞書型変数に代入(④)し，HTTP POSTで送信する(⑤→⑥→⑦→⑧)

```
#!/usr/bin/env python3

ambient_chid='00000'                 }①        # ここにAmbientで取得したチャネルIDを入力
ambient_wkey='0123456789abcdef'      }          # ここにはライトキーを入力
port = 14                                       # GPIO ポート番号 = 14 (8番ピン)
temp_target = 55                                # ファンをOFFにする温度(℃)
accele = 35                                     # 温度1℃当たりのファン速度
velocity = 25                                   # 平衡時のファン速度
duty_min = 25                                   # 最小Duty(ファン動作可能電圧)
period = 30                                     # 制御間隔(秒) ※30秒以上

from RPi import GPIO                            # GPIOモジュールの取得
from time import sleep                          # スリープ実行モジュールの取得
GPIO.setmode(GPIO.BCM)                          # ポート番号の指定方法の設定
GPIO.setup(port, GPIO.OUT)                      # ポートportのGPIOを出力に設定
pwm = GPIO.PWM(port, 50)                        # 50Hzを設定
pwm.start(0)                                    # PWM出力 0% (Lレベル)

import urllib.request   }②                     # HTTP通信ライブラリを組み込む
import json             }                       # JSON変換ライブラリを組み込む

def sendToAmbient(ambient_chid, head_dict, body_dict): ←⑥
    if int(ambient_chid) != 0:
  ⑦{  post = urllib.request.Request(\
          url_s, json.dumps(body_dict).encode(), head_dict\
      )                                         # POSTリクエストデータを作成
        try:                                    # 例外処理の監視を開始
            res = urllib.request.urlopen(post) ←⑧ # HTTPアクセスを実行
        except Exception as e:                  # 例外処理発生時
            print('ERROR:',e,url_s)             # エラー内容と変数url_sを表示
            return
        res_str = res.read().decode()           # 受信テキストを変数res_strへ
        res.close()                             # HTTPアクセスの終了
    else:
        print('    チャネルID(ambient_chid)が設定されていません')

filename = '/sys/class/thermal/thermal_zone0/temp'        # 温度値が書かれたファイル
url_s = 'https://ambidata.io/api/v2/channels/'+ambient_chid+'/data'      # アクセス先
head_dict = {'Content-Type':'application/json'}           # ヘッダを変数head_dictへ }③
body_dict = {'writeKey':ambient_wkey, 'd1':None,'d2':None}                         }
duty = 0                                                  # PWM制御値(Duty比) 0~100
```

```
try:                                                      # キー割り込みの監視を開始
  while True:                                             # 繰り返し処理
    temp = 0                                              # 温度を保持する変数tempを生成
    for i in range(period):                               # 繰り返し処理(回数=period)
        fp = open(filename)                               # 温度ファイルを開く
        temp += float(fp.read()) / 1000                   # ファイルを読み込み1000で除算
        fp.close()                                        # ファイルを閉じる
        sleep(1)                                          # 1秒間の待ち時間処理
    temp /= period                                        # 平均値を算出
    print('Temperature =', round(temp,1), end=', ')       # 温度を表示する
    duty = (temp - temp_target) * accele + velocity       # 出力dutyを算出
    duty = round(duty)                                    # 変数dutyの値を整数に丸める
    if duty <= 0:                                         # 目標以下なので冷却不要
        duty = 0                                          # PWM Duty(ファン速度)を0に
    elif duty < duty_min:                                 # ファン非動作範囲(だが要冷却)
        duty = duty_min                                   # PWM Duty(ファン速度)を最小値
    elif duty > 100:                                      # 最大ファン速度を超過
        duty = 100                                        # PWM Duty(ファン速度)を100に
    print('PWM('+str(port)+')=',  str(duty), end=', ')    # 変数dutyの値を表示
    pwm.ChangeDutyCycle(duty)                             # 変数dutyの値をGPIO出力
    body_dict['d1'] = temp  ┐                             # 項目d1にCPU温度値tempを代入
    body_dict['d2'] = duty  ┘④                            # 項目d2に制御値dutyを代入
    print(body_dict)                                      # 送信内容body_dictを表示
    sendToAmbient(ambient_chid, head_dict, body_dict)     # Ambientへ送信
except KeyboardInterrupt:                               ⑤# キー割り込み発生時
    print('\nKeyboardInterrupt')                          # キーボード割り込み表示
    GPIO.cleanup(port)                                    # GPIOを未使用状態に戻す
    exit()                                                # 終了
```

送信部の処理について説明します．

① Ambient用のチャネルIDと，ライトキーを'(シングルコート)内に記入してください．

② (HTTP送信を行うのに必要な)HTTPクライアント機能urllib.requestと，辞書型変数をJSON形式のデータに変換するためにjsonモジュールを組み込みます．

③ HTTPヘッダに追加する情報を保持するための辞書型変数head_dictと，コンテンツ本文を保持するための辞書型変数body_dictを生成します．head_dictにはコンテンツがJSON形式であることを示す情報を代入します．body_dictには処理①のライトキーを代入します．

④ 辞書型変数body_dictの項目d1にCPU温度値を，d2にPWMの制御率(%)を代入します．

⑤ AmbientにHTTP送信する関数sendToAmbientを呼び出します．第1引き数のambient_chidは，処理①で代入したAmbient用のチャネルIDです．

⑥ 前処理⑤から呼び出すAmbientにHTTP送信する関数sendToAmbientです．

⑦ 引き数で受け取った辞書型変数body_dictをJSON形式の文字列に変換し，通信用の8ビットのバイト列に変換してから，URL，head_dictとともにurllib.request.RequestでHTTP送信用データに変換し，HTTPリクエスト用のオブジェクトpostを生成します．

⑧ 前処理⑦で生成したpostを使ってAmbientにHTTP送信します．HTTP GETとPOSTの場合は，コンテンツ本文の有無で自動的に判断され，本例ではHTTP POSTになります．

● DCファン制御テスタ

CPU冷却用DCファンを制御するときのパラメータtemp_targetと，accele，velocity(プログラム3の説明参照)は，製作したCPU冷却システムの性能やラズベリー・パイの使い方，使用する周辺環境，冷却の目的や制御指針などによって，最適な

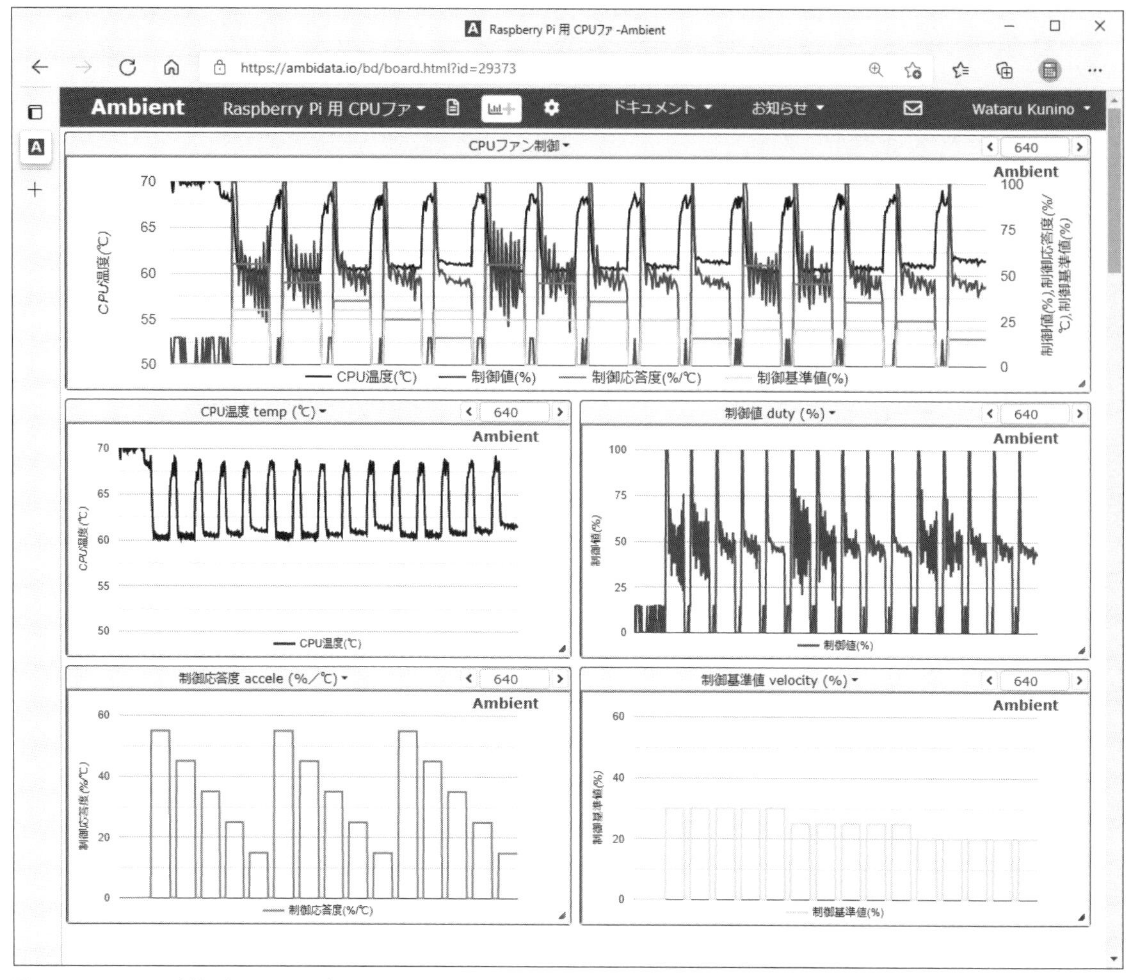

図17　DCファンの制御パラメータを全15通りの組み合わせで実行してグラフ表示した(Ambient)
プログラムfan_tester.pyを実行すると，5分間CPU温度を上げ，15分間DCファンの制御を行う動作を15通りの組み合わせで繰り返す

値が異なります．

そこで，5種類のaccele(accele_list = [55, 45, 35, 25, 15])と，3種類のvelocity(velocity_list = [30, 25, 20])について，全15通りの組み合わせで各15分ずつ制御するプログラムfan_tester.pyを作成し，同じフォルダに収録しました．目標温度temp_targetは60℃の固定値にしました．

このプログラムを実行後5分間はCPUの負荷を高めてCPU温度を上げます．その後15分間はDCファンを動作させます．この20分間の処理を計15回繰り返します(**図17**)．Ambientへのデータ送信に加え，CSVファイルの保存機能やUDP送信機能も付与しました．どの組み合わせが最適なのか試してみてください．

第5章 指示とおりの角度にピタッと動力制御

ラズベリー・パイでサーボ・モータ制御

サーボ・モータは，正確な角度まで移動して止めることができます．これをマイコンで作ったPWM(パルス幅変調)で制御します．
サーボ・モータのパルス幅に合わせた補正方法も紹介します．

本章ではサーボ・モータを指示どおりの角度にピッタリと合わせる動力制御を行います．同じLAN内のインターネット・ブラウザで操作できます(**図1**)．

ハードウェアの準備① サーボ・モータとは

サーボ・モータは，指示どおりの角度に回転軸を制御できるモータです．通常のDCモータと異なり，指示角度を入力する機能，角度(軸位置)を検出する機能，現在の角度(軸位置)に追従してモータを(帰還)制御する機能が入っています．

図2のようなPWM信号をサーボ・モータに入力すると，そのパルス幅に応じた指示角度に向けてサーボ・モータの軸を回転し，指示角度に到達すると回転を停止します．

ハードウェアの準備② サーボ・モータの接続方法

この章では電子工作用として広く使われているTower Pro製マイクロ・サーボ・モータSG90を使用します．このサーボ・モータには，茶色，橙色，

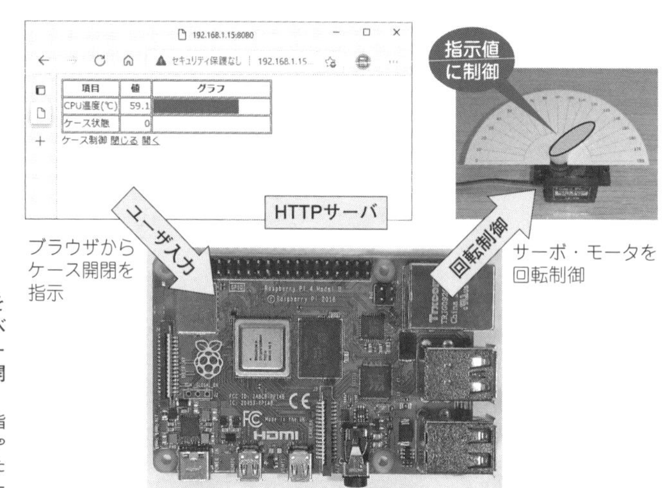

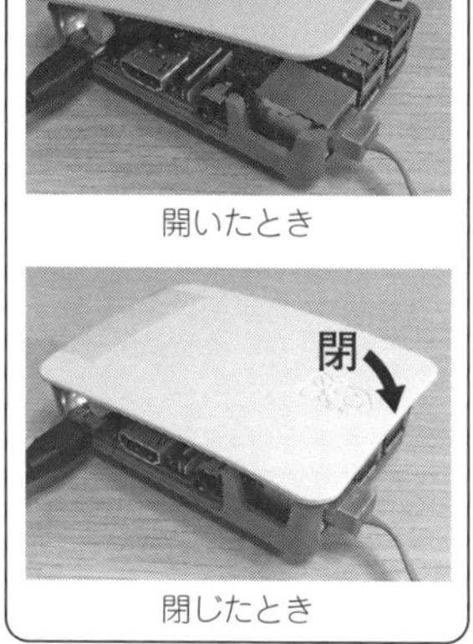

図1 サーボ・モータを制御して，ラズベリー・パイのケースの上げぶたを開閉制御
ブラウザから開閉指示を入力したときやCPU温度が上昇したときにサーボ・モータを回転制御する

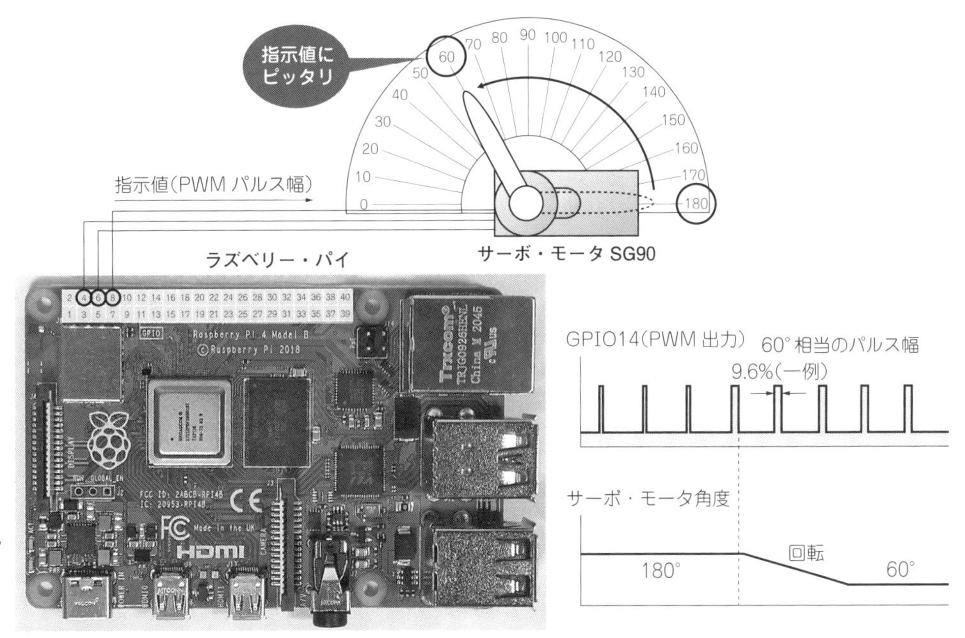

図2
サーボ・モータの動作
PWM信号をサーボ・モータに入力すると，パルス幅に応じた指示角度に向かって自動回転し，指示角度で停止する

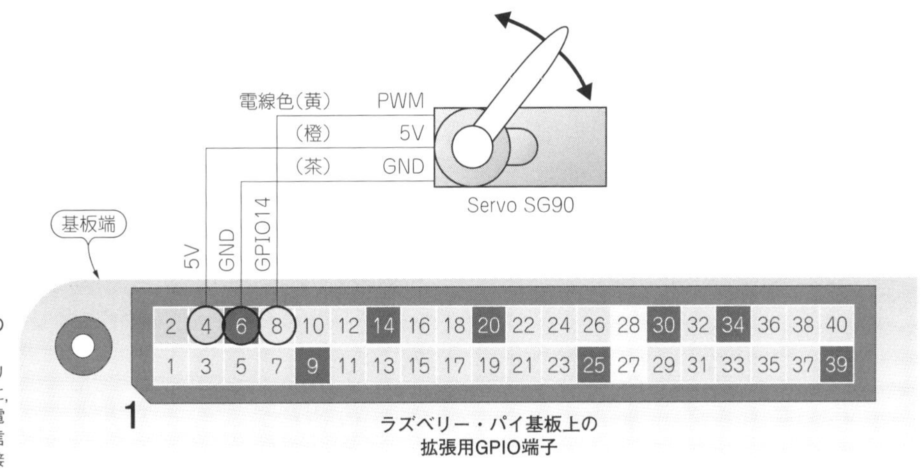

図3
サーボ・モータSG90の接続回路図
茶色のGND電線をラズベリー・パイ6番ピンのGNDに，橙色の電源を4番ピン5V電源端子に，黄色のPWM信号を8番ピンGPIO14に接続する

黄色の電線が接続されており，茶色の電線がGND，橙色が電源5V，黄色がPWM信号です．

回路図(**図3**)のように，サーボ・モータの茶色のGND電線をラズベリー・パイ6番ピンのGNDに，橙色の電源を4番ピン5V端子に，黄色のPWM信号を8番ピンGPIO14に接続します．ラズベリー・パイ側の4番ピン，6番ピン，8番ピンに接続する電線の色は，順に橙色，茶色，黄色になります．サーボ・モータの電線に取り付けられているピン・ソケットの順序は，茶色，橙色，黄色なので，**写真1**のように茶色と赤色を入れ替えてください．

SG90を制御するためのPWM信号は，ON区間が5V，OFF区間が0Vです．実力的にはラズベリー・パイのGPIO信号(電圧3.3V)でも動作します．なお，SG90はおもにホビー向けの電子工作用部品です．量産製品でサーボ・モータを使用する場合は，電源や信号線に必要な保護回路を入れてください．

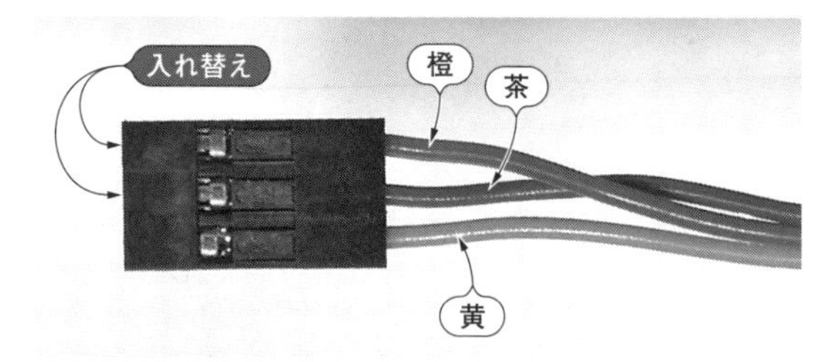

写真1　ピン・ソケットのピンの順序を橙，茶，黄の順に挿し替える
ラズベリー・パイ側の4，6，8番ピンに橙色，茶色，黄色のリード線を接続する

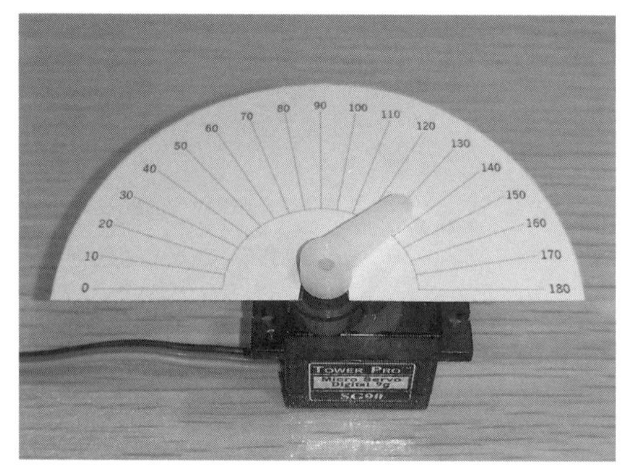

写真2　ホーン・アームと角度表示板を取り付けたサーボ・モータ
SG90に付属するプラスチック製のホーン・アームと，紙製の角度表示板を取り付けた

ハードウェアの準備③ 分度器を印刷して取り付ける

サーボ・モータの軸の回転位置を確認するために，SG90に付属するプラスチック製のホーン・アームと，サーボ・モータの回転軸の角度がわかるようにした角度表示板を**写真2**のように取り付けます．

分度表示板は，第4章の準備⑤でダウンロードしたファイルを展開してraspifanフォルダ内のprotractor.pdfをプリンタで印刷して使ってください．ハサミで切り抜き，サーボ・モータの回転軸に接触しないよう両面テープで取り付けます．

ホーン・アームの取り付け角度は，ケース内部の回転軸ギアの下部にある2本のストッパから右回りに約100°の方向に合わせます．ストッパの位置がわかりにくい場合は，このあとで紹介しているプログラム5を使ってサーボ・モータを指定角度に回転移動してから，指示した角度の位置にホーム・アームを取り付けます．

column1　分度器の角度は右回り(CW)

一般的に用いられている角度は左回りに増加しますが，分度器や，アナログのテスタ，メータ，パソコン用の描画ソフトでは，右回り角度を使用する場合があります．

分度器やテスタは直線と同じ右方向を正転としたためでしょう．また，パソコン画面では左上を原点とし，Y軸を下方向に規定した場合に右回りを採用することがあります．

モータの場合は，回転軸(出力側)を正面から見て右回り方向をCW(時計回り)，左回り方向CCW(反時計回り)と呼びます．日本のJIS規格では左回りのCCWを正転としていますが，国や用途によって異なります．SG90はCCWを正転としています．

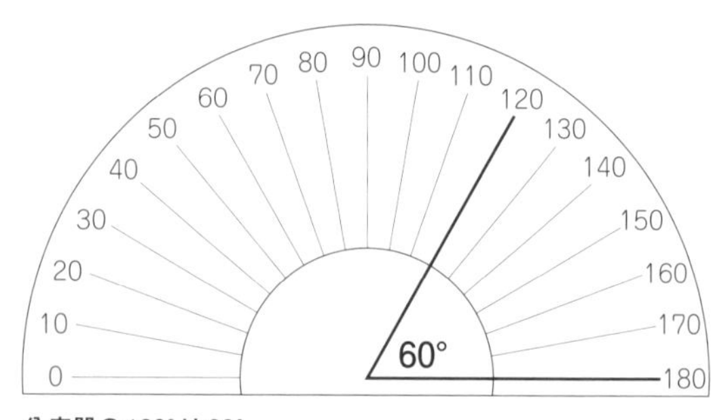

分度器の120°は60°
分度器の角度は右回りに増大するが，一般的な角度は左回り

ハードウェアの準備④ サーボ・モータの制御方法

筆者が入手したサーボ・モータSG90は，周波数50Hz(周期20ms)のPWMを用い，パルス幅比が3.0%のときに右回り角180°の位置，パルス幅比11.8%のときに0°の位置に止まりました(制御信号3.3V)．したがって，下式から90°の位置はパルス幅比7.4%，60°は8.9%となることがわかります．

$$パルス幅比[\%] = (11.8 - 3.0) \times (180 - \theta) \div 180 + 3.0$$

なお，本章では，分度器と同じ右回り方向に増加する角度を用います(詳細はコラム1参照)．また，使用する個体によってパルス幅比と角度の関係に差が生じます(補正方法はコラム3参照)．

サーボ・モータ Tower Pro SG90の特徴

秋月電子通商などで売られているTower Pro製

column2 サーボ・モータの仕様の違い

4種のサーボ・モータのおもな仕様を表に示します．この表から仕様の違いとサイズとの傾向について説明します．

サーボ・モ　タのサイズは，マイクロ，ミニ，標準のように分類されています．メーカやモデルによって寸法に違いがありますが，固定位置などに似通った(緩い)互換性がある場合もあります．

●停動トルク

停動トルク(Stall Torque)は，負荷(回転軸に取り付けた部品)が重くて回転が停止してしまうときのトルクです．サイズの大きなサーボ・モータのほうが停動トルクが高い傾向があり，本表の中では5倍以上の差があります．1.8kg・cmは，軸の中心から1cm離れた位置で1.8kgの重りを垂直に持ち上げることが可能な力です．

●無負荷時消費電流

無負荷時消費電流は，負荷がない状態で回転しているときの消費電流です．サイズの大きなサーボ・モータほど，高くなる傾向があります．また，実際に使用する際は負荷がかかるので，負荷のトルクに応じた電流が加算されます．とくに，始動時や停止時，不連続な回転の発生時，誤って手などが触れて負荷が高まったときなどは，停動トルクの高いサーボ・モータほど，動作時の消費電流がより多く増え，システムの電源に負担が生じます．停動時電流が仕様化されているモデルもあります．

●不感バンド幅

不感バンド幅(Dead Band Width)は，制御に用いるPWM信号の最小感度です．値が小さいほうが，より高い精度での制御が可能ですが，PWM信号のパルス幅に不感バンド幅以上の変動(ジッタ)があるとサーボ・モータが静止しなくなります．

以上のとおり，サイズの大きなサーボ・モータのほうが高性能である傾向がみられますが，機器に組み込む空きの容積や重さ，高トルクゆえの電源回路への負担に注意する必要があります．

Tower Pro SG90仕様表

仕様項目＼品名	Tower Pro SG90	FEETECH FS90	FEETECH FT1117M	Tower Pro MG996R
サイズ	マイクロ	マイクロ	ミニ	標準
重さ	9g	9g	20.5g	55g
回転範囲	180°	180°	200°	180°
停動トルク	1.8kg・cm	1.3kg・cm	3kg・cm	9.4kg・cm
回転速度	0.1秒/60°	0.12秒/60°	0.13秒/60°	0.19秒/60°
動作電圧	4.8V～5V	4.8V～6V	4.8V～6V	4.8V~6.6V
無負荷時消費電流	100mA(実測)	100mA	130mA	170mA
不感バンド幅	10μ秒	8μ秒	2μ秒	1μ秒

写真3
サーボ・モータ Tower Pro SG90
9gと軽量かつ小型で，安価．秋月電子通商などで入手できる

表1　Tower Pro SG90仕様表

項目		仕様／実測値
重さ		9g
大きさ		22.2 × 11.8 × 31mm
停動トルク		1.8kg・cm
回転速度		0.1秒/60°
動作電圧		4.8～5V
消費電流		100mA～180mA(実測)
不感バンド幅		10μ秒(約0.9°相当)
パルス周期		約20ミリ秒(50Hz)
パルス幅	範囲	0.5ミリ秒～2.4ミリ秒
	右に90°	1ミリ秒(5%)
	中央0°	1.5ミリ秒(7.5%)
	左に90°	2ミリ秒(10%)

参考文献：SG90 9 g Micro Servo Datasheet

SG90(**写真3**)は，9グラムと軽量かつ小型で，安価なサーボ・モータです．小型ゆえに精度が必要な動力制御や，重量のある部品の制御には向いていませんが，ホビー用，試作用，実験用，一品ものなどに使いやすく，人気のあるサーボ・モータの1つです．

表1に，構造仕様(重さ，大きさ)，動力仕様(停動トルク，回転速度)，電気仕様(電圧，電流)，信号仕様(不感バンド幅，パルス周期，パルス幅)を示します．サーボ・モータ4モデルの仕様とサイズによる傾向について，コラム2で紹介します．

プログラム5 キーボードから入力した角度にピタッと停止

第4章と第5章は，モータ関連のプログラムを紹介しています．プログラム番号は，第4章から続けて連番を使っています．

プログラムex05_servo.pyは，サーボ・モータの角度を制御するためのPWM信号を生成し，キーボードから入力した角度に回転軸を停止させます(多少の振動が残ることがあります)．ホーン・

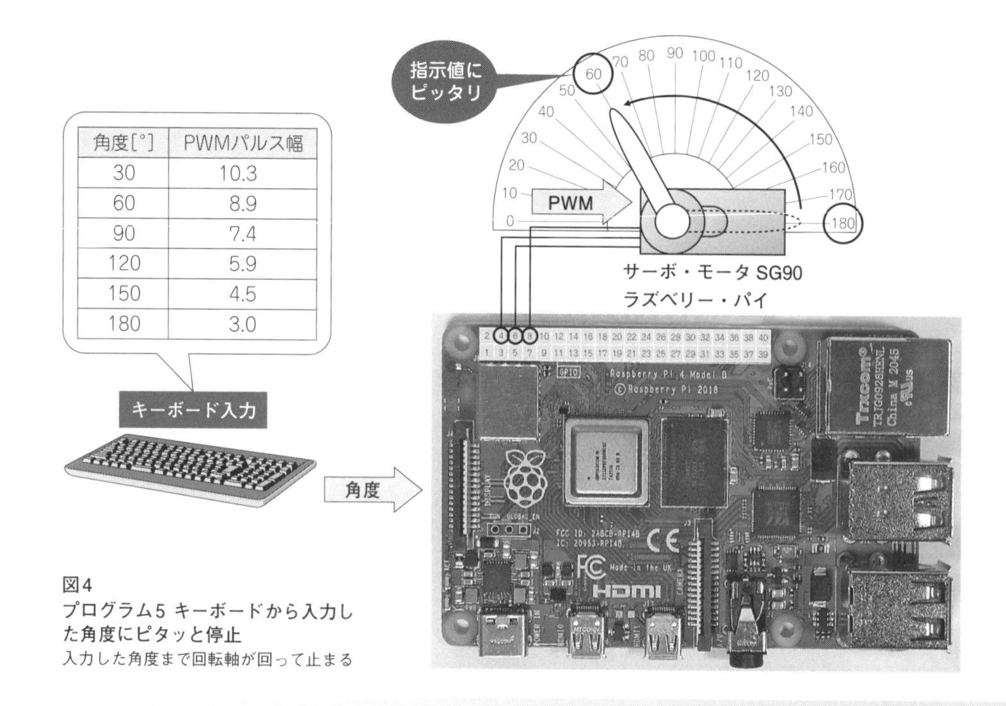

角度[°]	PWMパルス幅
30	10.3
60	8.9
90	7.4
120	5.9
150	4.5
180	3.0

図4
プログラム5 キーボードから入力した角度にピタッと停止
入力した角度まで回転軸が回って止まる

図5　Thonny Python IDEを使いプログラムを実行した
画面下部のShell部(b)で指示角60⏎を入力すると，サーボ・モータが回転し，角度表示板の60°の位置で停止した

アームと角度表示板を取り付けたサーボ・モータSG90で，ピタッと停止するようすを確認してみましょう(**図4**)．

● サーボ・モータ角度制御プログラム ex05_servoの実行方法

プログラムex05_servo.pyをThonny Python IDEで開き，**図5**(a)の[Run]ボタンをクリックし，画面下部のShell部**図5**(b)で指示角60⏎を入力すると，サーボ・モータが回転し，角度表示板の60°の位置で停止します．また，90⏎を入力すると90°の位置に移動します．

初めて使用するときは，ex05_servo.pyに90⏎を入力し，サーボ・モータの回転軸を90°の位置に移動してから，**図5**(c)停止ボタンでプログラムを停止し，ホーン・アームを90°付近の位置に取り付けると，入力した指示角度と，ホーン・アームが示す角度表示板の目盛りとが近づきます．精度を高めたいときは，コラム3を参照して，補正してください．

リスト1　プログラム ex05_servo.py
キーボードから入力した値に応じて(③)，サーボ・モータの角度を制御する(⑤)

```
#!/usr/bin/env python3

port = 14                                    # GPIO ポート番号=14(8番ピン)
duty_min = 3.0  }①                           # 180°のときのPWMのDuty比
duty_max = 11.8 }                            # 0°のときのPWMのDuty比

from RPi import GPIO                         # GPIOモジュールの取得
from time import sleep                       # sleepモジュールの取得
GPIO.setmode(GPIO.BCM)                       # ポート番号の指定方法の設定
GPIO.setup(port, GPIO.OUT)                   # ポートportのGPIOを出力に設定
pwm = GPIO.PWM(port, 50)                     # 50Hzを設定
pwm.start(0)                                 # PWM出力 0%(Lレベル)

def deg2duty(deg): ←②                        # Duty比を計算する関数
    return (duty_max - duty_min) * (180 - deg) / 180 + duty_min
    # return (duty_max - duty_min) * deg / 180 + duty_min

try:                                         # キー割り込みの監視を開始
    while True:                              # 繰り返し処理
        print('servo',end=' > ');            # キーボード入力待ち表示
        val_s =input() ←③                    # キーボードから入力
        if len(val_s)<0 or not val_s.isdigit():  # 入力が数字でないとき
            continue                         # whileの先頭に戻る
        val = int(val_s)                     # 整数値をvalに代入
        if val < 0 or val > 180:             # 0～180の範囲外のとき
            continue                         # whileの先頭に戻る
        duty = deg2duty(val) ←④              # 角度値をデューティに変換
        pwm.ChangeDutyCycle(duty) ←⑤         # サーボの制御を実行
        print('PWM('+str(port)+')=', str(duty))  # ポート番号と変数dutyを表示

except (KeyboardInterrupt,EOFError):         # キー割り込み発生時
    print('\nKeyboardInterrupt')             # キーボード割り込み表示
    GPIO.cleanup(port)                       # GPIOを未使用状態に戻す
    exit()                                   # 終了
```

● サーボ・モータ角度制御プログラム ex05_servoの内容

リスト1のプログラムex05_servo.pyの角度制御処理について以下に記します．

① サーボ・モータを制御するPWMのパルス幅比の範囲を設定します．初期値は筆者保有の個体

column3　サーボ・モータの個体差を調整しよう

サーボ・モータの個体差によって回転角が合わないことがあります．より正確に制御するには，プログラム5～8のduty_min(初期値3.0)とduty_max(初期値11.8)で補正します．duty_minは，軸位置が180°のときのPWMのパルス幅率(%)，duty_maxは0°のときのパルス幅率(%)です．

個体差の調整は，ダウンロードしたサンプル・プログラム集raspifanフォルダ内のプログラムpwm_tester.pyを実行し，パルス幅率をおよそ2.5～12(%)の範囲で入力し，ホーン・アームの可動範囲を確認します．範囲が合わないときは，SG90のホーン・アームの取り付け角度を変更します．ただしギアの歯数(21T)の影響を受けます．このサーボモーターの場合は約17°単位になります．

可動域が合えば，パルス幅比を変更しながらサーボ・モータが180°を示すときのパルス幅比を探し，プログラム5～8のduty_minに代入します． 0°についても同様にduty_maxに代入します．

```
pi@raspberrypi:~ $ cd ~/raspifan ⏎
pi@raspberrypi:~/raspifan $ ./ex05_servo.py ⏎
servo > 0 ⏎
PWM(14)= 11.8
servo > 45 ⏎
PWM(14)= 9.6
servo > 90 ⏎
PWM(14)= 7.4
servo > 135 ⏎
PWM(14)= 5.2
servo > 180 ⏎
PWM(14)= 3.0
servo > ^C
KeyboardInterrupt
pi@raspberrypi:~/raspifan $
```

図6
プログラムex05_servo.pyの実行結果(LXTerminal)
プログラムのパス./に続けてプログラム名を入力すると実行できる．終了は[Ctrl]＋[C]

に合わせてあり，このままでも動作しますが，使用する個体に合わせたいときはコラム3を参照してください．

② 角度をPWMパルス幅比に変換する関数deg2dutyを定義します．次の行にあるreturnの右に続く式が角度表示板などで使われる右回り方向(CW)を正とする角度からパルス幅比への変換式です．なお，この下の#で無効化した行は，一般的な左回り方向(CCW)の角度からパルス幅比への変換式です．

③ キーボードからテキストの文字列を入力するinput命令を使って，文字列変数val_sに角度を入力します．入力された文字列は，後の処理で数値に変換され，数値変数valに代入されます．

④ 処理②で定義した関数deg2dutyを使って，角度をPWMパルス幅比dutyに変換します．

⑤ PWM出力のパルス幅を変数dutyの値に変更し，サーボ・モータの回転を制御します．

プログラムex05_servo.pyをLXTerminalで実行したときのようすを**図6**に示します．

プログラム6
低速回転制御

プログラムex06_velocity.pyは，PWMパルス幅を徐々に変化させる低速回転制御用プログラムで動作時の消費電力を抑え，より強い動力が得られます．使用方法はプログラム5と同じですが，半分の回転速度で回することができます(**図7**)．

● サーボ・モータの低速駆動で省電力・ラクラク制御

回転速度を落とすことで，動作時の平均消費電流が下がり，ラズベリー・パイから電力供給するときの負担を軽減することができます．また，回転速度が遅いほど回転中に必要な所要トルクや，遠心力，モータ本体への反作用の影響が減るので，より重いものを動かしやすくなります．ただし，最大トルクや始動時の瞬時的な所要トルクが支配的に必要となる場合は，あまり改善できません．

回転速度を0.5倍，0.33倍，0.25倍にしたときのサーボ・モータSG90の平均消費電流の実測値を**表2**に示します．動作中の電流の変動が大きいため，アナログ・テスタを用い，針の滞在時間が長いときの値(5mA単位，ただし目分量)で測定しました．

測定の結果，速度が遅いほど消費電流が下がることが確認できました．しかし，動作時間を含めた電流量に換算すると，速度が遅いほど電流量が増大します．さらに回転中に不連続な動作があると，それを戻そうとする動作(帰還制御)が生じるので，電流量はさらに増えます．とくに，0.25倍にしたときは低速すぎるゆえに不連続となること

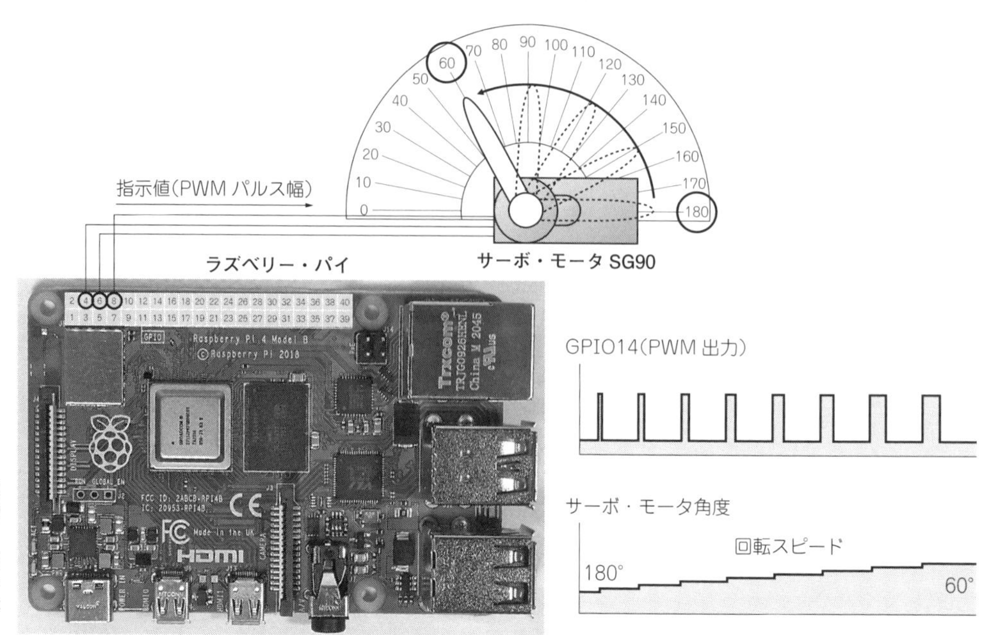

図7 プログラム6 低速回転で省電力・ラクラク動力制御
サーボ・モータ制御用PWMのパルス幅を徐々に変化させて低速回転

表2 サーボ・モータSG90の平均消費電流の実測値

回転速度	消費電流(実測)	電流量(換算)
X 1	100mA	36mA・秒
X 0.5	75mA	54mA・秒
X 0.33	60mA	65mA・秒
X 0.25	50mA	72mA・秒以上

が多く，実用的に使用可能なのは0.33倍まででした.

● サーボ・モータの低速駆動プログラム ex06_velocityの内容

リスト2のプログラムex06_velocity.pyのPWM生成方法について以下に記します.

① サーボ・モータの回転速度を変数velocityに代入します．サーボ・モータSG90は，0.36秒で180°の回転を行います．ここでは，

180 ÷ 0.36 ÷ 2 = 250°/秒

を代入し，0.5倍速としました.

② 1周期分(0.02秒)のPWM出力を行う関数pwm_outの定義部です．引き数dutyにはパルス幅比(%)を入力します．関数内では，合計の待ち処理時間20msを，百分率でパルス幅比を示す引き数dutyで分割し，PWM用のON区間の処理③とOFF区間の処理④を行います.

③ PWM出力用のGPIOポート14をHレベルに設定し，パルス幅比に応じた待ち時間処理を行います．引き数duty = 10(%)であれば，0.002(秒)の待ち時間となります.

④ GPIOポート14をLレベルに設定し，1周期0.02(秒)の残り時間の待ち時間処理を行います．引き数duty = 10(%)であれば残時間0.018(秒)の待ち時間になります.

⑤ 低速回転用にPWMのパルス幅を徐々に変化させる処理部です．目標となる終点のPWMのパルス幅比を変数targetに代入し，制御方向を変数v_signに代入します．制御方向v_signは，目標となる終点のパルス幅比targetが現在値dutyよりも大きいときが+1，小さいときが−1です．処理⑥で変数dutyを更新してから，処理②で定義したpwm_outでPWM出力を行います.

⑥ 制御方向v_signが+1のときにPWMのパルス幅比dutyに変数deltaの値を加算し，−1のと

リスト2　プログラム ex06_velocity.py
PWM出力用の関数(②)を用い，パルス幅を徐々に変化(⑤)させて，サーボ・モータの低速回転を実行する

```
#!/usr/bin/env python3

port = 14                                                  # GPIO ポート番号=14 (8番ピン)
velocity = 180. / 0.36 / 2 ◀── ①                          # 最大回転速度(° /秒)の半分
duty_min = 3.0                                             # 180°のときのPWMのDuty比
duty_max = 11.8                                            # 0°のときのPWMのDuty比
delta = (duty_max - duty_min) * velocity / 50 / 180        # 1サイクル当たりの回転角

from RPi import GPIO                                       # GPIOモジュールの取得
from time import sleep                                     # sleepモジュールの取得
GPIO.setmode(GPIO.BCM)                                     # ポート番号の指定方法の設定
GPIO.setup(port, GPIO.OUT)                                 # ポートportのGPIOを出力に設定

def deg2duty(deg, offset = 0):                             # Duty比を計算する関数
    return (duty_max - duty_min) * (180 - deg) / 180 + duty_min
    # return (duty_max - duty_min) * deg / 180 + duty_min

def pwm_out(duty): ◀── ②                                   # 単一PWM出力用の関数
    GPIO.output(port, 1)  } ③                              # Highレベルを出力
    sleep(duty / 5000)                                     # 入力Duty比の待ち時間処理
    GPIO.output(port, 0)        } ④                        # Lowレベルを出力
    sleep(1 / 50 - duty / 5000)                            # Duty比の残り時間待ち処理

duty = duty_min                                            # PWM制御値(Duty比) 0～100
try:                                                       # キー割り込みの監視を開始
    while True:                                            # 繰り返し処理
        print('servo',end=' > ');                          # キーボード入力待ち表示
        val_s =input()                                     # キーボードから入力
        if len(val_s)<0 or not val_s.isdigit():            # 入力が数字でないとき
            continue                                       # whileの先頭に戻る
        val = int(val_s)                                   # 整数値をvalに代入
        if val < 0 or val > 180:                           # 0～180の範囲外のとき
            continue                                       # whileの先頭に戻る
   ⑤ {  target = round(deg2duty(val),1)                    # 角度値をデューティに変換
        v_sign = (target > duty)-(target < duty)           # 目標の大小を符号に変換
        while True:                                        # PWM出力を行うループ
            duty += v_sign * delta ◀── ⑥                   # 変数dutyに回転角分を加減算
            if v_sign * (duty - target) >= 0:              # 目標値に達成したとき
                break                                      # ループを抜ける
            pwm_out(duty) ◀── (②')                         # 変数dutyのDuty比でPWM出力
        duty = target                                      # 変数dutyに目標値を代入
        for i in range(18):  } ⑦                           # 180°回転に要する時間に相当
            pwm_out(duty)                                  # 変数dutyのDuty比でPWM出力
        print('PWM('+str(port)+')=', str(duty))            # ポート番号と変数dutyの値を表示

except (KeyboardInterrupt,EOFError):                       # キー割り込み発生時
    print('\nKeyboardInterrupt')                           # キーボード割り込み表示
    GPIO.cleanup(port)                                     # GPIOを未使用状態に戻す
    exit()                                                 # 終了
```

きに減算します．変数deltaはパルス1周期分(0.02秒)の回転速度をパルス幅比の変化量に変換した定数です．回転速度は処理①の変数velocityで設定します．

⑦ 低速回転の終点のパルス幅比を18周期分，出力します．終点の制御が1周期分だけだと終点の角度がずれる場合があるので，帰還制御に必要な十分な時間，出力を保つようにしました．

プログラム7　HTTPサーバ機能を追加してリモート制御

プログラムex07_http_serv.pyは，LAN内のパソコンやスマートフォンに搭載されたインターネット・ブラウザを使ってサーボ・モータSG90の角度を制御するHTTPサーバです．

インターネット・ブラウザのアドレスバーに角

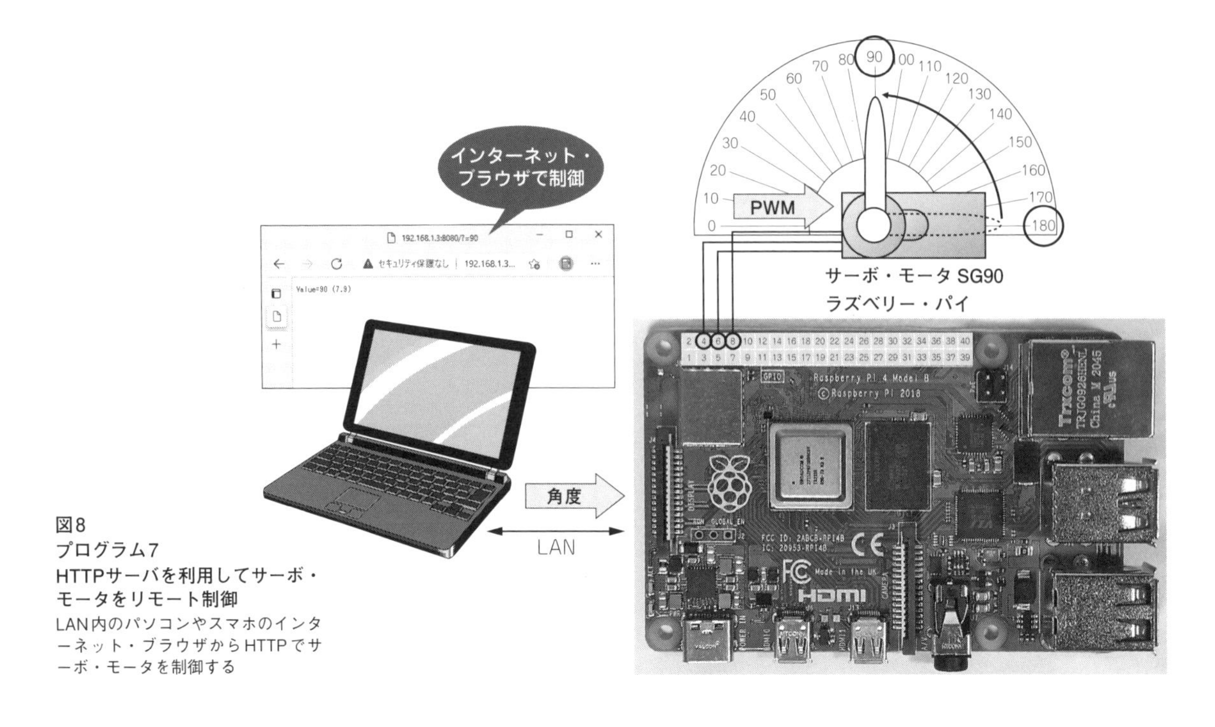

図8
プログラム7
HTTPサーバを利用してサーボ・モータをリモート制御
LAN内のパソコンやスマホのインターネット・ブラウザからHTTPでサーボ・モータを制御する

```
pi@raspberrypi:~ $ cd ~/raspifan ⏎
pi@raspberrypi:~/raspifan $ ./ex07_http_serv.py ⏎
HTTP port 8080 ←HTTPサーバ用TCP/IPポート番号

  ～～～～ (別のLXTerminalで「curl http://127.0.0.1:8080/?=0」を入力) ～～～～
Value = 0 , Duty =  11.8
127.0.0.1 - - [31/Jul/2021 19:22:02] "GET /?=0 HTTP/1.1" 200 16

  ～～～～～～～～～～(PCのインターネット・ブラウザからアクセス)～～～～～～～～～～
Value = 0 , Duty =  11.8
192.168.1.3 - - [31/Jul/2021 19:22:28] "GET /?=0 HTTP/1.1" 200 16
192.168.1.3 - - [31/Jul/2021 19:22:28] "GET /favicon.ico HTTP/1.1" 400 13
Value = 90 , Duty =  7.4
192.168.1.3 - - [31/Jul/2021 19:22:34] "GET /?=90 HTTP/1.1" 200 16
Value = 180 , Duty =  3.0
192.168.1.3 - - [31/Jul/2021 19:22:47] "GET /?=180 HTTP/1.1" 200 16
^C
KeyboardInterrupt
pi@raspberrypi:~/raspifan $
```

図9
プログラムex07_http_serv.pyの実行結果(LXTerminal)
HTTPサーバが起動し，ポート8080でブラウザからのアクセスを待ち受ける

度を含むURL(例：http://192.168.0.13:8080/?=90)を入力すると，指示した角度でサーボ・モータを制御し，PWMのパルス幅率(%)をブラウザに応答します(**図8**).

● HTTPサーバ・プログラムでリモート制御する方法

HTTPサーバのプログラムex07_http_serv.pyを，Thonny Python IDEまたはLXTerminalで実行すると，**図9**のようにラズベリー・パイがHTTPサーバとなり，インターネット・ブラウザからのアクセスをポート8080で待ち受けます．同じラズベリー・パイからアクセスするときはループ・バックIPアドレス127.0.0.1を使用し，以下のURLを入力します．末尾の?＝90が指示角です．

インターネット・ブラウザからの制御方法：

http://127.0.0.1:8080/?=90

LXTerminal上のCurlコマンドでの制御方法：

curl http://127.0.0.1:8080/?=90

同じLAN内のパソコンやスマートフォンからアクセスする場合は，前記URLのIPアドレスをラ

リスト3　プログラム ex07_http_serv.py
HTTPサーバを生成(⑤)して実行(⑥)した状態で，HTTPアクセスを受信すると，関数wsgi_app(②)が実行される

```
#!/usr/bin/env python3

port = 14                                           # GPIO ポート番号=14 (8番ピン)
duty_min = 3.0                                      # 180°のときのPWMのDuty比
duty_max = 11.8                                     # 0°のときのPWMのDuty比

from wsgiref.simple_server import make_server ←①   # HTTPサーバ用モジュールの取得
from RPi import GPIO                                # GPIOモジュールの取得
from time import sleep                              # sleepモジュールの取得
GPIO.setmode(GPIO.BCM)                              # ポート番号の指定方法の設定
GPIO.setup(port, GPIO.OUT)                          # ポートportのGPIOを出力に設定
pwm = GPIO.PWM(port, 50)                            # 50Hzを設定
pwm.start(0)                                        # PWM出力 0% (Lレベル)

def deg2duty(deg):                                  # Duty比を計算する関数
    return (duty_max - duty_min) * (180 - deg) / 180 + duty_min

Res_Text = [('Content-type', 'text/plain; charset=utf-8')]

def wsgi_app(environ, start_response): ←②          # HTTPアクセス受信時の処理
    val = None                                      # 取得値を保持するための変数
    query = environ.get('QUERY_STRING')  ┐          # 変数queryにHTTPクエリを代入
    sp = query.find('=')                 │          # 変数query内の「=」を探す
    if sp >= 0 and sp + 1 < len(query):  ├③        # 「=」の発見位置が有効範囲内
        if query[sp+1:].isdigit():       │          # 取得値(指示角)が整数値のとき
            val = int(query[sp+1:])      │          # 取得値を変数valへ
            val %= 181                   ┘          # 181(°)の剰余を代入
    if val is not None:
        duty = round(deg2duty(val),1)               # 角度値をデューティに変換
        print('Value =',val,', Duty = ',duty)       # 取得値(指示角)とDuty比を表示
        pwm.ChangeDutyCycle(duty)                   # サーボの制御を実行
        sleep(0.36 + 1 / 50)                        # 回転待ち時間
        pwm.ChangeDutyCycle(0)                      # サーボの制御を停止
   ┌    ok = 'Value=' + str(val) + ' (' + str(duty) + ')\r\n'   # 応答文
 ④ │    ok = ok.encode('utf-8')                     # バイト列へ変換
   │    start_response('200 OK', Res_Text)
   └    return [ok]                                 # 応答メッセージを返却
    else:
        start_response('400 Bad Request', Res_Text)
        return ['Bad Request\r\n'.encode()]         # 応答メッセージを返却

try:
    httpd = make_server('', 80, wsgi_app)           # TCPポート80でHTTPサーバ実体化
    print("HTTP port 80")                           # ポート確保時，ポート番号を表示
except PermissionError:                             # 例外処理発生時(アクセス拒否)
    httpd = make_server('', 8080, wsgi_app) ┐⑤     # ポート8080でHTTPサーバ実体化
    print("HTTP port 8080")  ←⑥             ┘       # 起動ポート番号の表示
try:
    httpd.serve_forever()                           # HTTPサーバを起動
except KeyboardInterrupt:                           # キー割り込み発生時
    print('\nKeyboardInterrupt')                    # キーボード割り込み表示
    GPIO.cleanup(port)                              # GPIOを未使用状態に戻す
    exit()                                          # プログラムの終了
```

ズベリー・パイのIPアドレスに変更してください．ラズベリー・パイのIPアドレスは画面右上のネットワーク・アイコンにマウス・カーソルを合わせるか，LXTerminalでifconfigコマンドを実行すれば確認できます．スマートフォンを使う場合は，Wi-Fi(またはVPN)でLANにアクセスします．

● HTTPサーバ・プログラムex07_http_serv.pyの内容

リスト3のプログラムex07_http_serv.pyのHTTPサーバ処理部の概略を説明します．

① WSGI HTTP サーバ・モジュールwsgiref.simple_server内のmake_serverを組み込みます．

② HTTPアクセスを受信したときに自動的に実行されるコールバック関数wsgi_appです．処理④のmake_serverの第3引き数で関数を渡し，HTTPサーバ用モジュールに設定します．

③ HTTPクエリ[? = 角度]の読み取り処理部です．値は変数valに代入されます．

④ ブラウザへの応答文を作成し，変数okに代入し，バイト列に変換してから，呼び出し元のHTTPサーバ用モジュールにreturnで返します．バイト列は，一般的にテキストと呼んでいるデータ形式で，8ビットのデータを単位にした配列です．ここではUTF-8形式で出力します．

⑤ make_serverの引き数にホスト名，ポート番号，処理②のコールバックを渡してHTTPサーバのオブジェクトhttpdを生成し，処理⑥でHTTPサーバを起動します．

プログラム8 開くラズパイ・カバーでファンレス強制冷却

プログラムex08_emission.pyは，ラズベリー・パイのCPU温度が60 ℃を超えたときにサーボ・モータSG90を動作させ，ケースの上げぶたを開いて排熱します．インターネット・ブラウザから温度や開閉状態を確認し，ブラウザ画面上のボタン(リンク)操作による開閉制御を行うことも可能です．

ホームネットワーク(LAN)内の機器の状態を共有し，動力制御するIoT機能を実現する1つの事例として作成しました．実用性のあるさまざまなシステムに応用できるでしょう(**図10**)．

● 開くラズパイ・カバーの製作方法

ケース上げぶたの開閉ができるように，サーボ・モータをラズベリー・パイのケース内に組み

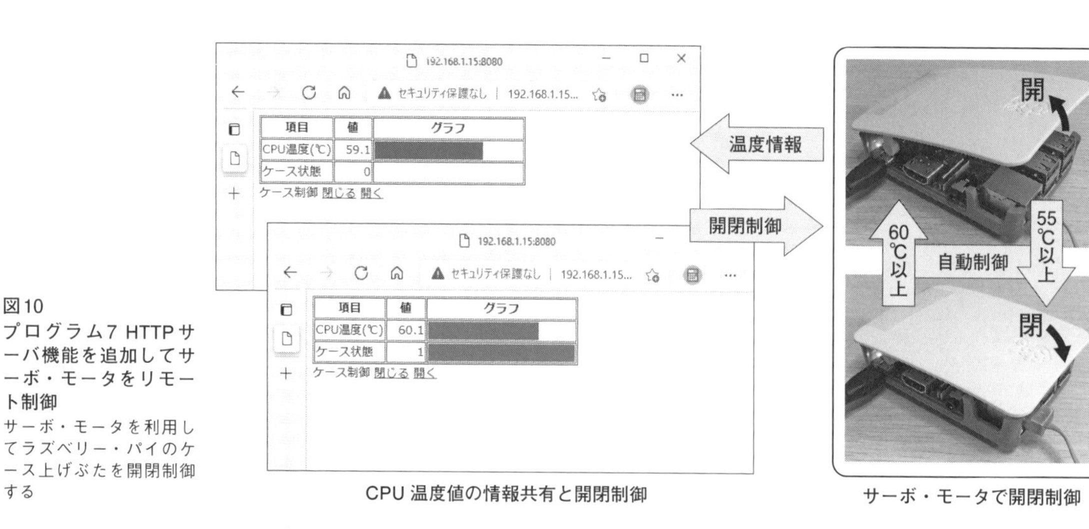

図10 プログラム7 HTTPサーバ機能を追加してサーボ・モータをリモート制御
サーボ・モータを利用してラズベリー・パイのケース上げぶたを開閉制御する

込み，蝶番を筐体と上げぶたとの間に取り付けます．**写真4**はラズベリー・パイ4(Raspberry Pi 4 Model B)にサーボ・モータを取り付け，粘着テープで簡易的な蝶番を構成した製作例です．一般的な粘着テープは耐熱性が低いうえ，引火すると燃えやすいので，耐熱テープを使用してください．やむを得ずPPテープやPEテープ等を使用する場合は，通電中，目を離さないでください．

● 開くラズパイ・カバーのプログラム実行例

プログラムex08_emission.pyをThonny Python IDEまたはLXTerminalで実行し，同じLAN内のパソコンやスマートフォンのインターネット・ブラウザでアクセスすると，**図11**のようなCPU温度とラズパイ・カバーのリモート制御画面が表示されます．

画面上の[ケース制御]の[開く]ボタンをクリックすると，サーボ・モータの回転軸が90°の位置に回転し，ケースのふたを押し上げ，[閉じる]ボタンで150°の位置に回転し，ケースのふたを閉じます．

また，CPU温度が60 ℃以上になると，自動的にサーボ・モータを90°の位置に回転し，インターネット・ブラウザ上の[ケース状態]が1に変わり，赤色のバーを表示します(**図11**・下)．

図12はプログラムex08_emission.pyの実行結果の一例です．インターネット・ブラウザから[開く]ボタンや[閉じる]ボタンで制御したときや，CPU温度が60 ℃に達したときなどにcoverCtrlに続けて，サーボ・モータの角度の遷移(150→90または90→150)が表示されます．

● HTTPサーバ・プログラム ex08_emission.pyの内容

リスト4のプログラムex08_emission.pyのおもな動作について説明します．

① ケース上げぶたを閉じるときのサーボ・モータの指示角cover_closed_degと，開くときの指示角cover_opened_deg設定します．ここでは，閉じるときを150°，開くときを90°にしました．

② ケース上げぶたを開くときのCPU温度temp_emit_onと，閉じるときのCPU温度temp_emit_offを設定します．ここでは，60°以上で開き，55 ℃以下で閉じるようにしました．

③ ケース上げぶたの開閉制御を行うための関数coverCtrlを定義します．引き数のdegはサー

写真4　ラズベリー・パイのケース内にサーボ・モータを組み込んだ
サーボ・モータでふたの開閉制御が行える．ホーン・アームが90°の位置に来たときに，ふたが開いて放熱効果を高めることができる

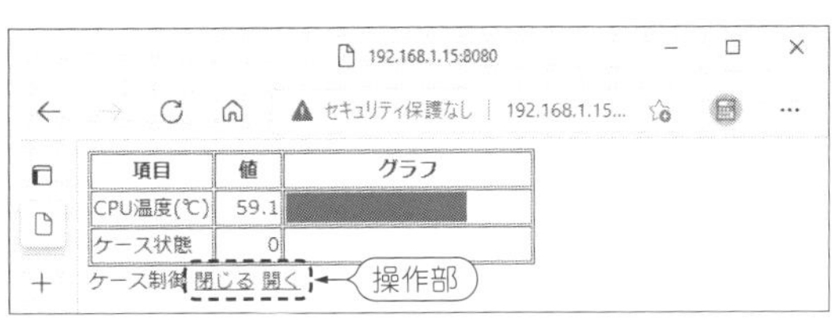

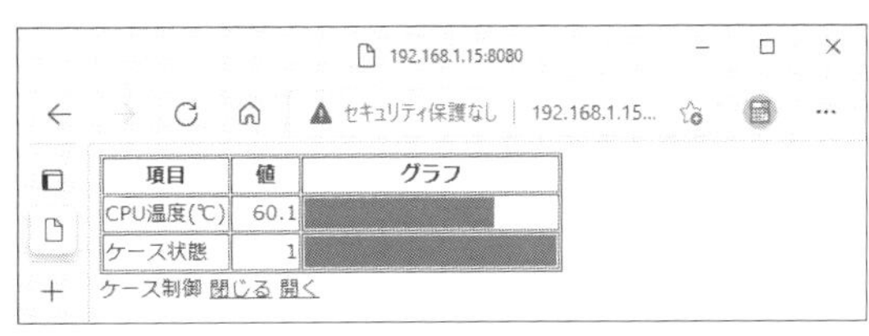

図11　プログラム8　CPU温度と，開くラズパイ・カバーのリモート制御画面
LAN内のインターネット・ブラウザからHTTPで制御する

```
pi@raspberrypi:~ $ cd ~/raspifan ⏎
pi@raspberrypi:~/raspifan $ ./ex08_emission.py ⏎
overCtrl : 150 -> 150
CPU Temperature = 58.0
HTTP port 8080 ←HTTPサーバ用TCP/IPポート番号

  ~~~~~~~~~~~ (インターネット・ブラウザからアクセス) ~~~~~~~~~
192.168.1.3 - - [01/Aug/2021 12:16:48] "GET / HTTP/1.1" 200 513
192.168.1.3 - - [01/Aug/2021 12:16:48] "GET /favicon.ico HTTP/1.1" 404 16
CPU Temperature = 57.5
192.168.1.3 - - [01/Aug/2021 12:16:58] "GET / HTTP/1.1" 200 513
CPU Temperature = 57.5
192.168.1.3 - - [01/Aug/2021 12:17:08] "GET / HTTP/1.1" 200 513

  ~~~~~~ ([開く]ボタンでアクセスhttp://127.0.0.1:8080/?=1) ~~~~~~~
coverCtrl : 150 -> 90
CPU Temperature = 58.5
192.168.1.3 - - [01/Aug/2021 12:17:59] "GET /?=1 HTTP/1.1" 200 513

  ~~~~~~ ([閉じる]ボタンでアクセスhttp://127.0.0.1:8080/?=0) ~~~~~~
coverCtrl : 90 -> 150
CPU Temperature = 58.0
192.168.1.3 - - [01/Aug/2021 12:18:09] "GET /?=0 HTTP/1.1" 200 513

  ~~~~~~~~~~~~~ (CPU温度が60℃に達するようす) ~~~~~~~~~~~~
CPU Temperature = 59.1
CPU Temperature = 58.5
CPU Temperature = 59.6
CPU Temperature = 60.1
coverCtrl : 150 -> 90
^C
KeyboardInterrupt
pi@raspberrypi:~/raspifan $
```

図12
プログラムex08_emission.pyの実行結果(LXTerminal)
インターネット・ブラウザから[開く]ボタンや[閉じる]ボタンで制御したときと，CPU温度が60℃に達したときのようす

リスト4　プログラム ex08_emission.py
HTTPサーバを生成(④)して実行(⑤)した状態で，HTTPアクセスを受信すると，関数wsgi_app(①)が実行される

```
#!/usr/bin/env python3

port = 14                                                # GPIO ポート番号=14 (8番ピン)
duty_min = 3.0                                           # 180°のときのPWMのDuty比
duty_max = 11.8                                          # 0°のときのPWMのDuty比
cover_closed_deg = 150 }①                                # ケースが閉じているときの角度
cover_opened_deg = 90  }                                 # ケースが開いているときの角度
cover_status = cover_closed_deg                          # ケース状態の初期値を閉じに
temp_emit_on = 60  }②                                    # 放熱をON(ケースを開ける)する温度
temp_emit_off = 55 }                                     # 放熱をOFF(ケースを閉じる)する温度

from wsgiref.simple_server import make_server            # HTTPサーバ用モジュールの取得
from RPi import GPIO                                     # GPIOモジュールの取得
from time import sleep                                   # sleepモジュールの取得
import threading                                         # スレッド管理を組み込む

def deg2duty(deg): ←③                                   # Duty比を計算する関数
    return (duty_max - duty_min) * (180 - deg) / 180 + duty_min

def coverCtrl(deg):                                      # 角度degにサーボを制御する関数
    global cover_status                                  # cover_statusの取得(Thread用)
    print('coverCtrl :',cover_status,'->',deg)           # 制御前の値と指示値を表示
    pwm.ChangeDutyCycle(deg2duty(deg))                   # Duty比に変換しサーボを制御
    cover_status = deg                                   # 状態を更新
    sleep(0.36 + 1 / 50)                                 # 回転待ち時間
    pwm.ChangeDutyCycle(0)                               # サーボの制御を停止

filename = '/sys/class/thermal/thermal_zone0/temp'       # 温度値が書かれたファイル
```

```
def getTemp():
    fp = open(filename)                                   # CPU温度ファイルを開く
    temp = round(float(fp.read()) / 1000,1)               # ファイルを読み込み1000で除算
    fp.close()                                            # ファイルを閉じる
    print('CPU Temperature =', temp)                      # CPU温度を表示する
    return temp                                           # CPU温度値を返却する

def barChart(name, val, max, color='green'): ←―④        # 棒グラフHTMLを作成する関数
    html = '<tr><td>' + name + '</td>\n'                  # 棒グラフ名を表示
    html +='<td align="right">'+str(val)+'</td>\n'        # 変数valの値を表示
    i = round(200 * val / max)                            # 棒グラフの長さを計算
    if val >= max * 0.75:                                 # 75%以上のとき
        color = 'red'                                     # 棒グラフの色を赤に
        if val > max:                                     # 最大値(100%)を超えたとき
            i = 200                                       # グラフ長を200ポイントに
    html += '<td><div style="background-color:' + color
    html += '; width:' + str(i) + 'px"> </div></td>\n'
    return html                                           # HTMLデータを返却

def wsgi_app(environ, start_response): ←―⑤ .             # HTTPアクセス受信時の処理
    global cover_status                                   # cover_statusの取得(Thread用)
    path  = environ.get('PATH_INFO')                      # リクエスト先のパスを代入
    query = environ.get('QUERY_STRING')                   # 変数queryにHTTPクエリを代入
    if path != '/':                                       # パスがルート以外のとき
        start_response('404 Not Found',[])                # 404エラー設定
        return ['404 Not Foundt\r\n'.encode()]            # 応答メッセージ(404)を返却
    sp = query.find('=')                                  # 変数query内の「=」を探す
    if sp >= 0 and sp + 1 < len(query):                   # 「=」の発見位置が有効範囲内
        if query[sp+1:].isdigit():                        # 取得値(指示角)が整数値のとき
            val = int(query[sp+1:])                       # 取得値を変数valへ
            val %= 2                                      # 2の剰余を代入
            if val == 0 and cover_status == cover_opened_deg:
                coverCtrl(cover_closed_deg) ←―(③')       # ケースを閉じる
            elif val == 1 and cover_status == cover_closed_deg:
                coverCtrl(cover_opened_deg) ←―(③")       # ケースを開く
    temp = getTemp()                                      # 温度を取得
    html = '<html>\n<head>\n'                             # HTMLコンテンツを作成
    html += '<meta http-equiv="refresh" content="10;URL=/">\n'   # 自動更新
    html += '</head>\n<body>\n'                           # 以下はHTML本文
(A)→ html += '<table border=1>\n'                         # 作表を開始
    html += '<tr><th>項目</th><th width=50>値</th>'       # 「項目」「値」を表示
    html += '<th width=200>グラフ</th>\n'                 # 「グラフ」を表示
    html += barChart('CPU温度(℃)', temp, 80)             # 温度値を棒グラフ化
    html += barChart('ケース状態', int(cover_status == cover_opened_deg), 1)
(B)→ # html += barChart('サーボ角(°)', cover_status, 180)  # 現在の角度を表示
    html += '</tr>\n</table>\n'                           # 作表の終了
    html += 'ケース制御 <a href="/?=0">閉じる</a> <a href="/?=1">開く</a>'
    html += '</body>\n</html>\n'                          # htmlの終了
    start_response('200 OK', [('Content-type', 'text/html; charset=utf-8')])
    return [html.encode('utf-8')]                         # 応答メッセージを返却

def httpd(): ←―⑥                                        # HTTPサーバ用スレッド
    try:                                                  # 例外処理の監視
        htserv = make_server('', 80, wsgi_app)            # HTTPサーバ実体化
        print('HTTP port', port)                          # ポート番号を表示
    except PermissionError:                               # 例外処理発生時(アクセス拒否)
        htserv = make_server('', 8080,wsgi_app)           # ポート8080でHTTPサーバ実体化
        print("HTTP port 8080")                           # 起動ポート番号の表示
    try:                                                  # 例外処理の監視
        htserv.serve_forever()                            # HTTPサーバを起動
    except KeyboardInterrupt as e:                        # キー割り込み発生時
        raise e                                           # キー割り込み例外を発生

GPIO.setmode(GPIO.BCM)                                    # ポート番号の指定方法の設定
```

リスト4　プログラム ex08_emission.py（つづき）

```
GPIO.setup(port, GPIO.OUT)                              # ポートportのGPIOを出力に設定
pwm = GPIO.PWM(port, 50)                                # 50Hzを設定
pwm.start(0)                                            # PWM出力 0% （Lレベル）
sleep(1/50)                                             # 待ち時間
coverCtrl(cover_status)                                 # ケースを閉じる

try:
    thread = threading.Thread(target=httpd, daemon=True) # httpdの実体化
    thread.start()                                       # httpdの起動
    while thread.is_alive:                               # 永久ループ
        temp = getTemp()                                 # 温度値を取得
        if temp >= temp_emit_on and cover_status == cover_closed_deg:
        # 放出温度に達していて，かつケースが閉じていたとき
                coverCtrl(cover_opened_deg)              # ケースを開く
        if temp <= temp_emit_off and cover_status == cover_opened_deg:
        # 放出停止温度以下，かつケースが開いていたとき
                coverCtrl(cover_closed_deg)              # ケースを閉じる
        sleep(30)                                        # 30秒間の待ち時間処理

except KeyboardInterrupt:                                # キー割り込み発生時
    print('\nKeyboardInterrupt')                         # キーボード割り込み表示
    GPIO.cleanup(port)                                   # GPIOを未使用状態に戻す
    exit()                                               # プログラムの終了
```

（図中注記：⑦ は while ループ全体，(C) は 1つ目の if ブロック）

ボ・モータの指示角です．

④ インターネット・ブラウザに棒グラフを描くための関数barChartを定義します．引き数は，順に項目名，棒グラフの値，最大値，グラフの色です．グラフの値が，最大値の75％以上のときは，引き数で指定された色に関わらず，グラフの色を赤色に変更します．

⑤ HTTPアクセスを受信したときに自動的に実行されるコールバック関数wsgi_appです．グラフの描画と，ブラウザからの開閉指示に応じて処理③'や③"のcoverCtrlを実行します．

⑥ HTTPサーバを起動するための関数httpdを定義します．本関数は，プログラム本体とは別のスレッドで起動し，処理⑦のCPU温度による自動開閉制御部と，本関数⑥のHTTPサーバ機能部を同時進行します．本スレッドは，htserv.serve_foreverを実行し続けます．

⑦ CPU温度に応じた自動開閉制御部です．CPU温度値を取得し，60 ℃以上で上げぶたを開き，55 ℃以下で上げぶたを閉じる制御を行います．本処理は，30秒ごとに繰り返し処理を行います．

● 自分向けIoT対応お手軽DC動力制御装置

このリスト4のプログラムex08_emission.pyを改造することで，自分向けのIoT機器を簡単に製作することができます．

まずは，ブラウザへの表示項目を追加してみましょう．前節で説明したとおり，リスト4の処理⑤がインターネット・ブラウザからHTTPアクセスを受信したときに呼び出される関数です．表示項目を追加するには，後半の[html +=]の部分にブラウザへの応答コンテンツ(HTML)を追加します．この改造を応用することで，さまざまなセンサ値をブラウザ上に表示できるようになるでしょう．

はじめに，図13のようにタイトル[MyStyle IoT Servo]を追加してみましょう．リスト4の処理⑤の関数内の(A)の部分に下記の行を挿入すれば，表示できるようになります．

```
␣␣␣␣html += '<h1>MyStyle IoT Servo</h1>\n'
```

次に，棒グラフを追加してみましょう．現在の

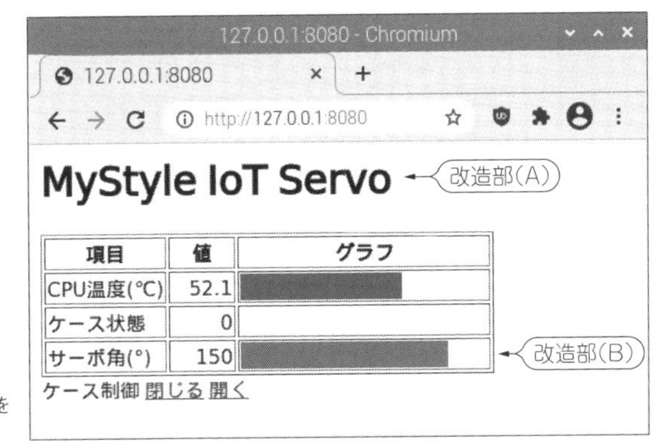

図13
改造した プログラム8 の実行画面
リスト4のプログラムex08_emission.pyを改造し，自分だけのIoT機器を作ってみる

リスト5 プログラム ex08_emission.pyの改造例
処理⑦の(C)の部分を，CPU温度が60℃以上のときに，ケースのふたが閉じていれば開き，開いていれば閉じる制御を行うようになる

```
⑦ while thread.is_alive:                                   # 永久ループ
       temp = getTemp()                                     # 温度値を取得
(C)    if temp >= temp_emit_on:
       # 放出温度に達したとき
           if cover_status == cover_closed_deg:             # ケースが閉じていたとき
               coverCtrl(cover_opened_deg)                  # ケースを開く
           else:                                            # ケースが開いていたとき
               coverCtrl(cover_closed_deg)                  # ケースを閉じる
       if temp <= temp_emit_off and cover_status == cover_opened_deg:
       # 放出停止温度以下，かつケースが開いていたとき
               coverCtrl(cover_closed_deg)                  # ケースを閉じる
       sleep(30)                                            # 30秒間の待ち時間処理
```

サーボ・モータの角度を表示するにはリスト内の(B)の行を追加してください．あらかじめプログラムに書かれている先頭の#から始まる行は，その行を無効化するためのものです．#とその直後の空白を消せば，有効になります．

```
␣␣␣␣html += barChart('サーボ角(°)',
                          cover_status, 180)
```

最後は，自動制御部の改造です．CPU温度が60℃以上のときにケースのふたの開け閉めを繰り返し，扇子のように仰いで冷却するようにしてみましょう．処理⑦の(C)の部分を**リスト5**のように変更すると，60℃以上のときに，上げぶたが閉じていれば開き，開いていれば閉じる制御を行うようになります．CPU温度がなかなか上昇しないときは，**リスト4**の②の部分の値を下げて，より低温で動作するようにします．

以上の改造を行ったプログラムは，ファイル名ex08_mystile.pyとして収録しましたが，まずは実際に自分で改造してみてください．こういったサンプル・プログラムを応用することで，他の条件でサーボ・モータを自動制御する自分向けのプログラムが作れるようになるでしょう．

第6章 M5Stack使用

ESP32のI/O制御プログラミング

M5Stack Coreは，小型液晶ディスプレイを搭載した54mm角のIoTデバイスです．プロトタイピングやシステム評価，デモ，実証実験などの分野で注目されています．Wi-Fi，Buletooth，モニタ，操作ボタンなどの機能が含まれているにもかかわらず安価なので，初めてマイコンを試す方にもピッタリなデバイスです．

このM5Stack Core(またはCore2)を使って，I/O制御のプログラミングを始めます．

使用機材
- M5Stack Core または Core2
- 開発用パソコン，無線LAN環境

(サンプル・プログラムによってはユニット製品などの追加が必要)

M5Stackは，写真のとおり基板むき出しのボードではないので，システム評価やデモ，実証実験で，実使用に近い状態で使用できます．

本章では，動作確認済みのサンプル・プログラムを使って解説を進めます．動作確認済みのサンプル・プログラムを使うことで，手っ取り早くマイコンを動かし，解説と実際のプログラムの動作を比較しながら試せるようにしました．

その次のステップとして，サンプル・プログラムの一部を自分で修正して，プログラムの動作がどう変化するのかを体験してみてください．

学習や実験の延長で実用的なデバイスに仕上げることもできるでしょう．

本章で紹介するサンプル・プログラムは，すべてWebサイトからダウンロードできるので，すぐに自分の手で試してみることができます(**図1**)．

M5Stackの特徴とプログラミングの準備

使用するマイコンM5Stack Coreの特徴と，プ

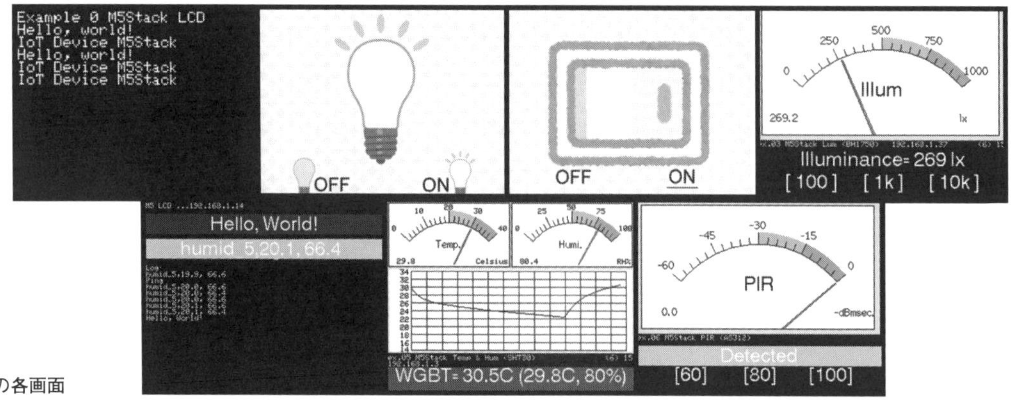

図1
プログラムの各画面

ログラミングをするための開発環境のセットアップ方法を説明します．

まず，使用するマイコンM5Stack Coreの特徴を見ていきましょう(**写真1**)．

IoT機能・全部入りデバイス

M5Stack Coreには，IoT機能のほぼすべてが備わっています．以下に各機能の概要を説明します．

● Wi-Fi搭載

IEEE 802.11 b/g/nなどに対応した2.4GHz帯Wi-Fi通信機能と，Bluetooth 4.2通信機能を搭載しています．日本の電波法に適合した認証も受けており，入手したその日から，ワイヤレス通信が可能です．

● カラー液晶ディスプレイ搭載

320ドット×240ドットの2インチ・カラーTFT液晶ディスプレイを搭載しているので，情報，画像などを本体に表示することができます．これまでのマイコン学習用デバイスと異なる特徴です．操作ボタンや，スピーカも装備しており，本体だけでユーザ・インターフェース機能を実現できます．

● 豊富な純正オプション

各種センサやカメラ，GPSモジュール，バッテリ・モジュール，モータやサーボ用ドライバ・モジュールなど，豊富な純正オプション品が販売されています．どれもプラスチック製ケースなどを使った最終製品のような見た目に仕上がっています．

また，M5Stack Coreと比べ，約4分の1の小さなM5StickCなど，安価な姉妹品も登場しており，複数台を使ったシステムや実験も手軽に行えます(**写真2**)．

● 仕様改良に関する注意点

本体，オプションともに頻繁に改良されるので，一部の機能や性能，使用部品の異なる商品が存在します．性能向上による恩恵のほうが大きい場合がほとんどですが，使い方によっては互換性などの問題が生じることがあります．不運にも問題に遭遇してしまった場合は，自力で調べて解決する必要があります．

準備1　開発環境Arduino IDEをセットアップする

M5Stack Coreの開発環境は，Arduino IDE，M5Stack用ESP32ボード・マネージャ，M5Stackライブラリ，USB/UARTシリアル変換ドライバ

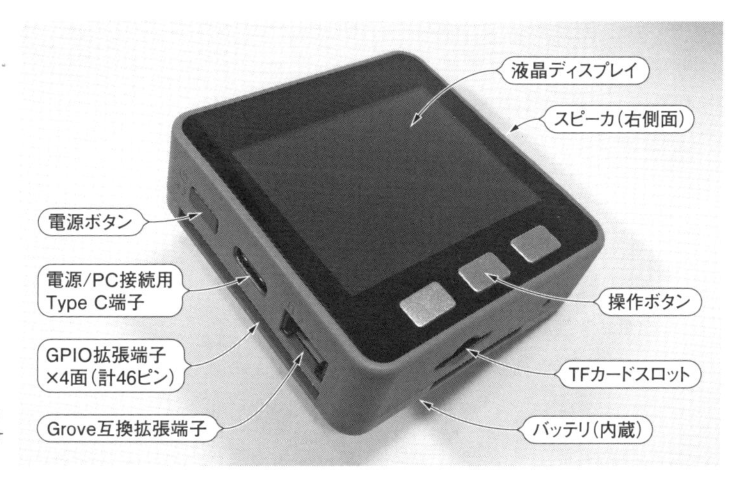

写真1
実用品のような使い心地を体験できるM5Stack
完成品のような筐体，IoT機能，豊富なオプションやサービスが提供されている

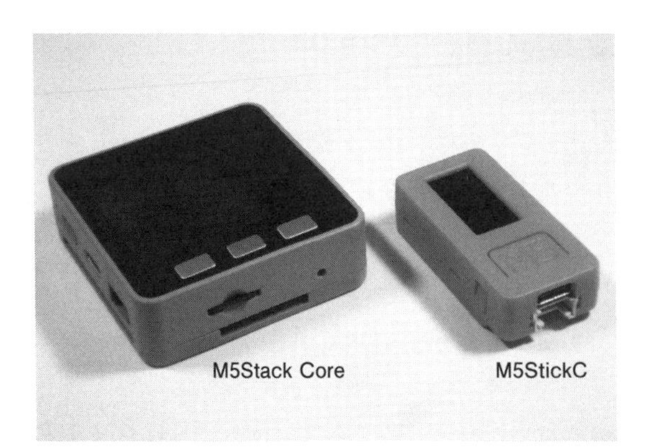

写真2 M5Stack Core(左)と比べ，約4分の1の小さな姉妹品M5StickC(右)
0.98インチの小型ディスプレイを搭載した親指サイズで安価なM5StickC(右)．複数台で構成するシステム実験に便利

をパソコンにインストールして構築します．

① Arduino IDEのインストール(https://www.arduino.cc/)
② Arduino IDEのメニュー[ファイル]→[基本設定]の入力欄[追加のボードマネージャのURL]に下記を追加
https://m5stack.oss-cn-shenzhen.aliyuncs.com/resource/arduino/package_m5stack_index.json
③ [ツール]→[ボード]→[ボードマネージャ]で「M5Stack by M5Stack official」を検索し，インストール
④ メニュー[スケッチ]→[ライブラリをインクルード]→[ライブラリを管理]を開き，「M5Stack by M5Stack」または「M5Core2 by M5Stack」を検索し，ライブラリをインストール
⑤ USBシリアル変換器CP210XまたはCH9102用デバイス・ドライバのインストール
⑥ ボード設定([ツール]→[ボード])で，[M5Stack-Core-ESP32]または[M5Stack-Core2]を選択
⑦ シリアル・ポート設定([ツール]→[ポート])で，M5Stackを接続したポートを選択

インストール方法の詳細は，次のM5Stack公式サイトを参考にしてください．サイトは英文で書かれていますが，スクリーンショットに従って操作すれば，迷わずにインストールできるでしょう．

M5Stack Coreインストール方法：
https://docs.m5stack.com/en/quick_start/m5core/arduino
M5Stack Core2 インストール方法：
https://docs.m5stack.com/en/quick_start/core2/arduino

準備2 サンプル・プログラムのダウンロード

筆者が本書用に作成したサンプル・プログラムは，下記からダウンロードすることができます．

ZIP形式ダウンロード：
https://bokunimo.net/git/m5/archive/master.zip
GitHubのページ：
https://github.com/bokunimowakaru/m5/

ZIP形式でサンプル・プログラムをダウンロード後，パソコン内に展開(ZIPフォルダ内のm5-masterフォルダを任意の場所にコピー)してください．m5-masterフォルダ内には，**図2**のようなM5Stack Core用のcoreフォルダ，Core2用のcore2フォルダ，M5StickC用のstick_cフォルダなどが含まれています．各フォルダ内には，**表1**に示す対象機器に応じたサンプル・プログラム用のフォルダを収録しました．本章ではおもにM5Stack CoreまたはCore2を使って説明します．

準備3 サンプル・プログラムを書き込む

ダウンロードしたサンプル・プログラムをマイコンM5Stack Coreに書き込む方法を説明します．

Arduino IDEのファイル・メニュー内の[開く]から，前述のcoreフォルダ内のex00_helloを開き，拡張子inoのサンプル・プログラムを開くと，プログラムの内容が**図3**のように表示されます．コンパイルとM5Stack Coreへの書き込みを行うに

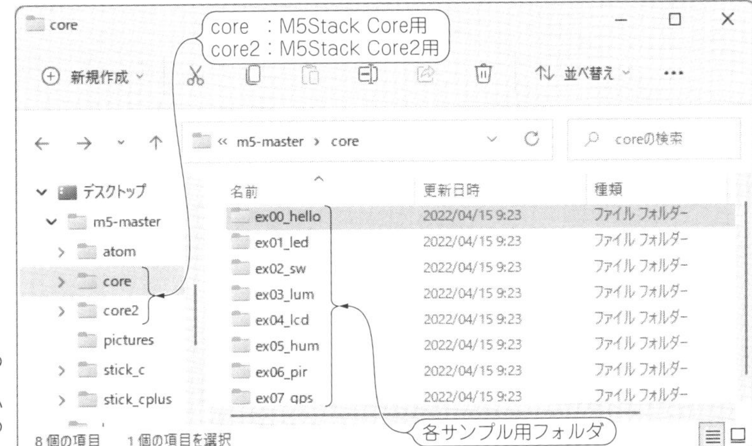

図2
本書用のサンプル・プログラム
m5-masterフォルダ内に，M5Stack Core用のcoreフォルダ，Core2用のcore2フォルダ，M5StickC用のstick_cフォルダなどが含まれている．各フォルダ内にサンプル・プログラム用のフォルダを収録した

表1　サンプル・プログラムの対象機器

フォルダ名	対象機器
atom	M5Stack製 ATOM / ATOM Lite / ESP32-WROOM-32用
core	M5Stack製 Core 用（通常のM5Stack）
core2	M5Stack製 Core2 用
stick_c	M5Stack製 M5StickC 用
stick_cplus	M5Stack製 M5StickC Plus 用
pictures	関連画像ファイル

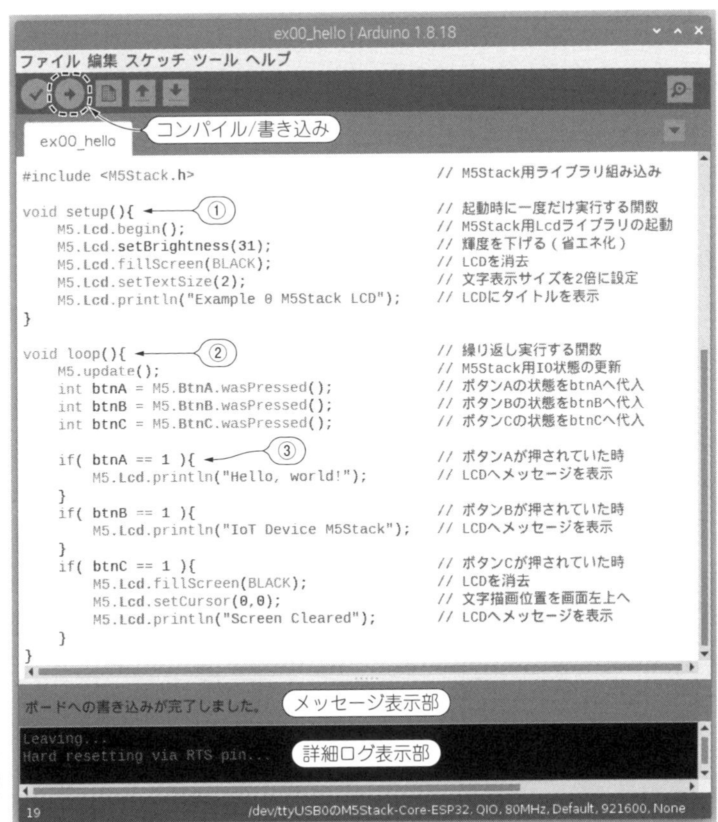

図3
Arduino IDEを起動したときのようす
コンパイルとM5Stackへの書き込みを行うには，左から2番目の右矢印ボタンをクリックする．中央の緑色のバーには，Arduino IDEの動作状態やメッセージが表示され，エラー発生時はオレンジ色に変化する

は，準備1の5と6の操作でM5Stackのボード設定とシリアル・ポートの設定を行う必要があります．未設定の場合や別の種類のM5Stackに変更した場合は，［ツール］メニュー内の［ボード］と［ポート］を再設定してください．

M5Stack Coreをパソコンの USB端子に接続し，Arduino IDE画面上の左から2番目の右矢印ボタン［マイコンに書き込む］をクリックすると，プログラムのコンパイルと書き込みが実行されます．

Arduino IDE画面中央部の緑色のバーには，Arduino IDEの動作状態やメッセージが表示されます．このバーは，エラー発生時はオレンジ色に変化します．そのすぐ下にある黒色の表示部には，より詳細な動作ログが表示されます．これらは，エラー発生時の原因の調査に使用します．

書き込みが終わるとプログラムが起動し，タイトル［Example 0 M5Stack LCD］が液晶ディスプレイに表示されます．

再起動を繰り返す場合は電源の供給能力不足です．USBハブが原因として考えられるので，パソコンのUSB端子にM5Stackを直接接続し，十分に充電してから使用してください．

電源の供給能力が不足すると，Wi-Fi機能を使用した場合や，マイクロSDカードを使用した場合，外部機器を接続した場合などに，再起動してしまうことや，データが読めない，通信ができないといった不具合が生じます．パソコンに直接接続しても供給能力が不足する場合は，USB出力付きのACアダプタ（5V 500mA出力）などを使って十分に充電してから使用してください．

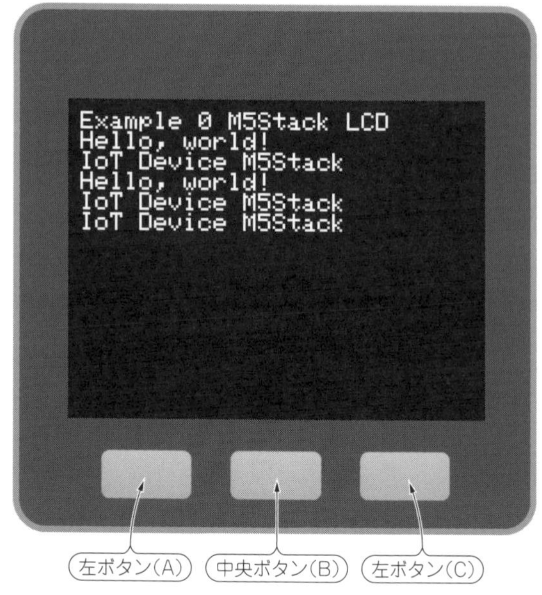

図4　M5Stackでプログラムを動作させたときの例（使用機材：M5Stack Core本体）
本体上面の3つのボタン操作に応じたメッセージを表示する

プログラム0　Hello, WorldをLCDに表示する

プログラム0（**図3**）は，マイコンのLCDにHello, Worldと表示させるプログラムです．

図4は，本体上面の3つのボタン操作に応じたメッセージをLCDに表示するプログラム0の実行例です．M5Stack Coreはタクト・スイッチを，Core2はタッチ・パネルを搭載しており，各ボタンの状態を取得することができます．また，ボタン操作に応じたメッセージをLCDに表示します．

このプログラムは①void setup()から始まる前半部と，②void loop()から始まる後半部に分かれています．

また②には，③if構文が含まれます．それぞれの役割は，以下のとおりです．

① setup部は，起動時に1度だけ実行する関数です．波括弧は，setup関数の範囲を示します．ここではM5.Lcdから始まる5行の文が含まれており，タイトルをLCDに表示します．

② loop部は，繰り返し実行部です．M5Stack表面のボタン状態に応じた処理を行います．

③ loop関数内の3つのifは，丸括弧内の条件が一致したときに波括弧内の各文を実行する構文です．それぞれM5Stack上の3つのボタンに応じ

(a) 左ボタン操作時

(b) 中央ボタン操作時

(c) 右ボタン操作時

図5 各ボタン操作時のLCD表示例
左ボタン(a), 中央ボタン(b), 右ボタン(c)の操作に応じたメッセージを表示する

た処理(LCDへの表示)を行います.

各所に書かれているM5.Lcdから始まる命令はLCDの表示用です. また, M5.BtnAやM5.BtnB, M5.BtnCから始まる命令はボタン状態の取得用です.

intは整数型変数を生成する命令です. この整数型変数には整数値を代入することができます. プログラム0では, 変数btnA～Cを生成し, それぞれにボタン状態(0または1)を代入します.

その他の命令については, 各行の右側の「//」で始まるコメントを参考にしてください.

プログラム0を実行すると, **図5**のように, 左ボタン(a)で[Hello, world!]を, 中央ボタン(b)で[IoT Device M5Stack]を, 右ボタン(c)で画面を消去後に[Screen Cleared]を表示します.

I/OをWi-Fiで制御

M5Stackを使ったワイヤレス・I/O制御プログラムの概要を説明します.

プログラム1(ex01_led.ino) HTTPサーバ搭載ワイヤレスLチカ端末

使用機材：M5Stack Core本体, RGB LEDユニット

Wi-FiでLAN内のWebブラウザからLEDを制御できるLチカ・プログラムです(**図6**).

このプログラムはM5Stack CoreのLCD上に電球の画像を表示するので, LEDを接続しなくても, 動作は確認できます. また, プログラムを改造し, RELAYユニットから実際の照明機器を制御することも可能です.

では, このプログラムと外部回路の製作に向け, Wi-FiとHTTPサーバ搭載端末の基本動作について説明します.

● Lチカ端末の製作方法とプログラム実行方法

マイコンの接続方法とプログラムの実行方法を説明します. プログラムのファイルは, この章の準備2でダウンロードしたm5-masterフォルダ→coreフォルダ→ex01_ledフォルダ内に含まれるex01_led.inoです. Arduino IDEの[ファイル]メニューからプログラムを読み込み, プログラム内のSSIDとPASSの部分を使用するWi-Fi無線LANのSSIDとパスワードに書き換えてください.

M5Stack 純正のRGB LEDユニットをM5Stack Core本体側面のGrove互換端子に接続すると, 現実のLEDの点灯/消灯を制御することもできます.

プログラム1(ex01_led.ino)をM5Stack Coreに書き込むと, **図7(a)**のような電球の画像と, IPアドレスをLCDに表示します. 同じLAN内にあるパソコン上のWebブラウザのアドレス・バーに, http://IPアドレス/を入力すると, **図7(c)**のようにLED制御画面を表示します. Webブラウザ上

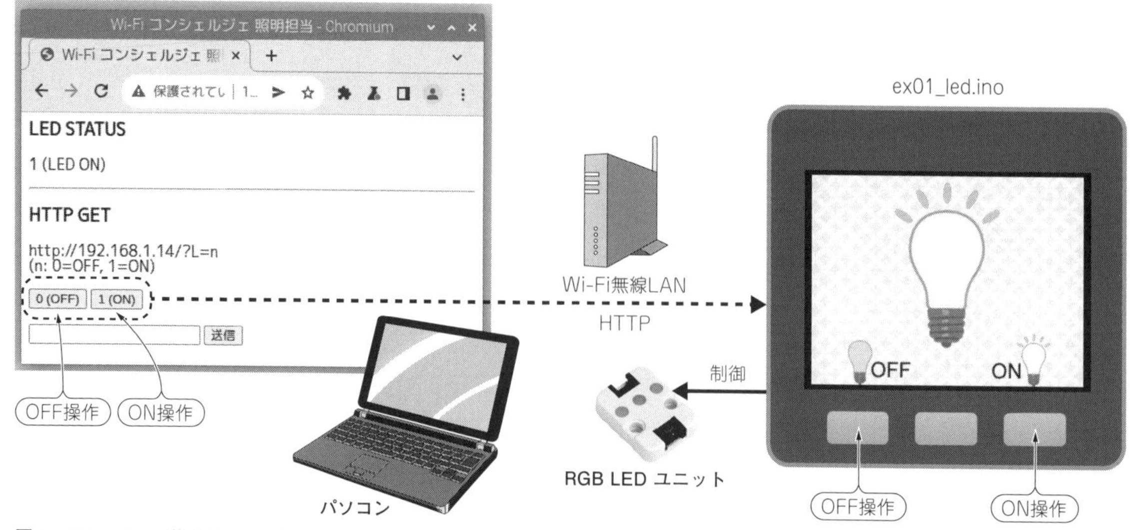

図6　HTTPサーバ搭載ワイヤレスLチカ端末（使用機材：M5Stack Core本体，RGB LEDユニット）
LCD上に電球の画像を表示するので，LEDがなくても動作確認できる

図7　各ボタン操作時のLCD表示例とWebブラウザの操作画面例
電球をOFFにした画像(a)と，ONにした画像(b)．Webブラウザの操作画面(c)で表示を切り替える

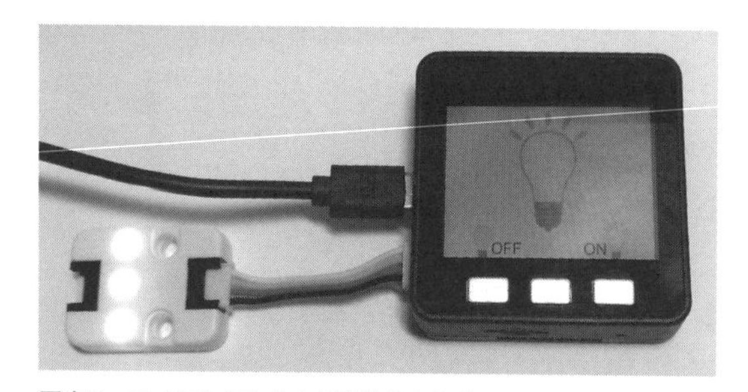

写真3　ワイヤレスLチカの実験のようす
M5Stack 純正のRGB LEDユニットを接続し，制御してみた．RELAYユニットを使えば，実際のAC家電を制御する応用も可能(プログラムの改造が必要)

の[1(ON)]をクリックすると，**図7(b)**および**写真3**のように点灯します．

同フォルダ内には，**図7(a)**と**(b)**のような電球の画像ファイルoff_jpg.hとon_jpg.hが含まれています．ファイルの内容はArduino IDE上のタブで，それぞれのファイルを選択すると確認できます．

表示させる画像ファイルを変更したい場合は，JPEGファイルをtoolsフォルダ内のjpg2header.pyで変換してください(要Python環境)．引き数としてファイルを渡すと，ファイル名_jpg.hが作成されます．

● プログラム1(ex01_led.ino)の内容

サンプル・プログラム(ex01_led.ino)のWi-FI接続機能とHTTPサーバ機能の処理内容について，**リスト1**を用いて説明します．

リスト1　プログラム1(ex01_led.ino)
⑦Wi-Fi無線LANアクセス・ポイントへの接続処理を開始し，⑧接続が完了するまで待機し，⑩HTTPサーバを起動する．HTTPサーバに接続があると，あらかじめ⑨で定義した関数⑤が起動し，③リクエストに応じてLEDの制御を行う

```
#include <M5Stack.h>                                   // M5Stack用ライブラリの組み込み
#include <WiFi.h>                                      // ESP32用WiFiライブラリ
#include <WebServer.h>                                 // HTTPサーバ用ライブラリ
#include "on_jpg.h"                                    // 点灯した電球のJPEGデータ
#include "off_jpg.h"                                   // 消灯した電球のJPEGデータ

#define PIN_LED_RGB 21                                 // RGB LED
#define SSID "1234ABCD" ┐                              // 無線LANアクセス・ポイントのSSID
#define PASS "password" ┘①                             // パスワード

WebServer server(80); ←②                              // Webサーバ(ポート80=HTTP)定義
int led_stat = 0;                                      // LED状態用変数led_statを定義

void ledControl(boolean on){ ←③                       // LED制御関数
    if(on){                                            // on=trueのとき
        led(20);                                       // RGB LEDを点灯(輝度20)
        M5.Lcd.drawJpg(on_jpg,on_jpg_len); ←④          // LCDにJPEG画像onを表示
    }else{                                             // on=falseのとき
        led(0);                                        // RGB LEDを消灯
        M5.Lcd.drawJpg(off_jpg,off_jpg_len);           // LCDにJPEG画像offを表示
    }
}

void handleRoot(){ ←⑤
    String rx, tx;                                     // 受信用，送信用文字列
    if(server.hasArg("L")){                            // 引き数Lが含まれていたとき
        rx = server.arg("L");                          // 引き数Lの値を変数rxへ代入
        led_stat = rx.toInt();                         // 変数sの数値をled_statへ
    }
    tx = getHtml(led_stat);                            // HTMLコンテンツを取得
    server.send(200, "text/html", tx);                 // HTMLコンテンツを送信
    ledControl(led_stat); ←⑥                           // LED制御関数ledControlを実行
    String S = "L=" + String(led_stat);                // 表示用変数Sにled_stat値を代入
    M5.Lcd.drawString(S,0,0);                          // LCDに変数Sの内容を表示
}

void btnUpdate(){                                      // ボタン状態に応じてLEDを制御
    M5.update();                                       // M5Stack用I/O状態の更新
    int btnA = M5.BtnA.wasPressed();                   // ボタンAの状態をbtnAへ代入
    int btnC = M5.BtnC.wasPressed();                   // ボタンCの状態をbtnCへ代入
    if( btnA == 1 ) led_stat = 0;                      // ボタンA押下時led_stat=0を代入
    if( btnC == 1 ) led_stat = 1;                      // ボタンB押下時led_stat=1を代入
    if( btnA || btnC) ledControl(led_stat);            // ボタン操作時にLED制御を実行
}

void setup(){                                          // 起動時に1度だけ実行する関数
    M5.begin();                                        // M5Stack用ライブラリの起動
    led_setup(PIN_LED_RGB);                            // RGB LED 初期設定(ポート設定)
    ledControl(led_stat);                              // LED制御関数ledControlを実行
    M5.Lcd.setBrightness(31);                          // 輝度を下げる(省エネ化)
    M5.Lcd.println("M5 LED HTTP");                     // タイトル「LED HTTP」を表示
    WiFi.mode(WIFI_STA);      ┐                        // 無線LANをSTAモードに設定
    WiFi.begin(SSID,PASS);    ┘⑦                       // 無線LANアクセス・ポイント接続
    while(WiFi.status() != WL_CONNECTED){ ┐            // 接続に成功するまで待つ
        led((millis()/50) % 10);          │            // RGB LEDの点滅
        delay(50);                        │⑧          // 待ち時間処理
        btnUpdate();                      │            // ボタン状態を確認
    }                                     ┘
    server.on("/", handleRoot); ←⑨                     // HTTP接続用コールバック先設定
    server.begin(); ←⑩                                 // Web サーバを起動する
    M5.Lcd.println(WiFi.localIP());                    // 本機のIPアドレスを表示
}

void loop(){                                           // 繰り返し実行する関数
```

リスト1　プログラム1(ex01_led.ino)(つづき)

```
    server.handleClient();                            // Webサーバの呼び出し
    btnUpdate();                                      // ボタン状態を確認
}
```

①定数の定義を行うdefine部です．Wi-Fi無線LANアクセス・ポイントのSSIDとパスワードを，リスト中の定義名SSIDと定義名PASSのダブルコート(")内に記入してください．SSIDとパスワードは，機器の裏側などに表示されていることが多いです．

②HTTPサーバ(のオブジェクト)serverを生成します．丸括弧内の数値は，アクセスを待ち受けるためのIPポート番号80です．生成したHTTPサーバを使用するには，処理⑨や⑩のように，serverに続いてピリオド(.)とWebServerライブラリ内の関数名を付与します．

③LEDの制御を行う関数ledControlを定義します．この関数は処理⑥から実行されます．関数名の丸括弧内の変数onは引き数と呼ばれ，関数を実行するときに代入されます．本関数では，onがtrue(真値1)のときに，ledを点灯し，画像ファイルon.jpgを表示します．

④M5.Lcd.drawJpgは，JPEG形式の画像データをLCDに表示するコマンドです．第1引き数はJPEGデータが格納された変数のポインタ(アドレス)です．第2引き数は画像データのサイズです．他のJPEG画像ファイルに変更したいときは，toolsフォルダ内のjpg2header.pyで変換してください．

⑤HTTPサーバにアクセスがあったときに実行する関数handleRootを定義します．この関数は，HTTPリクエストの引き数(クエリ)Lの値を変数led_statに代入し，次の処理⑥を実行します．

⑥引き数led_statを処理③の関数ledControlに渡し，LEDの制御を実行します．

⑦Wi-FiモードをSTA(ステーション/子機)に設定し，WiFi.begin命令を使って，Wi-Fi無線LANアクセス・ポイントに接続を開始します．

⑧Wi-Fi無線LANアクセス・ポイントに接続するまで待機します．待機中はLEDを点滅するとともに，関数btnUpdateを呼び出し，ボタン操作に基づいて処理③の関数ledControlを実行します．

⑨処理②で生成したserverの関数onを使って，HTTPサーバのルート(/)にアクセスがあったときに実行する関数を設定します．ここでは，処理④の関数handleRootを設定します．

⑩HTTPサーバを起動し，アクセスを待ち受けます．

column1　マイクロSDカードから画像ファイルを読み込む

マイクロSDカード内のJPEGファイルをM5Stackに表示することもできます．電球の画像ファイルはcoreフォルダ→ex01_led_sdフォルダに収録しました．M5Stackにex01_led_sd.inoを書き込めば，マイクロSDカード内の各JPEGファイルを表示することができます．ただし，ファイルの読み込みに15秒くらいかかる場合や，実行中にマイクロSDカードの認識ができなくなる場合があります．そのようなときは，M5Stack用ESP32ボード・マネージャをVer.1系(Ver.1.0.9など)に変更し，プログラム内の#define M5STACK_V1を有効に設定(行頭の//を消去)すれば，0.2秒以下で表示できるようになります．

プログラム2(ex02_sw.ino)
LINEや他の機器を遠隔制御するワイヤレス・スイッチ送信機

使用機材：M5Stack本体(1台または2台)

M5Stackのボタンを押したときに，スマートフォン用LINEアプリにメッセージを送信するプログラムです．また，2台のM5Stackシリーズ(**表1**のCore，Core2，ATOM，Stickなど)を使い，1台にこのプログラム2を書き込み，もう1台にプログラム1を書き込めば，2台のマイコンでリモート制御を試すこともできます(**図8**)．

ここでは，HTTPクライアントによるLANやインターネットへの接続方法について説明します．

● スイッチ送信機の製作方法とプログラム実行方法

送信側のプログラム2は，ex02_sw.inoです．プログラム内のSSIDとPASSの部分を使用するWi-Fi無線LAN内蔵ゲートウェイのSSIDとパスワードに書き換えてください．LINEへ送信を行う場合は，プログラム内のLINE_TOKENにLINEトークンを記入します(方法は後述)．また，受信用にプログラム1(ex01_led.ino)を書き込んだLチカ端末を用意し，そのIPアドレスを送信機側のプログラム内のLED_IPに記入すると，ワイヤレス

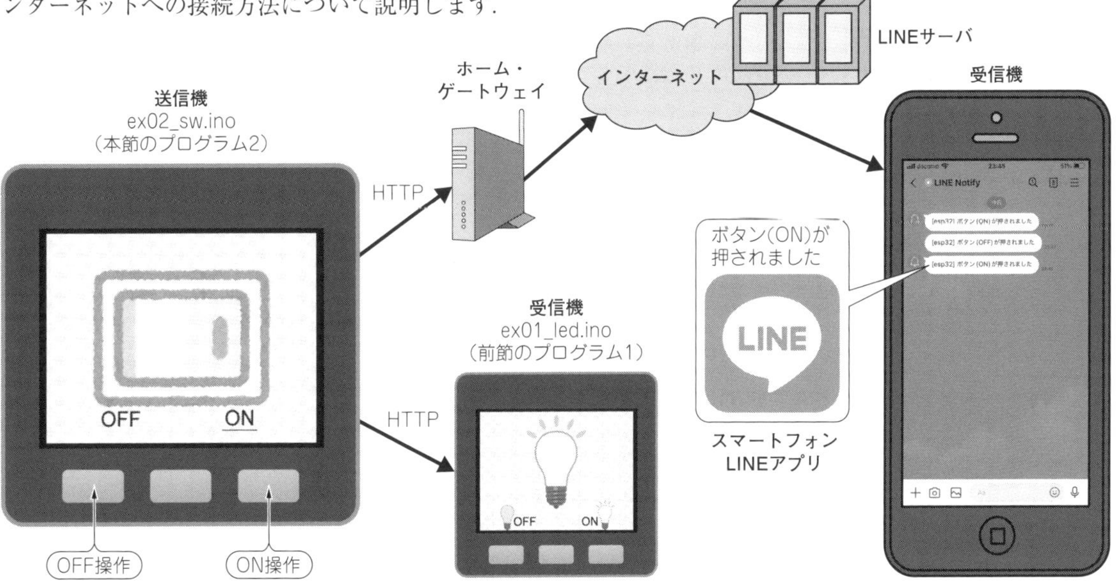

図8　LINEにメッセージ送信するワイヤレス・スイッチ送信機
LINEアプリにメッセージを送信したり，ワイヤレスLチカ端末をリモート制御したりすることができる

(a) OFFスイッチ(off_sw_jpg.h)

(b) ONスイッチ(on_sw_jpg.h)

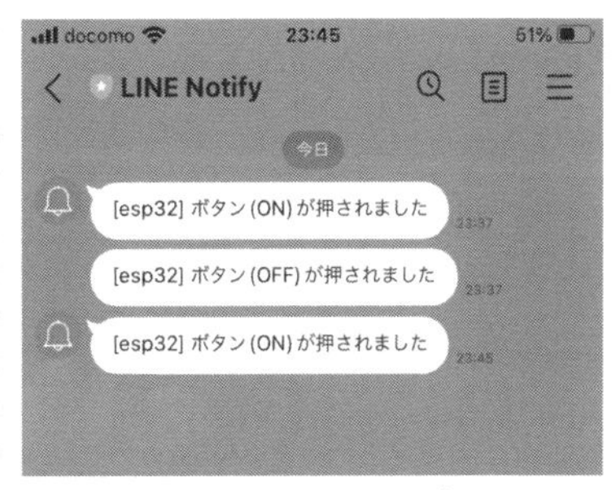

(c) 操作画面(LINEアプリ)

図9　操作スイッチのLCD表示例とLINEアプリ表示例
スイッチをOFF(a)やON(b)に操作すると，LINEアプリ(c)にメッセージを表示するLINE Notify用のトークン取得と設定する

でLED制御ができます．

M5Stackにプログラムを書き込むと，**図9**の(**a**)のようなスイッチがOFF状態の画像データ(off_sw_jpg.h)が表示されます．ON時(on_sw_jpg.h)はスイッチの一部が緑色に変化します．

LCD面にある3つのボタンを操作すると，ボタンに応じたメッセージ(左ボタン＝OFF／中央＝PING／右＝ON)をLINEサーバに送信し，スマートフォンのLINEアプリに**図9**の(**c**)のような画面を表示します．また，**写真4**の左ボタン(**a**)を押すと，ワイヤレスLチカ端末のLEDが消灯し，右ボタン(**b**)を押すとLEDが点灯します．

マイクロSDカード内のJPEGファイルをLCDに表示したい場合は，coreフォルダ→ex02_sw_sdフォルダ内のJPEGファイルとたどり，プログラム(jpg2header.py)でマイクロSDカードの画像を読み込みJPEGファイルを変換してください．不具合が生じる場合は，M5Stack用ESP32ボード・マネージャをVer.1に変更してください．

スマートフォンのLINEアプリにメッセージを送信するのに必要なLINE Notify用のトークンの取得手順を以下に示します．

① Webブラウザを使って，https://notify-bot.line.me/にアクセスし，Webブラウザに表示された画面右上の[ログイン]から，LINEアカウントの入力と本人認証をしてください．

② ログイン後，画面右上のアカウント・メニューから[マイページ]を選択し，[トークンを発行する]を選択すると，**図10**のトークン発行ダイアログが開きます．

図10　トークン発行ダイアログ
LINE Notify(http://notify-bot.line.me/)の[マイページ]で，[トークンを発行する]を選択すると表示される

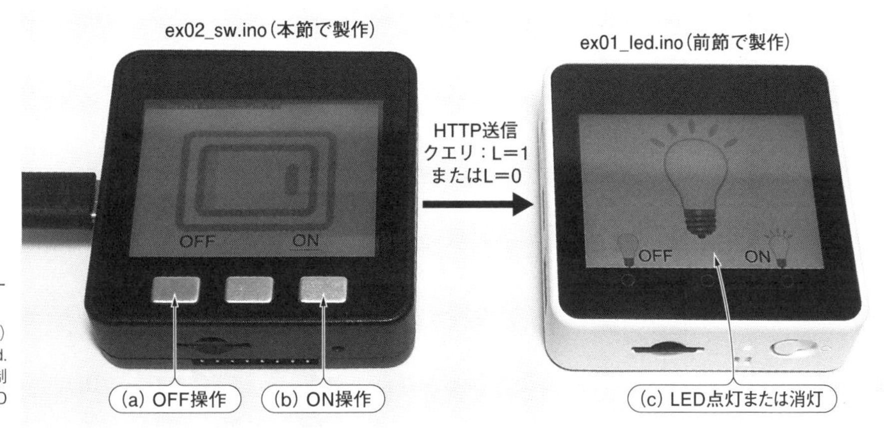

写真4 M5Stackを使ったリモートLED制御
プログラム2(ex02_sw.ino)からプログラム1(ex01_led.ino)のLEDの点灯/消灯を制御できる．ボタン(a)でLEDが消灯し，(b)で点灯する

③ トークン発行ダイアログでトークン名を入力します．本例では[esp32]を入力しました．

④ 送信先のトークルーム一覧で[1:1でLINE Notifyから通知を受け取る]を選択します．

⑤ [発行する]ボタンでトークンが発行されるので，[コピー]ボタンでクリップボードにコピーし，プログラム2(ex02_sw.ino)のLINE_TOKENのダブルコート(")内に貼り付けてください．

リスト2 プログラム2(ex02_sw.ino)
④ボタン状態を取得し，⑤～⑨その状態に合わせたメッセージをHTTP POSTでLINEサーバに送信する．⑩HTTP GETでワイヤレスLチカ端末のLEDを制御する　※ZIPフォルダに収録したプログラムにはUDP送信部が含まれるが，ここでは省略した

```
#include <M5Stack.h>                          // M5Stack用ライブラリの組み込み
#include <WiFi.h>                             // ESP32用WiFiライブラリ
#include <HTTPClient.h>                       // HTTPクライアント用ライブラリ
#include "on_sw_jpg.h"                        // ON状態のスイッチのJPEGデータ
#include "off_sw_jpg.h"                       // OFF状態のスイッチのJPEGデータ
#define LINE_TOKEN  "your_token" ←①           // LINE Notify トークン★要設定
#define LED_IP "192.168.1.0" ←②               // LED搭載子のIPアドレス★要設定
#define SSID "1234ABCD"     }                 // 無線LANアクセス・ポイント SSID
#define PASS "password"     } ③               // パスワード

String btn_S[]={"No","OFF","Ping","ON"};      // 送信要否状態0～3の名称

int btnUpdate(){                              // ボタン状態に応じて画面切り換え
    M5.update();                              // M5Stack用I/O状態の更新
    delay(1);                                 // ボタンの誤作動防止用
    int tx_en = 0;                            // 送信要否tx_en(0:送信無効)
    if( M5.BtnA.wasPressed() ){               // ボタンAが押されたとき
        M5.Lcd.drawJpgFile(SD, "/off_sw.jpg");  // LCDにJPEGファイルoff_sw表示
        tx_en = 1;                            // 送信要否tx_en(1:OFFを送信)
    }else if( M5.BtnB.wasPressed() ){         // ボタンBが押されたとき
        tx_en = 2;                            // 送信要否tx_en(2:Ping)
    }else if( M5.BtnC.wasPressed() ){         // ボタンCが押されたとき
        M5.Lcd.drawJpgFile(SD, "/on_sw.jpg");   // LCDにJPEGファイルon_swを表示
        tx_en = 3;                            // 送信要否tx_en(3:ONを送信)
    }
    if(tx_en) M5.Lcd.setCursor(0, 0);         // LCD文字表示位置を原点に
    return tx_en;                             // 送信要否を応答する
}

void setup(){                                 // 起動時に1度だけ実行する関数
    M5.begin();                               // M5Stack用ライブラリの起動
    M5.Lcd.setBrightness(31);                 // 輝度を下げる(省エネ化)
    M5.Lcd.drawJpgFile(SD, "/off_sw.jpg");    // LCDにJPEGファイルoff_sw表示
    M5.Lcd.println("M5 SW UDP LINE LED");     // 「SW UDP」をシリアル出力表示
```

リスト2-2　プログラム2(ex02_sw.ino)(つづき)

```
    WiFi.mode(WIFI_STA);                                   // 無線LANをSTAモードに設定
    WiFi.begin(SSID,PASS);                                 // 無線LANアクセス・ポイント接続
    while(WiFi.status() != WL_CONNECTED){                  // 接続に成功するまで待つ
        delay(50);                                         // 待ち時間処理
        btnUpdate();                                       // ボタン状態を確認
    }
    M5.Lcd.print(WiFi.localIP());                          // 本機のアドレスをシリアル出力
    M5.Lcd.print(" -> ");                                  // 矢印をシリアル出力
    M5.Lcd.println(UDPTO_IP);                              // UDPの宛て先IPアドレスを出力
}

void loop(){                                               // 繰り返し実行する関数
    int tx_en = btnUpdate(); ←④                            // ボタン状態と送信要否の確認
    if(tx_en==0) return;                                   // 送信要求がない(0)のときに戻る
    HTTPClient http; ←⑤                                    // HTTPリクエスト用インスタンス
    http.setConnectTimeout(15000);                         // タイムアウトを15秒に設定する
    String url;                                            // URLを格納する変数を生成
    if(strlen(LINE_TOKEN) > 42){                           // LINE_TOKEN設定時
        url = "https://notify-api.line.me/api/notify";     // LINEのURLを代入
        M5.Lcd.println(url);                               // 送信URLをLCD表示
        http.begin(url); ←⑥                                // HTTPリクエスト先を設定する
        http.addHeader("Content-Type","application/x-www-form-urlencoded"); }⑦
        http.addHeader("Authorization","Bearer " + String(LINE_TOKEN));     }
        http.POST("message=ボタン(" + btn_S[tx_en]  + ")が押されました"); ←⑧
        http.end(); ←⑨                                     // HTTP通信を終了する
    }
    if(strcmp(LED_IP,"192.168.1.0")){                      // 子機IPアドレス設定時
        url = "http://" + String(LED_IP) + "/?L=";         // アクセス先URL
        url += String(tx_en == 1 ? 0 : 1);                 // L=OFF時0, その他1
        M5.Lcd.println(url);                               // 送信URLをLCD表示
        http.begin(url);  }                                // HTTPリクエスト先を設定する
        http.GET();       }⑩                               // ワイヤレスLEDに送信する
        http.end();       }                                // HTTP通信を終了する
    }
}
```

● プログラム2(ex02_sw.ino)の内容

リスト2のプログラム(ex02_sw.ino)のHTTPリクエスト処理は以下のように行います.

① Line Notify用のトークンの定義部です. ダブルコート(")内にトークンを記入してください.

② ワイヤレスLチカ端末(の起動時に画面左上に表示される)のIPアドレスを定義します.

③ 使用する無線LANアクセス・ポイントのSSIDとパスワードを定義します.

④ ボタン状態を取得し, 左ボタン1, 中央ボタン2, 右ボタン3の値を変数tx_enに代入します.

⑤ HTTPクライアント(のオブジェクト)httpを生成します.

⑥ HTTPリクエスト先のLINEサーバのURLを, HTTPクライアントhttpに設定します.

⑦ HTTPヘッダの設定です. Line Notifyの通信仕様で定められたトークンなどを設定します.

⑧ HTTPクライアントhttpを使って, メッセージをHTTP POST方式でLINEに送信します. 丸括弧内の引き数は, Line Notifyの通信仕様に合わせた送信メッセージの文字列です.

⑨ HTTPクライアントの処理を終了します.

⑩ ワイヤレスLチカ端末へのHTTPアクセス処理です. LINEの処理⑥～⑨に相当し, HTTP GET方式(Webサイトを見るときと同様のコンテンツ取得命令)を使用します.

なお, ダウンロードしたZIP内に収録されているプログラムには, UDP送信機能が含まれていますが, リストでは省略しました. 詳細は各行の右側に記したコメントを参照してください.

センサ値をWi-Fiで送信

M5Stackを使ったワイヤレス・センサ用プログラムを作ります．

プログラム3(ex03_lum.ino) 照度センサを使ったWi-Fi照度計・送信機

使用機材：M5Stack Core本体，DLIGHTユニット

プログラム3(ex03_lum.ino)は，M5Stack純正DLIGHTユニットを使って，照度値をIoT用クラウド・サービスAmbientに送信し，LCDのアナログ・メータに照度値を表示します(**図11**)．IoTセンサ用クラウド・サービスAmbientに照度値を送信することで，パソコンやスマートフォンのWebブラウザで照度をグラフ表示できます．また，UDPでも送信し，次節の端末に表示します．

● Wi-Fi照度計・送信機の製作

M5Stack CoreまたはM5StickCを使った製作方法と設定方法を説明します．

ハードウェアは，M5Stack純正のDLIGHTユニットをM5Stack CoreのGrove互換端子に接続して製作する，もしくは**写真5**のように，M5StickCにDLIGHTハットを装着して製作します．

ソフトウェアは，この章の準備2でダウンロードしたm5-masterフォルダ→core(M5Stack Core用)またはstick_c(M5StickC用)→ex03_lumフォルダ内のプログラム3(ex03_lum.ino)を使用します．

Arduino IDEでプログラムを読み込み，プログラム内のSSIDとPASSの定義部を使用するWi-Fi無線LANのSSIDとパスワードに書き換えてください．また，この後に示す方法でAmbient用のチャネルIDとライト・キーをプログラム内のAmb_IdとAmb_Keyに設定してください．使用する機材をM5StickCに変更したときは，準備1の④～⑦をM5StickCに合わせて実施してください．

プログラムを書き込んだM5Stackを起動すると，**図12**のような画面をLCDに表示します．

なお，本センサの測定精度は十分に高いものの計測器ではないので，測定結果を性能表示などに使用することはできません．

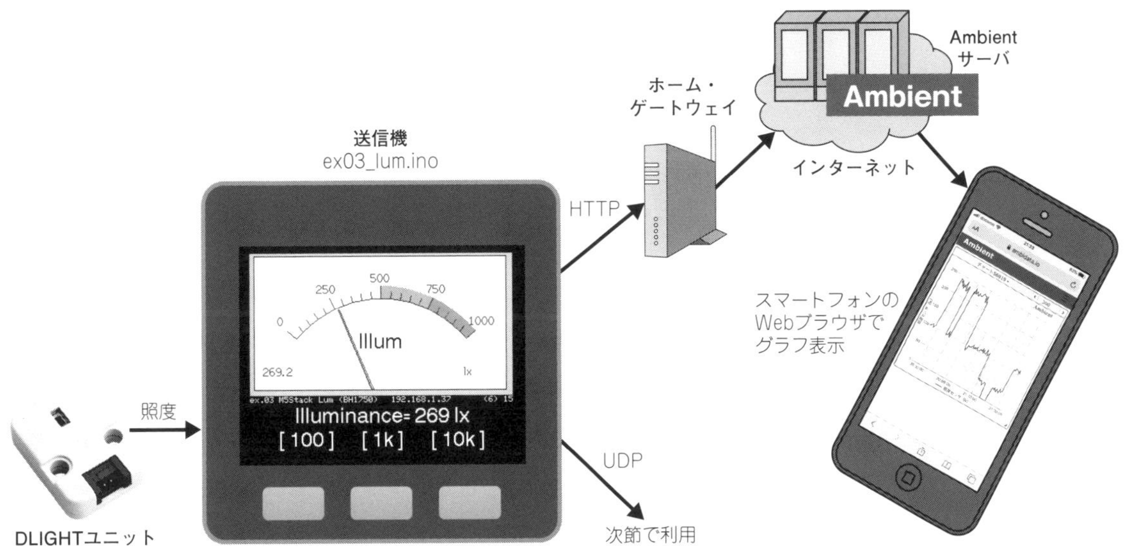

図11　Wi-Fi照度計・送信機(使用機材：M5Stack Core本体，DLIGHTユニット)
HTTPクライアント機能で照度値をAmbientに送信してスマホで表示した

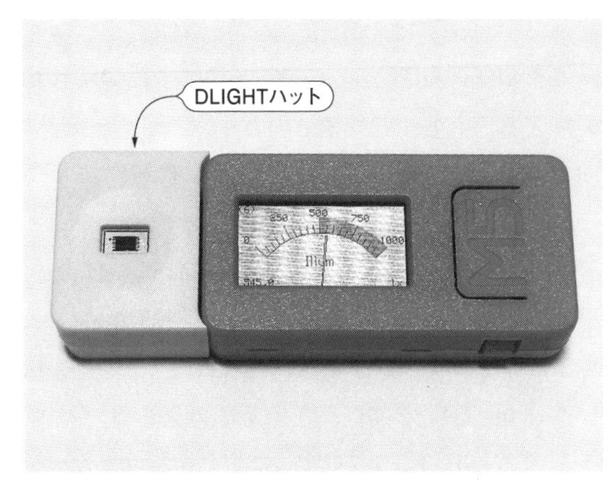

写真5　Wi-Fi照度計の製作例(M5StickC)
M5StickCにDLIGHTハットを接続し，照度値を取得した

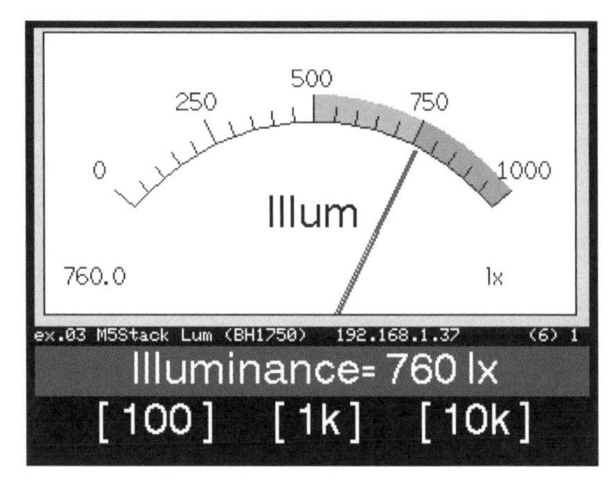

図12　アナログ・メータ風の表示例(M5Stack Core)
BH1750FVI(ローム製)の照度値をLCDに表示する

● Ambient用のチャネルIDとライト・キーの設定

Ambientは，センサ値などの数値データを蓄積し，スマートフォンやパソコンのWebブラウザにグラフ表示を行うクラウド・サービスです．アンビエントデーター社が提供しており，無料アカウントで最大8つのチャネルID(送信機)まで利用できます．**図13**に照度値をAmbientに送信したときの実行例を示します．

Ambientのクラウド・サービスを利用するには，ユーザ登録後，チャネルIDと，ライト・キーを取得し，それらをプログラム内に設定する必要があります．チャネルIDは送信機ごとに割り当てられた16進数16桁の番号で，ライト・キーはデータ送信用の認証キーです．

以下にAmbient用のチャネルIDとライト・キーを取得し，設定する手順を示します．

① AmbientのWebサイト(https://ambidata.io/)にアクセスしてください．
② 画面右上の[ユーザ登録(無料)]ボタンから，メール・アドレス，パスワードを設定し，アカウントを登録します．
③ チャネル一覧画面で，[チャネルを作る]ボタンを押下し，チャネルIDを新規作成します．
④ [チャネルID]を**リスト3**の②のAmb_Idのダブルコート(")内に入力してください．
⑤ [ライト・キー]を**リスト3**の③のAmb_Keyのダブルコート(")内に入力してください．

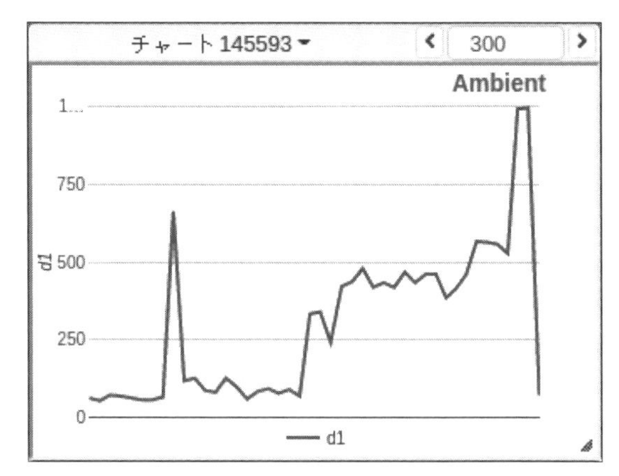

図13　クラウド・サービスAmbient
照度値を蓄積し，グラフ表示した

● センサ用プログラムの基本プログラム3(ex03_lum.ino)の内容

サンプル・プログラム3(ex03_lum.ino)のHTTPクライアントとUDPによるセンサ値の送信処理について，**リスト3**を用いて説明します．

① **Wi-Fi**　Wi-Fi無線LANアクセス・ポイントのSSIDとパスワードを定義します．
② **Ambient**　Ambientで取得した送信機ごとのチャネルID(整数値)を定義します．

リスト3　プログラム3 ex03_lum.inoの主要部
⑤照度センサから照度値を取得し，⑥UDPと⑦HTTPで送信する
※ZIPフォルダに収録したプログラムにはアナログ・メータのレンジ切り替え機能などが含まれるが，ここでは省略した

```
#include <M5Stack.h>                              // M5Stack用ライブラリの組み込み
#include <WiFi.h>                                 // ESP32用WiFiライブラリ
#include <WiFiUdp.h>                              // UDP通信を行うライブラリ
#include <HTTPClient.h>                           // HTTPクライアント用ライブラリ

#define SSID "1234ABCD" }①                        // 無線LANアクセス・ポイントのSSID
#define PASS "password" }                         // パスワード
#define PORT 1024                                 // 送信のポート番号
#define SLEEP_P 30*1000000ul                      // スリープ時間 30秒(uint32_t)
#define DEVICE "illum_3,"                         // デバイス名(5字+"_"+番号+",")
RTC_DATA_ATTR int disp_max = 1000;                // メータの最大値

#define Amb_Id  "00000" ←②                       // AmbientのチャネルID
#define Amb_Key "0000000000000000" ←③            // Ambientのライト・キー
IPAddress UDPTO_IP = {255,255,255,255};           // UDP宛て先 IPアドレス

void setup(){                                     // 起動時に1度だけ実行する関数
    M5.begin();                                   // M5Stack用ライブラリの起動
    bh1750Setup(); ←④                            // 照度センサの初期化
    M5.Lcd.setBrightness(31);                     // 輝度を下げる(省エネ化)
    analogMeterInit("lx","Illum", 0, disp_max);   // アナログ・メータの初期表示
    M5.Lcd.println("ex.03 M5Stack Lum (BH1750)"); // タイトルの表示
    String S = "[ 100 ]      [ 1k ]      [ 10k ]"; // ボタン名を定義
    M5.Lcd.drawCentreString(S, 160, 208, 4);      // 文字列を表示
    WiFi.mode(WIFI_STA);                          // 無線LANをSTAモードに設定
}

void loop(){                                      // 繰り返し実行する関数
    if(millis()%(SLEEP_P/1000) == 0){             // SLEEP_P間隔で下記を実行
        WiFi.begin(SSID,PASS);                    // 無線LANアクセス・ポイント接続
    }
    if(millis()%500) return;                      // 以下は500msに1回だけ実行する

    float lux = getLux(); ←⑤                     // 照度(lux)を取得
    if(lux < 0.) return;                          // 取得失敗時にloopの先頭に戻る
    analogMeterNeedle(lux,5);                     // 照度に応じてメータ針を設定

    String S = "Illuminance= " + String(lux,0);   // 照度値を文字列変数Sに代入
    S += " lx";                                   // 単位を追記
    M5.Lcd.drawCentreString(S, 160, 180, 4);      // 文字列を表示
    if(WiFi.status() != WL_CONNECTED) return;     // Wi-Fi未接続のときに戻る

    S = String(DEVICE) + String(lux,0); ←(1)  ┐   // 送信データSにデバイス名を代入
    Serial.println(S);                        │   // 送信データSをシリアル出力表示
    WiFiUDP udp; ←(2)                         │⑥ // UDP通信用のインスタンスを定義
    udp.beginPacket(UDPTO_IP, PORT); ←(3)     │   // UDP送信先を設定
    udp.println(S); ←(4)                      │   // 送信データSをUDP送信
    udp.endPacket(); ←(5)                     ┘   // UDP送信の終了(実際に送信する)

    if(strcmp(Amb_Id,"00000") != 0){              // Ambient未設定時にsleepを実行
      ┌ S = "{\"writeKey\":\""+String(Amb_Key);  ┐  // (項目)writeKey,(値)ライト・キー
      │ S += "\",\"d1\":\"" + String(lux);       │⑧ // (項目)d1,(値)照度
      │ S += "\"}";                              ┘
      │ HTTPClient http;                          // HTTPリクエスト用インスタンス
      │ http.setConnectTimeout(15000);            // タイムアウトを15秒に設定する
    ⑦│ String url = "http://ambidata.io/api/v2/channels/"+String(Amb_Id)+"/data";
      │ http.begin(url);                          // HTTPリクエスト先を設定する
      │ http.addHeader("Content-Type","application/json"); // JSON形式を設定する
      │ Serial.println(url);                      // 送信URLを表示
      │ http.POST(S);                             // センサ値をAmbientへ送信する
      └ http.end();                               // HTTP通信を終了する
    }
    delay(100);                                   // 送信完了の待ち時間処理
    WiFi.disconnect();                            // Wi-Fiの切断
}
```

③ **Ambient**　ライト・キー(16進数16桁)を定義します．

④ **照度センサ**　照度センサBH1750FVI(ローム製)の初期設定を行います．センサ用のデバイス・ドライバのプログラムは，i2c_bh1750.inoとして収録しました．Arduino IDE画面のタブ[i2c_bh1750]をクリックすると表示されます．ドライバ内の関数bh1750SetupはI²Cインターフェースの使用を開始し，関数getLuxは照度センサBH1750FVIから照度値を取得します．

⑤ **照度センサ**　センサ・ドライバの関数getLuxで照度値を取得し，変数luxに代入します．

⑥ **UDP**　第1章で解説したCSV形式のセンサ値データをLAN内にUDPブロードキャスト送信する処理部です．

(1) UDP送信用データを代入する文字列変数Sを生成し，デバイス名(illum_3)と，変数lux内の照度値の文字列を代入します．

(2) UDP通信用ライブラリWiFiUDPのオブジェクトudpを生成します．

(3) 関数beginPacketでUDP通信用の宛て先のIPアドレスと宛て先ポート番号を設定します．IPアドレスには，LAN内の全端末宛てブロードキャスト255.255.255.255を使いました．

(4) 文字列変数S内の送信用データをUDP送信します．

(5) UDP送信処理を終了します．実際に送信されるのは，本処理の実行後です．

⑦ **Ambient**　センサ値をAmbientへ送信する処理部です．プログラム2(ex02_sw.ino)と同じHTTP POST方式です．メッセージは本処理内⑧のJSON形式で渡します．

⑧ **Ambient**　センサ値をJSON形式に変換します．項目d1はAmbientに送信するデータ番号です．ここではデータ番号d1に照度値を入力しました．

なお，ダウンロードしたZIP内に収録されているプログラムには，M5Stack上のボタンによるアナログ・メータのレンジ切り替え機能や，照度値が高いときに照度値の表示部を赤色に変更する機能，Wi-Fi接続状態の表示機能などが含まれていますが，リストでは省略しました．詳細については，プログラム各行の右側に記した説明を参照してください．

プログラム4(ex04_lcd.ino) Wi-FiデータLCD/表示・受信機

使用機材：M5Stack Core本体

プログラム4(ex04_lcd.ino)は，HTTPサーバ機能とUDP受信機能を搭載し，受信したメッセージをLCDに表示します(**図14**)．

同じLAN内に接続したパソコンやスマートフォンのWebブラウザから，メッセージを送信してLCDに表示することができます．また，プログラム3のex03_lum.inoなどを書き込んだ別のM5Stack CoreやM5StickCが送信するUDPデータを表示することもできます．

● Wi-FiデータLCD/表示・受信機の製作方法

ハードウェアはM5Stack CoreまたはM5Stack Core2を使用します．Arduino IDEを使ってM5Stack Core用のcoreフォルダまたはM5Stack Core2用のcore2フォルダ→ex04_lcdフォルダ→ex04_lcd.inoを開き，プログラム内のSSIDとPASSの部分を使用しているWi-Fi無線LANのSSIDとパスワードに書き換えてから，M5Stackに書き込めば完成です．

● LCDにメッセージを送信する方法

起動すると，**図15**の(**a**)のように本機のLCD画面上に本機のIPアドレスを表示します．同じLANに接続したパソコンまたはスマートフォンのWebブラウザのアドレス・バーに[http://(IPアドレス)/]を入力すると，**図16**のような画面が表示されるので，テキスト・ボックスにメッセージ

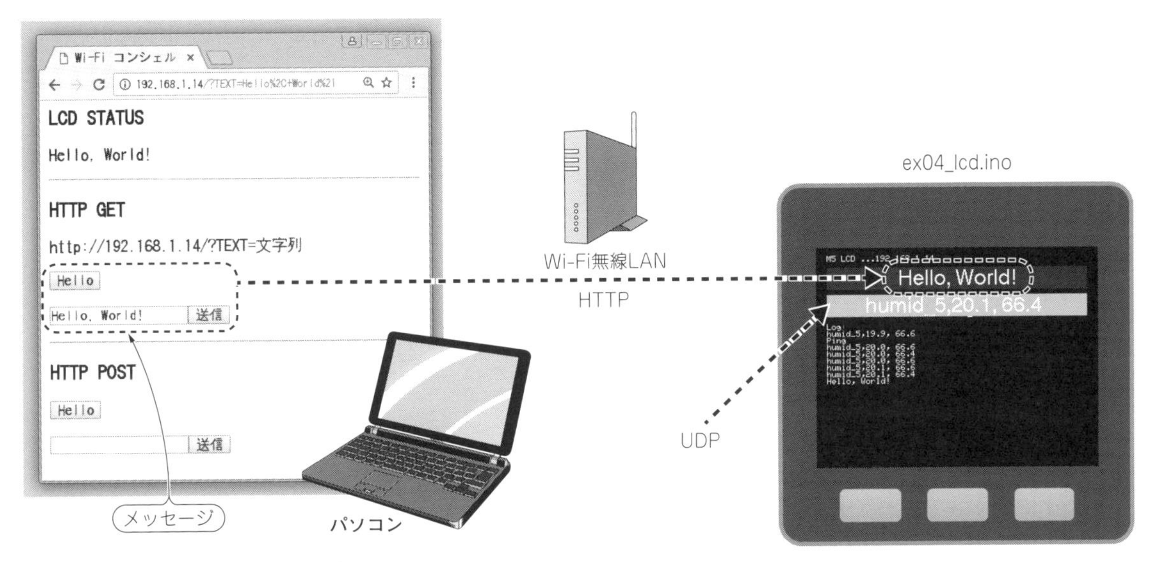

図14　Wi-FiデータLCD/表示・受信機
HTTPサーバとUDP受信機能を搭載．受信したメッセージをLCDに表示する

図15
LCDの表示例
(a)起動すると，本機のIPアドレスが表示される．(b)同じLAN内のパソコンからWebブラウザでメッセージを送信すると，受信したメッセージが表示された

[Hello, World!]を入力し，[送信]ボタンをクリックしてください．M5Stackが受信に成功すると，**図16の(b)**のように受信したメッセージを表示します．

● UDPによるセンサ値データを受信する

本章で製作したスイッチ・送信機，Wi-Fi照度計・送信機，次節以降の各種送信機(湿度，人感，GNSS，BLEカウンタ)がUDPで送信するセンサ値データを受信すると，受信したデータをLCDに

図16
LCD/表示器にメッセージを送信したときのようす
Webブラウザのアドレス・バーに[http://(IPアドレス)/]を入力すると表示される

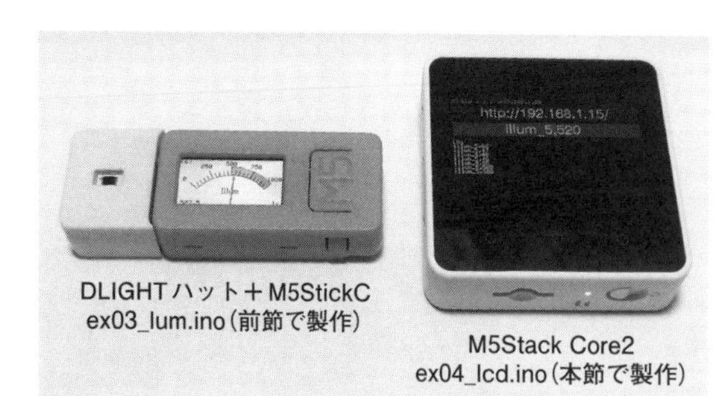

写真6 M5StickCで製作したWi-Fi照度計・送信機(左)とM5Stack Core2で製作したWi-FiデータLCD/表示・受信機(右)
本稿で製作したWi-Fiボタン送信機，Wi-Fi照度計送信機，Wi-Fi温湿度計送信機などが送信するUDPデータを表示する

表示します．

写真6は，前節のM5StickCで製作したWi-Fi照度計・送信機が送信する照度値を，本節のM5Stack Core2で製作したWi-FiデータLCD/表示・受信機で表示したときの一例です．

使用するWi-Fi無線LANアクセス・ポイントの設定や仕様によっては，ブロードキャストのUDPを受信できない場合があります．アクセス・ポイントの設定を変更するか，送信機側の宛て先IPアドレス設定UDPTO_IPに受信機のアドレスを設定してみてください．

M5Stackの機種を変更したときは，本章の準備1の④～⑦を機種に合わせて実施してください．

● HTTPサーバ搭載LCD/表示器のプログラム4(ex04_lcd.ino)の内容

HTTPサーバ機能によるセンサ値の送信機能と，UDP送信機能，スリープ機能を備えたサンプル・プログラム4(ex04_lcd.ino)の処理の手順について，**リスト4**を用いて説明します．

① **Wi-Fi**　使用するWi-Fi無線LANアクセス・ポイントのSSIDとパスワードを定義します．

② **UDP**　UDPの待ち受けポート番号を定義します．ここでは1024を使用します．

③ **HTTP**　HTTPサーバにアクセスがあったときに実行する関数部です．

リスト4 プログラム4 ex04_lcd.inoの主要部
④HTTPサーバがクエリ[?TEXT=]を受信すると，⑥受信した文字列をLCDに表示する．⑨UDPデータを受信したときも，⑩受信した文字列をLCDに表示する　※ZIPフォルダに収録したプログラムにはログを表示するlcd_log関数およびIPアドレスを文字列に変換するip2sが含まれる

```
#include <M5Stack.h>                                  // M5Stack用ライブラリの組み込み
#include <WiFi.h>                                     // ESP32用WiFiライブラリ
#include <WiFiUdp.h>                                  // UDP通信を行うライブラリ
#include <WebServer.h>                                // HTTPサーバ用ライブラリ
#define SSID "1234ABCD"   }①                          // 無線LANアクセス・ポイントSSID
#define PASS "password"   }                           // パスワード
#define PORT 1024 ←②                                  // 受信ポート番号

WebServer server(80);                                 // Webサーバ(ポート80=HTTP)定義

void handleRoot(){ ←③
    String rx, tx;                                    // 受信用，送信用文字列
    if(server.hasArg("TEXT")){                        // クエリTEXTが含まれていたとき
        rx = server.arg("TEXT").substring(0,53); }④   // クエリ値を文字変数rxへ代入
    }
    tx = getHtml(rx);                    }⑤           // HTMLコンテンツを取得
    server.send(200, "text/html", tx);   }            // HTMLコンテンツを送信
    M5.Lcd.fillRect(0, 14, 320, 26, NAVY);            // LCDの前回表示位置の消去
    M5.Lcd.drawCentreString(rx, 160, 16, 4); ←⑥       // 受信した文字列をLCDに表示する
    lcd_log(rx);                                      // LCDにログ表示する
}

WiFiUDP udp;                                          // UDP通信用のインスタンスを定義

void setup(){                                         // 起動時に1度だけ実行する関数
    M5.begin();                                       // M5Stack用ライブラリの起動
    M5.Lcd.setBrightness(31);                         // 輝度を下げる(省エネ化)
    M5.Lcd.setTextColor(WHITE);                       // 文字色を白(背景なし)に設定
    M5.Lcd.print("M5 LCD ");                          // 「M5 LCD」をLCDに出力
```

```
    WiFi.mode(WIFI_STA);                              // 無線LANをSTAモードに設定
    WiFi.begin(SSID,PASS);                            // 無線LANアクセス・ポイントへ接続
    while(WiFi.status() != WL_CONNECTED){             // 接続に成功するまで待つ
        M5.Lcd.print(".");                            // 「.」をLCD表示
        delay(500);                                   // 待ち時間処理
    }
    IPAddress ip = WiFi.localIP();                    // 本機のIPアドレスを変数に代入
    M5.Lcd.println(ip);                               // IPアドレスを液晶に表示
    M5.Lcd.fillRect(0, 14, 320, 26, NAVY);            // LCDの前回表示位置の消去
    M5.Lcd.fillRect(0, 46, 320, 26, DARKCYAN);        // LCDの前回表示位置の消去
    M5.Lcd.drawCentreString("http://"+ip2s(ip)+"/", 160, 16, 4);
    M5.Lcd.drawCentreString("udp:"+ip2s(ip)+":"+String(PORT), 160, 48, 4);
    server.on("/", handleRoot);                       // HTTP接続時コールバック先設定
    server.begin();                                   // Web サーバを起動する
    udp.begin(PORT); ←⑦                              // UDP通信御開始
    M5.Lcd.drawString("Log:", 0, LCD_ORIGIN_Y);       // ログ表示
}

void loop(){                                          // 繰り返し実行する関数
    server.handleClient();                            // クライアントからWebサーバ呼び出し
    char lcd[54]; ←⑧                                 // 表示用変数(54バイト53文字)
    memset(lcd, 0, 54);                               // 文字列変数lcd初期化(54バイト)
    int len = udp.parsePacket();                      // 受信パケット長を変数lenに代入
    if(len==0)return;                                 // 未受信のときはloop()の先頭に
    udp.read(lcd, 53); ←⑨                            // 受信データを文字列変数lcdへ
    udp.flush();                                      // 受信できなかったデータを破棄
    M5.Lcd.fillRect(0, 46, 320, 26, DARKCYAN);        // LCDの前回表示位置の消去
    M5.Lcd.drawCentreString(lcd, 160, 48, 4); ←⑩     // 受信した文字列をLCDに表示する
    lcd_log(lcd);                                     // LCDにログ表示する
}
```

④ **HTTP**　アクセス時に付与するクエリ項目に[TEXT]が含まれていた場合に，TEXT=に続く値を文字列String型の変数rxに代入します．

⑤ **HTTP**　Webブラウザに応答するHTMLコンテンツを文字列String型の変数txに代入し，Webブラウザへ送信(応答)します．コンテンツを作成する処理部は，同じフォルダ内のget_html.inoです．文字列変数には文字char型を配列化した型と，String型があります．文字列を扱う点では同じですが，使い方は異なり，本処理⑤で使用するString型の方が使いやすい反面，処理⑧で使用するCharの配列型よりもハードウェアへの負担が増えます．

⑥ **LCD**　文字列変数rxの内容をLCDに表示します．関数M5.Lcd.drawCentreStringの丸括弧内の第1引き数は表示文字列，第2～3引き数は表示座標，第4引き数は文字サイズです．関数名に含まれるCentreは，第2～3引き数の指示座標が文字列全体の中心であることを示します．

⑦ **UDP**　処理②で定義したUDPポート(1024)を開きます．

⑧ **LCD**　char配列型の変数lcdを定義します．括弧内の数値54は配列数で，最大53バイトまで格納できます．文字列の末尾には0を付与して，末尾であることを示す必要があるので，格納できる最大文字数は配列数よりも1つ減ります．

⑨ **UDP**　受信したUDPメッセージを文字列変数lcdに代入します．第2引き数は最大長です．

⑩ **LCD**　文字列変数lcdの内容をLCDに表示します．

プログラム5(ex05_hum.ino)
Wi-Fi温湿度計・送信機

使用機材：M5Stack Core本体，ENV Ⅲユニット，ラズベリー・パイ

このプログラム5(ex05_hum.ino)は，HTTPク

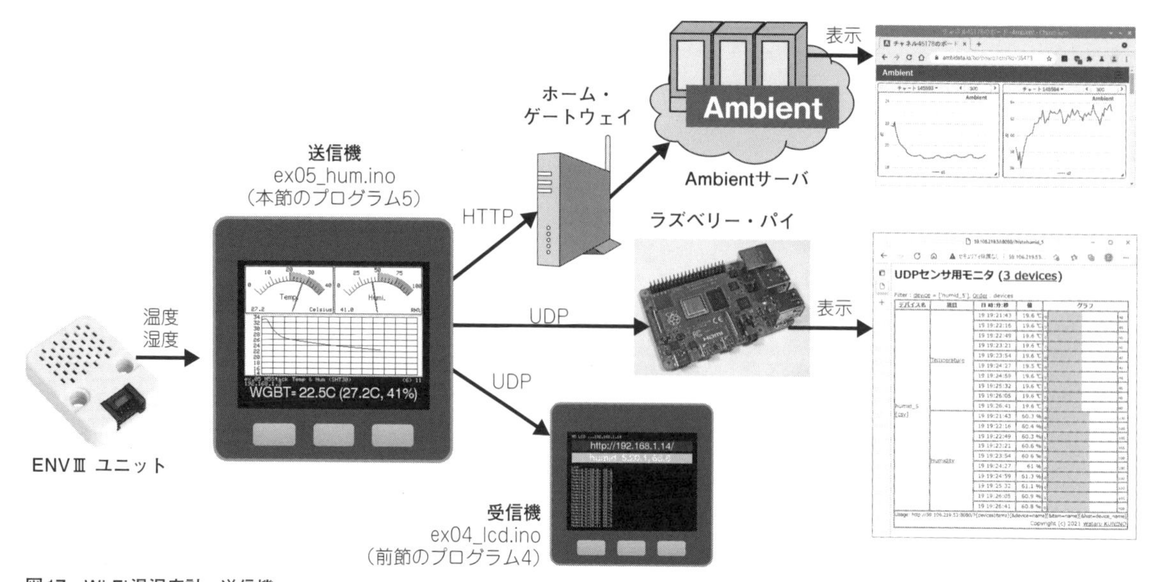

図17　Wi-Fi温湿度計・送信機
HTTPクライアント機能とUDP送信機能を搭載したWi-Fi送信機の製作と利用方法

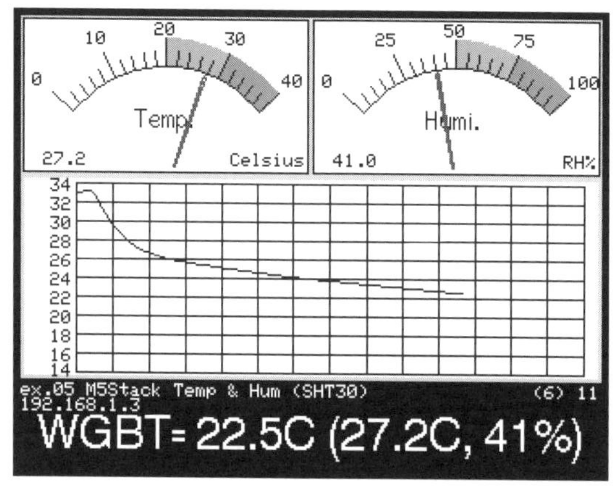

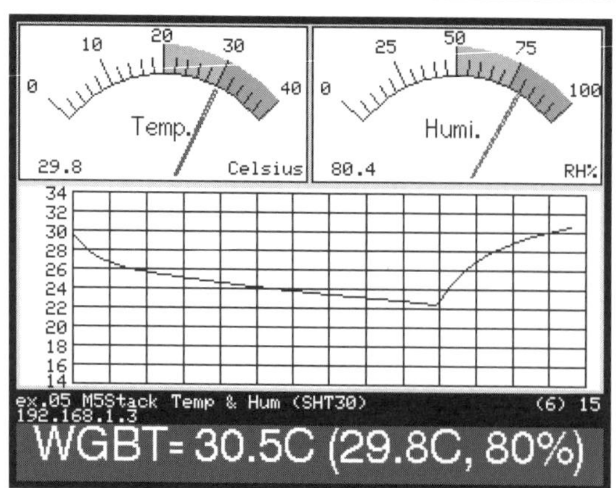

図18　Wi-Fi温湿度計・送信機の表示例
温度と湿度を取得し，推定暑さ指数WGBTが高まったときは，測定値を赤色で目立たせる

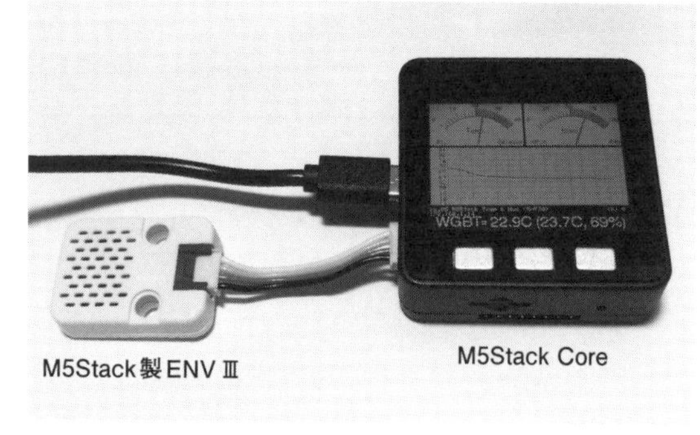

写真7　ENV Ⅲユニットの接続例
M5Stack CoreのGrove互換端子に接続して製作した

ライアント機能とUDP送信機能を搭載したWi-Fi温湿度計の送信用プログラムです．

Ambientや，プログラム4(ex04_lcd.ino)のLCD(表示器)などにセンサ値を表示することで，測定したい場所の温度と湿度を手元で確認できるようになります(**図17**，**図18**)．

● Wi-Fi温湿度計・送信機の製作方法

ハードウェアは，M5Stack純正のENV Ⅲユニットを M5Stack CoreのGrove互換端子に接続して製作します(**写真7**)．ENV Ⅲユニットは，センシ

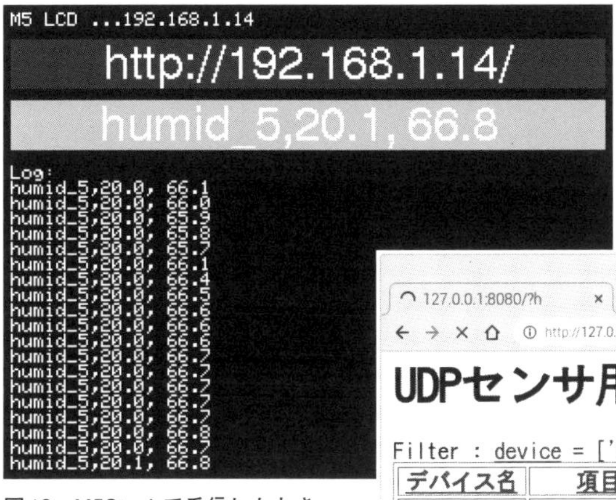

```
M5 LCD ...192.168.1.14
http://192.168.1.14/
humid_5,20.1, 66.8
Log:
humid_5,20.0, 66.1
humid_5,20.0, 66.0
humid_5,20.0, 65.9
humid_5,20.0, 65.8
humid_5,20.0, 65.7
humid_5,20.0, 66.1
humid_5,20.0, 66.4
humid_5,20.0, 66.5
humid_5,20.0, 66.6
humid_5,20.0, 66.6
humid_5,20.0, 66.6
humid_5,20.0, 66.7
humid_5,20.0, 66.7
humid_5,20.0, 66.7
humid_5,20.0, 66.7
humid_5,20.0, 66.7
humid_5,20.0, 66.8
humid_5,20.0, 66.7
humid_5,20.1, 66.8
```

図19 M5Stackで受信したときの表示例
Wi-Fiデータ LCD/表示器での表示例．温度値20.1 ℃，湿度66.8%と表示した

表2 センシリオン製SHT30の性能

項　目	SHT30
湿度測定精度許容差(標準)	±3％RH
温度測定精度許容差(標準)	±0.3℃
温度の標準条件範囲	0～65℃

参考文献：センシリオンSHT3x-DISデータシートVersion 3

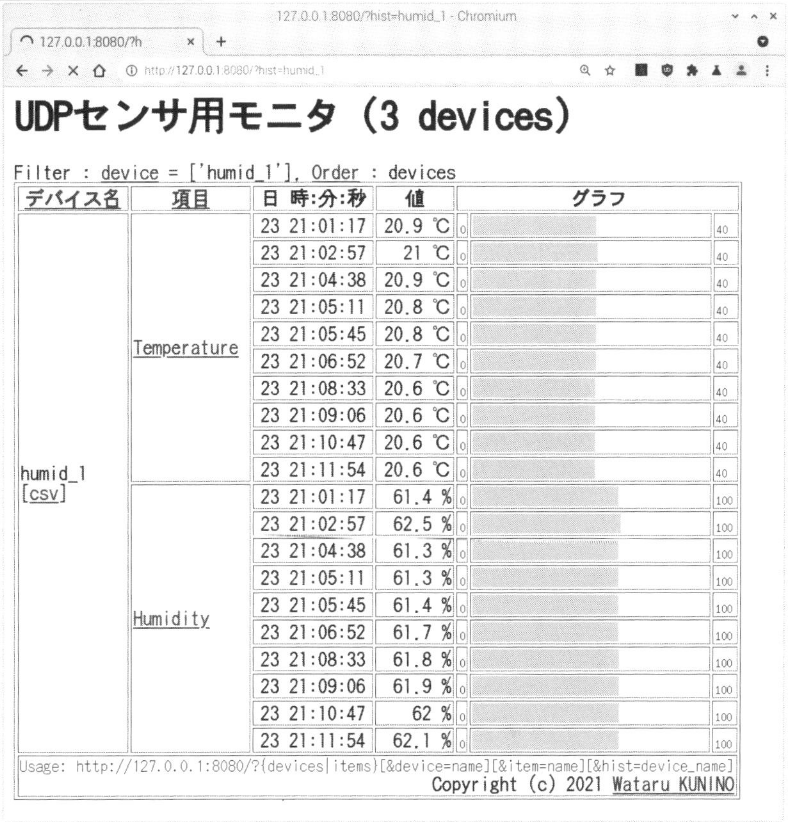

127.0.0.1:8080/?hist=humid_1 - Chromium

UDPセンサ用モニタ (3 devices)

Filter : device = ['humid_1'], Order : devices

デバイス名	項目	日 時:分:秒	値	グラフ
humid_1 [csv]	Temperature	23 21:01:17	20.9 ℃	0 40
		23 21:02:57	21 ℃	0 40
		23 21:04:38	20.9 ℃	0 40
		23 21:05:11	20.8 ℃	0 40
		23 21:05:45	20.8 ℃	0 40
		23 21:06:52	20.7 ℃	0 40
		23 21:08:33	20.6 ℃	0 40
		23 21:09:06	20.6 ℃	0 40
		23 21:10:47	20.6 ℃	0 40
		23 21:11:54	20.6 ℃	0 40
	Humidity	23 21:01:17	61.4 %	0 100
		23 21:02:57	62.5 %	0 100
		23 21:04:38	61.3 %	0 100
		23 21:05:11	61.3 %	0 100
		23 21:05:45	61.4 %	0 100
		23 21:06:52	61.7 %	0 100
		23 21:08:33	61.8 %	0 100
		23 21:09:06	61.9 %	0 100
		23 21:10:47	62 %	0 100
		23 21:11:54	62.1 %	0 100

Usage: http://127.0.0.1:8080/?{devices|items}[&device=name][&item=name][&hist=device_name]
Copyright (c) 2021 Wataru KUNINO

図20 ラズベリー・パイで受信したときの表示例
受信したデータはCSV形式のファイルとして保存できる

リオン社(スイス)の温湿度センサSHT30を内蔵しています(**表2**)．温度±0.3℃，湿度±3% RHの高い精度で室内などの環境を測定することができます(ただし正式な計測器としては使えない)．

ソフトウェアは，プログラム5(ex05_hum.ino)内のSSIDとPASSの部分を使用するWi-Fi無線LANのSSIDとパスワードに書き換え，Amb_IdとAmb_KeyにAmbient用のチャネルIDとライト・キーを設定してから，M5Stackに書き込みます．

● 温度と湿度のLCD表示とグラフ表示

製作したWi-Fi温湿度計を起動すると，30秒ごとに温度値と湿度値をUDPブロードキャスト送信します．送信したセンサ値は，プログラム4(ex04_lcd.ino)のWi-Fiデータ LCD/表示器で受信して**図19**のように表示することができます．また，同じLAN内のラズベリー・パイ上で，toolsフォルダ内のudp_monitor_chart.pyを実行すれば，CSV形式のファイルとして保存し，表計算ソフトでデータを活用することもできます．**図20**はラズベリー・パイが受信し温度値と湿度値の一例です．

さらに，温度値と湿度値をAmbientサーバに送信すると，これらの値がクラウド上に保存され，**図21**のように，パソコンやスマートフォンでセン

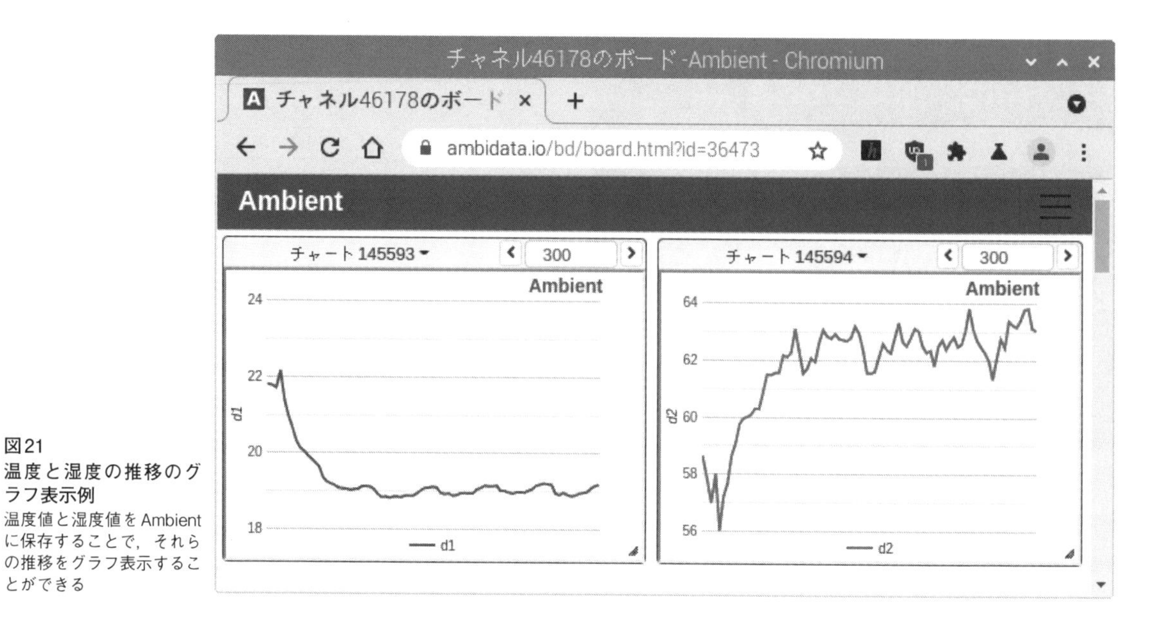

図21
温度と湿度の推移のグラフ表示例
温度値と湿度値をAmbientに保存することで，それらの推移をグラフ表示することができる

リスト5　プログラム5 ex05_hum.inoの主要部
⑥温湿度センサ値を取得し，⑦暑さ指数WGBTを推定し，LCDに折れ線グラフを表示する．④また30秒間隔でWi-Fiを起動し，⑨UDP送信する
※収録したプログラムには折れ線グラフのレンジ切り替え機能やAmbientへの送信機能などが含まれるが，ここでは省略した

```
#include <M5Stack.h>                              // M5Stack用ライブラリの組み込み
#include <WiFi.h>                                 // ESP32用WiFiライブラリ
#include <WiFiUdp.h>                              // UDP通信を行うライブラリ
#include <HTTPClient.h>                           // HTTPクライアント用ライブラリ
#define SSID "1234ABCD" }①                        // 無線LANアクセス・ポイントのSSID
#define PASS "password" }                         // パスワード
#define PORT 1024                                 // 送信のポート番号
#define SLEEP_P 30*1000000ul                      // スリープ時間 30秒(uint32_t)
#define DEVICE "humid_3,"                         // デバイス名(5字+"_"+番号+",")
RTC_DATA_ATTR int disp_min = 14;                  // 折れ線グラフの最小値
RTC_DATA_ATTR int disp_max = 34;                  // 折れ線グラフの最大値
#define Amb_Id  "00000"            }②             // AmbientのチャネルID
#define Amb_Key "0000000000000000" }              // Ambientのライト・キー
IPAddress UDPTO_IP = {255,255,255,255};           // UDP宛て先 IPアドレス

void setup(){                                     // 起動時に1度だけ実行する関数
    M5.begin();                                   // M5Stack用ライブラリの起動
    shtSetup(); ←③                               // 湿度センサの初期化
    M5.Lcd.setBrightness(31);                     // 輝度を下げる(省エネ化)
    analogMeterInit("Celsius",0,40,"RH%",0,100);  // メータ初期化
    analogMeterSetNames("Temp.","Humi.");         // メータのタイトルを登録
    lineGraphInit(disp_min,disp_max);             // グラフ初期化(縦軸の範囲指定)
    M5.Lcd.println("ex.05 M5Stack Temp & Hum (SHT30)");
    WiFi.mode(WIFI_STA);                          // 無線LANをSTAモードに設定
}

void loop(){                                      // 繰り返し実行する関数
    if(millis()%(SLEEP_P/1000) == 0){ }           // SLEEP_P間隔で下記を実行
        WiFi.begin(SSID,PASS);        }④          // 無線LANアクセス・ポイントへ接続
    }                                 }
    if(millis()%500) return; ←⑤                  // 以下は500msに1回だけ実行する

    M5.Lcd.fillRect(283, 194, 37, 8, BLACK);      // Wi-Fi接続の待ち時間
    M5.Lcd.setCursor(283, 194);                   // 文字位置を設定
    M5.Lcd.printf("(%d) ",WiFi.status());         // Wi-Fi状態番号を表示
    M5.Lcd.print((SLEEP_P/1000 - millis()%(SLEEP_P/1000))/1000);
```

```
    float temp = getTemp();  }⑥                              // 温度を取得して変数tempに代入
    float hum = getHum();    }                                // 湿度を取得して変数humに代入
    if(temp < -100. || hum < 0.) return;                     // 取得失敗時に戻る

    float wgbt = 0.725*temp + 0.0368*hum + 0.00364*temp*hum - 3.246 + 0.5; ←⑦
    analogMeterNeedle(0,temp);                               // メータに温度を表示
    analogMeterNeedle(1,hum);                                // メータに湿度を表示
    lineGraphPlot(wgbt);                                     // WGBTをグラフ表示
    if(12. < wgbt && wgbt < 30.){                            // 12℃より大かつ30℃より小のとき
        M5.Lcd.fillRect(0,210, 320,30, BLACK);               // 表示部の背景を塗る
    }else{
        M5.Lcd.fillRect(0,210, 320,30,TFT_RED);              // 表示部の背景を塗る
    }

    String S = "WGBT= " + String(wgbt,1);                   // WGBT値を文字列変数Sに代入
    S += "C ("+String(temp,1)+"C, "+String(hum,0)+"%)";     // 温度と湿度をSに追記
    M5.Lcd.drawCentreString(S, 160, 210, 4);                 // 文字列を表示
    if(WiFi.status() != WL_CONNECTED) return; ←⑧             // Wi-Fi未接続のときに戻る

    S = String(DEVICE);                      ┐               // 送信データSにデバイス名を代入
    S += String(temp,1) + ", ";              │               // 変数tempの値を追記
    S += String(hum,1);                      │               // 変数humの値を追記
    Serial.println(S);                       │               // 送信データSをシリアル出力表示
    WiFiUDP udp;                             ├⑨              // UDP通信用のインスタンスを定義
    udp.beginPacket(UDPTO_IP, PORT);         │               // UDP送信先を設定
    udp.println(S);                          │               // 送信データSをUDP送信
    udp.endPacket();                         │               // UDP送信の終了(実際に送信する)
    delay(100);                              ┘               // 送信完了の待ち時間処理
    WiFi.disconnect(); ←⑩                                     // Wi-Fiの切断
}
```

サ値の推移をグラフ表示することができます.

● 温湿度センサ用プログラム5(ex05_hum.ino)の内容

リスト5を用いて，サンプル・プログラム5(ex05_hum.ino)のおもな処理の手順を説明します.

① **Wi-Fi**　使用するWi-Fi無線LANアクセス・ポイントのSSIDとパスワードを定義します.

② **Ambient**　Ambientとの通信用の定義部です.Ambientから取得したチャネルID(整数値)と，認証用ライト・キー(16進数16桁)を，ダブルコート(")内に記入してください.

③ **温湿度センサ**　shtSetupは，SHT30とのI^2C通信を開始する関数です．Arduino IDE上のタブ[i2c_sht31]をクリックするとshtSetupを含むプログラムが表示されます.

④ **Wi-Fi**　30秒に一度の頻度でWi-Fi無線LANアクセス・ポイントへの接続処理を行います.

⑤ 0.5秒に一度の頻度で処理⑥以降の処理を行います．条件に一致しないときはloop関数の先頭に戻ります.

⑥ **温湿度センサ**　SHT30とのI^2C通信処理部です.取得した温度値を変数tempに湿度値を変数humに代入します.

⑦ **温湿度センサ**　温度値と湿度値から暑さ指数WGBTを推定します．推定値はLCDに表示するとともに，折線グラフでも表示します．また，12℃以下または30℃以上のときに，表示部を赤色に変更して目立たせます.

⑧ **Wi-Fi**　Wi-Fi無線LANアクセス・ポイントに接続されていない場合にloopの先頭に戻ります.

⑨ **UDP**　変数tempとhumの値をUDPブロードキャスト送信する処理部です.

⑩ **Wi-Fi**　Wi-Fi無線LANアクセス・ポイントとの接続を切断します.

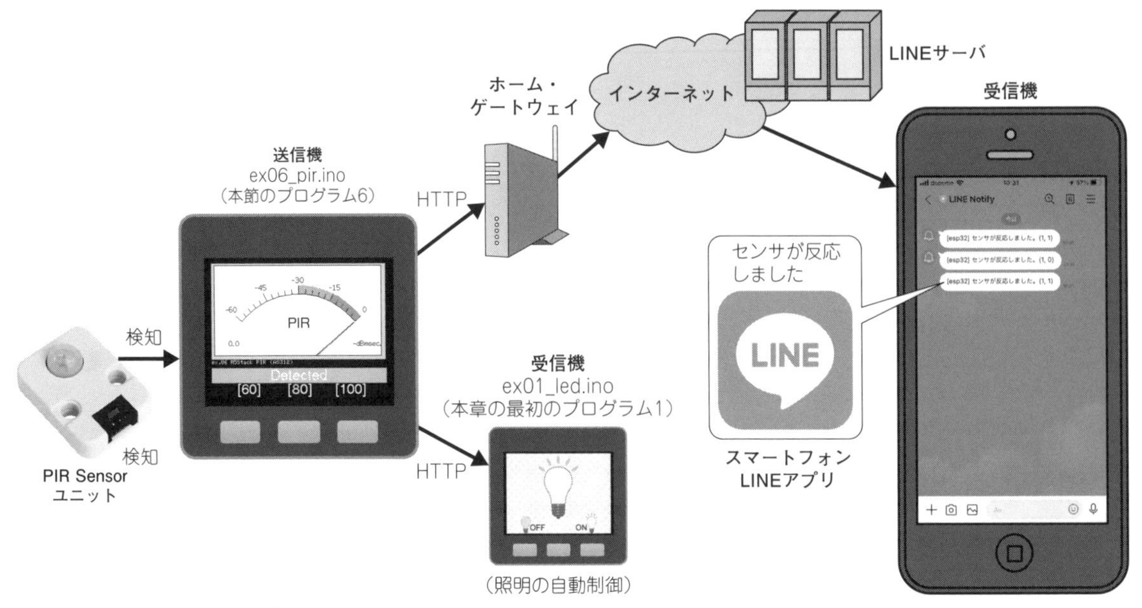

図22　Wi-Fi人感センサ・送信機
人感センサ付きのWi-Fi送信機を製作し，照明(ワイヤレスLチカ端末)の自動制御を行う

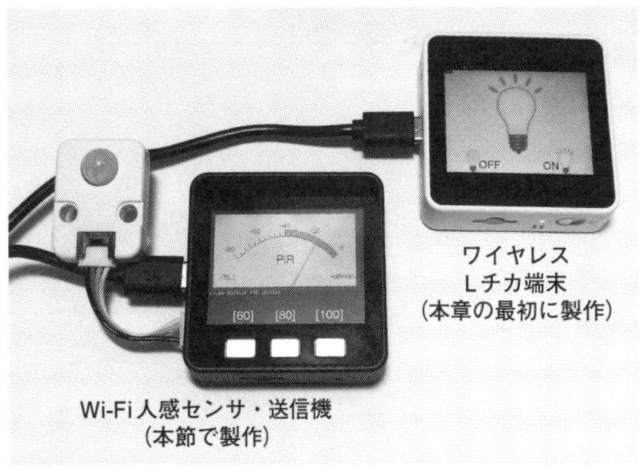

写真8　ワイヤレスLチカ端末を自動制御したときのようす
実際の照明の代わりにLチカ端末を制御した

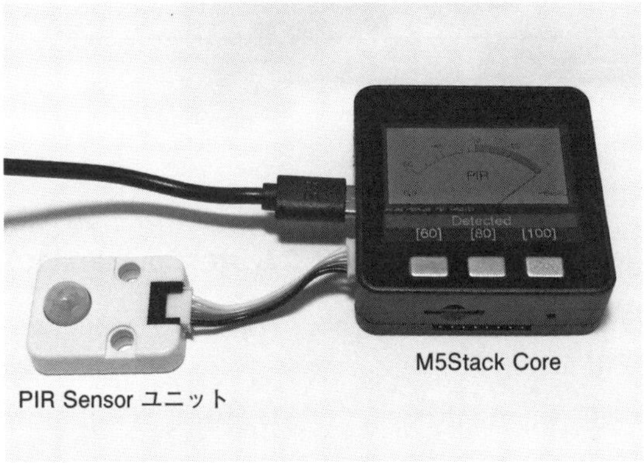

PIR Sensor ユニット
M5Stack Core

写真9　PIR Sensorユニットの接続例
M5Stack CoreのGrove互換端子に接続して製作した

プログラム6(ex06_pir.ino)
Wi-Fi人感センサ・送信機

使用機材：M5Stack Core本体，PIR Sensorユニット

プログラム6(ex06_pir.ino)は，Wi-Fi人感センサ・送信機のプログラムです(**図22**，**写真8**)．LINEへのメッセージ送信と，ワイヤレスLチカ端末のLEDの自動制御を行います．プログラム2(ex02_sw.ino)との違いは，人感センサが動きを検出したときに送信を行う点と，非検知の経過時間とともに減少するアナログ・メータ風の表示を行う点，一定の時間後にLチカ端末のLEDをOFFに制御する点です．

● Wi-Fi温湿度計 / 送信機の製作方法

ハードウェアは，M5Stack純正のPIR SensorユニットをM5Stack CoreのGrove互換端子に接続して製作します(**写真9**)．ソフトウェアは，プログ

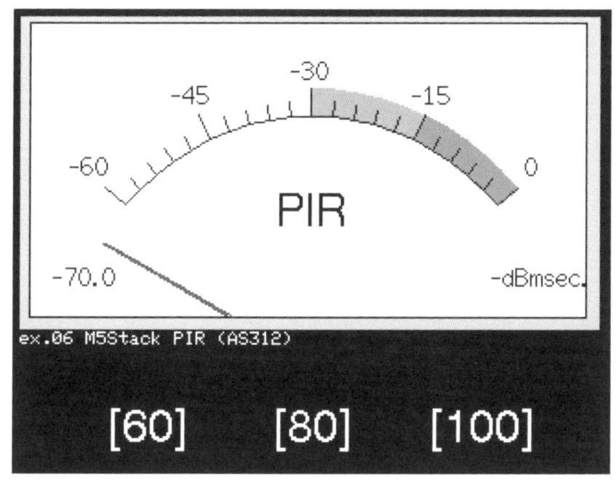

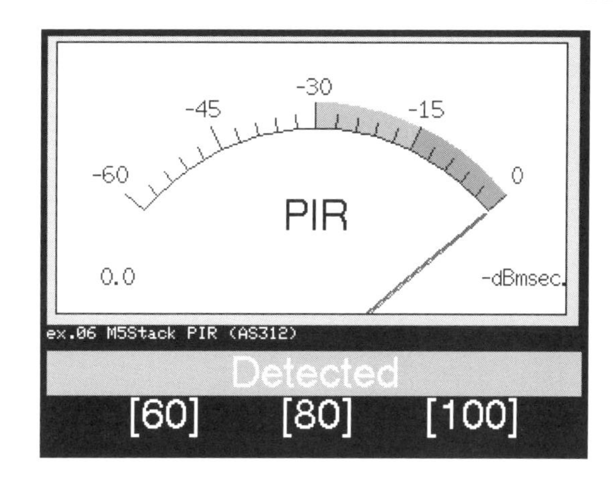

図23 Wi-Fi人感センサ・送信機の表示例
人体などの動きを検知すると，針が右に振れ，非検知となってからの経過時間とともに左に移動する

ラム6(ex06_pir.ino)内のSSIDとPASSの部分を使用するWi-Fi無線LANのSSIDとパスワードに書き換え，LINE_TOKENにLine Notifyのトークンを定義し，M5Stackに書き込んでください.

また，ワイヤレスLチカ端末(プログラム1 ex01_led.ino)のIPアドレスをLED_IPに記入する

リスト6 プログラム6 ex06_pir.inoの主要部
②人感センサのIPポートを設定，③センサ値を取得する．⑥センサ値や非検知後の経過時間に応じて，Lチカ端末のLED制御を行う ※収録したプログラムには，非検知となってからの針の速度設定や，UDP送信機能，LINEへの送信機能，Wi-Fi接続エラー時の処理などが含まれるが，ここでは省略した

```
#include <M5Stack.h>                                    // M5Stack用ライブラリの組み込み
#include <WiFi.h>                                       // ESP32用WiFiライブラリ
#include <HTTPClient.h>                                 // HTTPクライアント用ライブラリ
#define LED_IP "192.168.1.0"                            // LED搭載子のIPアドレス★要設定
#define PIN_PIR 22                                      // G22にセンサ(人感/ドア)を接続
#define SSID "1234ABCD"  }①                             // 無線LANアクセス・ポイントSSID
#define PASS "password"  }                              // パスワード
#define PIR_XOR 0                                       // センサ送信値の論理反転の有無
RTC_DATA_ATTR int disp_max = 80;                        // メータの最大値

boolean pir;                                            // 人感センサ値orドアセンサ状態
boolean trig = false;                                   // 送信用トリガ
boolean led = false;                                    // ワイヤレスLED端末の状態
unsigned long base_ms = 0;                              // センサ検知時の時刻

void setup(){                                           // 起動時に1度だけ実行する関数
    M5.begin();                                         // M5Stack用ライブラリの起動
    pinMode(PIN_PIR,INPUT); ←②                          // センサ接続したポートを入力に
    M5.Lcd.setBrightness(31);                           // 輝度を下げる(省エネ化)
    analogMeterInit("-dBmsec.","PIR", -disp_max, 0);    // アナログ・メータの初期表示
    M5.Lcd.println("ex.06 M5Stack PIR (AS312)");        // タイトルの表示
    WiFi.mode(WIFI_STA);                                // 無線LANをSTAモードに設定
}

void loop(){                                            // 繰り返し実行する関数
    pir = digitalRead(PIN_PIR); ←③                      // 人感センサの最新の状態を取得
    float v = -20.*log10(millis()-base_ms); ←④          // 経過時間を-dBミリ秒に変換
    analogMeterNeedle(v,10);                            // 経過時間に応じてメータ値設定
    delay(33);                                          // 表示の点滅低減
    boolean PIR = pir ^ PIR_XOR;                        // 検知状態を1，非検知を0に
    if(PIR){                                            // 検知状態のとき
```

リスト6 プログラム6 ex06_pir.inoの主要部(つづき)

```
        analogMeterNeedle(0,1);                               // 針位置を最大値(0・右)に移動
        if(!trig){                                            // Wi-Fi接続待ちではないとき
            WiFi.begin(SSID,PASS);                            // 無線LANアクセス・ポイント接続
            M5.Lcd.fillRect(0, 182, 320, 26, DARKCYAN);      // 背景色の設定
            M5.Lcd.drawCentreString("Detected", 160, 184, 4); // 検知をLCD表示
            trig = true;                                      // Wi-Fi接続待ち状態を保持
            led = true;                                       // ワイヤレスLチカ端末をON
        }
        base_ms = millis()-1; ←⑤                              //人感センサの検知時刻を保持
    }
    if(!trig && led && (v < -disp_max)){                      // LEDのOFF制御判定部
        WiFi.begin(SSID,PASS);                                // 無線LANアクセス・ポイント接続
        trig = true;                                          // Wi-Fi接続待ち状態を保持
        led = false;                                          // ワイヤレスLチカ端末をOFF
    }
    if(trig && WiFi.status() == WL_CONNECTED){                // 送信トリガありWi-Fi接続状態
        HTTPClient http;                                      // HTTPリクエスト用インスタンス
        http.setConnectTimeout(15000);                        // タイムアウトを15秒に設定する
        String url;                                           // URLを格納する文字列変数を生成
        if(strcmp(LED_IP,"192.168.1.0")){                     // 子機IPアドレス設定時
⑥          url = "http://" + String(LED_IP) + "/?L=";        // アクセス先URL
            url += String(led ? 1 : 0);                       // true時1, false時0
            http.begin(url);                                  // HTTPリクエスト先を設定する
            http.GET();                                       // ワイヤレスLEDに送信する
            http.end();                                       // HTTP通信を終了する
        }
        delay(100);                                           // 送信完了待ち+連続送信防止
        WiFi.disconnect();                                    // Wi-Fiの切断
        while(digitalRead(PIN_PIR) ^ PIR_XOR) delay(100);    // センサの解除待ち
        M5.Lcd.fillRect(0, 182, 320, 26, BLACK);             // Detectedを消す
        trig = false;                                         // Wi-Fi接続待ち状態を解除
    }
}
```

と,人感センサ検知時にLEDをONに,非検知が続くとLEDをOFFにする自動制御ができます.非検知の継続時間の設定はM5Stack Coreのボタンで行い,[60]は1秒,[80]は10秒,[100]は100秒を示します.ただし,Wi-Fi接続に要する約5秒の遅延時間が生じます(**図23**).

● 温湿度センサ用プログラム6(ex06_pir.ino)の内容

リスト6を用いてサンプル・プログラム6(ex06_pir.ino)の人感センサ部の処理について,説明します.その他のプログラムの内容については,解説済みのプログラム2(ex02_sw.ino)などを参考にしてください.

① 使用するWi-Fi無線LANアクセス・ポイントのSSIDとパスワードを定義します.

② 人感センサのI/Oポート22を入力に設定します.M5Stack Core2の場合はポート33です.

③ 人感センサから検知状態を取得します.

④ アナログ・メータの値vを計算します.検知後に非検知になってからの経過時間に応じて小さくなるようにしました.millisはマイコンを起動してからの経過時間[ms]です.

⑤ 人感センサが検知状態のときに,現在のマイコンの時刻をbase_msに保持します.処理④では,このbase_msをmillisから減算して経過時間を求めました.

⑥ Lチカ端末のLED制御を行うためのHTTPクライアント処理部です.処理③で人感センサが検知状態になり,Wi-Fi接続が完了したときに,HTTPリクエストでL=1を送信し,Lチカ端末をONにします.

第7章 M5Stack使用
HTTPSとブロードキャスト・プログラミング

ローカル・ネットワーク通信を使ったジャンケン対戦プログラムを作ります．

M5Stackマイコンのボタン信号をWi-Fi送信し，受信した信号に応じた画像を表示します．

本章ではインターネット・プロトコルを応用した組み込み向けのプログラミング方法について学びます．センサ値をWi-Fi送信するIoTセンサ機器や，センサ値を受信して表示するIoT機器ディスプレイ，インターネットへ中継するIoTゲートウェイに応用することもできるでしょう．

本例では2台のM5Stackを用いますが，Pythonスクリプトudp_sender_janken.pyが動作するPCやラズベリー・パイを対向機として代用することで，1台のM5Stackで実験することもできます．

使用機材

M5Stack　2台
または、M5Stack，ラズベリー・パイ　各1台
他にプログラミング用パソコン

プログラミング学習の準備
M5Stackの準備－ダウンロード－表示プログラム実行まで

● ミニ・サイズでも，欲しい機能満載M5Stack

M5Stackは，AliExpressの店舗M5Stack Official Storeや，国内の正規代理店であるスイッチ・サイエンスで購入できます．Wi-Fi機能，カラー液晶ディスプレイ，CPUなど基本機能を集約したBASICモデルの価格は，40ドル程度です．

本章では，M5Stackと，マイクロSDカード，プログラミング用パソコン(Windowsなど)，無線LANによるインターネット接続環境を利用して，IPネットワーク通信用プログラミングのコツを学習すます．

● プログラミングに必要な開発環境ソフト

• Arduino IDEをセットアップする

Arduino IDE用のM5Stackの開発環境(**図1**)をセットアップする方法は，前章の[準備1]をご覧ください．Arduino IDE，USB/UARTシリアル変換ドライバ，ESP32ボード・マネージャ，M5Stackライブラリをインストールし，[ツール]メニュー内の[ボード]で，[M5Srack-Core-ESP32]を選択します(**図2**)．

■ M5Stack用開発環境

(最新版・英語) https://docs.m5stack.com/en/quick_start/m5core/arduino

● サンプル・プログラム集をダウンロードする

次に，筆者が作成したサンプル・プログラム集を下記からダウンロードしてください．本章では，「IoTジャンケン」と名付けたゲーム・プログラムを作りながら，プログラミングの方法を学びます．

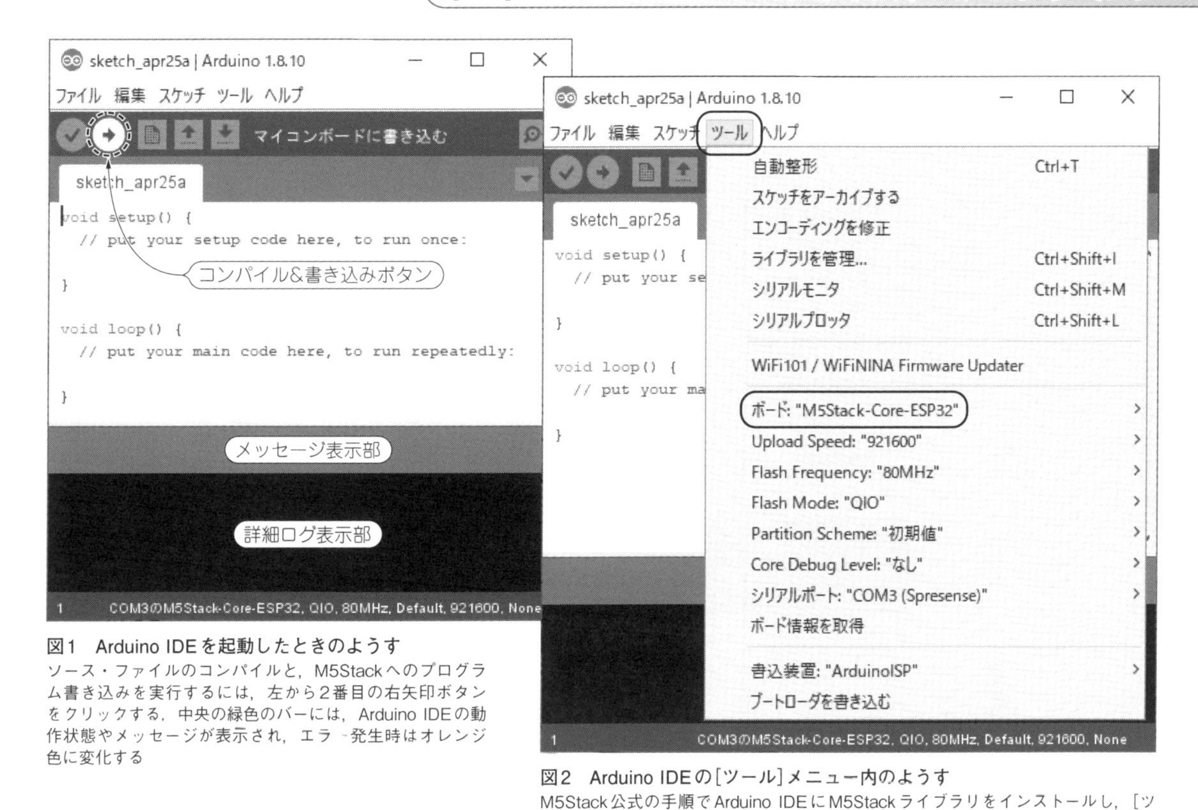

図1　Arduino IDEを起動したときのようす
ソース・ファイルのコンパイルと，M5Stackへのプログラム書き込みを実行するには，左から2番目の右矢印ボタンをクリックする．中央の緑色のバーには，Arduino IDEの動作状態やメッセージが表示され，エラー発生時はオレンジ色に変化する

図2　Arduino IDEの［ツール］メニュー内のようす
M5Stack公式の手順でArduino IDEにM5Stackライブラリをインストールし，［ツール］メニュー内の［ボード］で，［M5Srack-Core-ESP32］を選択する

ZIP形式ダウンロード：
https://github.com/bokunimowakaru/m5Janken/archive/master.zip

ダウンロードしたプログラム集m5Janken-master.zip内のm5Janken-masterフォルダは，Arduino IDEの「スケッチブックの保存場所」に展開（コピー）します．「スケッチブックの保存場所」がわからないときは，Arduino IDEの［ファイル］メニュー内の［基本設定］（バージョンによっては［環境設定］）画面で確認してください．

また，Arduino IDE 2.0以降では［スケッチ内のファイルを表示］のチェックボックスにチェックを入れてください．

コピー後，Arduino IDEを再起動すると，［ファイル］メニュー内の［スケッチブック］に［m5Janken-master］が表示されます．一番上のサンプル［janken01_pict］を選択してみましょう（**図3**）．

● 画像ファイルをM5Stackマイコンにコピー

パソコンでダウンロードしたm5Janken-master内の画像ファイルをマイクロSDにコピーし，M5Stackへ装着します．

M5Stackは16Gバイト以下のマイクロSDカードが使用できます．マイクロSDカードをパソコンでフォーマットするときは，8Mバイト～2Gバイト以下のマイクロSDカードはFAT型式で，2Gバイトを超えるマイクロSDHCカードはFAT32型式でフォーマットします．

次に，パソコンでm5Janken-master内のjanken_pictフォルダを開き，すべてのJPEG型式の画像ファイルをマイクロSDカードのルート（ドライブの直下）にコピーしてください．そのマイクロSDカードをM5Stack本体に差し込みます．

マイクロSDカードをM5Stackへ装着するときは，**写真1**のようにM5Stackの裏面が上を向く状

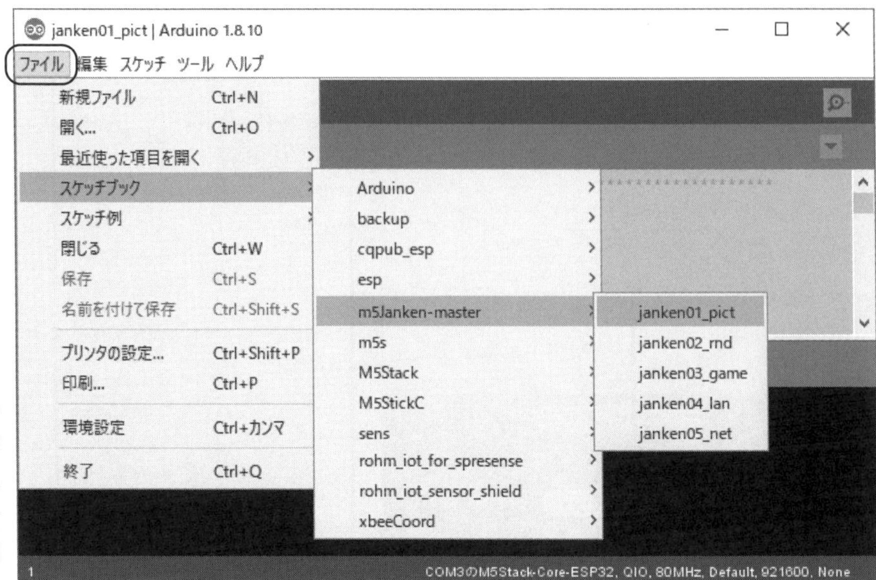

図3
ダウンロードしたサンプル・プログラム集M5Jankenを確認する
[ファイル]メニュー内の[スケッチブック]に[m5Janken-master]が表示されるので，その中の[janken01_pict]を選択する

写真1　M5StackへマイクロSDカードを挿入する
M5Stackの裏面が上を向くように置いた状態で，ダウンロードしたJPEGファイル入りのマイクロSDカードを挿入する

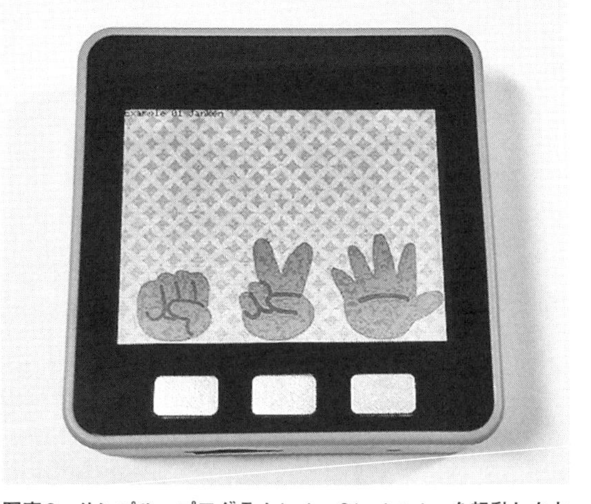

写真2　サンプル・プログラムjanken01_pict .inoを起動したときのようす
プログラムのコンパイルとM5Stackへのプログラムの書き込みが終わると，サンプル・プログラムが起動する

態で水平に挿入し，マイクロSDカードが本体内でロックされる位置まで押し込みます．押し込むときに手ごたえがないときは，カード・スロットに挿入されていないことがあるので，一度，取り出して，やり直してください．

なお，プログラム②以降には，マイクロSD内の画像を表示するサンプルと，画像ファイルをヘッダ(.h)に変換し，画像ファイルをプログラムの一部に組み込んだサンプルの2種類をZIPファイルに収録しました．末尾が[_sd]のものがマイクロSD使用版です．

● サンプル・プログラム書き込み

• 表示用のサンプル・プログラムをM5Stackに書き込む

M5Stack付属の電源/PC接続用ケーブルを使っ

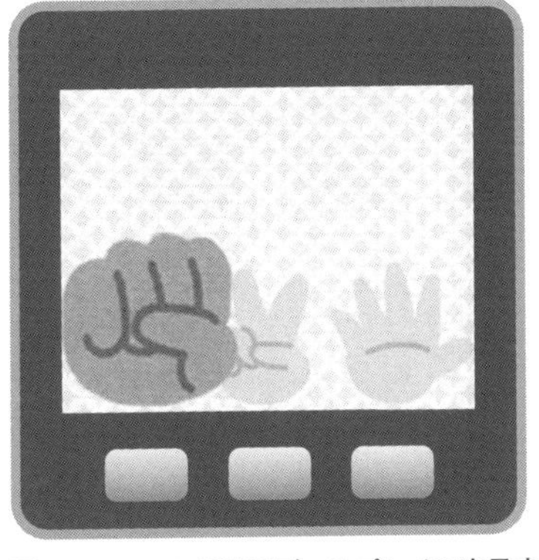

図4　M5Stackの液晶ディスプレイに表示するジャンケン画像
M5Stack表面のボタンによって，液晶表示画面がグー，チョキ，パーの画像に切り替わる

てM5StackをパソコンのUSB端子に接続し，**図1**の右矢印ボタンをクリックすると，プログラムのコンパイルとM5Stackへのプログラムの書き込みが行われます．

書き込みが終わると，M5Stackは再起動してサンプル・プログラムがスタートします．

プログラムが正しく起動すると，**写真2**のような画像が液晶ディスプレイに表示されます．もし，プログラムが起動と終了を繰り返す場合は，M5Stackへの電源供給が不足しています．USBハブなどは経由せずに，直接パソコンやUSB充電器に接続してしばらく待つと，M5Stackのバッテリが充電されて使用できるようになるはずです．

プログラムが起動したら，M5Stack表面のボタンを押してみましょう．ボタンによって，**図4**のようなグー，チョキ，パーの画像に切り替わります．

サンプル・プログラム1 janken01_pict.inoでグー，チョキ，パーを表示

それでは，**リスト1**のサンプル・プログラムjanken01_pict.inoを見てみましょう．本プログラムはvoid setup()から始まる前半部と，void loop()から始まる後半部で構成されています．

前半のsetup()の波括弧「{」から「}」で囲まれた範囲は，起動時に実行するsetup関数です．C/C++言語では，部分的なプログラムを関数と呼び，関数の組み合わせで1つのプログラムを構成します．

ここでは，M5.begin()で，M5Stack用のライブラリ(ソフトウェア部品)の初期化を行い，初期画面用の画像ファイルjanken8.jpgを表示します．

プログラムを見やすく記述するには，命令文や関数ごとに改行し，関数などの範囲を示す波括弧内にインデントします．

C/C++言語では，改行や，インデント(字下げ)，スペース文字は，プログラムの動作には(一部を除き)影響しません．とはいえ見た目の不明確さがプログラムの誤りにつながるので，なるべく見やすくしましょう．

命令文の末尾には，命令の区切りを示すセミコロン「;」を付けます．前述のように，改行はプログラム上は意味がないので，セミコロンで区切りを明示します．

後半のloop()部は，setup関数の処理後に，繰り返し実行するloop関数です．M5.BtnA.wasPressed()関数でボタン状態を取得し，M5.Lcd.drawJpgFile関数で画像ファイルを表示します．

条件に応じた処理を行うにはif文を利用します．丸括弧（と）で囲まれた中の条件に当てはまった

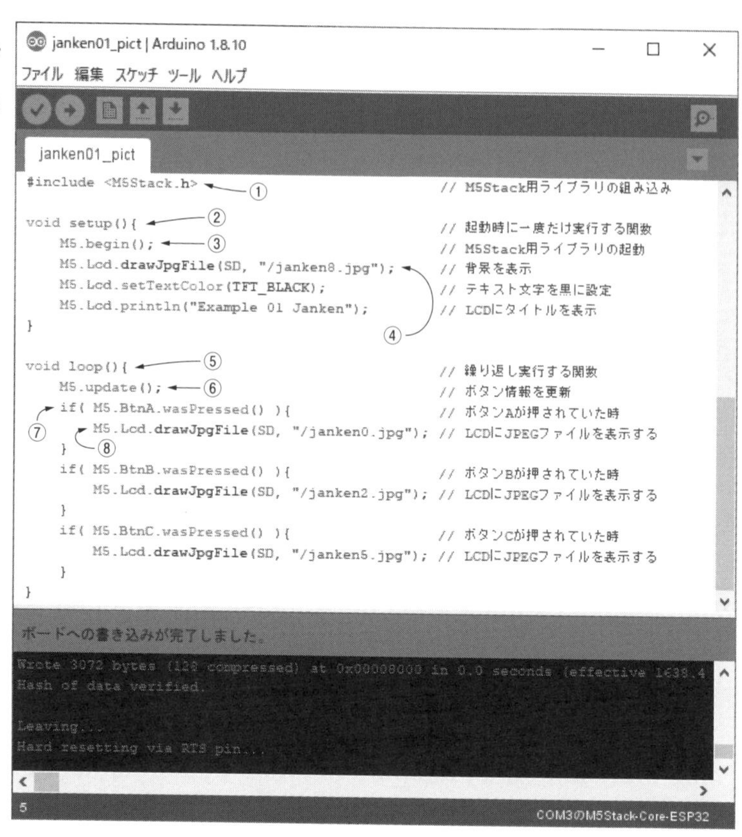

リスト1
液晶ディスプレイに画像を表示するサンプル・プログラムjanken01_pict .ino
マイクロSDカードに保存したJPEG画像を液晶ディスプレイに表示する

ときに，if文の後の波括弧{から}までの処理を行います．if文の外側にはloop関数の波括弧があるので，loop関数のインデントとif文のインデントの計2段を字下げします．

以下に，本プログラムの詳細な処理内容について説明します．各行の詳細については，プログラム各行の右側の // で始まるコメントも合わせて参考にしてください．

① #includeは，ライブラリを組み込むための命令です．#から始まる命令は，プログラム本体とは文法が異なるプリプロセッサと呼ばれる処理部で，改行までを1つの命令文とし，末尾のセミコロン；も不要です．ここでは，M5Stack用のライブラリを本プログラムに組み込みます．

② 起動時に実行するsetup関数を定義します．関数の前には，関数の出力となる「戻り値」の型を付与します．本setup関数の戻り値のvoid型は，戻り値のない関数を示しています．また，丸括弧内には関数の入力となる「引き数」を付与します．中身のない丸括弧()は，引き数がないことを示します．

③ M5.begin()は，ライブラリM5Stackで定義されたM5Stackの初期化を行う関数です．M5.から始まる関数は，処理①で本プログラムに組み込んだM5Stack専用の関数です．

④ M5.Lcd.drawJpgFileは，液晶ディスプレイでJPEG型式の画像を表示する関数です．丸括弧内には，カンマ , を使って，2つの引き数を関数に入力します．1つ目の第1引き数SDは，マイクロSDカードを示します．第2引き数は表示する画像のファイル名です．文字列はダブルコート " で囲みます．ここではマイクロSDカード内の画像ファイルjanken8.jpgを表示します．

⑤ 繰り返し実行するloop関数を定義します．

⑥ M5.update()は，ボタンの状態をM5Stackのハードウェアから取得する関数です．プログラム上で利用するには，処理⑦のM5.BtnA.wasPressed()関数で取得します．
⑦ 構文ifを使って，丸括弧内の条件を満たすときに，波括弧内の命令を実行します．ここでは，M5Stackの左ボタンAが押されていたときに，処理⑧の画像ファイルを表示します．
⑧ 処理④で使用した画像ファイル表示用の関数です．左ボタンAが押されていたときは，マイクロSDカード内の画像ファイルjanken0.jpgを表示します．以下，中央のボタンB，右ボタンCについても同様に，それぞれのボタンに応じた画像ファイルを表示します．

写真3　ESP32マイコンとジャンケン対戦janken02_rnd.inoの実行例
M5Stackに表示されるグー，チョキ，パーのいずれかのボタンを押すと，ESP32マイコン側の手を表示する

サンプル・プログラム2 ジャンケン対戦プログラムjanken02_rnd.ino

今度は，M5Stackに搭載されているESP32マイコンとジャンケン対戦をするプログラム(**写真3**)を作成し，Arduinoプログラミング言語を使った関数の定義方法と変数の使用方法について学びます．

M5Stackの液晶ディスプレイに表示されるグー，チョキ，パーのいずれかのボタンを押すと，画面上部に自分の手と，対戦相手となるESP32マイコンが選んだ手(グー，チョキ，パー)が表示されます．

リスト2のjanken02_rnd.inoは，グー，チョキ，パーを表示させるプログラム(**リスト1**)にジャンケン対戦機能を追加したプログラムです．このプログラムは，スケッチブックm5Janken-masterに含まれているので，Arduino IDEの[ファイル]メニュー内の[スケッチブック]から，読み込むことができます．

処理①のdispは，液晶ディスプレイにジャンケンの手を表示するために，新たに作成した関数です．関数名に続く丸括弧内は，(処理③などから)この関数を呼び出すときに代入する引き数用の変数です．ここでは，ファイル名を渡す変数filenameと，メッセージ表示用の文字列を渡す変数msgを定義します．

変数には，整数を代入することができるint型の変数や，文字列を代入することができるString型などがあります．変数を使用するには，変数の型名と変数名を用いてあらかじめ定義しておく必要があります．処理①では文字列String型の変数filenameを定義し，処理④では整数int型の変数janを定義します．

以下に，サンプル・プログラムjanken02_rnd.inoの詳細な処理内容を示します．
① ジャンケンの手を表示する関数dispを定義する部分です．第1引き数にファイル名，第2引き数にメッセージを入力することができます．第2引き数がなかったときは，変数msgには空文字が代入されます．
② ファイル名を示す変数filenameの先頭にルート・ディレクトリを示す / を，末尾にJPEGファイルを示す .jpg を付与し，変数filenameに代入し直します．文字列における演算子「+」は，

リスト2　液晶ディスプレイに画像を表示し，ジャンケン対戦するサンプル・プログラムjanken02_rnd_sd.ino（マイクロSD使用版）

```
#include <M5Stack.h>                                              // M5Stack用ライブラリの組み込み

void disp(String filename, String msg=""){ ←①                     // LCDにJPEGファイルを表示する
    filename = "/" + filename + ".jpg"; ←②                        // 先頭に/, 後に拡張子jpgを追加
    M5.Lcd.drawJpgFile(SD, filename.c_str());                     // 配列型文字列変数sの画像を表示
    M5.Lcd.drawCentreString(msg, 160, 96, 4);                     // 中央にメッセージ文字列を表示
}

void setup(){                                                     // 起動時に1度だけ実行する関数
    M5.begin();                                                   // M5Stack用ライブラリの起動
    M5.Lcd.setTextColor(TFT_BLACK);                               // テキスト文字を黒に設定
    disp("janken8","Example 02 Janken"); ←③                       // 背景+タイトルを表示
}

void loop(){                                                      // 繰り返し実行する関数
    int jan = -1; ←④                                               // ユーザの手(未入力-1)
    int ken = (int)(random(3) * 2.5); ←⑤                           // ESP32マイコンの手

    M5.update();                                                  // ボタン情報を更新
    if(M5.BtnA.wasPressed()){      ┐                              // ボタンAが押されていた時
        jan = 0;                   │                              // グー(0本指)
    }                              │
    if(M5.BtnB.wasPressed()){      │                              // ボタンBが押されていた時
        jan = 2;                   ├⑥                             // チョキ(2本指)
    }                              │
    if(M5.BtnC.wasPressed()){      │                              // ボタンCが押されていた時
        jan = 5;                   │                              // パー(5本指)
    }                              ┘
    if(jan >= 0){                                                 // ボタンが押された
        disp("janken" + String(jan), "Shoot!"); ←⑦                // 変数janに応じた表示
        delay(500);                                               // 0.5秒の待ち時間
        disp("janken" + String(jan) + String(ken)); ←⑧            // ESP32マイコンの手を表示
    }
}
```

文字列の連結を意味します．また，プログラミング言語の「=」は，右辺の内容を左辺の変数に代入する命令を示しており，左辺は必ず変数です．数学のイコールとは異なります．

③ 処理①で定義した関数dispの第1引き数の変数filenameに「janken8」を代入し，第2引き数にタイトルを代入し，関数disp内の命令を実行します．変数filenameは処理②でディレクトリを示す「/」と画像ファイルの拡張子「.jpg」が付与され，液晶画面にはファイルjanken8.jpgが表示されます．

④ 整数int型の変数janに−1を代入します．

⑤ 整数int型の変数kenに0または2，または5のいずれかの数値を代入します．random関数の引き数に3を入力することで，0〜2の整数の乱数値が生成されます．また，乗算を示すアスタリスク「*」で2.5倍に乗算してから，(int)で小数点以下を切り捨てることで，生成した乱数値が0のときは0が，1のときは2が，2のときは5が変数kenに代入されます．これらの数値0，2，5は，ジャンケンで使う指の数です．

⑥ M5Stackのボタン操作に応じて，数値変数janに，0，2，5のいずれかの数値を代入します．

⑦ 数値変数janを文字列に変換し，文字列「janken」と結合し，ジャンケンの手のファイル名を作成し，関数dispで対応する画像ファイルを表示します．例えば，変数janにグーを示す0が代入されていた場合はファイル名「janken0.jpg」の画像を表示します．

⑧ 数値変数janと，乱数による手の数値変数kenを，文字列「janken」に結合し，ボタン操作janと乱数の手のkenとの組み合わせに対応する画像フ

ァイルを表示します．ボタン操作の手のjanが0で，乱数の手のkenが2だった場合，ファイル名「janken02.jpg」の画像を表示します．

サンプル・プログラム3 janken03_game.inoでジャンケン・ゲーム

● ジャンケン対戦機能の追加

勝利したときは[You Win]を，負けたときは[You Lose]を勝敗の得点とともに表示することで，ゲーム性を高めてみましょう(**写真4**)．ここでは，勝敗の判定部などを追加したプログラムについて説明します．

勝敗の判定と表示，得点表示機能を追加したサンプル・プログラムjanken03_game.inoも，m5Janken-masterに収録しています．[ファイル]メニュー内の[スケッチブック]から開いてください．本サンプル・プログラムの勝敗判定部の処理の流れは**リスト3**を用いて説明します．

① 文字列変数msgを定義し，初期値として「Draw」(引き分け)を代入します．

② 条件構文ifを用いて，ユーザが勝ったかどうかを判定します．スラッシュ「/」は除算の演算子，パーセント「%」は剰余，「==」は両辺が一致しているかどうかを判断する比較演算子です．変数janと変数kenには，0(グー)または，2(チョキ)，5(パー)の値が代入されており，2で除算した整数は0，1，2と，連続した3値になります．本演算では，変数janを0，1，2の連続した3値に変換してから1を加算し，変数kenと一致したときに，ユーザが勝利したと見なし，処理③を実施します．なお，3の剰余は，1を加算した値を0→1→2→0と巡回させるための演算です．

③ 文字列変数msgを「You Win」(勝ち)に書き換えます．

④ 条件構文ifに関連し，elseは処理②のifを満たさなかったときの処理部です．ここでは，elseに対して，さらにifを追加し，丸括弧内の条件である変数janとkenが一致していないことを確認します．不一致を確認するための比較演算子は「!=」です．処理②の「勝ち」でもなく，janとkenが異なる手，すなわち「引き分け」でもないときに，「負け」と判定します．

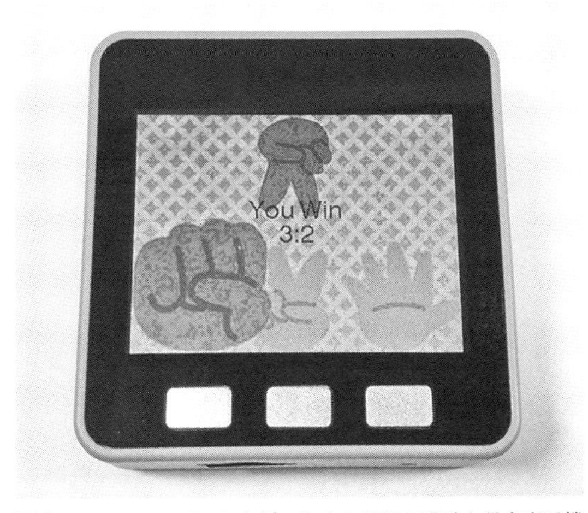

写真4　ESP32マイコンとジャンケン対戦に勝敗と得点表示機能を追加したjanken03_game.inoの実行例
ゲーム性を高めるために勝敗判定と表示，得点表示機能を追加した

リスト3　ジャンケンの勝敗判定部
ジャンケンの勝敗を判定し，変数msgにその結果を代入する 4(IoT応用編)IoT化の第1歩・ローカル・ネットワーク・ジャンケン対戦

```
String msg = "Draw"; ←①                      // 変数msgに「引き分け」を代入
if((jan / 2 + 1) % 3 == (ken / 2)){ ←②       // ユーザの方が強い手のとき
    msg = "You Win"; ←③                      // 「勝ち」
    score += 1;                               // スコアに1点を追加
}else if(jan != ken){ ←④                     // 勝ちでも引き分けでもないとき
    msg = "You Lose";                         // 「負け」
    debts += 1;                               // 負け回数に1回を追加
}
```

column1 UDPネットワーク通信

インターネット通信を行うには，テレビのチャンネルを選択するのと同じように，通信相手を選択する必要があります．UDPは，IPアドレスとポート番号を使って，通信相手の機器と，通信相手のアプリケーション(例えば，ジャンケン・プログラム)を選択する「チャンネル合わせ」の役割をもったプロトコルです．

UDPでは，IPアドレスとポート番号を指定するだけで，インターネット通信を行うことができます．また，UDPの宛先IPアドレスの末尾を255にすれば，下図のように，LAN内の全機器へブロードキャスト送信を行うこともできます(クラスCのIPネットワークの場合)．

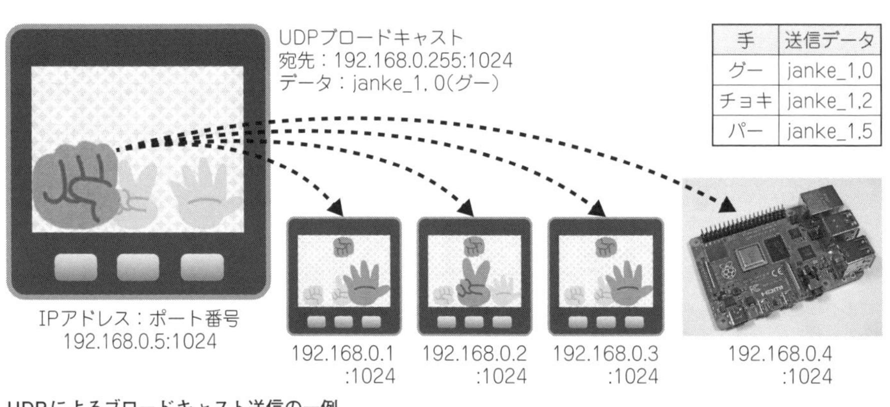

手	送信データ
グー	janke_1,0
チョキ	janke_1,2
パー	janke_1,5

UDPによるブロードキャスト送信の一例
UDPは，IPアドレスとポート番号を指定するだけで通信を行うことができる．ローカル・ネットワーク内の全機器にブロードキャスト送信することも可能

サンプル・プログラム4
LANジャンケン対戦janken04_lan.ino

Wi-Fi送信機能とWi-Fi受信機能を搭載したローカル・ネットワーク・ジャンケン(**図5**)のサンプル・プログラムを**リスト4**に示します．処理②のSSIDとPASSの内容を，使用するWi-Fiアクセス・ポイントのSSIDとパスワードに書き換えてから，M5Stackへ書き込んでください．SSIDとパスワードは，インターネット接続用ホーム・ゲートウェイ本体のシールなどに記載されています．

① Wi-Fi通信を行うためのライブラリを組み込みます．

② #defineは，定数を定義する命令です．環境に合わせてSSIDとPASSの内容を変更してください．

③ UDPを送信するための変数(オブジェクト)udpを作成します．この変数はUDP通信ライブラリ内の関数(メソッド)を利用するときに使用します．例えば，begin 関数を利用したい場合は，処理⑦のudp.beginのようにピリオド「.」と関数名を付与します．

④ 本機のユーザの手を保持する整数int型の変数janと，受信した手を保持する変数kenを作成します．どの関数にも属さない変数をグローバル変数と言い，すべての関数で利用することができます．

⑤ Wi-Fi接続処理部です．Wi-Fi動作モード，SSID，

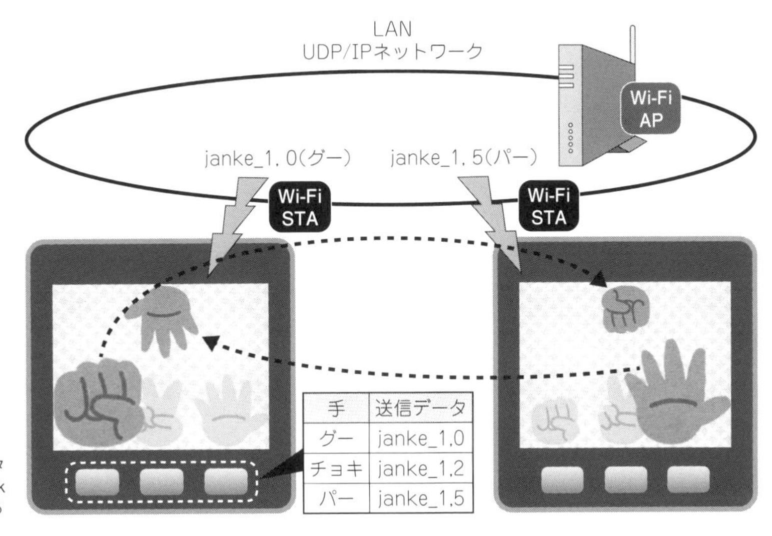

手	送信データ
グー	janke_1,0
チョキ	janke_1,2
パー	janke_1,5

図5
ローカル・ネットワーク・ジャンケン対戦
LAN内のM5Stackでジャンケン対戦が可能なボタン信号送信／受信機を製作する．1台のM5Stackとラズベリー・パイ1台で実験することもできる

パスワードを設定し，接続するまで待機します．

⑥ 関数dispを使用し，初期画面の画像ファイル「janken88.jpg」とタイトルを表示します．

⑦ 変数（オブジェクト）udpにbeginを付与し，UDP通信を開始する関数を実行します．丸括弧内の引き数は，処理②で定義したUDP/IPネットワーク用のポート番号（1024）です．

⑧ ボタン処理部です．変数pongにボタンに応じた値0または2，5を代入します．ボタンが押されていなかったときは，初期値のpong＝－1のままです．

⑨ 本機のIPアドレスを変数IPへ代入し，IPアドレスの末尾のIP[3]をブロードキャストの255に書き換えます．例えば，本機IPアドレスが192.168.0.5だった場合，192.168.0.255になります．

⑩ 変数pongが0以上，すなわちボタンが押されたときに，UDP送信を行います．送信先を設定するudp.beginPacket関数の第1引き数に宛先のIPアドレス，第2引き数にポート番号を渡し，udp.print関数でデバイス名「janke_1,」を，udp.plintlnで変数pongの値を送信します．実際に送信が行われるのは送信終了を示すudp.end.Packetを実行したときです．

⑪ loop関数の処理を繰り返すたびに変数pongが－1に戻るので，次回の繰り返し処理に備え，変数pongの値をグローバル変数janへ代入し，ボタン入力値を保持します．

⑫ Wi-Fi受信部です．処理⑭のudp.readで受信データを取得し，文字char型の配列変数sに代入します．文字char型の変数には1文字しか代入できないので，角括弧を付与して配列型にします．文字列String型に比べ，プログラマにとっては取り扱いにくい変数型ですが，マイコンにとっては処理しやすい変数型です．IoT機器や通信機器のネットワーク低階層でよく使用する方法なので，文字char型の配列変数の存在と，注意点だけは知っておきましょう．

⑬ 文字char型の配列変数を使用するには，収容する文字数＋1文字分の記憶領域を確保しておく必要があります．確保していない領域を使用してしまうと，他の変数などの値が変化し，誤動作の原因になります．ここでは，配列数11個の変数sを定義し，10文字までの領域を確保します．

⑭ UDP受信データを変数sへ代入する処理部です．第1引き数は，配列変数sです．第2引き数は，代入可能な受信データ数の最大値です．確保し

リスト4　ローカル・ネットワーク・ジャンケンのサンプル・プログラムjanken04_lan_sd.ino（マイクロSD使用版）
Wi-Fi送信機能とWi-Fi受信機能を追加した．#defineのSSIDとPASSに使用している無線LANアクセス・ポイントの情報を設定してから書き込む

```
#include <M5Stack.h>                          // M5Stack用ライブラリの組み込み
#include <WiFi.h>      ┐                      // ESP32用WiFiライブラリ
#include <WiFiUdp.h>   ┘①                    // UDP通信を行うライブラリ
#define SSID "1234ABCD"       ┐               // 無線LANアクセス・ポイントのSSID
#define PASS "password"       │               // パスワード
#define PORT 1024             │②             // UDP送受信ポート番号
#define DEVICE "janke_1,"     ┘               // デバイス名(5字+"_"+番号+",")

WiFiUDP udp; ←③                              // UDP通信用のインスタンスを定義
int jan = 8; ┐                                // ユーザの手(保持用)
int ken = 8; ┘④                              // 対戦相手の手(保持用)

void disp(String filename, String msg=""){    // LCDにJPEGファイルを表示する
    filename = "/" + filename + ".jpg";       // 先頭に/，後に拡張子jpgを追加
    M5.Lcd.drawJpgFile(SD, filename.c_str()); // 配列型文字列変数sの画像を表示
    M5.Lcd.drawCentreString(msg, 160, 96, 4); // 中央にメッセージ文字列を表示
}

void setup(){                                 // 起動時に1度だけ実行する関数
    M5.begin();                               // M5Stack用ライブラリの起動
    M5.Lcd.setTextColor(TFT_BLACK);           // テキスト文字を黒に設定
    disp("janken","Connecting to Wi-Fi");     // 背景+接続中表示
  ┌ WiFi.mode(WIFI_STA);                      // 無線LANをSTAモードに設定
⑤│ WiFi.begin(SSID,PASS);                    // 無線LANアクセス・ポイントへ接続
  └ while(WiFi.status() != WL_CONNECTED);     // 接続に成功するまで待つ
    disp("janken88","Example 04 Janken"); ←⑥ // 持ち手+タイトルを表示
    udp.begin(PORT); ←⑦                      // UDP通信御開始
}

void loop(){                                  // 繰り返し実行する関数
    int pong = -1;                      ┐     // 手(未入力-1)
    M5.update();                        │     // ボタン情報を更新
    if(M5.BtnA.wasPressed()) pong = 0;  │⑧   // ボタンAのときはグー(0本指)
    if(M5.BtnB.wasPressed()) pong = 2;  │     // ボタンBのときはチョキ(2本指)
    if(M5.BtnC.wasPressed()) pong = 5;  ┘     // ボタンCのときはパー(5本指)

    IPAddress IP = WiFi.localIP(); ┐          // IPアドレスを取得
    IP[3] = 255;                   ┘⑨        // ブロードキャストに(簡易)変換
    if(pong >= 0){                 ┐          // ボタンが押された
        udp.beginPacket(IP, PORT); │          // UDP送信先を設定
        udp.print(DEVICE);         │⑩        // 「janke_1,」を送信
        udp.println(pong);         │          // 手を送信
        udp.endPacket();           ┘          // UDP送信の終了(実際に送信する)
        disp("janken" + String(pong) + String(ken),"Shoot!");   // 液晶へ表示
        jan = pong; ←⑪                       // 出した手を保持する
    }

  ┌ int len = udp.parsePacket();              // 受信パケット長を変数lenに代入
  │ String ip_S = String(udp.remoteIP()[3]);  // 送信者IPアドレスの末尾を代入
  │ if(len == 0) return;                      // 未受信のときはloop()の先頭へ
  │ char s[11]; ←⑬                          // 受信データ用変数(10文字まで)
⑫│ memset(s, 0, 11);                        // 文字列変数sの初期化
  │ udp.read(s, 10); ←⑭                     // 受信データを文字列変数lcdへ
  │ udp.flush();                              // UDP受信バッファを破棄する
  └ if(strncmp(s,DEVICE,8)) return;           // 先頭8字が不一致時に先頭へ戻る
    pong = atoi(&s[8]); ←⑮                   // 受信した数値を変数pongへ代入
    if(pong == 0 || pong == 2 || pong == 5){  // pongが0または2，5のときに
        disp("janken" + String(jan) + String(pong), "Recieved from " + ip_S);
        ken = pong;                           // kenを更新
    }
}
```

column2 HTTPSインターフェース通信

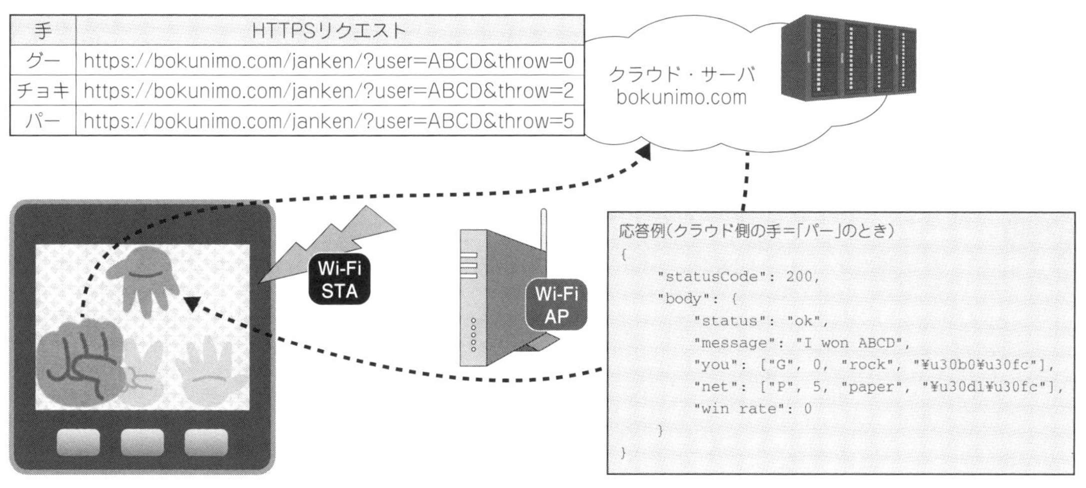

図A　Webインターフェース HTTPSでクラウド・サーバとジャンケン対戦
ジャンケンの手をクラウド・サーバbokunimo.comへ送り，結果を受信したときのようす

インターネット・ブラウザなどで表示されるURLの「http」や「https」は，第3章で説明したHTTPや暗号化機能を組み合わせたHTTPSインターフェースによる通信を示しています．HTTPSインターフェースは，現在のインターネット通信で多く使われており，IoT通信においても多く利用される方式の1つです．

IoT通信でも，ブラウザでインターネットへアクセスするときと同じように，図A内の表のようなHTTPSリクエストを送信します．

本例のサーバの応答形式は，JSONと呼ばれる，変数名(オブジェクト)とその値です．図Bの応答例では，変数statusCodeの値が200，body内の変数messageが“I won ABCD”，配列変数netにはクラウド側の手「パー」を示す，net[0]=“P”，net[1]=5，net[2]=“paper”，net[3]=“パー”が含まれています．インターネット・ブラウザEdgeの表示例を図Cに示します．

```
ファイル(F) 編集(E) 表示(V) 履歴(S) ブックマーク(B) ツール(T) ヘルプ(H)
bokunimo.com/janken/?user=ABC
https://bokunimo.com/janken/?u
JSON  生データ  ヘッダー
保存  コピー  すべて折りたたむ  すべて展開  JSONを検索
statusCode:   200
▼ body:
    status:    "ok"
    message:   "I won ABCD"
  ▼ you:
      0:   "G"
      1:   0
      2:   "rock"
      3:   "グー"
  ▼ net:
      0:   "P"
      1:   5
      2:   "paper"
      3:   "パー"
    win rate:  0
```

図B　インターネット・ブラウザFirefoxを使って，クラウド・ジャンケン・サーバbokunimo.com/janken/へ「グー」を送信したしたときの応答例
Firefoxでは，受信したJSONデータが階層的に表示される(ブラウザによって表示方法は異なる)

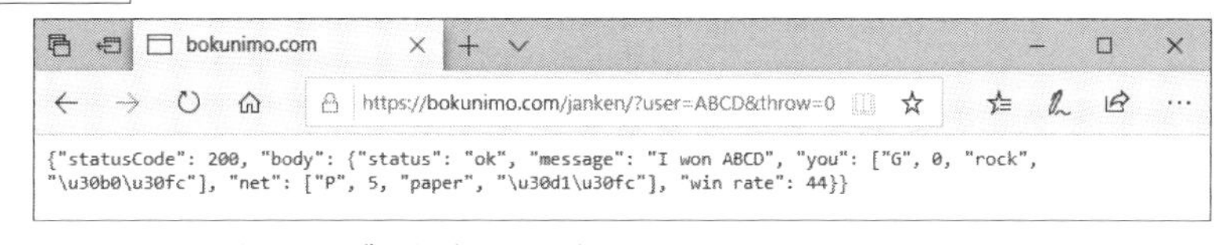

図C　インターネット・ブラウザEdgeの表示例
Edgeでは，受信したJSON型式の応答値がテキストで表示される．日本語はコードで表示される

た配列変数sの領域内の最大文字数10を渡します．

⑮ 受信データの中から数値を抽出する変換部です．文字char型の配列変数sの先頭から8バイト後方，（すなわち9文字目）に含まれている数値を整数int型の変数pongへ代入します．

サンプル・プログラム5 クラウド・ジャンケン対戦janken05_net.ino

M5Stackのボタンに応じたボタン信号をインターネット上のクラウド・サーバへ送信し，クラウド・サーバとジャンケン対戦を行ってみましょう．ここでは，Webで一般的なHTTPSインターフェースを使い，筆者が提供するクラウド・ジャンケン・サーバbokunimo.com/janken/へアクセスし，対戦結果をJSON形式で受信します．本節の学習によって，IoT機器がインターネット上の情報を取得したり，センサ値などの情報を送信したりといった，インターネット連携システムへの応用ができるようになるでしょう．

● クラウド・ジャンケン・サーバbokunimo.com/janken

筆者が提供するクラウド・ジャンケン・サーバは，下記のURLのように，クエリ（サーバへ渡す引き数）なしでアクセスすると，**図6**のように，使い方と仕様の概要を応答します．

```
https://bokunimo.com/janken/
```

ジャンケンを行う際は，クエリuserにユーザ名を，クエリthrowにジャンケンの手の値0（グー），2（チョキ），5（パー）を渡して，HTTPSリクエストします．下記は，user名にABCDを，throwに0（グー）を代入したときのURLの一例です．

```
https://bokunimo.com/janken/?user=ABCD&throw=0
```

以下に，HTTPSインターフェースを使ってジャンケン・サーバにアクセスするプログラムjanken05_net.ino（**リスト5**）のおもな処理内容について説明します．

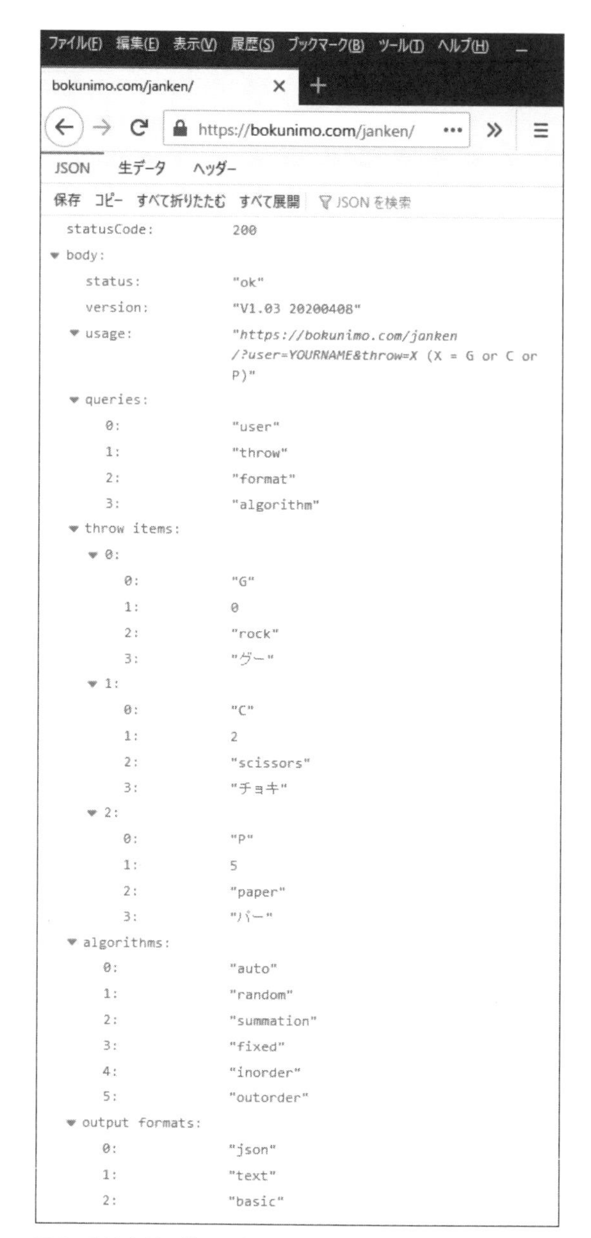

図6 クラウド・ジャンケン・サーバのクエリがないときの応答例（https://bokunimo.com/janken/）
クエリなしでアクセスすると，使い方と仕様の概要が表示される

① HTTPSインターフェース通信用のライブラリを組み込みます．HTTPClientは，WiFiClient Secureと組み合わせて使用することで，SSL暗

リスト5 クラウド・ジャンケン・サーバへアクセスするサンプル・プログラムjanken05_net_sd.ino(マイクロSD使用版)
HTTPSインターフェース通信機能を使って，ジャンケンの手を送信し，結果を受信する

```
#include <M5Stack.h>                                      // M5Stack用ライブラリの組み込み
#include <WiFi.h>                                         // ESP32用WiFiライブラリ
#include <HTTPClient.h>        }①
#include <WiFiClientSecure.h>  }
#include "root_ca.h" ←──②
#define SSID "1234ABCD" ←──SSID     }③                   // 無線LANアクセス・ポイントのSSID
#define PASS "password" ←──パスワード }                    // パスワード
#define URL  "https://bokunimo.com/janken/"               // クラウドサービスのURL

String USER = ""; ←──④                                   // クラウドへ送信するユーザ名
int score = 0;                                            // 勝ち得点
int debts = 0;                                            // 負け得点
int rate  = 0;                                            // 勝率

void disp(String filename, String msg=""){                // LCDにJPEGファイルを表示する
～～ 一部省略(リスト 4 janken04_lan.inoを参照) ～～
}

void setup() {
～～ 一部省略(リスト 4 janken04_lan.inoを参照) ～～
    if(USER == "") USER = String(SSID).substring(String(SSID).length()-4);
}

void loop(){                                              // 繰り返し実行する関数
    int jan = -1;                                         // ユーザの手(未入力-1)
    int ken=8;

    M5.update();                                          // ボタン情報を更新
    if(M5.BtnA.wasPressed()) jan = 0;                     // ボタンAのときはグー(0本指)
    if(M5.BtnB.wasPressed()) jan = 2;                     // ボタンBのときはチョキ(2本指)
    if(M5.BtnC.wasPressed()) jan = 5;                     // ボタンCのときはパー(5本指)
    if(jan < 0) return;                                   // ボタン押下無し時に戻る
    disp("janken" + String(jan), "Shoot!");               // 変数janに応じた表示

    String S = String(URL);                   }           // HTTPリクエスト用の変数
    S += "?user=" + USER;                     }⑤          // ユーザ名のクエリを追加
    S += "&throw="+ String(jan);              }           // ジャンケンの手を追加
    Serial.println("HTTP GET " + S);          }           // シリアルへリクエストを出力
    WiFiClientSecure client;                      }       // TLS/TCP/IP接続部の実体を生成
    client.setCACert(rootCACertificate);          }       // ルートCA証明書を設定
    HTTPClient https;                             }⑥      // HTTP接続部の実体を生成
    https.begin(client, S);                       }       // 初期化と接続情報の設定
    int httpCode = https.GET();                   }       // HTTP接続の開始
    S = "HTTP Status " + String(httpCode);                // HTTPステータスを変数Sへ代入
    S += "\n" + https.getString(); }⑦                     // 改行と受信結果を変数Sへ追加
    Serial.println(S);             }                      // シリアルへ出力
    if(httpCode == 200){                                  // HTTP接続に成功したとき
        ken = S.substring(S.indexOf("\"net\":")+12).toInt();       }⑧
        rate = S.substring(S.indexOf("\"win rate\":")+12).toInt(); }
    }                                                     // 受信結果Sの手と勝率を各変数へ
    https.end();                                          // HTTPクライアントの処理を終了
    client.stop();                                        // WiFi

    String msg = "Draw";                                  // 変数msgに「引き分け」を代入
    if((jan / 2 + 1) % 3 == (ken / 2)){                   // ユーザの方が強い手のとき
        msg = "You Win";                                  // 「勝ち」
        score += 1;                                       // スコアに1点を追加
    }else if(jan != ken){                                 // 勝ちでも引き分けでもないとき
        msg = "You Lose";                                 // 「負け」
        debts += 1;                                       // 負け回数に1回を追加
    }
    if(rate) msg += ", rate=" + String(rate);             // 勝率をmsgへ追加
    disp("janken"+String(jan)+String(ken),msg);           // 画像と勝敗表示を更新
}
```

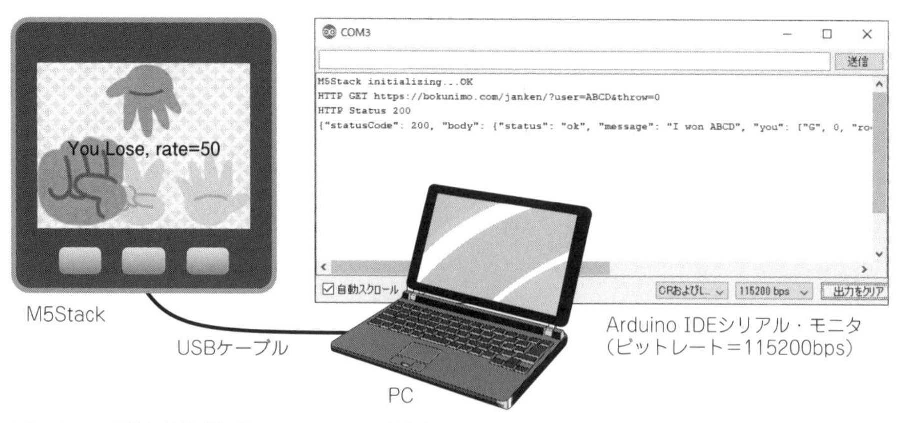

図7　HTTPS動作の様がシリアル・モニタへ表示される
Arduino IDEの右上のシリアル・モニタのアイコンをクリックする

号化に対応したHTTPSとして動作します．

② HTTPS通信を行うときに使用する認証局のルート証明書(ファイル名root_ca.h)を組み込みます．この証明書は後述の処理⑥で使用します．

③ SSIDとPASSを定義します．使用するWi-Fiアクセス・ポイントに合わせて変更してください．

④ 文字列変数USERは，クラウドへ送信するユーザ名です．アルファベットでニックネームなどのユーザ名を代入してください．初期状態では，SSIDの後部4文字をユーザ名として使用します．

⑤ String型の文字列変数Sにアクセス先のURLを代入し，その後部にクエリuserと，クエリthrowを連結します．演算子「+」は文字列の結合を示し，「+=」は左辺の変数の文字列の後方に，右辺の文字列を結合します．結合結果は，Serial.print命令によってシリアル出力されます．

⑥ HTTPSリクエストの送信部です．WiFiClientSecureは，ルート証明書を使って，リクエスト先が筆者のジャンケン・サーバであることを確認してから，ジャンケン・サーバ上のサーバ証明書を使って，暗号化通信を開始します．接続に成功すると，httpCodeに200が代入されます．

⑦ HTTPSの応答結果をhttps.getStringで取得し，文字列変数Sへ代入し，シリアル出力します．

⑧ 処理⑦で取得した結果から数値データを抽出します．関数indexOfでJSON変数名「net」を探し，その先頭位置から12文字後方の文字列を関数substringで切り出し，toIntで整数に変換し，整数int型の変数kenへ代入ます．JSON変数名「win rate」の値は，勝率を示す変数rateへ代入します．

Arduino IDEの右上のシリアル・モニタ(虫眼鏡のアイコン)をクリックし，ウィンドウ右下のビットレートを115200bpsに設定すると，**図7**のように，HTTPSインターフェースを使ったHTTPSリクエスト内容と応答結果が表示されます．

第8章 センサのアナログ値をマイコンで処理

A-Dコンバータ応用プログラミング

A-Dコンバータはアナログ値をディジタル値に変換するデバイスです．マイコンでアナログ値が利用できるようになり，IoTプログラミングの応用範囲がグッと広がります．

液晶ディスプレイを搭載したESPマイコンとして注目されているM5Stackに搭載されているA-Dコンバータを使った電圧計のプログラムを紹介します．プログラムは5本あり，ステップアップしながら機能を追加していきます．ぜひA-Dコンバータ応用プログラミングを実際に試してみてください．

使用機材

M5Stack BASIC / M5Stack GRAY / M5Stick C×1
照度センサ NJL7502L
ミニ・ブレッドボード×1　可変抵抗器(10kΩ)×1
ジャンパ・ワイヤ(オス-オス)×3

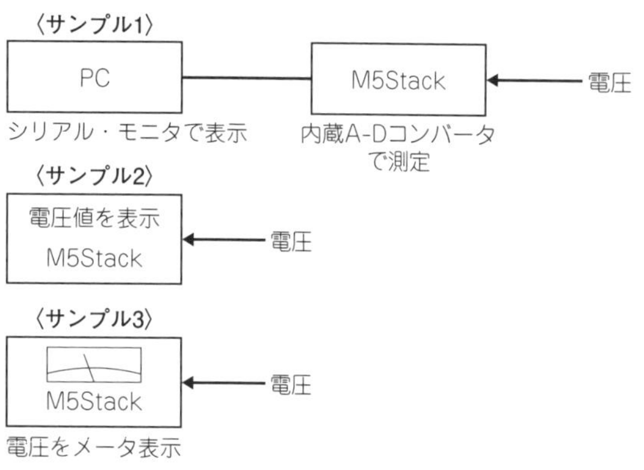

図1　3つのサンプル・プログラムをとおしてA-Dコンバータを利用したプログラミングのコツを学びます

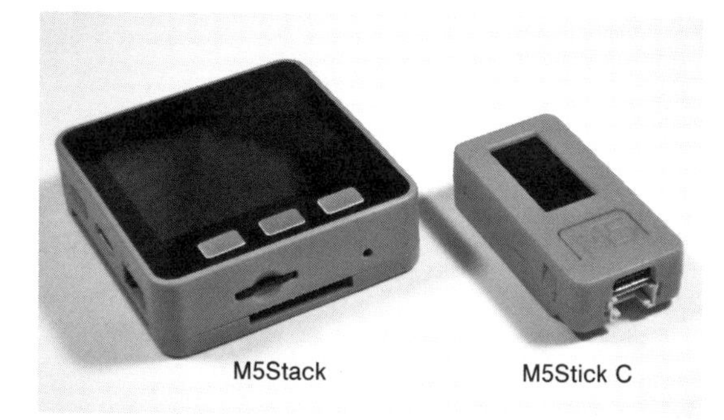

写真1　2インチの液晶ディスプレイを搭載したM5Stack GRAY(左)と，0.98インチのM5Stick C(右)

液晶ディスプレイを搭載したESPマイコンとして注目されているM5StackとM5Stick CにはA-Dコンバータが搭載されています(**写真1**)．

本章では，A-Dコンバータの利用方法を学びながら液晶ディスプレイに電圧を表示する電圧計を作ります(**図1**)．

〈サンプル1〉はA-Dコンバータで得た値とその値から得た電圧値をシリアル・モニタに出力します．

〈サンプル2〉は電圧値をM5Stack，M5Stick Cの液晶ディスプレイに表示します．

〈サンプル3〉は電圧値を液晶ディスプレイにアナログ・メータ風にして表示します．

● サンプル・プログラムのダウンロードと開発環境のセットアップ

筆者が作成したサンプル・プログラムを以下に収録しました．インターネット・ブラウザ(またはGitコマンド = git clone https://github.com/bokunimowakaru/m5adc)でダウンロードしてください．

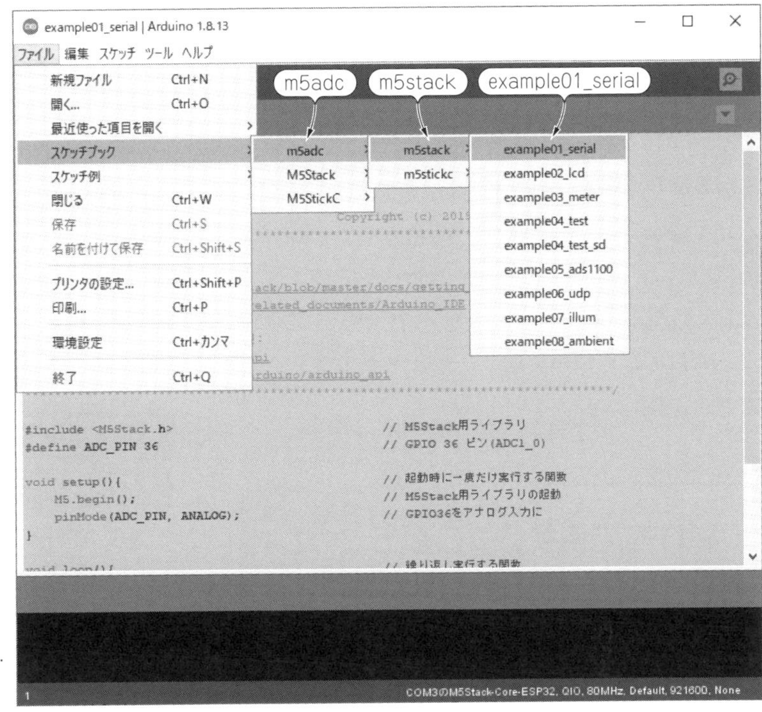

図2
ダウンロードしたサンプル・プログラムm5adcを確認する
[ファイル]メニュー内の[スケッチブック]に表示される[m5adc]を選択し，さらに[m5stack]を選択してから[example01_serial]を選択する．解説するプログラム以外のプログラムも含まれている

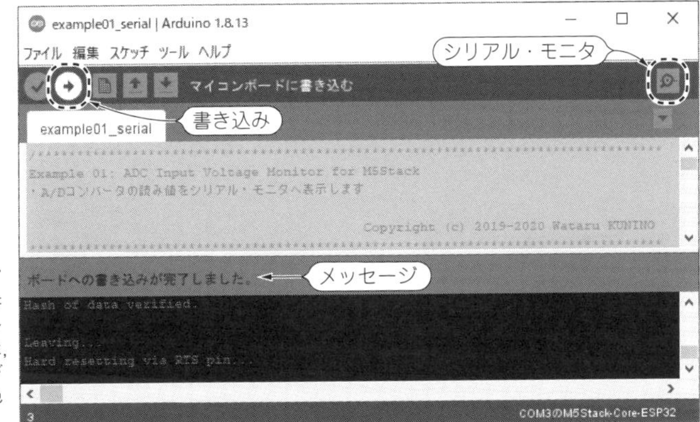

図3
Arduino IDEを起動したときのようす
コンパイルとM5Stackにプログラムを書き込むには左から2番目の右矢印ボタンをクリックする．中央の緑色のバーには，Arduino IDEの動作状態やメッセージが表示される．エラー発生時はオレンジ色に変化する

ZIP形式ダウンロード：
https://github.com/bokunimowakaru/m5adc/archive/master.zip
解説ページ：
https://git.bokunimo.com/m5adc/

開発環境のセットアップ方法については，第6章の準備1を参照してください．

ダウンロードしたプログラムをArduino IDEのスケッチブックの保存場所にコピーし，Arduino IDEを起動します．

[ファイル]メニュー内の[スケッチブック]に[m5adc]が表示されます．[m5adc]を選択後，[m5stack](M5Stick Cの場合は[m5stickc])を選択し，**図2**のようにサンプル・プログラム[example01_serial]を選択してください．

● プログラムの書き込み

サンプル・プログラムをM5Stackに書き込むには，Arduino IDEの上部に表示される右矢印ボタンをクリックします．ライブラリのコンパイルに数分を要しますが，2回目以降は約1分以内でコンパイルが完了します(**図3**)．Arduino IDEの右上の[シリアル・モニタ](虫眼鏡のアイコン)をクリックし，[adc=nnn, mv=nnn]のようにA-Dコンバータから取得した値が表示されることを確認してください(**図6**)．

A-Dを応用するプログラミング

● 測定用電圧をM5StackのA-Dコンバータに加える

最初に，A-Dコンバータに電圧がかかるようにします．電圧は可変抵抗器で変化できるようにして，そのようすをプログラムで観察します．

図4のように，可変抵抗器には3つの端子があります．両端(端子1と端子3)に電圧をかけ，中央の端子2から可変した電圧を得ます．

可変抵抗器をM5Stackに接続するには，**写真2**のように，可変抵抗器(10kΩ)の両端の端子をM5StackのG(GND)と3V3(3.3V電源出力)に接続し，可変抵抗器の中央の出力端子2をM5Stackの36(GPIO 36)に接続します．M5Stick Cの場合も同様です．可変抵抗器の定数10kΩは，可変抵抗器の両端(端子1と端子3)の間の抵抗値です．

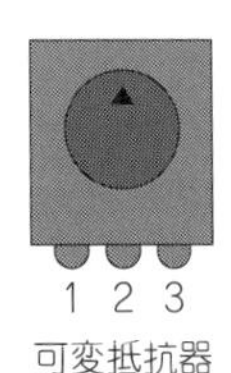

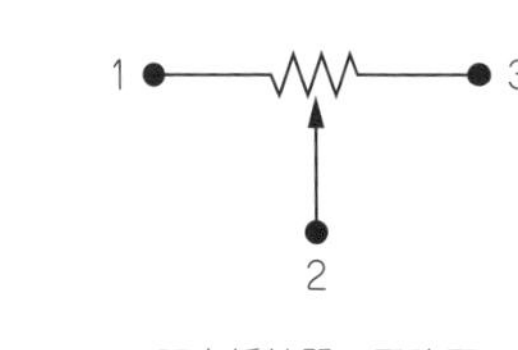

図4 M5Stackに追加する可変抵抗器
可変抵抗器には3つの端子があり，両端の端子に電圧をかけると中央の端子から可変した電圧が得られる

可変抵抗器　　可変抵抗器の回路図

サンプル1 example01_serial.ino
A-Dコンバータで電圧値を取得するプログラム

電圧計のプログラムを作るファースト・ステップとして，A-Dコンバータで得た値をシリアル出力するプログラムを動かしてみます(**図5**)．

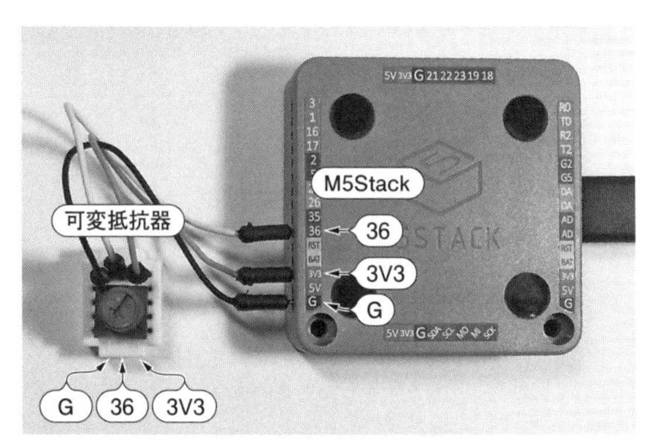

写真2 M5Stackに可変抵抗器を接続する
可変抵抗器(10kΩ)の両端にM5StackのG(GND)と3V3(3.3V電源出力)を接続し，可変抵抗器の中央の出力端子にM5Stackの36(GPIO 36)を接続する．接続する端子を間違えないよう注意する

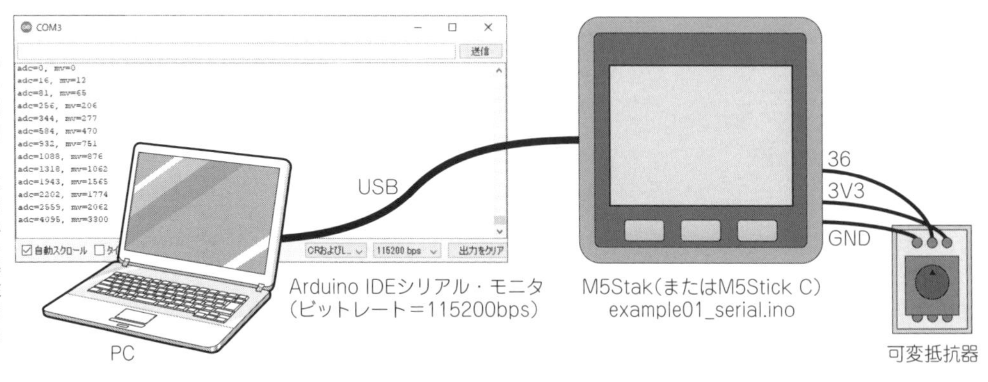

図5 M5StackのESP32マイコン内蔵A-Dコンバータで電圧を測定する
電圧は可変抵抗器(10kΩ)で可変できる．M5StackのA-Dコンバータで電圧を取得し，Arduino IDEのシリアル・モニタに表示したときのようす

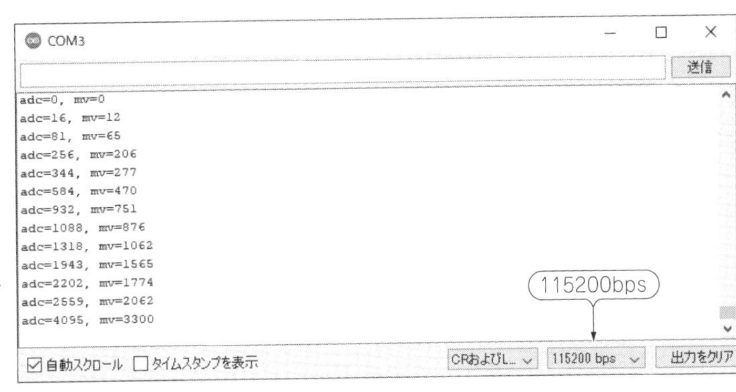

図6
サンプル・プログラムm5stack/example01_serial.inoの実行例
m5stack/example01_serial.inoを書き込んだM5Stackを起動し，Arduino IDEのシリアル・モニタを開いたときのようす

リスト1　〈サンプル1〉m5stack/example01_serial.ino（M5Stack用）
ESP32マイコン内蔵A-Dコンバータの値を取得する電圧モニタ

```
#include <M5Stack.h>                           // M5Stack 用ライブラリ
#define ADC_PIN 36 ←①                          // HAT部の GPIO 36 ピン(ADC1_0)

void setup(){ ←②                              // 起動時に一度だけ実行する関数
    M5.begin(); ←③                            // M5Stack用ライブラリの起動
    pinMode(ADC_PIN, ANALOG); ←④              // GPIO36をアナログ入力に
}

void loop(){ ←⑤                               // 繰り返し実行する関数
    int adc, mv; ←⑥                           // 変数adcとmvを定義
    adc = analogRead(ADC_PIN); ←⑦             // ADC値をadcへ代入
    mv = adc * 3300 / 4095; ←⑧                // ADC値を電圧に変換してmvへ代入
    Serial.printf("adc=%d, mv=%d\n", adc, mv); ←⑨  // ADC値と電圧値mvをシリアル出力
    delay(500); ←⑩                            // 0.5秒(500ms)の待ち時間処理
}
```

リスト1のサンプル・プログラムm5stack/example01_serial.inoをM5Stackに書き込み，プログラムを動かします．M5Stackをつないだ状態でArduino IDEのシリアル・モニタを開くと，**図6**のような画面が表示されます．右下のビットレートは[115200 bps]に設定します．

可変抵抗器のつまみを回すと，シリアル・モニタに表示される[adc=]と[mv=]の数値が変化するのがわかります．

[adc=]に続いて表示される値は，A-Dコンバータの取得値です．可変抵抗器のつまみの位置に応じて0～4095までの値が割り振られていて，つまみを回すとこの値が変化します．

[mv=]に続いて表示される値は，0mVから3300mVまでの電圧換算値(mV)です．[adc=]の値をA-Dコンバータにかかる最大電圧の3.3V(3300mV)で換算した値を表示します．A-Dコンバータにはマイコンの電圧を利用して加えています．最大電圧の3.3Vは，マイコンの電圧です．なお，ここで表示した電圧の値は電圧の目安にはなりますがテスタや計測器のように正確な値ではありません．

● サンプル1 example01_serial.inoの処理の流れ

以下に，サンプル・プログラムm5stack/example01_serial.inoの処理の流れについて説明します．

① 定数を定義する#define命令を使って，内蔵A-Dコンバータ(ADC1_0)のピン番号36を定数名ADC_PINとして定義します．

② Arduino言語のsetup関数は，マイコン起動時に一度だけ実行する処理部です．

③ M5Stackのハードウェアの初期設定を行うM5.begin関数を実行します．

④ マイコン内蔵のA-DコンバータをGPIO36番ピンに接続する設定を行います．

⑤ Arduino言語のloop関数は，処理②のsetup関数を実行後，繰り返し実行する処理部です．以下の処理⑥～⑩を繰り返し実行します．

⑥ 整数型の変数adcとmvを定義します．変数は数値などを代入する容器のようなものです．

⑦ 変数adcにA-Dコンバータから取得した値を代入します．

⑧ 変数adcに代入された値を参照し，電圧値に比例換算し，変数mvへ代入します．

⑨ Serial.printfは，ダブルコート(")で括られた文字列をシリアル・モニタへ文字を表示する関数です．マイコンの開発では，動作ログを出力するときに使用します．ここでは，[adc=]に続いて変数adcの値を，[mv=]に続いて変数mvの値を表示します．[%d]は整数値を示し，カンマ(,)以降の変数adcと変数mvの値を参照します．[\n]は改行を示します．

⑩ delayは，マイコンの動作を一時的に待機するための関数です．関数の括弧内の数値を引き数と呼び，ここでは500を渡し，500msの待ち時間処理を行います．他の処理は瞬時に行われるので，loop関数は約0.5秒ごとに繰り返し実行され，A-Dコンバータの値と電圧値を約0.5秒ごとに表示し続けます．

サンプル2 example02_lcd.ino
液晶ディスプレイに数値表示する電圧テスタ

M5Stack(またはM5Stick C)の液晶ディスプレイに，A-Dコンバータに入力された電圧を数値表示するプログラムを紹介します．マイコンにサンプル・プログラムm5stack/example02_lcd.inoを書き込むと，液晶ディスプレイに電圧換算値を[mV]単位で表示します(**写真3**)．

● M5Stackの液晶ディスプレイ

M5StackやM5Stick Cには，**表2**に示した仕様の液晶ディスプレイが搭載されています(生産時期によって仕様が変わる場合がある)．M5Stackの画面サイズは2インチのアスペクト比4：3です．M5Stick Cは0.98インチの1：2で，それぞれ仕様や液晶ドライバが異なります．このため表示処理部のプログラムは，機種に合わせた座標を使う必要があります．

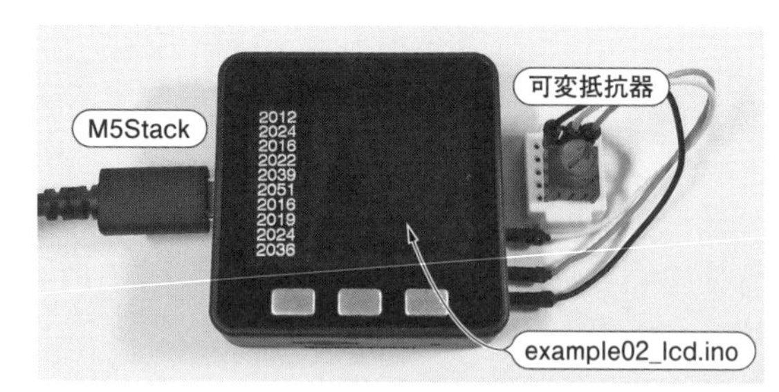

写真3　M5Stackの液晶ディスプレイに電圧の数値を表示するプログラム
A-Dコンバータの入力電圧値[mV]がM5Stackの液晶ディスプレイに表示された

表2　M5StackとM5Stick Cの液晶ディスプレイの仕様

モデル	M5Stack BASIC	M5Stack GRAY	M5Stick C
表示方式	IPS方式カラー液晶	TFT方式カラー液晶	TFT方式カラー液晶
画面サイズ	2インチ	2インチ	0.98インチ
画面アスペクト比	4:3	4:3	1:2
解像度	320 × 240	320 × 240	80 × 160
液晶ドライバ	ILI9342C	ILI9342C	ST7735S

リスト2　〈サンプル2〉m5stack/example02_lcd.ino（M5Stack用）
A-Dコンバータの入力電圧値[mV]を液晶ディスプレイに数値表示する電圧テスタ

```
#include <M5Stack.h>                              // M5Stack用ライブラリ
#define ADC_PIN 36                                // GPIO 36 ピン(ADC1_0)

void setup(){                                     // 起動時に一度だけ実行する関数
    M5.begin(); ←①                               // M5Stack用ライブラリの起動
    pinMode(ADC_PIN, ANALOG);                     // GPIO36をアナログ入力に
}

void loop(){                                      // 繰り返し実行する関数
    int i, adc, mv;                               // 変数iとadc, mvを定義
    M5.Lcd.fillScreen(BLACK); ←②                  // LCDを消去
    for(i = 0; i < 10; i++){ ←③                   // 変数iが10未満で以下を繰り返し
        adc = analogRead(ADC_PIN);                // ADC値をadcへ代入
        mv = adc * 3300 / 4095;                   // ADC値を電圧に変換してmvへ代入
        M5.Lcd.setCursor(12, 22 * i + 2, 4); ←④  // 文字座標と文字大(4倍)を設定
        M5.Lcd.println(mv); ←⑤                    // 電圧値を表示
        delay(500);                               // 0.5秒(500ms)の待ち時間処理
    }
}
```

● サンプル2 example02_lcd.inoの処理の流れ

リスト2のM5Stack用サンプル・プログラムm5stack/example02_lcd.inoは，Arduino IDEの[ファイル]メニューから[スケッチブック]→[m5adc]→[m5stack]と進み[example02_lcd]を選択すると表示されます．M5Stick C用も処理の流れは同じですが，画面サイズの違いから表示件数が異なります．以下に，表示処理の流れについて説明します．

① M5.begin関数に含まれる液晶デバイス・ドライバ部の初期化処理などを実行します．

② 液晶ディスプレイ全体を黒(BLACK)で塗りつぶします．

③ for文は，C/C++言語の繰り返し命令です．セミコロン[;]で，初期化処理，繰り返し条件，繰り返し時の処理の3つを定義し，波括弧[{]から[}]で括られた範囲(処理④と⑤)を繰り返し実行します．ここでは，変数i=0からi=9になるまで10回の繰り返し実行をし，i=10になったときに繰り返し処理を終了します(M5Stick Cは7回)．変数iは，処理④の表示行番号を示します．

④ 液晶画面の表示位置を設定する関数M5.Lcd.setCursorを実行します．カンマ(,)で区切られた3つの引き数は，左から順に横軸座標，縦軸座標，文字の大きさです．原点は液晶画面の左上で，縦軸は下方に向かう座標です．ここでは，横軸座標に左端から12ドットの位置で，縦軸座標に変数iで示す上から(22×i＋2)ドットの位置を表示位置として設定します．

⑤ M5.Lcd.printlnは液晶ディスプレイに数値や文字を表示する関数です．ここでは変数mvの値(A-Dコンバータの電圧換算値)を表示します．

サンプル3 example03_meter.ino
液晶ディスプレイに電圧をメータ表示する

M5Stack(またはM5Stick C)の液晶ディスプレイに，アナログ・メータ風のグラフィック表示する電圧計のプログラムを作成します．

サンプル・プログラムm5stack/example03_meter.inoをマイコンに書き込むと，入力電圧値(換算値・単位mV)に応じたメータ画像を表示します(**写真4**)．

● メータ表示用ライブラリlib_analogMeter.ino

メータ表示を行うには，描画を行うためのプログラムが必要です．ここではM5Stackライブラリに含まれているサンプル・プログラムTFT_Meter_linear.inoを基に，筆者が改変したメータ表示用ライブラリlib_analogMeter.inoを使用します．M5Stick C版も作成しました．

メータ表示用ライブラリlib_analogMeter.inoのプログラムを表示するには，Arduino IDEでサンプル・プログラムexample03_meter.inoを開き，タブ[lib_analogMeter]をクリックしてください．本ライブラリの機能の概要を**表3**に示します．

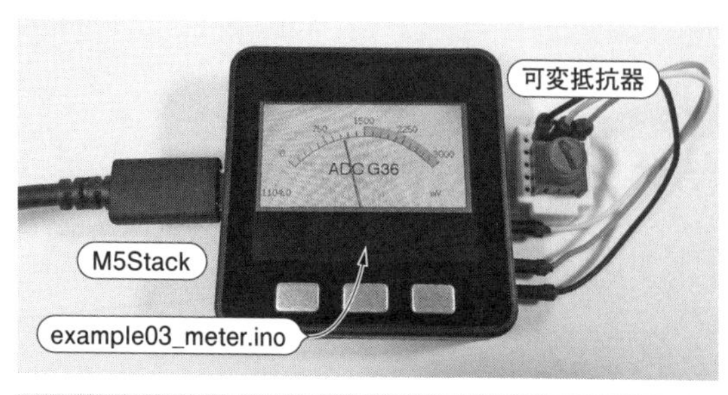

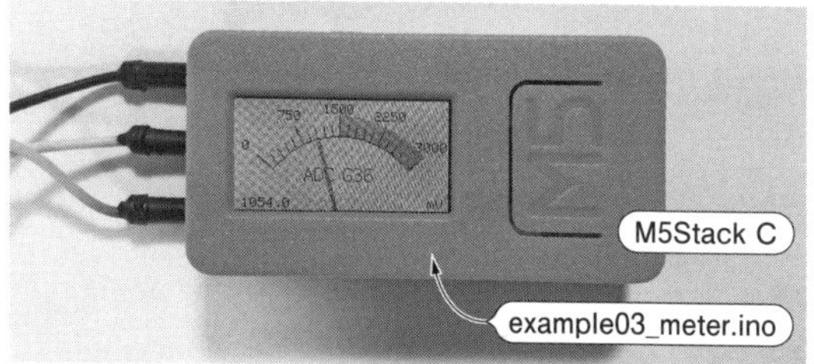

写真4　M5StackやM5Stick Cの液晶ディスプレイにA-Dコンバータで得た電圧をアナログ・メータ風に表示する
液晶ディスプレイのサイズや比率の違いで見え方が異なるが，似たような画面が表示する．写真上がM5Stack，写真下がM5Stick C

● サンプル3 example03_meter.inoの解説

以下に，M5Stack用のサンプル・プログラムm5stack/example03_meter.inoによるメータ表示用ライブラリlib_analogMeter.inoの使い方について説明します．M5Stick C用のサンプル・プログラムも使い方は同じです．

①液晶ディスプレイの輝度を設定します．M5Stick CではM5.Axp.ScreenBreathを使用します．

②メータ画面の初期化関数analogMeterInitを実

表3　メータ表示用ライブラリlib_analogMeter.inoの仕様

関数名	内　容	第1引き数	第2引き数	第3引き数	第4引き数
analogMeterInit	メータ画面の初期化	単位	メータ名	最小値	最大値
analogMeterSetName	メータ名の変更	メータ名	−	−	−
analogMeterNeedle	メータの針を移動	値	(移動時間)	−	−

リスト3　〈サンプル3〉m5stack/example03_meter.ino（M5Stack用）
A-Dコンバータの入力電圧を液晶ディスプレイにアナログ風メータ表示する電圧計

```
#include <M5Stack.h>                                  // M5Stack用ライブラリ
#define ADC_PIN 36                                    // GPIO 36 ピン(ADC1_0)

void setup(){                                         // 起動時に一度だけ実行する関数
    M5.begin();                                       // M5Stack用ライブラリの起動
    M5.Lcd.setBrightness(150); ←①                    // LCDの輝度を150に設定
    pinMode(ADC_PIN, ANALOG);                         // GPIO 36 をアナログ入力に
    analogMeterInit("mV", "ADC G36", 0, 3000); ←②    // アナログ・メータの初期化
}

void loop(){                                          // 繰り返し実行する関数
    int adc, mv;                                      // 変数adcとmvを定義
    adc = analogRead(ADC_PIN);                        // ADC値をadcへ代入
    mv = adc * 3300 / 4095;                           // ADC値を電圧に変換してmvへ代入
    Serial.printf("adc=%d, mv=%d\n", adc, mv);        // ADC値と電圧値mvをシリアル出力
    analogMeterNeedle(mv); ←③                       // ADCの電圧値をメータ表示
    delay(500);                                       // 0.5秒(500ms)の待ち時間処理
}
```

行します．引き数は，**表3**のように，単位，メータ名，最小値，最大値の計4つです．第1引き数の単位には文字列で“mV”を，第2引き数のメータ名には“ADC G36”を渡します．文字列はダブルコート(")で括ります．第3引き数のメータ値の最小値には0(mV)を，第4引き数の最大値には3300(mV)を渡します．

③ メータ内の針を移動するための関数analogMeterNeedleを実行します．引き数はメータ表示値です．ここでは変数mvの値(A-Dコンバータの電圧換算値)を渡します．

サンプル4 example06_udp.ino

このプログラムは，電圧の値をブロードキャストで送信します(**図7**)．

解説では，被測定電圧として，マイコンの電源を可変抵抗で変化させたものを読み込ませています．

写真2のようにM5Stackの3.3V出力端子3V3とGND端子Gの間に可変抵抗器を接続し，可変抵抗器で変化させた電圧をM5Stackの36(GIPI)端子につなぎます．

可変抵抗器で変化させた電圧をM5Stackで測定し，電圧値対時間の値をCSV形式のデータとしてUDPでブロードキャスト送信するプログラムです．

● UDPブロードキャスト

第1章で説明したように，UDPブロードキャストの送信側は，宛て先のIPアドレスとポート番号を指定して送信します．受信側は同じポート番号で待ち受けるだけです．

UDPの宛て先IPアドレスの末尾を255にすれば，LAN内の全機器にブロードキャスト送信を行うことができます(一般的なクラスCのIPネットワークの場合)．この仕組みを使えば，複数の受信機で1つの送信機から同時に，同じデータを受けることができます．

● UDP通信システムの構築

送信側にはESP32マイコンを搭載したM5Stack / M5StickC/C Plus 用のサンプル・プログラムを用意しました．example06_udp.ino内のSSIDとPASS(パスワード)の値を，ホーム・ゲートウェイ本体などに記載されているWi-Fiアクセス・ポイント

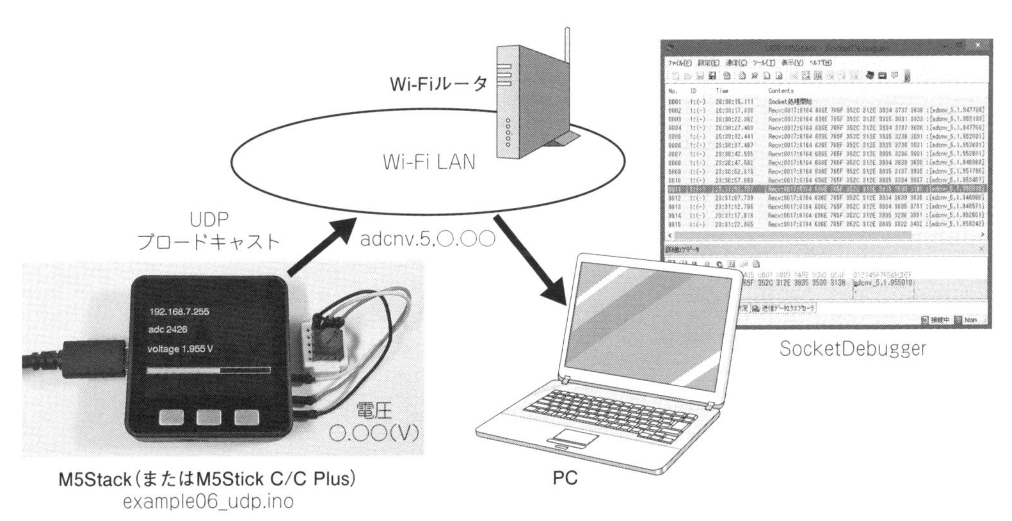

図7　Wi-FiでディジタルTデータ値をUDP送信する
ESP32マイコン内蔵A-Dコンバータでディジタル値に変換したセンサの測定値を，Wi-FiでLAN内にUDPで送信する

リスト4　サンプル・プログラム m5stack/example06_udp.ino (M5Stack用)
Wi-Fi LAN内にUDPで電圧値を送信する (M5StickC用はm5stickcフォルダ，M5StickC Plus用はm5stickcPlusフォルダに収録)

```
#include <M5Stack.h>                          // M5Stack用ライブラリ
#include <WiFi.h>       }①                    // ESP32用WiFiライブラリ
#include <WiFiUdp.h>    }                     // UDP通信を行うライブラリ
#define SSID "iot-core-esp32" }②              // 無線LANアクセス・ポイントのSSID
#define PASS "password"       }               // パスワード
#define PORT 1024 ←③                          // 送信のポート番号
#define DEVICE "adcnv_5," ←④                  // デバイス名(5字+"_"+番号+",")
#define ADC_PIN 36                            // GPIO 36 ピン(ADC1_0)
IPAddress IP; ←⑤                              // ブロードキャストIP保存用

void setup(){                                 // 起動時に1度だけ実行する関数
    M5.begin();                               // M5Stack用ライブラリの起動
    pinMode(ADC_PIN, ANALOG);                 // GPIO36をアナログ入力に
    delay(500);                               // 電源安定待ち時間処理0.5秒
  ┌ WiFi.mode(WIFI_STA);                      // 無線LANを【子機】モードに設定
  │ WiFi.begin(SSID,PASS);                    // 無線LANアクセスポイントへ接続
⑥│ while(WiFi.status() != WL_CONNECTED){     // 接続に成功するまで待つ
  │     delay(500);                           // 待ち時間処理
  │     M5.Lcd.print('.');                    // 進捗表示
  └ }
    IP = WiFi.localIP(); }⑦                   // IPアドレスを取得
    IP[3] = 255;         }                    // ブロードキャストアドレスに
}

void loop(){                                  // 繰り返し実行する関数
    int adc;                                  // 変数adcを定義
    float mv;                                 // 浮動小数点数型変数mvを定義
    adc = analogRead(ADC_PIN);                // ADC値をadcへ代入
    mv = (float)adc * 3300. / 4095.;          // ADC値を電圧に変換してmvへ代入

    M5.Lcd.fillScreen(BLACK);                 // LCDを消去
    M5.Lcd.setCursor(0, 0, 4);                // 文字座標と文字サイズ4を設定
    M5.Lcd.println(IP);                       // UDP送信先IPアドレスを表示
    M5.Lcd.setCursor(0, 48);                  // 文字座標と文字サイズ4を設定
    M5.Lcd.drawRect(0, 160, 320, 16, WHITE);  // バー表示枠を描画
    M5.Lcd.fillRect(2, 162, 316 * adc / 4095, 12, GREEN);   // バー表示
    M5.Lcd.printf("adc %d\n\n", adc);         // ADC値をLCDに表示
    M5.Lcd.printf("voltage %.3f V\n", mv / 1000);   // 電圧値VをLCDに表示

    WiFiUDP udp; ←⑧                           // UDP通信用の変数(オブジェクト)
  ┌ udp.beginPacket(IP, PORT);                // UDP送信先を設定
⑨│ udp.printf("%s%f\n", DEVICE, mv / 1000);  // デバイス名と電圧値(V)を送信
  └ udp.endPacket();                          // UDP送信の終了(実際に送信する)
    delay(5000);                              // 5秒の待ち時間処理
}
```

のSSIDとパスワードに合わせて変更してから書き込んでください．

M5Stack / M5StickCが送信するUDPデータを受信するには，パソコン用の通信試験ツールSocketDebugger(https://www.udom.co.jp/sdg/)を使用します．無料版のSocketDebuggerFreeでも受信できます．

SocketDebuggerを起動し，[設定]メニューの[通信設定]ウィンドウを開き，左枠のツリー内の[接続]の中から[ポート1]を選択すると，**図8**のような画面が表示されます．通信タイプ[UDP]を選択し，バインド[INADDR_ANY]，ポート番号[1024]となっていることを確認してから[OK]ボタンを押してください．[通信]メニューから[Port1 処理開始]を選択すると，受信を開始します．

M5Stack / M5StickCを起動すると，約5秒ごとにA-Dコンバータの電圧値をUDPブロードキャストで送信し，SocketDebuggerには**図9**のような受信データの一覧が表示されます．

受信データの一覧から，データを1つ選択すると，

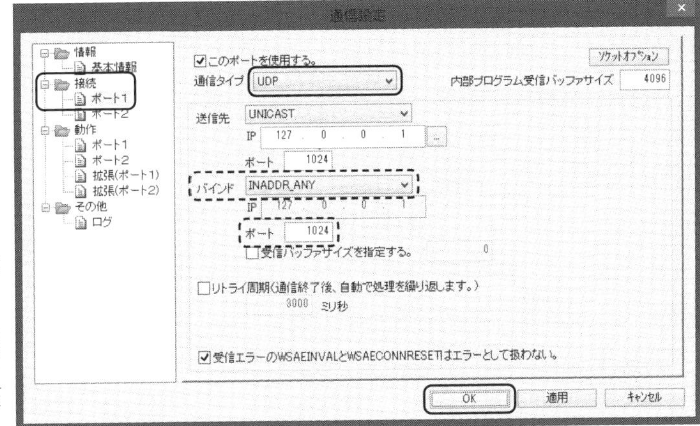

図8
SocketDebugger(ユードーム製)の通信設定画面
[設定]メニューの[通信設定]を開き，ツリー内の[接続]の中から[ポート1]を選択したときの画面．通信タイプで[UDP]を選択し，バインドがINADDR_ANY，ポート1024であることを確認してから[OK]ボタンを押す

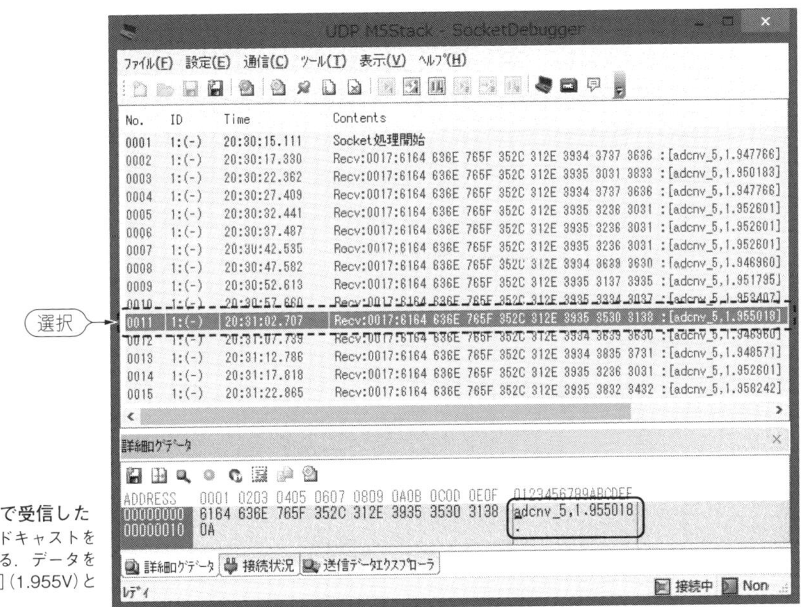

図9
SocketDebugger(ユードーム製)で受信した
M5Stack / M5StickCがUDPブロードキャストを送信すると，受信データが表示される．データを選択すると[adcnv_5, 1．9 5 5018](1.955V)と表示した

画面下の[詳細ログデータ]に受信したUDPデータが表示されます．本例では，電圧換算値1.955Vを受信することができました．

● example06_udp.inoの処理

以下に，**リスト4**のサンプル・プログラムm5stack/example06_udp.inoのWi-FiおよびUDP通信部について説明します．

① Wi-Fi通信用ライブラリとUDP通信用のライブラリを本プログラムに組み込みます．

② 使用するゲートウェイに合わせてSSIDとPASSの内容を変更してください．

③ UDP送信時の宛て先ポート番号です．ここでは，1024を使用します．

④ UDP送信時に付与する文字列です．ここでは，M5StackのA-Dコンバータのデータであることを示すためにadcnv_5を付与しました．

⑤ IPアドレス型の変数IPを定義します．処理⑦でLANのブロードキャストIPアドレスを代入し，処理⑨でUDPブロードキャスト送信を行

うときに使用します．

⑥ Wi-Fi動作モードSTAを起動し，処理②で設定したSSIDとパスワードを使って，ホーム・ゲートウェイに接続します．接続が完了するまで，液晶ディスプレイに[.]を繰り返し表示します．

⑦ (DHCPを使って)IPアドレスをホーム・ゲートウェイから取得し，末尾のIPアドレスを255に書き換え，UDPブロードキャストIPアドレスとして変数IPで保持します．例えば，M5StackのIPアドレスが192.168.7.3のときはブロードキャストIPアドレス192.168.7.255に変換します．

⑧ UDP通信を行うための変数(オブジェクト)udpを定義します．以降，変数名udpにピリオド(.)と関数名(メソッド名)を付与することで，UDP通信用の関数が扱えるようになります．

⑨ UDP送信部です．udp.beginPacketで宛て先IPアドレスとポート番号を設定し，udp.printfでデバイス名adcnv_5,と電圧値を送信します．UDPパケット送信部にバッファがあるので，実際にUDPが送信されるのは，UDP通信の終了を示すudp.endPacketの実行後です．

サンプル5 example07_illum

前のサンプル・プログラムではM5Stackを使いディジタル変換した値をUDPでLAN内に送信しました．次のサンプル・プログラムexample07_illum(**リスト2**)では，照度センサで得られた電圧値を照度値に変換してUDP送信します．

どちらもLAN内の受信機で一斉にこの値を受信することができます．M5StackとM5StickCのプログラムの違いは，先頭行とLCD用の制御命令です．

● 照度センサNJL7502L

照度センサNJL7502Lは，照度に応じた電流をコレクタ端子からエミッタ端子に出力するフォト・トランジスタです．コレクタ端子(C)を3.3V電源に接続し，エミッタ端子(E)は負荷抵抗Rを経由してGNDに接続します．NJL7502Lが照度に応じた電流を負荷抵抗Rに流すと，電流に応じた電圧が負荷抵抗Rの両端に生じ，A-DコンバータのGPIO 36(G36)に入力されます(**図10**)．

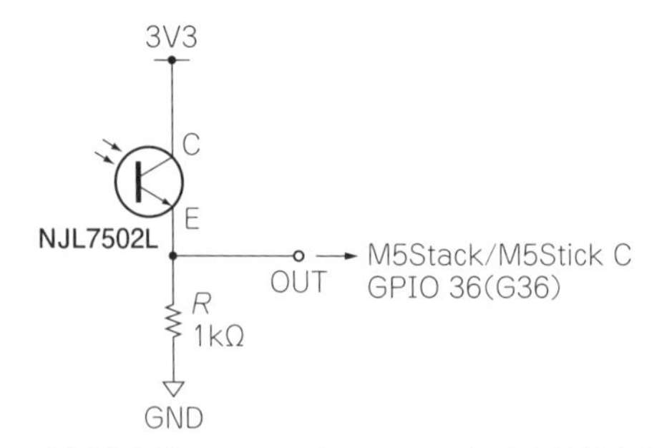

図10　照度センサNJL7502LをA-Dコンバータに接続するときの回路
照度センサNJL7502Lのコレクタ(C)を電源に，エミッタ(E)は抵抗Rを経由してGNDに接続する．照度に応じた電流が抵抗Rに流れることで，照度に応じた電圧をGPIO 36(G36)に出力する

● example07_illum.inoの処理

以下に，M5StickC用のサンプル・プログラムm5stickc/example07_illum.inoの照度値取得部について**リスト5**を用いて説明します．M5Stack用のm5stack/example07_illum.inoも同じです．

① 使用するWi-Fiルータに合わせてSSIDとPASSの内容を変更してください．

② 照度センサ用のデバイス名[illum_5]を定義します．

③ 照度センサNJL7502Lに接続した負荷抵抗R[kΩ]の値を定義します．

④ 繰り返し処理を行うfor構文を使用し，0.01秒ごとに30回分の照度値を取得します．平均値を使用することで，ノイズや照明機器の(目に見えない)点滅などの影響を抑えることができます．

⑤ 変数adcにA-Dコンバータから取得した値を代入します．

⑥ 変数adcに代入された値を参照し，電圧値に換

リスト5　サンプル・プログラムm5stickc/example07_illum.ino（M5StickC用）
Wi-Fi LAN内にUDPで照度値を送信する（M5Stack用はm5stackフォルダ，M5StickC Plus用はm5stickcPlusフォルダに収録）

```
#include <M5StickC.h>                              // M5StickC用ライブラリ
#include <WiFi.h>                                  // ESP32用WiFiライブラリ
#include <WiFiUdp.h>                               // UDP通信を行うライブラリ
#define SSID "iot-core-esp32" }①                   // 無線LANアクセスポイントのSSID
#define PASS "password"                            // パスワード
#define PORT 1024                                  // 送信のポート番号
#define DEVICE "illum_5," ←②                       // デバイス名(5字+"_"+番号+",")
#define ADC_PIN 36                                 // HAT部の GPIO 36 ピン(ADC1_0)
#define LOAD_KOHM 1.000 ←③                         // 照度センサの負荷抵抗
IPAddress IP;                                      // ブロードキャストIP保存用
int count = 0;                                     // UDP送信タイミング用カウンタ

void setup(){                                      // 起動時に1度だけ実行する関数
    M5.begin();                                    // M5StickC用ライブラリの起動
    M5.Axp.ScreenBreath(7 + 3);                    // LCDの輝度を3に設定
    pinMode(ADC_PIN, ANALOG);                      // HAT部のGPIO36をアナログ入力に
    delay(500);                                    // 電源安定待ち時間処理0.5秒
    WiFi.mode(WIFI_STA);                           // 無線LANを【子機】モードに設定
    WiFi.begin(SSID,PASS);                         // 無線LANアクセスポイントへ接続
    while(WiFi.status() != WL_CONNECTED){          // 接続に成功するまで待つ
        delay(500);                                // 待ち時間処理
        M5.Lcd.print('.');                         // 進捗表示
    }
    IP = WiFi.localIP();                           // IPアドレスを取得
    IP[3] = 255;                                   // ブロードキャストアドレスに
    analogMeterInit("lx", "Illum.", 0, 1000);      // メータの背景表示
}

void loop(){                                       // 繰り返し実行する関数
    int adc, i;                                    // 変数adcとiを定義
    float mv, lux = 0;                             // 変数mvとluxを定義
    for(i = 0; i < 30; i++){ ←④                    // 30回の繰り返し処理
        adc = analogRead(ADC_PIN); ←⑤              // ADC値をadcへ代入
        mv = (float)adc * 3300. / 4095.; ←⑥        // ADC値を電圧に変換してmvへ代入
        lux += 100. * mv/ LOAD_KOHM/ 33. /30.; ←⑦  // 照度値を計算
        delay(10);                                 // 0.01秒(10ms)の待ち時間処理
    }                                              // 以上は，約0.3秒の処理
    analogMeterNeedle(lux);                        // 照度値をメータ表示
    count++;                                       // カウンタ変数countに1を加算
    if(count < 10) return;                         // 変数countが10未満ならloopへ

  ⑧{WiFiUDP udp;                                  // UDP通信用の変数(オブジェクト)
    udp.beginPacket(IP, PORT);                     // UDP送信先を設定
    udp.printf("%s%.0f\n", DEVICE, lux);           // デバイス名と照度値を送信
    udp.endPacket();                               // UDP送信の終了(実際に送信する)
    count = 0;                                     // カウンタ変数countに0を代入
}
```

算し，変数mvに代入します．

⑦ 電圧値mvを照度値に換算し，その1/30の値を変数luxに加算します．照度センサNJL7502Lは，照度100 lxにつき33μAの電流を流し，その電流は③で定義した負荷抵抗を流れるので，照度は100 lx×電圧mV[mV]÷負荷抵抗R[kΩ]÷33μAで算出できます．また，30回の平均を求めるために，照度値を1/30にしてから変数luxに加算する処理を30回，繰り返し実行します．

⑧ 処理②で定義したデバイス名とともに，照度値をUDPブロードキャスト送信します．

第9章 外部サーバをマイコンから利用

クラウド連携プログラミング

マイコンが保持しているセンサ値などをクラウドにアップロードすると，データのバックアップという面の他に，データ共有や，遠隔地からマイコンのデータを閲覧することができます．クラウド・サービスを利用する実用的なプログラムと，クラウドを利用したゲーム用プログラムでクラウドを利用する場合のプログラミングのコツを学びます．

1 GPSデータをクラウドに送信 ex07_gps.ino

使用機材：M5Stack，GPSユニット

M5Stack純正のGPSユニットで取得した位置情報を元に現在地を地図上に表示するプログラムです．クラウド・サービスAmbientに送信すれば，より詳細な地図の表示や，移動履歴の表示，位置情報の公開ができるようになります(**写真1**，**図1**)．

● GNSS送信機の製作

ハードウェアは，M5Stack純正のGPSユニットをM5Stack CoreのGrove互換端子に接続します．本ユニットは，米国のGPSはもちろん，GLONASSや，中国のBDSにも対応しています．出力形式は一般的なNMEA形式です．

ソフトウェアは，第6章の準備1でダウンロードしたm5-masterフォルダ→coreフォルダ→ex07_gpsフォルダ内のプログラム7(ex07_gps.ino)を使用します．Core2用はcore2フォルダ内に収録しま

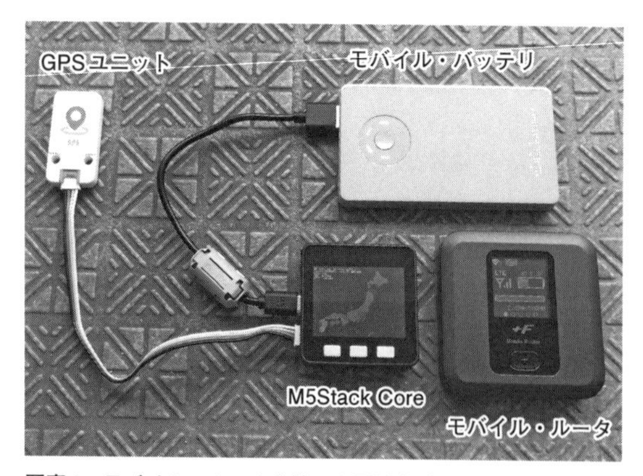

写真1　モバイル・ルータを使った屋外実験のようす
モバイル・ルータやスマートフォンのテザリングを使用すれば屋外に持ち出して実験できる．丸1日分の行動履歴を取得したいときはモバイル・バッテリの使用がベター

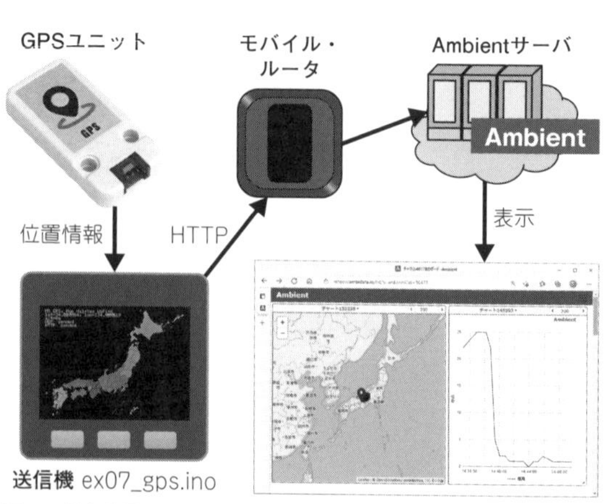

図1　現在位置をLCDに表示＆クラウドに送信するGNSS送信機
GPSユニットから得られた位置情報をモバイル・ルータで送信し，Ambientのクラウド・サービスを経由してWebブラウザで表示する

した.

ZIP形式ダウンロード：
https://bokunimo.net/git/m5/archive/master.zip

Arduino IDEでプログラムを読み込み，プログラム内のSSIDとPASSの部分を使用するWi-Fi無線LAN内蔵ゲートウェイ，またはモバイル・ルータのSSIDとパスワードに書き換え，プログラム内のAmb_IdとAmb_KeyにAmbient用のチャネルIDとライト・キーを設定してください.

● GNSS送信機の使用方法

プログラムを起動すると日本地図を表示し，32秒から数分後に図2(a)のような赤色の丸印で現在地を表示します.

衛星からの電波を受けにくい建物内や地下などでは，位置情報が得られないことがあります．M5Stack用GPSユニットは，回線の中継基地局の情報を併用するなど工夫されている身近なGPS利用機器のスマートフォンと比べると，座標情報の取得まで所要時間が長く精度もやや劣ります.

中央ボタンを押すと，図2(b)のような相対座標情報が表示されます．図の中心はボタン押下時の現在地で，画面の上方向が北方向です．本機を移動すると，その軌跡を画面上に残します.

右ボタンを押すと，GPSユニットのログ情報を図2(c)のように表示します.

Wi-Fi無線LANとAmbient用の情報をプログラム内に設定すれば，AmbientのWebサイト上で図3のような詳細地図を移動履歴とともに表示することができます．設定方法はプログラム内のコメントを参照してください．Ambientでは，位置情報の一般公開も可能です.

なお，位置情報から送信元の住所を特定できるので，情報の取り扱いには十分に注意してください．起動直後の測定精度は低くても，時間とともに精度が上がります(データシート上の誤差は2m).

また、本書の他のセンサと同様に，LAN内にもUDPブロードキャストで位置情報を送信します.

● GNSS用プログラム(ex07_gps.ino)の内容

GPSユニットから取得したGNSS情報を日本地図上に表示するプログラムを説明します．NMEA形式データの解釈には，Mikal Hart氏のTinyGPSコンパクト版ライブラリを使用しました．GNSS情報を取得するために，一部を改変したものを収録しています.

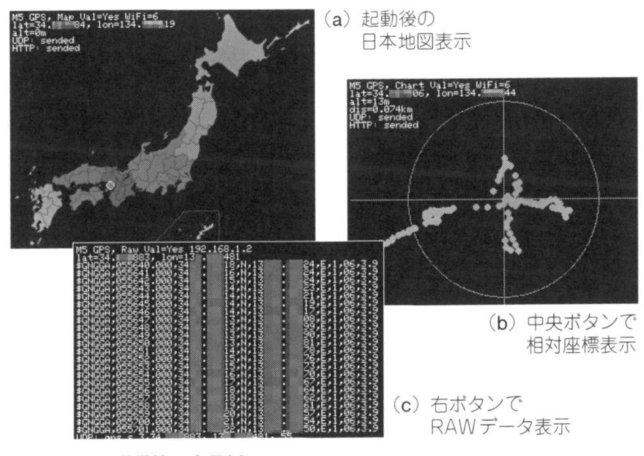

図2　GNSS送信機の表示例
M5Stack上のボタン操作で，日本地図，相対座標，RAWデータ表示を切り替えできる

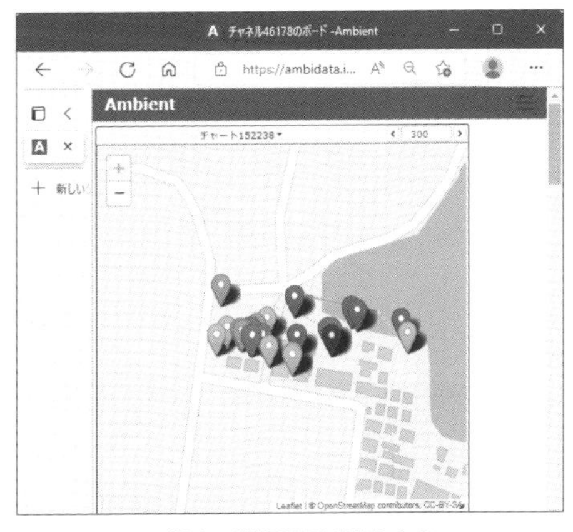

図3　Ambient経由で詳細地図が見られる
外出先の位置情報を確認できる．拡大すれば，送信元の住所が特定できるので，位置情報の取り扱いには注意する

リスト1　プログラム(ex07_gps_basic.ino)

④GPSユニットから位置情報を取得し，⑤位置座標対応表①に近い上位2つを検索する．⑥地図画像上の座標を①と⑤から計算し，⑦赤色の丸印を表示する．※製作に使用したプログラム(ex07_gps.ino)には，画面切り替えやUDP送信機能，Ambientへの送信機能，Wi-Fi接続機能などが含まれる

```
#include <M5Stack.h>                                          // M5Stack用ライブラリの組み込み
#include "lib_TinyGPS.h"                                      // GPS通信用ライブラリ
#include "japan_jpg.h"                                        // 日本地図のJPEGデータ
RTC_DATA_ATTR int mode = 0;                                   // 0:日本地図1:座標表示 2:Raw
#define JpMAP_N 7                                             // 位置座標対応表の件数
const float japan[JpMAP_N][4]={         ┐
    {129.87, 32.76,  21, 194},          │①
    ～位置座標と地図位置の関係データ～  │
};                                      ┘                     // 位置座標対応データ
TinyGPS gps;                                                  // GPSライブラリのインスタンス
float lat, lon, alt;                                          // 緯度，経度，標高データ保持用
boolean gps_avail = false;                                    // GPSデータの有無

void lcd_cls(int mode){ ←②                                   // LCDを消去して基本画面を描画
    switch(mode){                                             // 画面モードに応じた処理
        case 0:                                               // mode=0のとき：
            M5.Lcd.drawJpg(japan_jpg,japan_jpg_len);          // LCDに日本地図を表示
            M5.Lcd.setTextColor(WHITE,BLACK);                 // 文字色を白（背景なし）に設定
            break;                                            // switch処理を終了
    }
}

void setup(){                                                 // 起動時に1度だけ実行する関数
    M5.begin();                                               // M5Stack用ライブラリの起動
    M5.Lcd.setBrightness(255);                                // LCD輝度を最大に設定
    lcd_cls(mode);                                            // 画面を消去する関数を実行
    setupGps(); ←③                                           // GPS初期化
}

void loop(){                                                  // 繰り返し実行する関数
    if(mode == 0){                                            // 地図表示モード
        gps_avail = getGpsPos(gps,&lat,&lon,&alt); ←④        // GPSから位置情報を取得
        if(gps_avail){                                        // GNSS情報が得られたとき
          ┌ float min[2]={999,999};                           // 検索結果の保持用（最小値）
          │ int ind[2]={0,0};                                 // 検索結果の保持用（配列番号）
          │ for(int i = 0; i < JpMAP_N; i++){                 // 位置座標対応表を検索
          │     float d0 = lon - japan[i][0];                 // 経度の差をd0に
          │     float d1 = lat - japan[i][1];                 // 緯度の差をd1に
          │     float d = sqrt(pow(d0,2)+pow(d1,2));          // d0とd1から距離を計算
          │     if(min[0] < d && d < min[1]){                 // 過去の結果の2位よりも近い
       ⑤ │         min[1] = d;                               // 暫定2位として距離を更新
          │         ind[1] = i;                               // 暫定2位として配列番号を更新
          │     }else if(d < min[0]){                         // 過去の結果の1位よりも近い
          │         min[1] = min[0];                          // 現1位の距離を2位に更新
          │         ind[1] = ind[0];                          // 現1位の配列番号を2位に更新
          │         min[0] = d;                               // 暫定1位として距離を更新
          │         ind[0] = i;                               // 暫定1位として配列番号を更新
          │     }
          └ }                                                 // 全位置座標対応表の繰り返し
          ┌ int x=(int)(
          │     (japan[ind[1]][2]-japan[ind[0]][2])
          │     *((lon-japan[ind[0]][0])/(japan[ind[1]][0]-japan[ind[0]][0]))
          │     +japan[ind[0]][2]
       ⑥ │ );                                                // 1位と2位の結果からX座標を計算
          │ int y=(int)(
          │     (japan[ind[1]][3]-japan[ind[0]][3])
          │     *((lat-japan[ind[0]][1])/(japan[ind[1]][1]-japan[ind[0]][1]))
          │     +japan[ind[0]][3]
          └ );                                                // 1位と2位の結果からY座標を計算
            if(x>=0 && x<320 && y>=0 && y<240){               // 計算結果が表示領域内のとき
                M5.Lcd.fillCircle(x,y,3,RED); ←⑦             // 赤色の丸印を描画
                M5.Lcd.drawCircle(x,y,4,WHITE);               // 白色の縁取りを描画
            }
        }
    }
}
```

リスト1のプログラム(ex07_gps_basic.ino)は，GPSユニットからGNSS情報を取得し，日本地図上に表示する部分をex07_gps.inoから切り出したものです．以下，主要な処理について説明します．

① GNSS位置情報と，日本地図画像上の座標との関係を示す位置座標対応表です．地図上の7地

点について，緯度，経度，地図画像上のX座標，Y座標の4値を配列変数で保持します．

② lcd_cls関数は，日本地図を表示します．**リスト1**には，mode = 0の動作部のみを切り出しました．**図2(a)**や**(c)**の動作部についてはプログラム(ex07_gps.ino)をご覧ください．

③ GPSユニットとのシリアル通信を開始するための関数setupGpsを実行します．

④ GPSユニットから位置情報を取得する関数getGpsPosを実行します．位置情報が取得できたときは，左辺のgps_availにtrueを代入します．位置情報の値は，緯度lat，経度lon，高度altの各変数のポインタ(メモリ上のアドレス)をgetGpsPosに渡して取得します．本例ではグローバル変数を使っているので渡す必要はありませんが，ファイル間の切り口を明確にしました．

⑤ 取得したGNSS位置情報と，処理①の7地点との角距離を算出し，取得した位置と最も近い2点(角距離が最小のものと，次点のもの)を検索します．

⑥ 取得したGNSS位置情報と⑤の位置との比率から，地図画像上の座標を計算します．

⑦ 処理⑥で得た画像上の座標に，赤色の丸印を描画します．

ここでは日本地図を用いましたが，任意の地域の地図を使用することもできます．その際，処理①の位置座標対応表を使用する地図に合わせて作り直す必要があります．本例では7地点を使用しましたが，都道府県，区市町村のように範囲が狭くなるほど，地表が球体である影響を受けにくくなるので，地図の対角2点の位置情報を設定し，JpMAP_Nを2に設定すれば，動作するでしょう．

2 スマホのビーコンを数えて人の密度を比較測定するBLEカウンタ送信機

Bluetooth(BLE)のビーコン(アドバタイジング情報)を用い，人の密度を比較測定するプログラムを製作します．スマートフォンなどに内蔵され

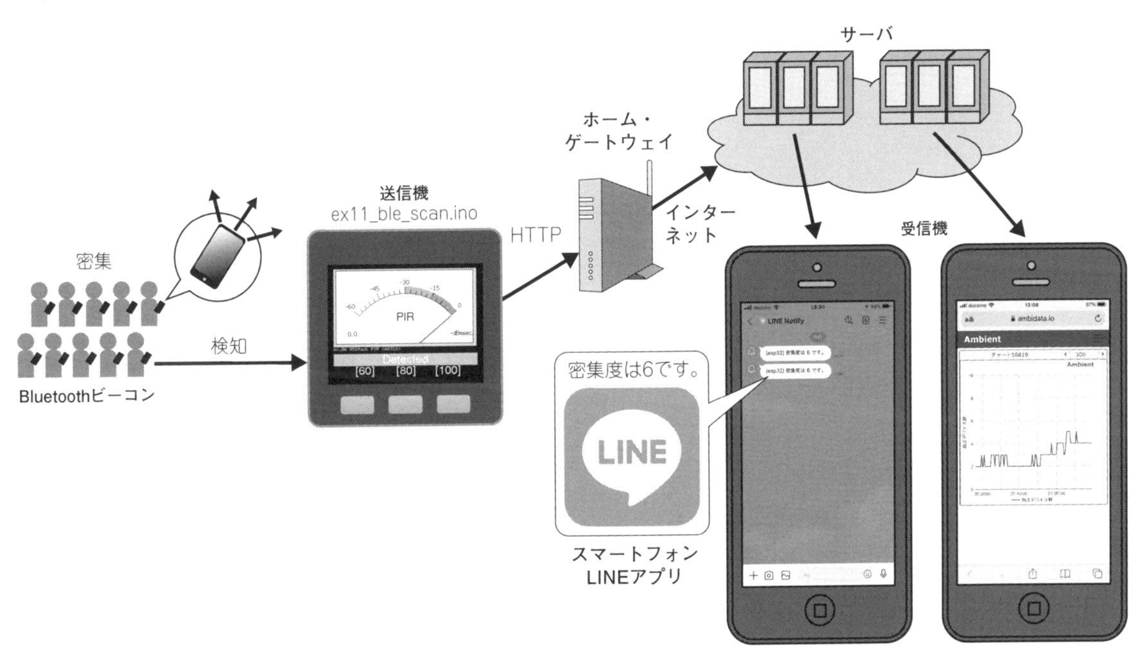

図4 スマホのビーコンを数えて人の密度を比較測定するBLEカウンタ送信機
M5Stackで受信したビーコン数を，スマートフォンの保有人数と見なすことで，周囲の密集を推定する．使用機材：M5Stack Core本体

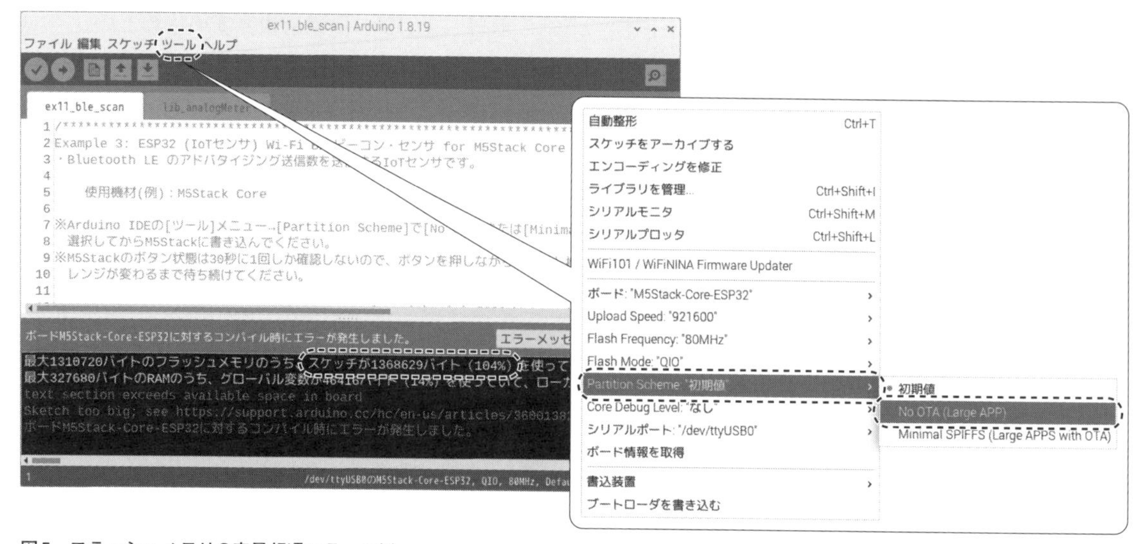

図5　フラッシュメモリの容量超過エラーの例
コンパイル後の容量は約1.4MB．メモリ割り当て方法によってはエラーが発生するので，プログラム用のメモリ割り当てを増やす

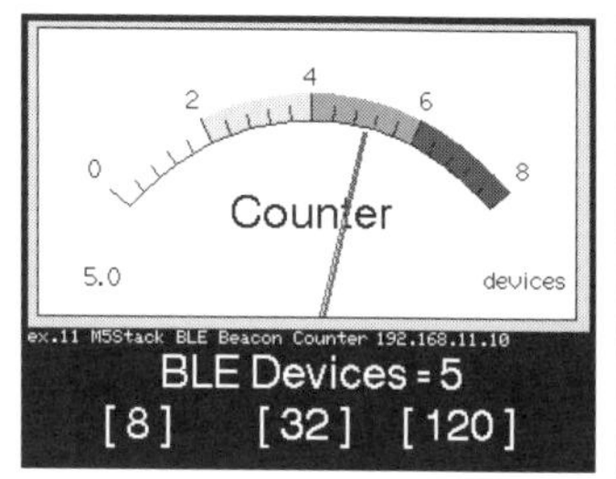

(a) カウント値の表示

(b) 6以上で赤帯を表示

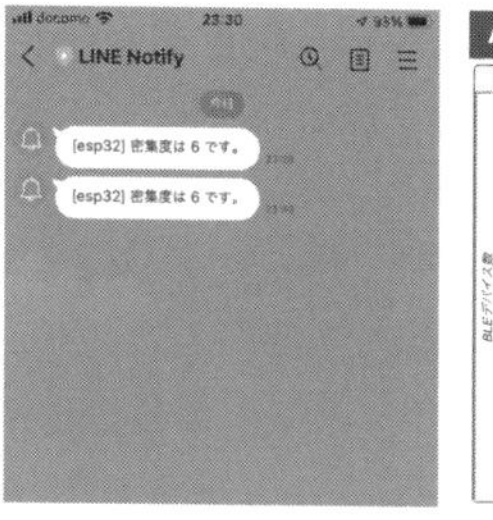

(c) LINEアプリへ通知

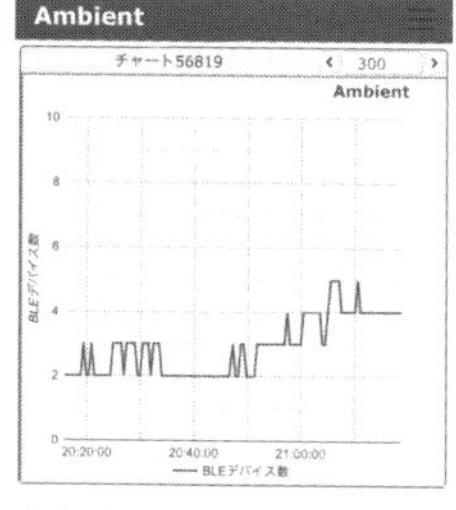

(d) Ambientでグラフ化

図6　BLEカウンタ送信機の表示例
アナログ・メータ風にカウント値を表示(a)しつつ，Ambientでグラフ化表示ができる(d)．カウント値が6以上になるとLCDに赤帯(b)で表示するとともにLINEアプリへ通知する(c)

ているBluetoothは，その機器の存在を周囲に知らせるために，ビーコン(アドバタイジング情報)を送信しています．M5Stackが受信したビーコン数を，スマートフォンの保有人数と見なすことで，周囲の密集を推定します(**図4**)．

● BLEカウンタ送信機の製作方法

ハードウェアは，M5Stack CoreまたはCore2を使用します．Bluetoothの受信はM5Stack本体で行うので，オプションは不要です．ソフトウェアは，m5-masterに収録したex11_ble_scan.inoを使用します．

Arduino IDEでプログラムを読み込み，プログラム内のSSIDとPASSの部分をお持ちのWi-Fi無線LAN内蔵ゲートウェイのSSIDとパスワードに書き換え，Amb_IdとAmb_KeyをAmbient用のチャネルIDとライトキーに，LINE_TOKENをLine Notifyのトークンに書き換えてください．

コンパイル後のプログラムの容量は，約1.4MBあります．M5Stackのフラッシュ・メモリの容量(4MB～16MB，モデルや時期によって異なる)が不足することはありませんが，M5Stack Coreのプログラム用の標準メモリ割り当て(1.2MB)が容量不足になります．プログラム用のメモリの割り当

リスト2 プログラム(ex11_ble_scan_basic.ino)
BLEスキャンを実行(④)し，RSSIが−80dBm以上のビーコン数をカウント(⑦)する．※製作に使用したプログラムex11_ble_scan.inoには，画面切り替え機能やUDP送信機能，Ambientへの送信機能，Lineへの送信機能，Wi-Fi接続機能などが含まれる

```
#include <M5Stack.h>                                          // M5Stack用ライブラリの組み込み
#include <BLEDevice.h>          ┐                             // BLE通信用ライブラリ
#include <BLEScan.h>            ├①                            // BLEビーコンのスキャン用
#include <BLEAdvertisedDevice.h>┘                             // アドバタイズ情報取得用
RTC_DATA_ATTR int disp_max = 8;                               // メータの最大値

BLEScan *pBLEScan; ←─②                                       // BLEスキャナ用ポインタ

void setup(){                                                 // 起動時に一度だけ実行する関数
    M5.begin();                                               // M5Stack用ライブラリの起動
    M5.Lcd.setBrightness(31);                                 // 輝度を下げる(省エネ化)
    analogMeterInit("devices","Counter", 0, disp_max);        // メータの初期表示
    M5.Lcd.println("ex.11 M5Stack BLE Beacon Counter");       // タイトルの表示

    BLEDevice::init("");                 ┐                    // BLE通信ライブラリの初期化
    pBLEScan = BLEDevice::getScan();     ┘③                   // BLEスキャナの実体化
}

void loop(){                                                  // 繰り返し実行する関数
    BLEScanResults devs =(*pBLEScan).start(30); ←─④          // 30秒間のBLEスキャンの実行
    int count = 0;                                            // カウント値を保持する変数count
    for(int i = 0; i < devs.getCount(); i++){                 // 発見したBLE機器数の繰り返し
        BLEAdvertisedDevice dev = devs.getDevice(i); ←─⑤      // 発見済BLEの情報を取得
        int rssi = dev.getRSSI(); ←─⑥                         // RSSI受信強度を取得
        if( rssi >= -80 ) count++;                            // -80dBm以上のときにカウント
    }
    analogMeterNeedle(count,5);                               // 発見数に応じてメータ針を設定
    (*pBLEScan).clearResults();                               // BLEScanのバッファのクリア

    if(count >= disp_max * 3 / 4){                            // メータ値が3/4以上のとき
        M5.Lcd.fillRect(0,178, 320,28,TFT_RED);               // 表示部の背景を赤色に塗る
    }else{
        M5.Lcd.fillRect(0,178, 320,28, BLACK);                // 表示部の背景を黒色に塗る
    }
    String S = "BLE Devices = "+String(count);                // count値を文字列変数Sに代入
    M5.Lcd.drawCentreString(S, 160, 180, 4);                  // 文字列を表示
    M5.Lcd.setCursor(196, 168);                               // 文字位置を設定
    M5.Lcd.fillRect(196, 168, 124, 8, BLACK);                 // 表示部の背景を黒色に塗る
}
```

てを増やすには，Arduino IDEの[ツール]メニュー内の[Partition Scheme]で[No OTA]または[Minimal SPIFFS]を選択してください(**図5**)．M5Stack Core2(メモリ割り当て6.5MB)の場合は変更不要です．

● BLEカウンタ送信機の使用方法

起動すると，LCDにアナログ・メータ画面を描画し，30秒間，BLEビーコン数をカウントし，カウント値をメータ針で示します．Ambientを設定済の場合は，30秒ごとにカウント値をAmbientへ送信します．Line Notifyを設定済の場合は，カウント値が6以上のときに，メッセージ「密集度はX(Xはカウント値)です.」をLINEアプリに送信します(**図6**)．

また，本書内の他の送信機と同様に，LAN内にもUDPブロードキャストで送信します．

● BLEスキャン用プログラムex11_ble_scan.inoの内容

BLEスキャン機能により，Bluetoothビーコン(アドバタイジング情報)を取得する**リスト2**のプログラムex11_ble_scan_basic.inoの主要な処理部について説明します．

①BLEビーコン(アドバタイジング情報)の受信に必要な各種ライブラリを組み込みます.

②BLEビーコンを待ち受けるBLEスキャナ用ライブラリBLEScanにアクセスするためのポインタpBLEScanを定義します. ポインタはメモリ上のアドレスを保持するショートカットのようなものです. 実態はBLE通信用ライブラリBLE Device内に生成されます.

③BLE通信用ライブラリの初期化と, BLEスキャナの実体化を行い, 実体の参照先をpBLEScanに代入します. 以降, *pBLEScanを使って, BLEScanにアクセスできるようになります.

④BLEScan内のstart関数を実行し, BLEビーコンの受信を行います. 丸括弧内の数値30は, スキャンを行う時間[秒]です. 受信結果は, 30秒後にオブジェクトdevsに代入されます.

⑤処理④の受信結果devsには複数のBLE機器からの受信結果が含まれています. 個々の受信結果を得るにはgetDevice関数を使用します. 丸括弧内は0から始まるインデックス番号で, 例えば5台のBLE機器のビーコンを受信した場合, 0～4の範囲で取得できます. 取得した個々の受信結果は, オブジェクトdevに代入されます.

⑥処理⑤で得た個々のBLE機器の受信結果devから, getRSSIを使ってRSSI(受信強度)を取得し, 変数rssiに代入します.

⑦RSSIが−80dBm以上のときに, 変数countの値に1を加算します. 受信強度は, 機器との距離が離れるほど小さくなります. 本プログラムでは, −80dBm未満の機器をカウントしないようにすることで, M5Stackの近くにあるBLE機器だけをカウントするようにしました.

処理⑥では, BLEビーコンの受信結果dev内のRSSIを取得しました. 他のBLEビーコン情報を取得するには, getAddressやgetName, getPayloadなどを使用します. 例えば, 自分の保有する機器を検知したいときは, getAddressで送信元のBLEアドレスを確認すれば良いでしょう.

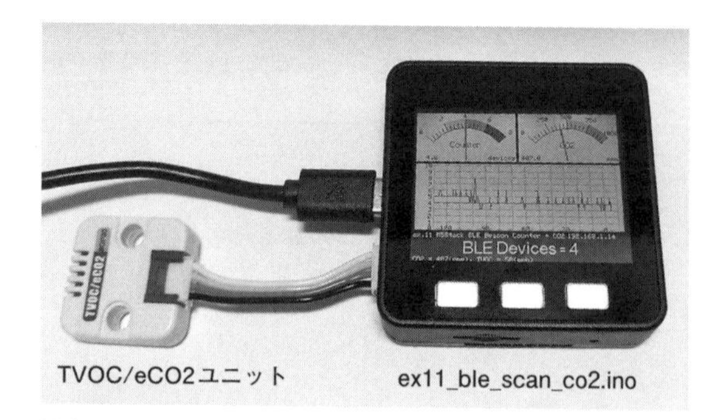

写真2　CO_2濃度を測定するTVOC/eCO2ユニットを追加した
推定CO_2濃度のメータ表示とグラフ表示機能を追加した. 追加機材：TVOC/eCO2ユニット対応プログラム(ex11_ble_scan_co2.ino)

さらに, TVOC/eCO2ユニットから推定CO_2濃度を取得し, 折れ線グラフで表示することが可能なサンプルex11_ble_scan_co2も同じフォルダ内に収録しました(**写真2**).

3 だるまさんがころんだ

「だるまさんがころんだ」で遊ぶ鬼役の子供が振り向いているときに人感センサが反応すると, 負となるゲームです. 負けた人数はインターネット上のDarumaサーバに保存されます. 鬼役の子供が後ろを向いているときに, M5Stackの左ボタンを押すと, 助け出すことができます(**図7**).

●「だるまさんがころんだ」ゲーム機の製作方法

ハードウェアは, M5Stack CoreまたはCore2にPIR Sensorユニットを接続して製作します.

ソフトウェアは, ex13_daruma.inoを使用します. Arduino IDEでプログラムを読み込み, プログラム内のSSIDとPASSの部分をお持ちのWi-Fi無線LAN内蔵ゲートウェイのSSIDとパスワードに書き換え, 変数USER内にユーザ名を半角英数字8文字以内で記入してから, M5Stackに書き込んでください. コンパイル後のプログラムの容量は,

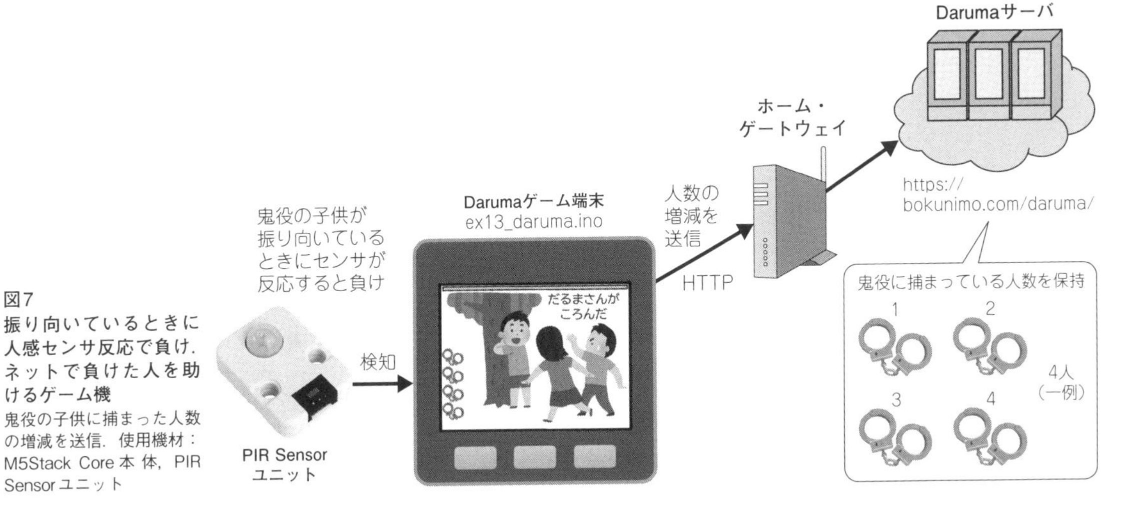

図7　振り向いているときに人感センサ反応で負け．ネットで負けた人を助けるゲーム機

鬼役の子供に捕まった人数の増減を送信．使用機材：M5Stack Core本体，PIR Sensorユニット

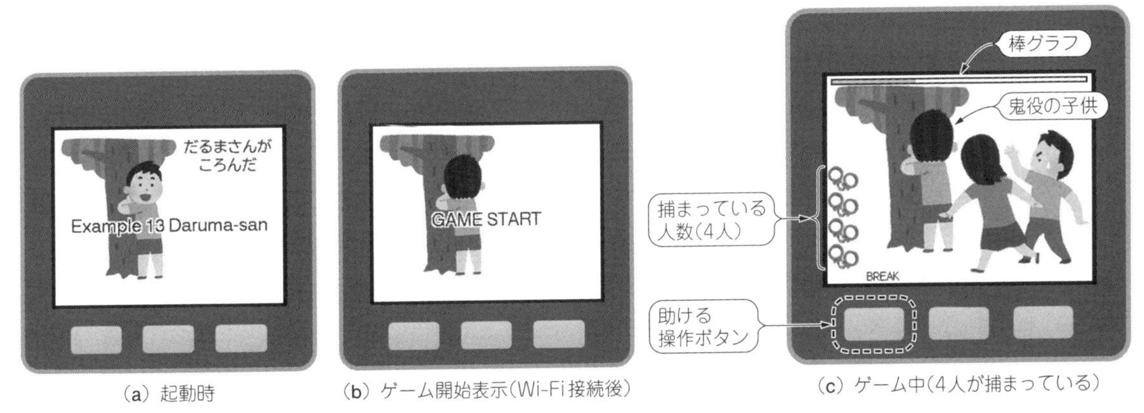

（a）起動時　（b）ゲーム開始表示(Wi-Fi接続後)　（c）ゲーム中(4人が捕まっている)

図8　だるまさんがころんだゲームの画面説明

起動すると(a)起動画面を表示する．Wi-Fi接続に成功すると(b)ゲーム開始画面を表示する．(c)ゲーム中は，鬼役の子供が振り向くタイミングを示す棒グラフと，捕まっている人数を表示する

（d）棒グラフが右まできると鬼役が振り向く　（e）人感センサ反応でFailed　（f）左ボタンでCleard

図9　だるまさんがころんだゲーム中のようす

鬼役の子供が振り向いているときに人感センサが人の動きを検知すると，(e)Failedを表示し，手錠のアイコンが1つ増える．後ろを向いているときに左ボタン(BREAK)を押すと，(f)Clearedを表示し，手錠のアイコンが2つ減る(本例では4個→5個→3個)

約1MBです．標準のメモリ割り当てで動作する1.2MB以下に収まりました．

●「だるまさんがころんだ」ゲームの遊び方

製作したM5Stackを起動すると，LCDに**図8(a)**のような画面を表示し，Wi-Fi接続に成功すると**図8(b)**のようなゲーム開始画面に変わります．ゲーム中は，**図8(c)**のように画面上部に棒グラフを表示し，画面左側に鬼役の子供に捕まっている人数を手錠のアイコンの数で表示します(本例では4個)．画面上部の棒グラフが右に向かって増大している間は，鬼役の子供は後ろを向いています．

図9(d)のように棒グラフが右に達すると鬼役の子供が振り向きます．振り向いているときに人感センサが人の動きを検知すると，**図9(e)**のようにFailedを表示し，手錠のアイコンが一つ増えます(本例では手錠4個→5個)．

鬼役の子供が後ろ(樹木の方向)を向いている間にM5Stackの左ボタン(BREAK)を押すと，**図9(f)**のようにClearedを表示し，手錠のアイコンが2つ減ります(本例では手錠5個→3個)．

手錠の数は，インターネット上のDarumaサーバに保存されているので，他の端末でアクセスしても同じ数が表示され，また他の端末のゲームの結果によっても増減します(**写真3**)．

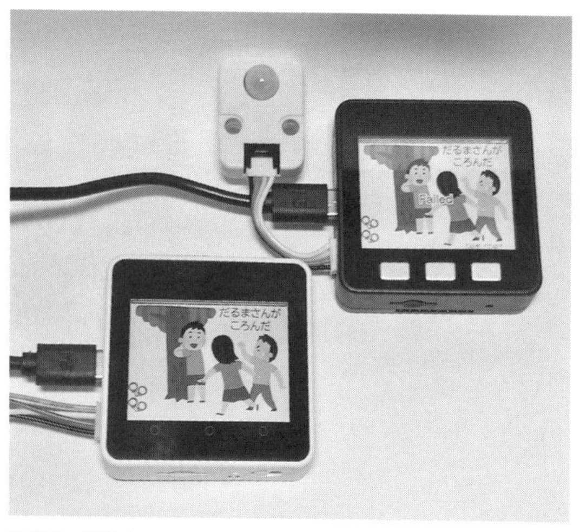

写真3　複数台のM5Stack Core / Core2でのゲームのようす
他の端末でも同じ手錠の数が表示され，ゲームの結果によって両方の端末の手錠の数が増減する

●「だるまさんがころんだ」ゲーム画面の構成

このゲームは，**図10**の5つのJPEG画像ファイル(a)daruma0.jpg～(e)daruma4.jpgを使って画面を構成しました．(a)と(c)は画面全体を描画するベース画像，(b)(d)(e)はベース画像上に重ねるパーツ画像です．ゲーム開始画面はベース画像(a)を，ゲーム中はベース画像(c)を使用します．

鬼役の子供が振り向くパーツ画像(c)のdaruma2.jpgは，ベース画像の子供の頭部に配置し，後ろ向きの子供が振り向く動作を表現するのに使用します．また，タイトル表示や，振り向くタイミングを示すために「だるまさんがころんだ」の文字パーツ画像(d)は，画面の右上に配置しました．

手錠のパーツ画像(e)は，画面の左側の下方から上に向かって最大6枚を配置します．7以上を示

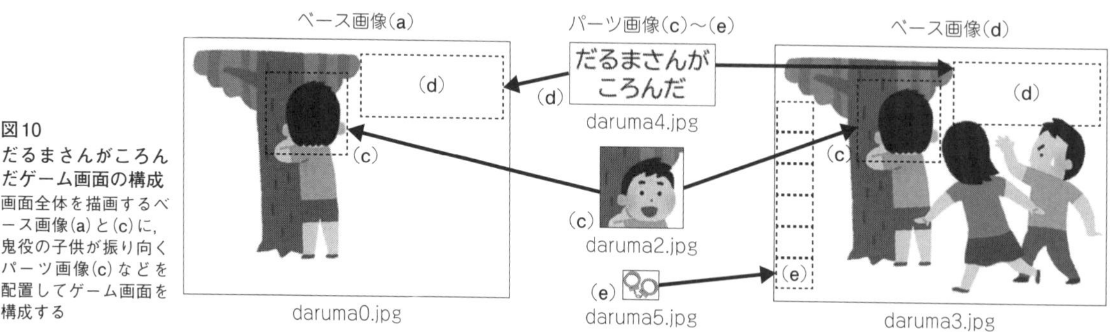

図10　だるまさんがころんだゲーム画面の構成
画面全体を描画するベース画像(a)と(c)に，鬼役の子供が振り向くパーツ画像(c)などを配置してゲーム画面を構成する

リスト3　プログラムex13_daruma.inoの主要部
鬼役の子供が後ろ(樹木側)を向いているときにAボタンを押すとClearedを表示する処理(⑤)と，振り向いているときに人感センサが反応すると，Failedを表示する処理(⑦)を行う

```
#include <M5Stack.h>                                   // M5Stack用ライブラリの組み込み
#define PIN_PIR 22                                     // G22にセンサ(人感/ドア)を接続
RTC_DATA_ATTR uint32_t pir_delay = 2000; ←①           // 人感センサの解除遅延時間ms(2秒)

boolean pir;                                           // 人感センサ状態
int bar100 = 0;                                        // 前回の棒グラフ値(100分率)
int barPrev = 0;                                       // 前回の棒グラフ値(ピクセル数)

void dispBar(int level=bar100){                        // 棒グラフを描画する関数
                  ～～省略(内容はダウンロードしたファイルを参照)～～
}

void dispText(String msg=""){                          // LCDに文字を表示する
                  ～～省略(内容はダウンロードしたファイルを参照)～～
}

void setup(){                                          // 起動時に一度だけ実行する関数
    M5.begin();                                        // M5Stack用ライブラリの起動
    pinMode(PIN_PIR,INPUT);                ┐           // センサ接続したポートを入力に
    drawJpgHeadFile("daruma3", 0, 0);      │           // filenameに応じた画像をLCD表示
    dispText("Example 13 Daruma-san");     ├②          // タイトル文字を表示
    drawJpgHeadFile("daruma2", 80, 32);    │           // 顔を表示
    drawJpgHeadFile("daruma4", 172, 8);    ┘           // タイトル画像を表示
    while(digitalRead(PIN_PIR));                       // 非検出状態になるまで待つ
    delay(3000);                                       // 3秒間の待ち時間処理
    drawJpgHeadFile("daruma3", 0, 0);      ┐           // filenameに応じた画像をLCD表示
    dispText("GAME START");                ├③          // タイトル文字を表示
    delay(1000);                           ┘           // 1秒間の待ち時間処理
}

void loop(){ ←④                                        // 繰り返し実行する関数
  ┌ drawJpgHeadFile("daruma0", 0, 0);                  // filenameに応じた画像をLCD表示
  │ M5.Lcd.drawCentreString("BREAK",68,224,2);         // 文字列"BREAK"を表示
  │ for(int i=0; i <= 100; i++){                       // 棒グラフを増加させる
  │     M5.update();                                   // ボタン情報を更新
  │     dispBar(i);                                    // 棒グラフの描画
  │     if(M5.BtnA.isPressed()){ ←⑥                    // Aボタンが押されたとき
  │         M5.Lcd.fillRect(0,224,128,16,WHITE);       // "BREAK"を消去
  │         drawJpgHeadFile("daruma2", 80, 32);        // 顔を表示
⑤│         dispText("Cleared!");                      // "Cleared"を表示
  │         delay(5000);                               // 5秒間の待ち時間処理
  │         return;                                    // loop関数の先頭に戻る
  │     }
  │     if(i==33){                                     // 棒グラフ33%のとき
  │         drawJpgHeadFile("daruma4", 172, 8);        // タイトル画像を表示
  │     }
  └ }
  ┌ M5.Lcd.fillRect(0,224,128,16,WHITE);               // "BREAK"を消去
  │ drawJpgHeadFile("daruma2", 80, 32);                // 顔を表示
  │ delay(pir_delay); ←⑧                               // PIRセンサの遅延分の待ち時間
  │ for(int i=100; i >= 0; i--){                       // 棒グラフを減らす処理
  │     dispBar(i);                                    // 棒グラフの描画
⑦│     pir = digitalRead(PIN_PIR); ←⑨                 // 人感センサ値を取得
  │     if(pir){                    ┐                  // センサ反応時
  │         dispText("Failed");     │                  // "Failed"を表示
  │         end();                  ├⑩                 // 終了関数endを実行
  │         return;                 │                  // loop関数の先頭に戻る
  │     }                           ┘
  └ }
}

void end(){
    M5.Lcd.drawCentreString("GAME START",256,224,2);   // 文字列を表示
    do{                                                // ボタンが押されるまで待機する
        M5.update();                                   // ボタン情報を更新
        dispBar();                                     // 棒グラフの描画
    }while(!M5.BtnC.wasPressed());                     // ボタンが押されるまで繰り返す
}
```

すときは，6枚のパーツ(e)の表示に加えて，数字を表示するようにしました．

その他，画面中央には文字列を，最下部にはボタンの役割の文字列を，テキストの画面合成で表示し，画面上部には棒グラフ描画用の関数で鬼役の子供が振り向くタイミングを表示します．

●「だるまさんがころんだ」用ゲームプログラムex13_daruma.inoの内容

リスト3は，だるまさんがころんだゲーム用プログラムex13_daruma.inoの人感センサ処理部とゲーム処理部です．以下，ゲーム部のおもな処理内容について説明します．

①人感センサの解除遅延時間を保持するための変数pir_delayに2000(ミリ秒)を代入します．PIR Sensorユニットに使用している焦電型の人感センサは，人体などの動きによって2方向から入射する赤外線量の差が変化した時に検知を出力し，2秒間，変化がなかった時に検知出力を停止します．このため，検知信号の解除時に**図11**の(1)のような2秒の遅延が生じます．

②LCDに**図8**(a)のタイトル表示を行います．関数drawJpgHeadFileはjpegs.ino内で，だるまゲーム用のJPEG画像を表示します．丸括弧内の第1引き数はJPEGデータのファイル名(jpegsフォルダ内に収録)，第2引き数はLCD上のX座標，第3引き数はY座標です．

③LCDに**図8**(b)のゲーム開始表示を行います．

④ゲーム中の処理を行うloop関数です．本関数内の処理をゲーム終了まで繰り返し実行します．

⑤鬼役の子供が後ろ(樹木の方向)を向いているときの処理部です．for構文を使って，LCD上部の棒グラフを0％から1ポイントずつ100％まで増やす101回の繰り返し処理を行います．

⑥M5Stack上の左ボタンが押されたことをif構文で検出し，Clearedを表示します

⑦鬼役の子供が振り向いたときの処理部です．人感センサが反応するとゲームを終了します．

⑧処理①で定義したpir_delayの2000ミリ秒の待ち時間処理を行います．この待ち時間処理によって，鬼役の子供の振り向き区間(2)の先頭の2秒が，**図11**(3)のように非監視になります．この非監視区間もPIR Sensor側は検出動作を続けているので，待ち時間処理の終了後に(最大2秒

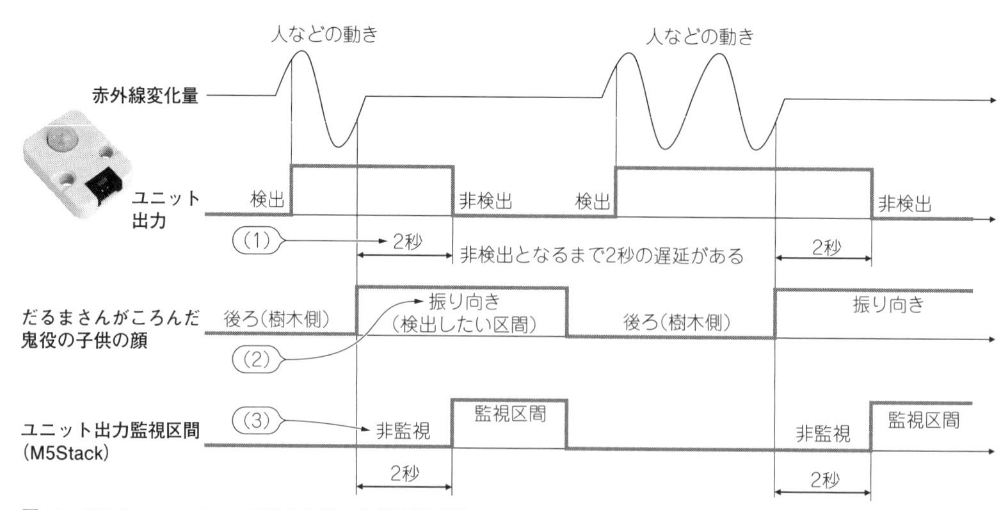

図11　PIR Sensorユニットの出力と出力値の監視区間
ユニット出力が非検出になるのに2秒の遅延がある．M5Stack側ではその2秒を非監視とすることで，検出したい区間を過不足なく監視可能

遅れで）非監視区間の動きを検出し，振り向き状態の全期間を過不足なく監視できます．

⑨ 人感センサの状態を取得し，検出時はTrueを，非検出時はFalseを変数pirに代入します．

⑩ 変数pirがTrueの時に，プログラム末尾のゲーム終了用の関数endを呼び出します．

4 モグラ叩き

地面から顔を出したモグラのキャラクタを，ボタンで叩いて得点を取得するゲームです．取得した得点はインターネット上のScoreサーバに送信され，10位以内に入った場合は順位を表示します．このサーバは，過去の10位以内のユーザ名と得点を保持しており，本機からリストを取得して表示することもできます（**図12**）．

●「モグラ叩き」ゲーム機の製作方法

ハードウェアは，M5Stack CoreまたはCore2を使用します．

ソフトウェアは，ex14_mogura.inoを使用します．Arduino IDEでプログラムを読み込み，SSIDとPASS，USER（半角英数字8文字以内）を記入してから，M5Stackに書き込んでください．コンパイル後のプログラムの容量は約1MBです．

●「モグラ叩き」ゲームの遊び方

製作したM5Stackを起動すると，LCDに**図13(a)**のような起動画面を表示し，Wi-Fi接続に成功すると，[GAME START]を表示後に**図13(b)**のようなゲーム画面に変わります．

ゲーム中は，顔が出たモグラの位置のボタンを押し，モグラを叩きます．3つすべてのボタンを同時に押すこともできます．顔が見える状態で叩くと1点が，首まで出ていると10点が加算されます． 30秒が経過するとゲームが終了し，10位以内に入った場合は**図13(c)**のように順位（Rank）と点数（Score）が表示されます．11以下のときは得点（Score）のみを表示します．

●「モグラ叩き」ゲーム画面の構成

本ゲームでは，**図14**の7つのJPEG画像ファイルで画面を構成しました．画面全体にはベース画像(**a**) mogura.jpgを使用します．

モグラは，パーツ画像(**b**) mogura0～3.jpgの4枚と，叩かれたときのパーツ画像(**c**) mogura4.jpg 1枚の合計5枚を使い分け，画面下部のモグラの穴

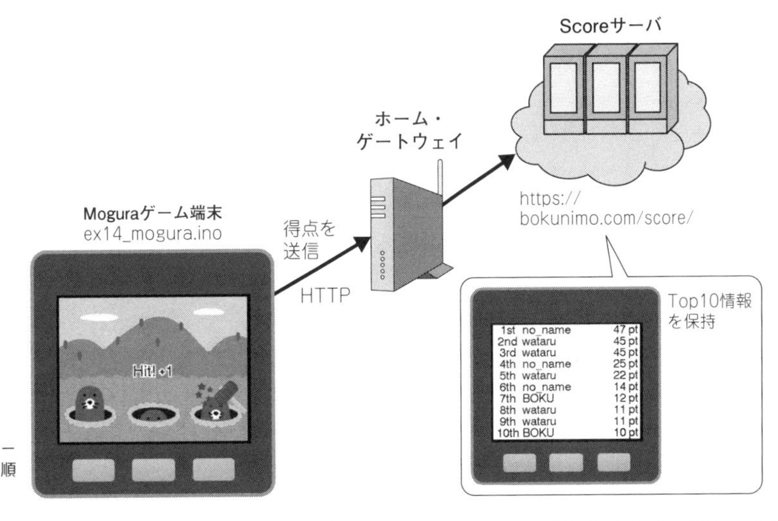

図12
モグラ叩きゲーム機で得点を送信する
取得した得点は，インターネット上のScoreサーバに送信し，10位以内に入った場合は，その順位を表示する．使用機材：M5Stack Core本体

(a) 起動時

(b) ゲーム中

(c) ゲーム終了時

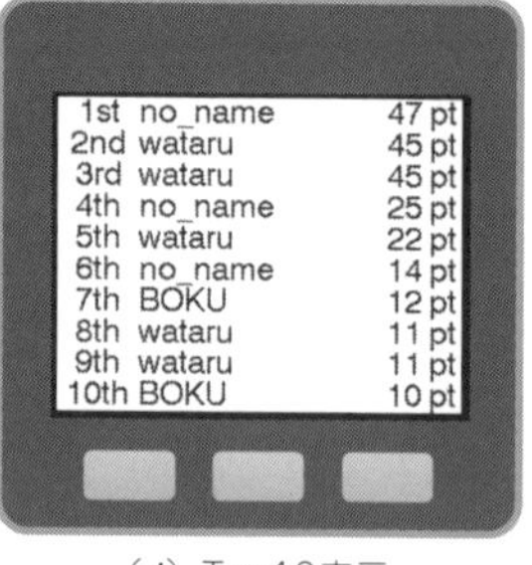

(d) Top10表示

図13　モグラ叩きゲームの画面説明
LCDに(a)起動画面を表示し，Wi-Fi接続に成功するとゲームが始まる．(b)ゲーム中は顔を出したモグラの位置のボタンでモグラを叩ける．(c)ゲーム終了後に順位と得点が表示される

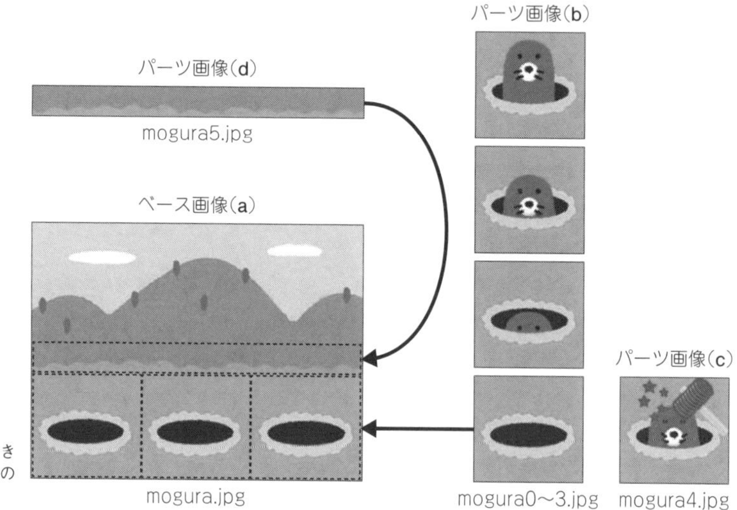

図14
モグラ叩きゲーム画面の構成
4段階のモグラのパーツ画像(b)と，叩かれたときのパーツ画像(c)mogura4.jpgを，ベース画像(a)のモグラの穴位置3か所に配置して構成する

位置3か所に配置します．

画面中央部には文字列を表示します．文字列の消去にはパーツ画像(d) mogura5.jpgを使用し，背景のベース画像の状態を維持できるようにしました．他にもベース画像全体を書き直す方法がありますが，モグラの画像が一瞬でも消えてしまうのを避けました．

● プログラミングとモグラ叩き

プログラミングにおいては，点在するバグを改修しても次々にバグが現れ，改修作業が続く様子をモグラ叩きと呼び，規模の大きなソフトの開発時や品質の低いソフトの対策時に使われる言葉です．

ソフトのバグをなくすることはできません．しかし，うまくモグラを叩ければ，限られた時間の中で品質を高めることができます．ゲームの攻略方法を考えたり，繰り返すことで攻略法を身に付けたり，得点のように数値化して管理して実影響のないレベルまでソフト品質を高めることは，ソフトウェア開発において必要なスキルです．本ゲームでも，30秒という限られた時間で効率的に高得点を得る方法を探してみてください．プログラミングのモグラ叩きにつながる前述の要素を体験できるでしょう．

なお，ここで扱うモグラは，伝統的なゲーム上

リスト4　プログラムex14_mogura.inoのゲーム処理部
乱数でモグラを上下(③)に動かしつつ，ボタンの状態を確認(⑥)し，モグラが顔を出していて，かつ該当ボタンが押されたら(⑧)，得点を加算する

```
#include <M5Stack.h>                                    // M5Stack用ライブラリの組込

int mogura[3]={0,0,0}; ←①                              // モグラの上下位置(0～3)
int pt = 0;                                             // 得点

void dispText(String msg){                              // LCDに文字表示する
    drawJpgHeadFile("mogura5",0,111);                   // 文字を消去
    M5.Lcd.setTextColor(WHITE);                         // テキスト文字の色を設定(白)
    for(int x=-2; x<=2; x+=2) for(int y=-2; y<=2; y+=2) if(x||y){
        M5.Lcd.drawCentreString(msg,160+x,113+y,4);
    }                                                   // テキストの背景を描画する
    M5.Lcd.setTextColor(0);                             // テキスト文字色を設定(黒)
    M5.Lcd.drawCentreString(msg,160,113,4);             // 文字列を表示
}

void setup(){                                           // 一度だけ実行する関数
    M5.begin();                                         // M5Stack用ライブラリの起動
    drawJpgHeadFile("mogura");                          // 顔を表示
    dispText("Example 14 Mogura");                      // タイトルを表示
    delay(3000);                                        // 3秒間の待ち時間処理
    dispText("GAME START");                             // ゲーム開始を表示
    delay(1000);                                        // 3秒間の待ち時間処理
    dispText("");                                       // 文字を消去
}

void loop(){
  ┌ for(int i=0; i<3; i++){                             // 繰り返し実行する関数
  │     mogura[i] += random(4) - 2; ←③                 // モグラを乱数で上下(+1/-2)
  │     if(mogura[i] < 0 ) mogura[i] = 0; ┐④            // 0未満の時に0を代入
  │     if(mogura[i] > 3 ) mogura[i] = 3; ┘             // 3超過の時に3を代入
  │     drawJpgHeadFile("mogura"+String(mogura[i]), 106*i, 140); ←⑤ // モグラを表示
  │     M5.update();                                    // ボタン情報を更新
  │     delay(33);                                      // 待ち時間処理
  │     byte btn = M5.BtnA.wasPressed(); ┐              // 左ボタン(A)の状態を取得
  │     btn += 2 * M5.BtnB.wasPressed(); ├⑥             // 中央ボタン(B)の状態を取得
  │     btn += 4 * M5.BtnC.wasPressed(); ┘              // 右ボタン(b)の状態を取得
②│   ┌ for(int k=0; k<3; k++){                         // 各モグラについて
  │   │     if((mogura[k] > 1)&&((btn>>k)&1) ){ ←⑧     // 顔が出ているモグラをHit
  │   │         int p = 1 + (mogura[k]-2)*9;            // 得点を計算
  │   │         dispText("Hit! +"+String(p));           // 取得点数を表示
  │   │         pt += p;                                // 合計得点を計算
  │ ⑦│         drawJpgHeadFile("mogura4", 106*k, 140); // 叩かれたモグラを表示
  │   │         delay(1000);                            // 1秒間の待ち時間処理
  │   │         dispText(String(pt)+" pt");             // スコア表示
  │   │         mogura[k]=0;
  │   │     }
  │   └ }
  └ }
}

void end(){
    M5.Lcd.drawCentreString("GAME START",256,224,2);    // 文字列を表示
    do{                                                 // ボタンが押されるまで待機する
        M5.update();                                    // ボタン情報を更新
        delay(10);                                      // 待ち時間処理
    }while(!M5.BtnC.wasPressed());                      // ボタンが押されるまで繰り返す
}
```

やプログラミング上の登場キャラクタです．実在する動物のモグラを叩くことを示唆(しさ)する意図はありません．

●「モグラ叩き」ゲーム用プログラム ex14_mogura.inoの内容

リスト4は，ex14_mogura.inoのゲーム処理部で

す．以下，ゲーム部のおもな処理内容について説明します．

①整数型の配列変数moguraを生成します．配列変数は1つの変数名で複数の変数を担います．ここでは，LCD上の3匹のモグラの上下位置を示す変数mogura[0]，mogura[1]，mogura[2]に，それぞれ0を代入します．LCDの左側のモグラから順に[0]，[1]，[2]としました．代入する値は，**図14**のパーツ画像(b) mogura0～3.jpgの0～3の範囲内です．値0はモグラが見えない状態，1はモグラの目だけが見え，2で顔，3で首までが見える状態を示します．

②変数iを0～2まで繰り返し，3匹のmogura[0]～[2]に対する処理を行います．

③－2～＋1の整数の乱数を発生し，処理②の変数iで参照するmogura[i]に加算します．乱数の範囲を－2からにすることで，モグラが地面に潜る方向へ動く確率を高めました．

④モグラ位置mogura[i]の値を0～3までに制限します(0未満のときは0，3超過時は3)．

⑤モグラの上下位置mogura[i]を含むファイル名をdrawJpegHeadFileに渡して，描画します．

⑥LCD面にあるボタンの入力部です．同時入力に対応するため，左ボタン1，中央ボタン2，右ボタン4を変数btnに代入します．左ボタンと右ボタンが押されていたら1＋4＝5となります．

⑦叩かれたモグラを検出する処理部です．左右位置kで3匹のモグラの状態を確認します．

⑧モグラの左右位置を示す変数k(0～2)で参照するモグラの上下位置 mogura[k]が，1よりも大きく，かつ左右位置kで示すボタンが押されていた時に，叩かれたと判定します．

● M5Stackと純正拡張ユニット

第6章から第9章では，M5Stackを使ったIPネットワーク通信の基本サンプル・プログラムと，その応用プログラムについて解説しました．

M5Stack純正の拡張ユニットを使うことで，ハードウェアの準備を簡単にし，ソフトウェアの学習に集中できるようにしました．学習した知識が，趣味や研究，IoT技術の発展に活かせられることを願いつつ執筆しました．

第10章 本書オリジナルESP32用IoT汎用ソフト IoT Sensor Coreの使い方

ESP32マイコンを使ってWi-Fiでデータを伝送するセンサを作ります．筆者オリジナルのESP32マイコン用ファームウェア（IoT Sensor Coreと命名，オープンソースとして公開）を使い，ESP32に接続した温湿度センサのデータをWi-Fi経由でラズベリー・パイやクラウドに送る実験を行います．

ESP32マイコン用ファームウェアIoT Sensor Coreの特徴

- Wi-Fiでデータを伝送するセンサを簡単に製作できる
- スマートフォンで簡単に設定ができる
- オープンソース

この記事で使った機材

- ESP32マイコン
- ラズベリー・パイ3B
- 温湿度センサ（SHT31など）

IoTセンサ・コアでセンサ・ネットワーク・システムを簡単構築

モノをインターネットに接続するIoTでは，IoTボタンやIoT温度計のように小さな機能に特化した機器が数多く広まると予想されています．各センサ機器から得られた情報は個々のきめ細かな制御に用いられるだけでなく，ビッグデータとして従来よりも高い確度でさまざまな事象を判断することができるようになると期待されています．

こういった小さな機能に特化した機器の1つとして，IoTセンサ子機の製作例を紹介します．

IoTセンサ子機は，ラズベリー・パイやM5Stackで製作することもできますが，より安価で，より低消費電力で動作するほうがメリットは多いはずです．

そこで，中国Espressif Systems製のWi-Fi内蔵ESP32マイコンを使ってIoTセンサ子機を製作します．簡単に作れるように，ESP32マイコン用ファームウェアを作ってみました（**図1**）．

このファームウェアはオープンソースとして無料でインターネット上に公開しているので，利用できそうであれば，ぜひ使ってみてください．

本IoTセンサ子機は，本書の他の送信機と同様にCSV形式のデータをUDPブロードキャストで送信します．送信データは，ラズベリー・パイ上に構築したデータ・サーバに集めることもできます（**図1**）．

①ESP32を使いIoTセンサ子機を製作

筆者が作成したESP32マイコン用ファームウェアIoT Sensor Coreを使用すれば，プログラミングが簡単になり，IoT温度センサ子機が完成後は，スマートフォンのブラウザから設定が行えます．

ブラウザでセンサ名を設定し，ESP32マイコンのIOピンにセンサを接続するだけで，さまざまなセンサのワイヤレス化が行えます．

IoTセンサ子機に必要なパーツ・リスト例を**表1**に示します．ESP32-DevKit Cは，中国Espressif Systems純正の開発ボードです．ESP32マイコンと電源回路，ラズベリー・パイとUSB接続するためのシリアル通信ICが実装されています．

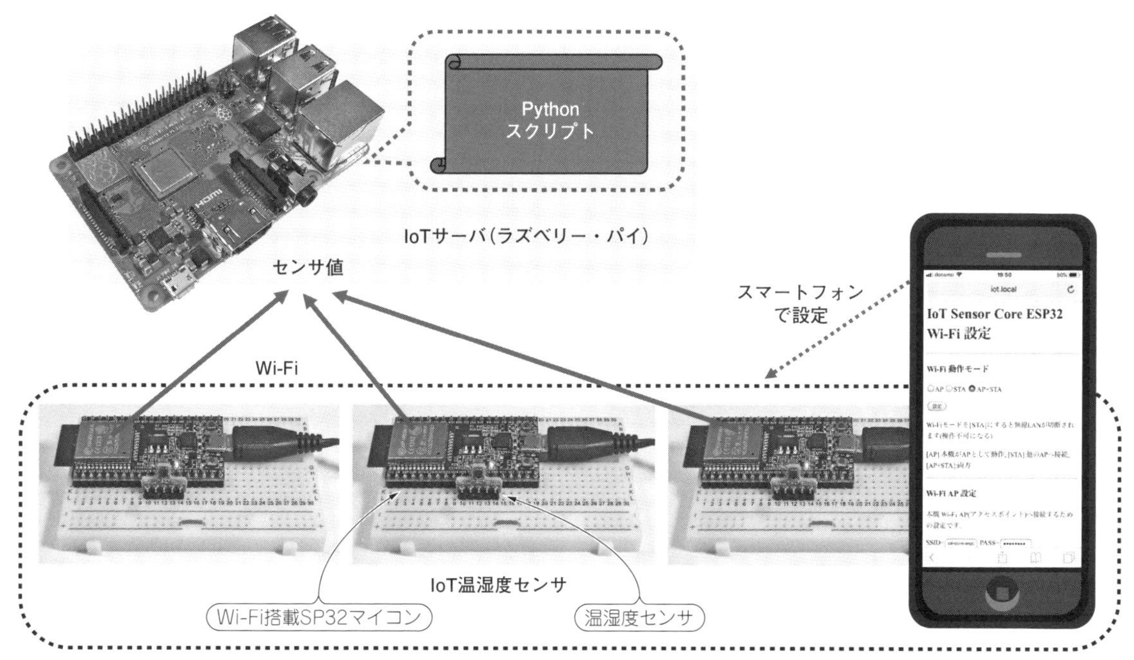

図1 ESP32マイコン(Espressif Systems製)搭載のIoTセンサ子機で，簡単にセンサ・ネットワークを構築できる
IoTセンサ子機から得られたセンサ値を，Pythonスクリプトで収集するシステムの例

表1 IoT温湿度センサ機器を製作するためのパーツ・リスト

品名		参考価格	備考
ESP32-DevKit C開発ボード		1,480円	より安価な廉価品($5.5前後)もある
ブレッドボードEIC-3901		280円	6穴版
USBケーブル		100円	ラズベリー・パイとの接続用
温湿度センサ(右記のいずれか1つ)	SHT31	950円	センシリオン製の高精度センサ
	Si7021	$2前後	シリコンラボ製．安価品
	BME280	1,080円	ボッシュ製．気圧センサ搭載

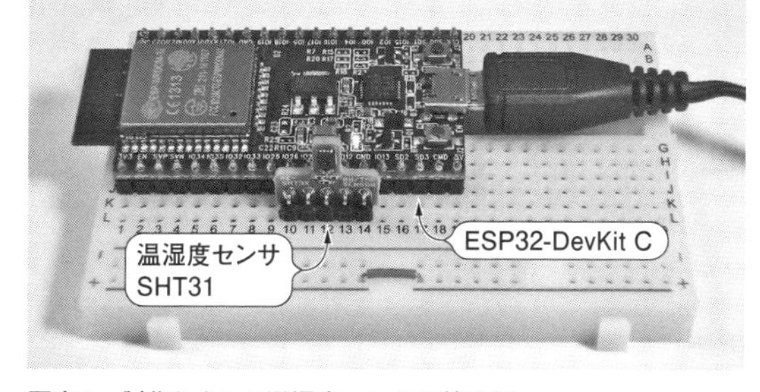

写真1 製作したIoT温湿度センサ子機の例
Espressif Systems純正の開発ボードESP32-DevKit Cと温湿度センサSHT31をブレッドボードEIC-3901経由で接続し，IoT温湿度センサを作成した

ESP32マイコンにも，温度センサや磁気センサが内蔵されているので，本開発ボードだけでも実験を行うことができます．**写真1**のように，センサ・モジュールをESP32開発ボードに接続することで，より高精度なIoTセンサ子機になります．

②ESP32開発ボードにファームウェアを書き込む

ラズベリー・パイのUSB経由でESP32開発ボードにファームウェアIoT Sensor Coreを書き込む方法について説明します．

最初に，**写真2**のようにESP32開発ボードをラズベリー・パイに接続します．ファームウェアIoT Sensor Coreは，GitHub上の筆者のレポジトリ(https://github.com/bokunimowakaru/sens)に含まれています．**図2**のようにLXTerminalからgit cloneコマンドを使ってダウンロードしてください．

```
cd⏎
git clone https://bokunimo.net/git/sens⏎
```

ファームウェアを書き込むには，下記のようにしてコマンドを実行します．

```
cd ~/sens/target⏎
./iot-sensor-core-esp32.sh /dev/ttyUSB0⏎
```

[ERROR]が表示されたときは，入力したコマンドやUSB接続などを再度確認してください．[A fatal error occurred]が表示されたときは，LXTerminalへ

```
ls -l /dev/serial/by-id/⏎
```

を入力し，デバイス・パス番号(「ttyUSB*」の*の数字)を確認します．もし，ttyUSB0以外だったときは，ttyUSB1やttyUSB2などに変更して，書き込みを実行してください．ESP32開発ボードによっては，手動でファームウェア書き込みモードに設定してから書き込むタイプがあります．その場合，[BOOTボタン]を押しながら，[ENボタン]を押し，[ENボタン]を離してから[BOOTボタン]を離し，書き込みモードに設定してから書き込みを実行してください．

写真2　ラズベリー・パイとESPマイコン開発ボードの接続例
ラズベリー・パイのUSB端子にESP32マイコン開発ボードを接続し，ファームウェアを書き込む

ESP32にファームウェアを書き込んだ後，ラズベリー・パイにUSB接続した状態で，

```
./serial_logger.py⏎
```

を実行すると，IoT Sensor Coreの動作ログを表示することができます．なお，ESP32マイコンのリビジョンは1以降を推奨します．リビジョン0でも実験は可能ですが動作が不安定な場合があります．

③簡単製作！IoT温度センサ子機の製作

ESP32にファームウェアIoT Sensor Coreを書き込むと，ESP32マイコンでIoT Sensor Coreが自動的に起動し，Wi-Fiアクセス・ポイントとして動作します(**図3**)．

スマートフォンのWi-Fi設定から[iot-core-esp32]を探して接続してください．パスワードのデフォルトは[password]です．自動起動に対応していないESP32開発ボードの場合は，[ENボタン]を押

```
pi@raspberrypi:~ $ cd
pi@raspberrypi:~ $ git clone https://bokunimo.net/git/sens ←(ダウンロード)
Cloning into 'iot'...
                                    ～～ 省略 ～～
pi@raspberrypi:~ $ cd ~/sens/target
pi@raspberrypi:~/sens/target $ ./iot-sensor-core-esp32.sh /dev/ttyUSB0 ←(ファームの書き込みを実行)
ESP32へ書き込みます (usage: ./iot-sensor-core-esp32.sh port)
esptool.pyをダウンロードします
                                    ～～ 省略 ～～
esptool.py v2.7-dev
Serial port /dev/ttyUSB0
Connecting....
Chip is ESP32D0WDQ6 (revision 0)
                                    ～～ 省略 ～～
Leaving...
Hard resetting via RTS pin...
Done
pi@raspberrypi:~/sens/target $ ./serial_logger.py ←(ログ表示を実行)
```

図2　ラズベリー・パイへESP32開発ボードをUSBで接続し，LXTerminalからIoT Sensor CoreをESP32マイコンへ書き込む

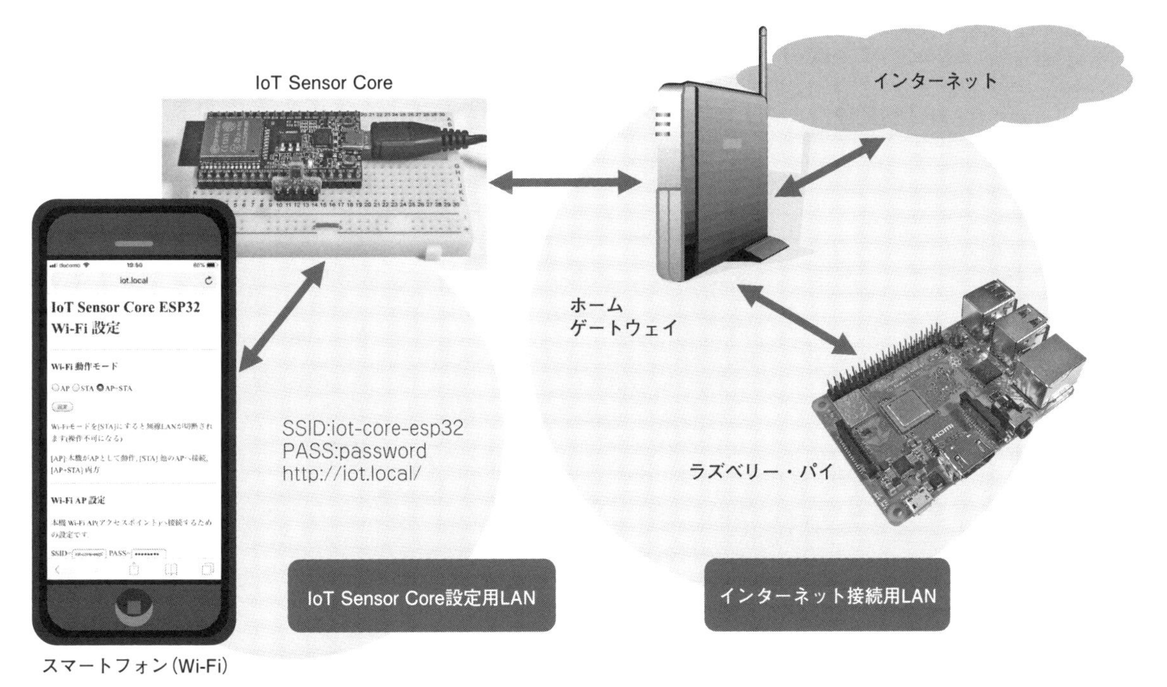

図3 IoT Sensor Core設定用LANとインターネット接続用LAN
IoT Sensor CoreのWi-Fi APにスマートフォンを接続し，Wi-Fi STAの設定を行うことで，IoT Sensor Coreがインターネットやラズベリー・パイに接続することができるようになる

下すると起動します．

接続後，スマートフォンのインターネット・ブラウザのアドレス入力欄に下記のアドレスを入力すると，**図4**のような設定画面が表示されます．

http://iot.local/ ········（mDNS対応OSの場合）

または，

http://192.168.254.1/ ·········（Androidの場合）

mDNSは，Apple製品やWindows 10に搭載されています．Androidでは，IPアドレスを入力してください．

IoT Sensor CoreのWi-Fi動作モードには，APモード，STAモード，AP+STAモードがあり，初期状態は，APモードです．この状態ではLANやインターネットへの接続ができないので，ホームゲートウェイのWi-Fiアクセス・ポイントのSSIDとパスワードを，以下の手順で本機に設定してください．

①ブラウザ画面に表示された[Wi-Fi設定]にタッチします．

②**図5**の[Wi-Fi動作モード]で[AP+STA]を選択し，[設定]ボタンをタッチします．

③Wi-Fi STA接続先（注意：Wi-Fi AP設定ではない）にSSIDとパスワードを入力します（**図6**）．

④[設定]にタッチした後に，[Wi-Fi再起動]の[再起動]にタッチします．

ESP32が再起動中は，[Wi-Fi再起動中]の画面が表示され，mDNS対応OS（iPhone等）の場合は約12秒後に，最初の**図4**の画面に戻ります．Androidの場合は，手動でURLを再入力してください．Wi-Fi STA接続に成功すると，約30秒間隔で，ESPマイコン内蔵の温度センサ値をUDPでブロードキャスト送信します．送信方法や送信先を指定したいときは[データ送信設定]から変更することができます．

同じホームゲートウェイに接続したラズベリー・パイで受信するには，ターミナル・ソフト

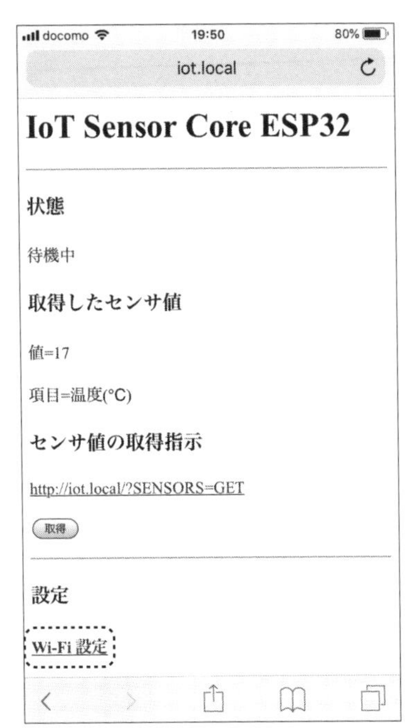

図4　手順① ブラウザに表示されたIoT Sensor Coreの画面で[Wi-Fi 設定]をタッチする

図5　手順② Wi-Fi動作モードで[AP＋STA]を選択し，[設定]ボタンをタッチする

図6　手順③～④ Wi-Fi STA接続先にSSIDとPASSを入力し，[設定]と[再起動]を実行する

```
pi@raspberrypi:~ $ cd ~/sens/target
pi@raspberrypi:~/sens/target $ ./udp_logger.py
UDP Logger (usage: ./udp_logger.py port)
Listening UDP port 1024 ...
2019/02/10 23:22, temp0_2,16
2019/02/10 23:23, temp0_2,16
2019/02/10 23:23, temp0_2,16
2019/02/10 23:24, temp0_2,16
```

図7　IoT Sensor Coreが送信する温度値データを受信したときのようす
udp_logger.pyを実行すると，受信時刻と，デバイス名，温度値が表示される

LXTerminalから下記のコマンドを実行し，udp_logger.pyを起動します．

```
cd ~/sens/target⏎
./udp_logger.py⏎
```

UDPポート1024にパケットを受信すると，**図7**のように，受信時刻，IoT Sensor Coreのデバイス名，温度値が表示されます．デバイス名temp0_2はESP32内蔵温度センサを示しています．温度値はESP32マイコンのばらつきや内部発熱によって10℃以上の差が出る場合もあるので，例えば，電源を入れてから10分以上待ってから得られた値と実際の温度との差で補正するなどの工夫が必要です．

④高精度 I²C接続・温湿度センサ・モジュール

より正確に測定するには，精度の高いセンサ・モジュールを使用します．センサ・モジュールには，センサ値をアナログ出力するタイプと，I²Cインターフェースなどのディジタル・インターフェースを有するタイプがあります．一般的に，アナログ出力のタイプは補正が必要ですが，I²Cインターフェースのタイプは，補正しなくても一定の精度が得られます．

本機で温度の測定が可能な対応センサを**表2**に示します．I²Cの列に丸印のあるものがI²Cインターフェースのタイプです．温度の測定だけであれば，アナログ出力タイプのほうが安価です．湿度や気圧のアナログ出力タイプには，周辺回路や補

表2 IoT Sensor Core対応の温度センサ

センサ名	参考価格	送信時のデバイス名	機能				備考
			I^2C	温度	湿度	気圧	
ESP32内蔵	−	temp0_2	−	○	−	−	要補正，精度が良くない
LM61	60円	temp._2	−	○	−	−	要補正
MCP9700	40円	temp._2	−	○	−	−	要補正
SHT31	950円	humid_2	○	○	○	−	センシリオン製の高精度センサ
Si7021	$2前後	humid_2	○	○	○	−	シリコンラボ製，安価品
BME280	1,080円	envir_2	○	○	○	○	ボッシュ製，気圧センサ搭載
BMP280	$2前後	press_2	○	○	−	○	ボッシュ製，気圧センサ搭載

※その他，ASONG AM2320，AM2302(DHT22)，DHT11 などにも対応

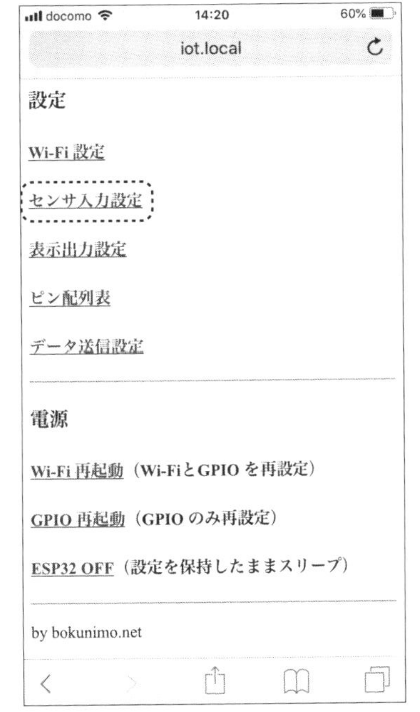

図8 手順① [設定]メニューの[センサ入力設定]を選択する

図9 手順② 接続したいセンサを選択し，[設定]をタッチする

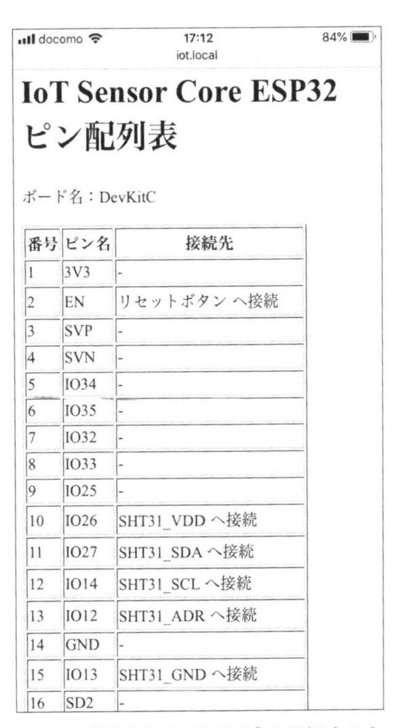

図10 手順③ [ピン配列表]を選択するとESP開発ボードの割り当てが表示される

正が必要な場合が多いので，I^2Cインターフェースのほうが良いでしょう．なお，これらセンサ・モジュールから得られた値を利用する際は，目的に応じた検証が必要です．

以下に，センサの設定方法について説明します．

①ブラウザ画面の[センサ入力設定]をタッチします(図8)．

②接続したいセンサ・モジュールを選択し，画面最下部の[設定]ボタンをタッチします(図9)．

③[設定]メニューの[ピン配列表]を選択すると，ESP32開発ボードとセンサ・モジュールのピン配列表が表示されるので，どのピンに接続するのかを確認します(図10)．

④[電源]メニューの[GPIO再起動]を選択すると，ESP32開発ボードのIOの設定が行われます(図11)．

⑤[電源]メニューの[ESP32 OFF]を選択し，ESP32開発ボードの電源を切り，センサ・モジュールを③で確認した位置へ接続します(図12)．ブレッドボードEIC-3901を使用すると接続しや

図11　手順④［電源］メニューの［GPIO再起動］を選択する

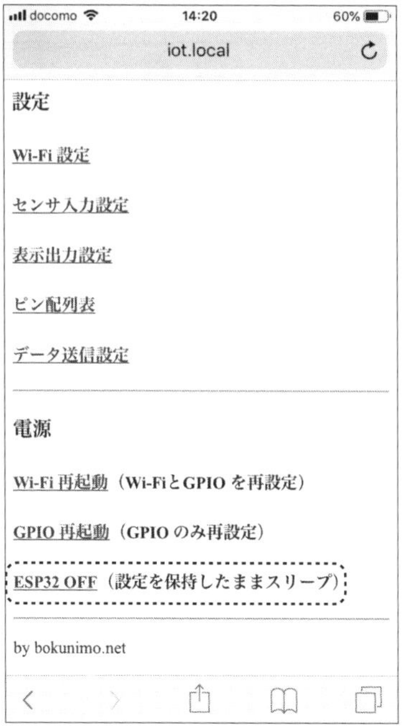

docomo 14:20 60%
iot.local
設定
Wi-Fi 設定
センサ入力設定
表示出力設定
ピン配列表
データ送信設定
電源
Wi-Fi 再起動（Wi-FiとGPIO を再設定）
GPIO 再起動（GPIO のみ再設定）
ESP32 OFF（設定を保持したままスリープ）
by bokunimo.net

図12　手順⑤ センサを接続する前に［電源］メニューの［ESP32 OFF］を選択する

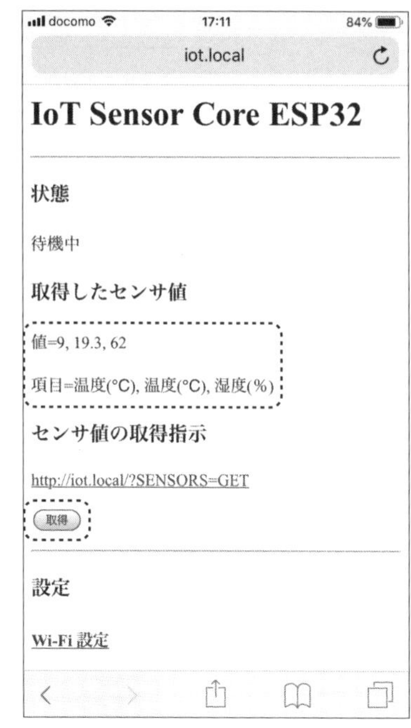

図13　手順⑥ 開発ボードの［BOOT］ボタンで起動後に，［取得］ボタンで，センサ値を表示した

すいでしょう．

⑥ESP32開発ボード上の［BOOT］ボタン（注意：［EN］ボタンではない）で電源を入れ，ブラウザ上の［取得］ボタンをタッチすると接続したセンサから取得したセンサ値が表示されます（**図13**）．

USBから電源を供給したままの状態で，手順⑤のESP32開発ボードとセンサ・モジュールを接続する際は，接続間違いや静電気に注意してください．接続する直前に，ESP32マイコンの金属シールド部に指を触れることで，静電気による故障のリスクを減らすことができます．

電源を切る，またはESP32開発ボード上のENボタンを押すと，すべての設定が初期値に戻ります．Wi-Fi設定を保存したい場合は，sensフォルダ内のREADME.mdを参照し，保存してください．

また，ESP32開発ボードDevKit Cに実装されてるピン・ヘッダは少し太いタイプなので，ブレッドボードEIC-3901の端子が傷まないように，各ボードの水平を保ちながら少しずつ挿入してください．ESP32開発ボードをブレッドボードから取り外すときは，アンテナ部やUSBコネクタ部に力がかからないよう，基板とブレッドボードの間に竹製のヘラ等（一例：ホーザン製P-806の後部）を挿入し，少しずつ引き上げます．

⑤センサ情報をIoT用クラウド・サービスAmbientへ送信する

アンビエントデーターが運用するIoT用クラウド・サービスAmbientを使えば，測定したセンサ値を簡単にグラフ化して表示することができます．Ambient のWebページ（https://ambidata.io/）でユーザー登録を行い，AmbientのチャネルIDとライト・キー（注意：リード・キーではない）を取得し，以下の手順で設定します．

①IoT Sensor Coreのブラウザ画面の［データ送信設定］にタッチし，**図14**の画面上の［Ambient

図14 手順① ブラウザ画面の[データ送信設定]の「Ambient送信設定」にAmbient IDとライト・キーを入力する

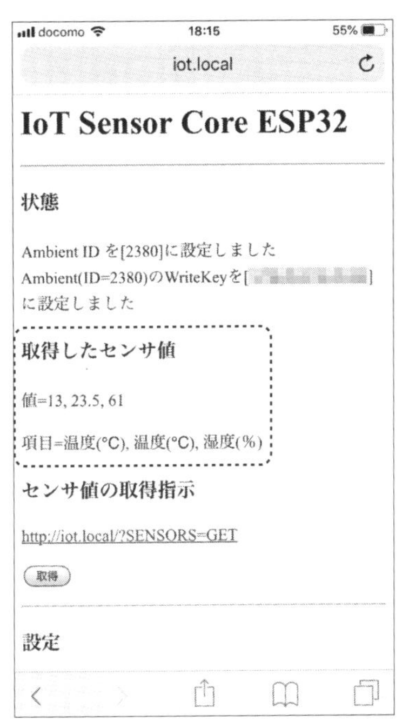

図15 手順② 内蔵温度センサの温度値，SHT31の温度値，湿度値が表示され，Ambientへ送信された

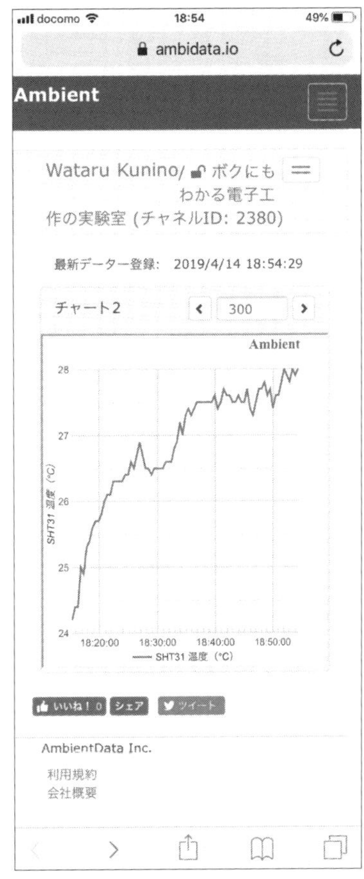

図16 手順③ 送信したデータのうち，2番目のSHT31の温度値をAmbientでグラフ化表示した

送信設定]にAmbientのWebページで取得したチャネルIDとライト・キーを入力します．

② 設定を完了すると，**図15**のように取得したセンサ値が表示されます．「値＝」の部分に取得値，「項目＝」の部分に取得したデータの項目名が表示され，表示順にAmbientへ送信します．ここでは，内蔵温度センサの温度値13 ℃，SHT31の温度値23.5 ℃，SHT31の湿度値61 %を送信し，Ambientはデータ1～3として蓄積しています．

③ Ambientのサイトにアクセスし，SHT31の温度値(データ2)をグラフ化表示したときのようすを**図16**に示します．

自動送信間隔は初期値の30秒または60秒のどちらかを設定します．Ambientに送信可能な回数は，1つのチャネルIDに対して1日当たり3,000回までなので，送信間隔を28.8秒未満にすると一部のデータの蓄積ができなくなります．

なお，IoT Sensor Coreには，乾電池で駆動させるためのディープ・スリープ機能，IoTボタン送信機能，IoT人感センサ機能，赤外線リモコン信号受信機能，IoT照度センサ機能，IoT加速度センサ機能，I²C接続の小型LCD(秋月電子通商製AE-AQM0802)への表示機能など，ESP32マイコンをIoT機器として使うためのさまざまな機能を入れており，これらをスマートフォンから簡単に設定することができます．

第11章 Sipeed M1 Dock使用

リアルタイム顔認識プログラミング

AIアクセラレータ付きのマイコン・ボードSipeed M1 Dockは，1インチ角(25.4mm×25.4mm)で厚さ3.3mmのAIモジュールSipeed M1を搭載したマイコン・ボードです．

顔や物体のリアルタイム認識に役立つ汎用ニューラル・ネットワーク・プロセッサKPU(Knowledge Processing Unit)を搭載しています．カメラやLCDモジュールが付属しているので，画像認識の実験を簡単にすることができます．

使用機材

- Sipeed M1 Dock（付属カメラとLCDを含む）
- Bluetoothモジュール RN4020
- ラズベリー・パイ 4

Sipeed M1 Dockは，金属製シールドで覆われた1インチ角のAIモジュールSipeed M1を搭載した64ビット・マイコン・ボードです．Sipeed M1には，リアルタイムに画像認識が可能なAIエンジン搭載マイコンK210を内蔵しています．カメラやLCDモジュールも付属しているので，画像認識をすぐに試すことや，画像認識を応用したシステムを簡単に製作することができます(**写真1**)．

本稿では，AIエンジン搭載マイコンK210を使ったカメラ応用システムのプログラム作成方法について解説します．また，ワイヤレス通信用Bluetoothモジュール RN4020を接続し，ラズベリー・パイ経由でインターネットに画像認識結果を送信するプログラムも説明します．

1 K210マイコンの特徴と開発環境の準備

はじめにSipeed M1 Dockおよび，K210マイコンの特徴と，開発環境MaixPyのセットアップ方

カメラ(付属)

Bluetooth

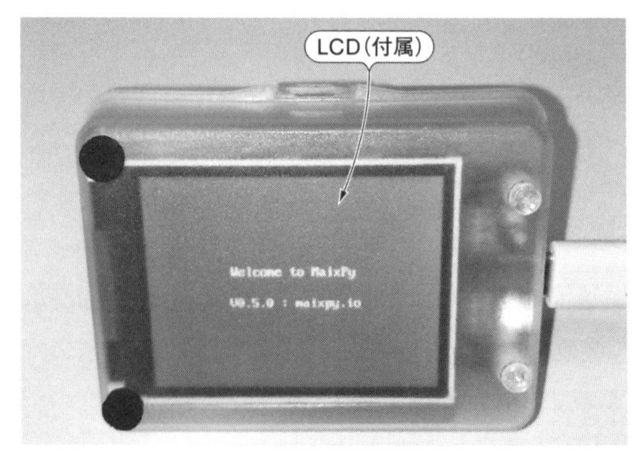

写真1　Sipeed M1 Dockに付属のカメラとLCD，別売のBluetoothモジュールRN4020を自分で加工したケースに収容した

AIエンジン，カメラ，LCD，ワイヤレス通信モジュールをクレジット・カード・サイズ(厚みを除く)のケースに組み込んで実験を行った

法を説明します.

● Sipeed M1モジュールとK210マイコン

Sipeed M1 Dockボードの中央に実装されている1インチ角の金属製シールドで覆われたモジュールがSipeed M1モジュールです. 金属製シールドの中には, K210マイコンと16MBのフラッシュ・メモリ, 電源回路を内蔵しています.

● AIエンジン＋64ビット・マイコンK210

K210は, 64ビットRISC-Vデュアルコア・プロセッサのAI用マイコンです. K210マイコン内には, KPU(Neural Network Processing Unit)と呼んでいるAI演算用ニューラル・ネットワーク・プロセッサや, 最大8ch入力, 最大192kHzサンプル, FFT演算機能を含むオーディオ用プロセッサAPU(Audio Processing Unit), FPU(浮動小数点演算ユニット)などを内蔵しています. SRAMは8Mバイトを内蔵し, うち2MバイトはAI処理専用です.

また, Sipeed M1 Dockボード上には, マイクロSDカードを使用するためのTFカード・スロット, オーディオ用マイクロホン, D-Aコンバータ, D級オーディオ・アンプを装備しています(**写真2**). **表1**にK210マイコンを搭載したSipeed M1 Dockの概要仕様を示します.

● MicroPythonによるソフトウェア開発環境MaixPy

Sipeed M1 Dockには, あらかじめMicroPython

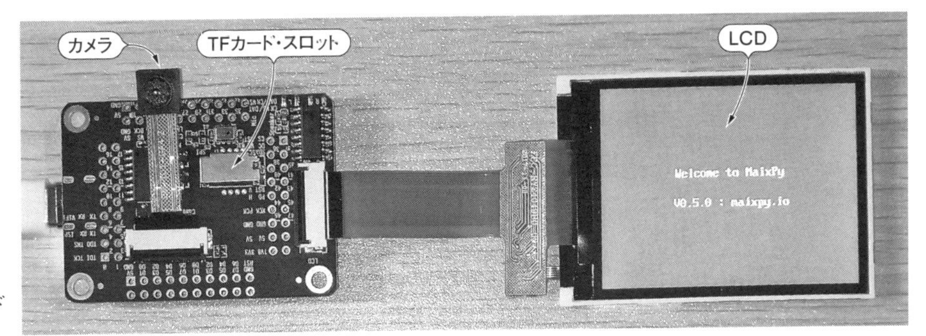

写真2
Sipeed M1 Dockボードと LCD

表1 K210マイコン搭載Sipeed M1 Dock概要仕様表

項　目	機能・性能(筆者による実測値を含む)
マイコン	K210 64ビットRISC-Vデュアルコア・プロセッサ(動作周波数400M～500MHz)
マイコン内蔵メモリ	8Mバイト(うち2MバイトはAI処理用)
フラッシュ・メモリ	16Mバイト, TFカード・スロット(マイクロSDXC拡張用・128Gバイトまで)
画像認識速度	60fps(QVGA時), 30fps(VGA時)
ユーザ・インターフェース	押しボタン×1, リセット・ボタン×1, フルカラーLED×1
映像入力	カメラ(OV2640/GC0328)付属
映像出力	2.4インチLCD(320×240ピクセル)
オーディオ入力	MEMSマイクロホン(MSM261S4030H0)
オーディオ出力	D-Aコンバータ(TM8211), D級オーディオ・アンプ(PAM8403)
PC接続インターフェース	Type C, USBシリアル変換IC(CH340)
電源電圧・電流	5±0.2V・600mA以上, 実動作時150mA～180mA程度(カメラ, LCDを含む・実測値)
サイズ	52.33mm×37.34mm(Sipeed M1モジュール部は25.4mm×25.4mm×3.3mm)

参考資料：Sipeed MaixDock Datasheet V1.0
https://dl.sipeed.com/shareURL/MAIX/HDK/Sipeed-Maix-Dock/Specifications
https://wiki.sipeed.com/soft/maixpy/en/develop_kit_board/maix_dock.html

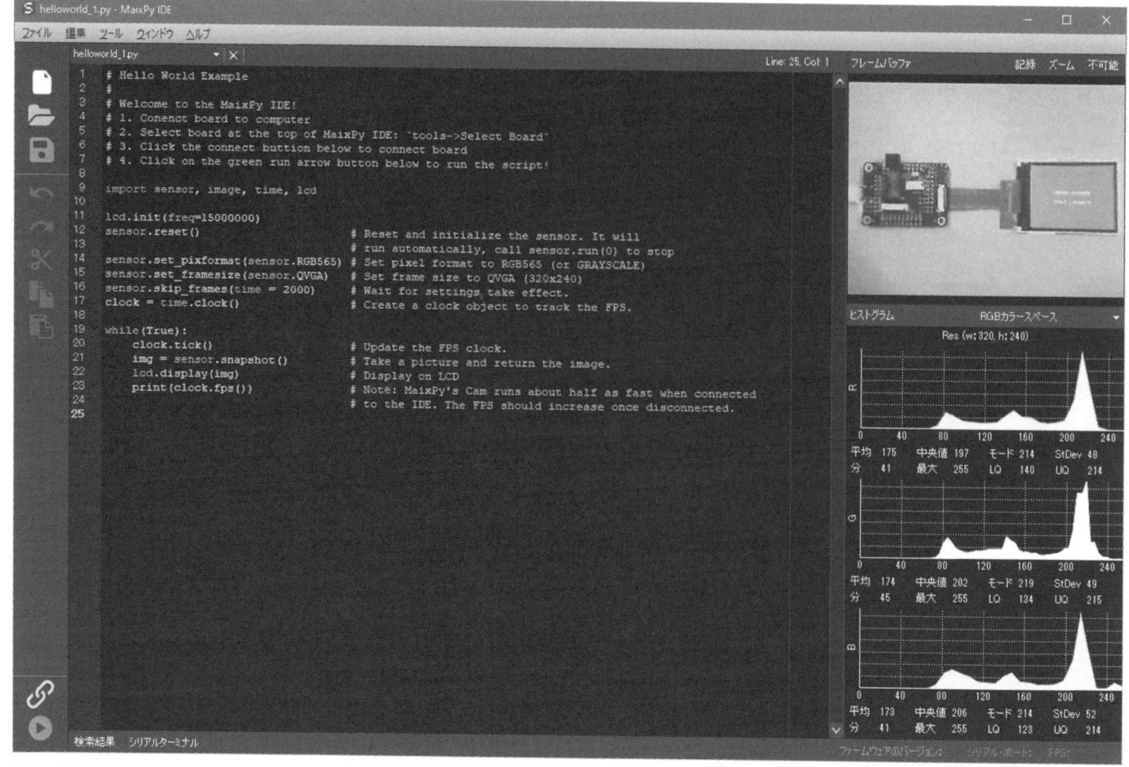

図1　MicroPythonによるソフトウェア開発環境MaixPy
MicroPythonでプログラム作成ができるほか，カメラ画像のリアルタイム表示機能やヒストグラム表示機能，プログラム実行中のログ表示機能，シリアル・ターミナル機能などを備えている

用ファームウェアが書き込まれています．本章では，Sipeed M1 Dockと連携可能なソフトウェア開発環境MaixPy（**図1**）を使ったAIカメラ応用MicroPythonプログラムの作成方法について説明します．

● MaixPyの特徴

MaixPyは，Sipeed M1 Dockや，M5Stack製AIカメラM5StickVなどのK210マイコン搭載製品に対応したソフトウェア開発環境です．

MicroPythonでプログラムの作成ができるほか，カメラ画像のリアルタイム表示機能やヒストグラム表示機能，プログラム実行中のログ表示機能，シリアル・ターミナル機能などが搭載されています．

シリアル・ターミナルは，Sipeed M1 Dockで動作するRELPモード（MicroPythonの対話モード）にアクセスすることもできるので，MicroPython用コマンドを試行したいときに便利です．

準備1　開発環境MaixPyをセットアップする

MaixPy開発環境のセットアップのしかたを説明します．執筆時点では，Windows用，Mac用，Linux用のセットアップ用ファイルが配布されています．次のサイトからダウンロードしてインストールしてください．筆者はV0.2.5をWindows 10にインストールしました．

MaixPy：
https://dl.sipeed.com/shareURL/MAIX/MaixPy/ide/

Sipeed M1用のファームウェアは，V.4.0_44以上が要件です．購入したものはV0.5.0が入っていたので，そのまま使用しました．要件を満たさない場合は，下記からV0.6.2などをダウンロードし，後述のkmodelの書き込み方法と同じ手順で，Sipeed M1に書き込んでください．

ファームウェア：
https://dl.sipeed.com/MAIX/MaixPy/release/master/

USBシリアル変換IC CH340用デバイス・ドライバは，Sipeed M1 DockをパソコンのUSBポートに接続すると自動的にインストールできます．インストールに5分以上の時間がかかることもあるので，しばらく待ってください．自動的にインストールされない場合は，CH340/CH341用ドライバを入手して手動でインストールしてください．

準備2 顔認証用kmodelをSipeed M1に書き込む

AIエンジンを使った顔検出のプログラムを動かすには，あらかじめ顔認証用の学習モデルkmodelをSipeed M1に書き込んでおく必要があります．プログラムとは別のアドレスに書き込むので，一度，書き込めば，その後は同じkmodelを使用し続けることができます．

書き込みツールK-Flashは，下記からダウンロードできます(Sipeed社のサイトからもダウンロードできますが，これは執筆時点で筆者の環境では動作しませんでした)．

書き込みツール：
https://github.com/kendryte/kendryte-flash-windows/releases

本章で使用するkmodelは，下記からface_model_at_0x300000.kfpkgのパッケージ・ファイルをダウンロードしてください．ファイル名に含まれる16進数は書き込み先のメモリ・アドレスです．

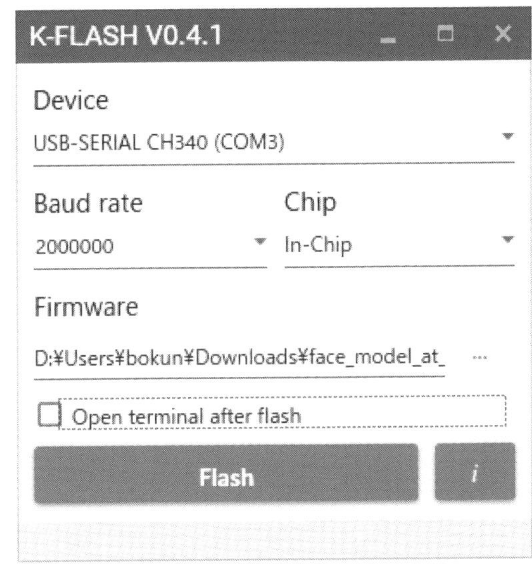

図2　ファームウェア kmodel書き込みツールK-Flash
［COMポート］と，［Chip］(In-Chipを選択)，ファームウェアのファイルを選択し，チェック・ボックス内の［✓］マークを外してから，［Flash］ボタンをクリックする

kmodelの場所：
https://dl.sipeed.com/shareURL/MAIX/MaixPy/model

K-Flashを実行すると，**図2**のような画面が表示されるので，COMポートと，Chip(In-Chipを選択)，ファームウェアのファイルを選択し，［Open terminal after flash］のチェックを外してから，［Flash］ボタンをクリックしてください．

書き込みに失敗する場合は，［Baud rate］の数字を115200などのように小さくします．Sipeed M1用ファームウェアもこのK-Flashで書き込めます．

準備3 本章用のサンプル・プログラムをダウンロードする

筆者が本章用に作成したサンプル・プログラムは，次からダウンロードすることができます．

ZIP形式ダウンロード：
https://bokunimo.net/git/maix/archive/master.zip

GitHubのページ：

https://github.com/bokunimowakaru/maix/

ZIP形式でダウンロード後，パソコン内に展開(ZIPフォルダ内のmaix-masterフォルダを任意の場所にコピー)してから，拡張子pyのプログラムをMaixPy開発環境で開きます(**図3**)．フォルダ内には，**表2**のような複数のサンプル・ファイルが含まれています．

準備4 サンプル・プログラムをSipeed M1に書き込む

MaixPyを使って，Sipeed M1 Dockでプログラムを実行する方法を説明します．MaixPyのファイル・メニューの[開く]からプログラムを読み込み，統合開発環境MaixPy画面の左下にある，[接続]ボタン(**図4**の上)をクリックし，COMポートに接続すると，[実行]ボタン(**図4**の下)が赤色から緑色に変わります．緑色の[実行]ボタンをクリ

表2　本稿で使用するおもなサンプル・プログラム

ファイル名	説　明
ex0_cam.py	カメラの画像を[Hello, World!]の文字列とともに表示する
ex1_kao.py	AIカメラが顔検出した位置をログ出力する
ex2_kao_led.py	AIカメラが顔検出したときにLEDを点灯する
ex3_kao_uart.py	AIカメラが顔検出した位置をUARTシリアル出力する
ex4_kao_count.py	AIカメラによる来場者カウンタ
ex5_kao_rn4020.py	BLE対応 AIカメラによる来場者カウンタ
ble_logger_aicam.py	ラズベリー・パイでAIカメラのBLEビーコンを受信する

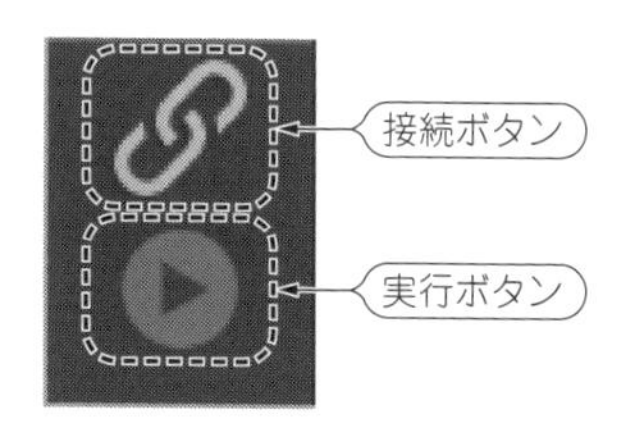

図4　MaixPyをSpeed M1に接続する
プログラムを実行するには，接続ボタン(上)をクリックしてから，実行ボタン(下)をクリックする

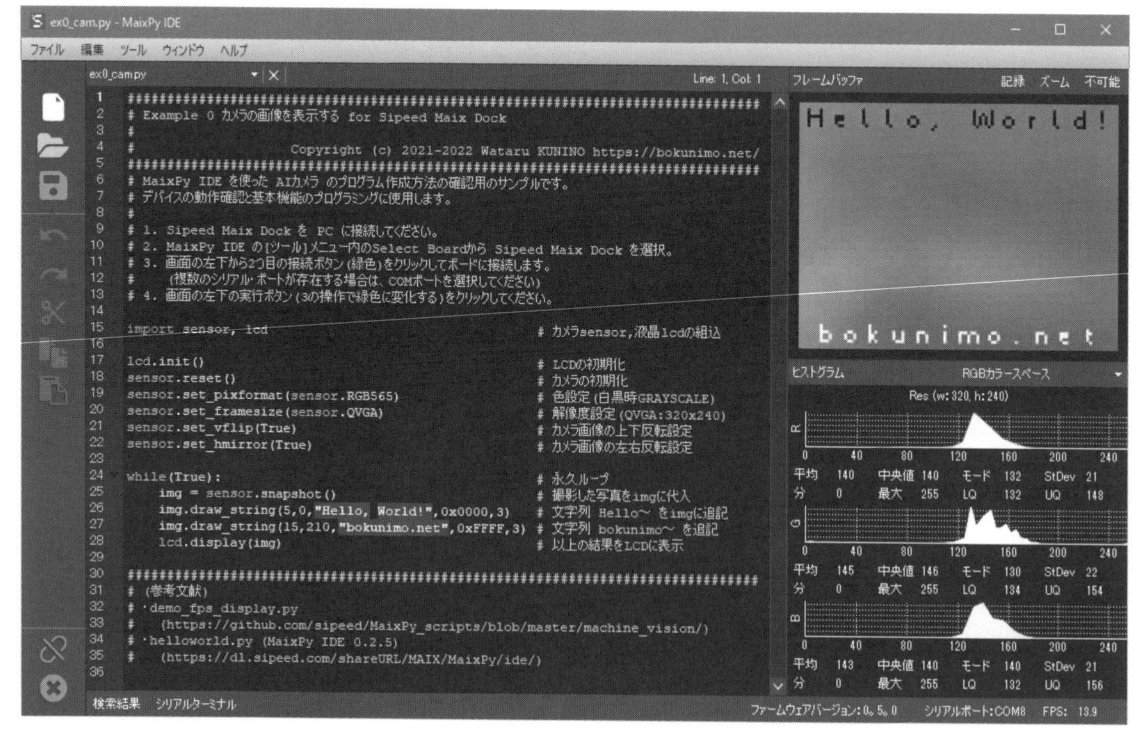

図3　サンプル・プログラム0 ex0_cam.pyを実行する
実行するとカメラ画像とともに[Hello, World!]の文字が表示される

ックしてください．ボタンの色が緑のときは未接続の場合や未実行の状態を示し，ボタンの色が赤色のときは接続中や実行中を示します．

プログラムを停止するには，実行ボタン(赤色の状態の×印)をクリックします．プログラムを変更した場合は，一度，プログラムを停止してから，再度，[実行]ボタンを押すことで反映されます．以上は，プログラムをその都度，転送して実行する方法です．

フラッシュ・メモリにファイルとして書き込んで実行したい場合は，Sipeed M1 DockをMaixPyに接続した状態で，[ツール]メニュー内の[Save open script to board]を実行します(**図5**)．

USBケーブルをパソコンから外し，Sipeed M1 DockをUSB端子付きのACアダプタや，モバイル・バッテリに接続して動かすことができます(**写真3**)．

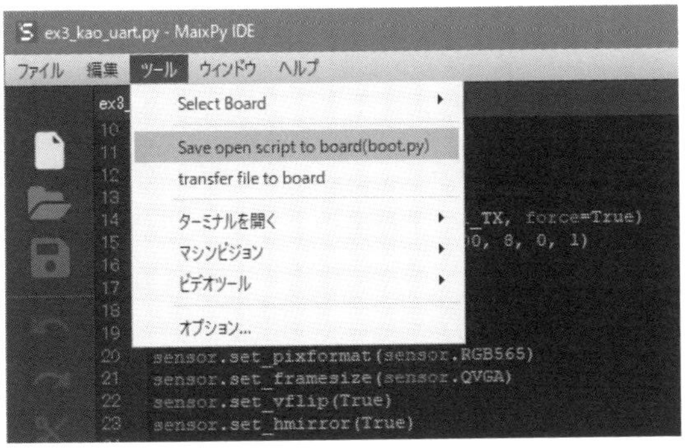

図5　ファイルとして書き込む方法
Sipeed M1 DockをMaixPyに接続した状態で[Save open script to board]を実行する

サンプル・プログラム

サンプル・プログラムex0_cam.pyの処理内容を**リスト1**を用いて説明します．

① カメラを使用するためのライブラリsensorと，液晶表示用ライブラリlcdを本プログラムに組み込みます．以降，sensor.やlcd.に続けて命令を付与することで，各ライブラリにアクセスできるようになります．

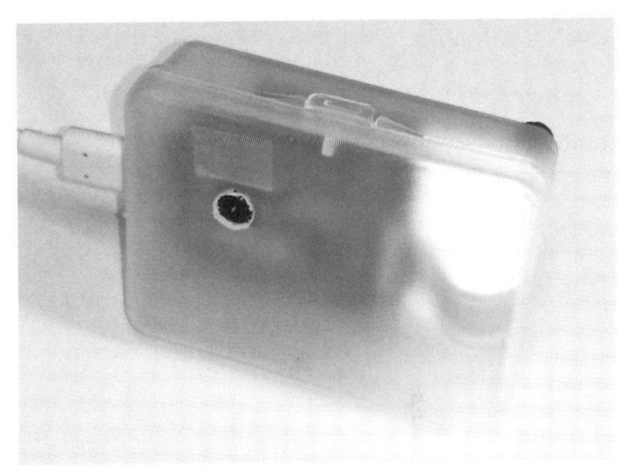

写真3　USB端子付きACアダプタでの動作も可能
プログラムをファイルとして書き込めば，パソコンとの接続を外しても動かすことができる．プログラム0はカメラ映像と[Hello,World!]をLCDに表示する

リスト1　プログラムex0_cam.py
カメラで撮影(⑥)した画像に，文字列を追記(⑦)し，LCDに表示する

```
import sensor, lcd ←①                                  # カメラsensor,液晶lcdの組み込み

lcd.init() ←②                                          # LCDの初期化
sensor.reset()                               ┐          # カメラの初期化
sensor.set_pixformat(sensor.RGB565)          ├③        # 色設定(白黒時GRAYSCALE)
sensor.set_framesize(sensor.QVGA)            ┘          # 解像度設定(QVGA:320x240)
sensor.set_vflip(True)                       ┐④        # カメラ画像の上下反転設定
sensor.set_hmirror(True)                     ┘          # カメラ画像の左右反転設定
                    ※対面撮影時はFalse
while(True): ←⑤                                        # 永久ループ
    img = sensor.snapshot() ←⑥                         # 撮影した写真をimgに代入
 ⑦{img.draw_string(5,0,"Hello, World!",0x0000,3)        # 文字列 Hello～ をimgに追記
   {img.draw_string(15,210,"bokunimo.net",0xFFFF,3)     # 文字列 bokunimo～ を追記
    lcd.display(img) ←⑧                                # 以上の結果をLCDに表示
```

② lcd.initコマンドを使って，LCDの初期化を行います．

③ sensor.resetコマンドで，カメラの初期化を行い，sensor.setコマンドを使って，カラー・モードと解像度の設定を行います．

④ 上下反転と左右反転の設定を行います．LCDの向きに合わせてカメラ映像を調節してください．丸括弧内のTrueは有効を意味します．対面撮影時は，Falseに書き換えます．

⑤ 繰り返し構文whileを使って，処理⑥～⑧を繰り返し実行します．Pythonでは空白文字またはタブの字下げ(インデント)で，ifやwhileの対象区間を示します．

⑥ sensor.snapshotコマンドでカメラ撮影し，写真(1コマ分の映像)を取得します．左辺のimgは，画像を扱うimageライブラリで定義されているimage型のオブジェクトです．

⑦ オブジェクトimgに代入された写真に文字列[Hello, World!]などを追記します．丸括弧内の第1引き数(カンマ区切りの先頭の値)は画像のX軸座標，第2引き数はY軸座標です．原点はLCDの左上隅です．X軸は右側方向，Y軸は下側に向かって座標値が増大します．第3引き数は表示したい文字列，第4引き数は文字色，第5引き数は文字サイズです．文字色はRGB565の16ビット(赤＝先頭5ビット，緑＝中央6ビット，青＝後方5ビット)で示します．

⑧ 以上の処理⑥と⑦後のオブジェクトimgをLCDに表示します．

● Sipeed M1 Dockをケースに入れる

Sipeed M1 Dockボードは多くの端子が露出しており，その端子に金属などの導電物が接触するとショートして壊れる恐れがあります．

また，付属のカメラで撮影するときは，本体を動かすことも多く，カメラやLCDが固定されていない状態では使い勝手が良くありません．衝撃が生じたときに，フレキシブル基板が切れてしまう恐れや，LCDの傷や輝度ムラが生じてしまう恐れもあります．

そこで，筆者はSipeed M1 Dockボードに付属していたケースに収容し，ポリイミド・テープで仮絶縁と仮固定を行いました[**写真4(a)**]．カメラ部は蓋を開けて使用するか，蓋に丸穴を開けます[**写真4(b)**]．素材が半透明なので，LCDを**写真4(c)**のように密着すれば映像や文字の確認ができます．ただし，こういった部品収容ケースは熱で溶けやすく燃えやすい材質でできているので，異常時の発熱などで発火する恐れがあります．通電中は，目を離さないようにしてください．

(a) ケースに収容した

(b) カメラ部とType C部を開口した

(c) LCDを密着すれば表示が確認できる

写真4　Sipeed M1 Dockを付属ケースに収容する
実験中に本機を動かすことが多いので，ケース内で仮絶縁と仮固定を行った(注意：ケースは燃えやすい材質でできているので，通電中，目を離さないこと)

2 AIカメラSipeed M1 Dock用Pythonプログラムで顔検出&I/O制御

AIカメラで顔検出するSipeed M1 Dock用の基本サンプル・プログラムと，I/O制御用の基本サンプル・プログラムについて説明します．

プログラム1 AIカメラによる顔検出の基本機能

はじめに，AIカメラで顔検出した画像位置と大きさをシリアル・ターミナル(画面・左下)にログ出力するサンプル・プログラムについて説明します．プログラム2以降で顔検出結果を電子工作に応用するための基礎となるプログラムです．

● プログラムの実行方法と実行結果

プログラムの実行方法について説明します．プログラムは，準備3でダウンロードしたZIPファイル含まれるex1_kao.pyです．MaixPy開発環境の[ファイル]メニューからプログラムを読み込み，画面左下にある[接続]ボタンと[実行]ボタンを操作して，プログラムを起動してください．

実行後，人の顔や人のイラストにカメラを向けると，**図6**のように画面右上にカメラ画像と顔検出位置が長方形で表示されます．また，画面左下の[シリアルターミナル]をクリックすると，顔検出した座標と顔の大きさが数字で表示されます．

例えば，(55，89，65，86)は，カメラ画像上のX座標55，Y座標89の位置に，幅65，高さ86の顔を検出したことを示しています．また，複数人の顔を検出した場合は，同じ行に人数分の値を出力します．本例では2人の顔を検出し，(55，89，65，86)，(209，88，64，86)のように表示されました．

なお，顔検出用の学習モデルkmodelを，あらかじめSipeed M1に書き込んでおく必要がありま

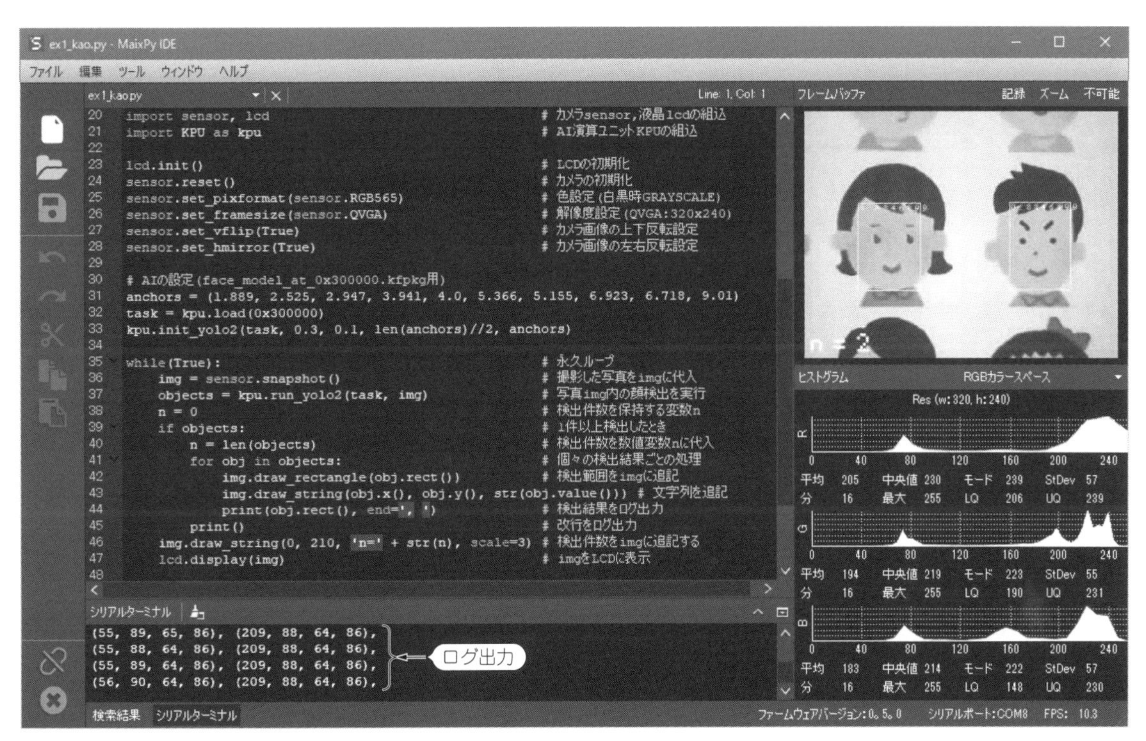

図6　AIカメラによる顔検出の基本機能ex1_kao.pyを実行したときのようす
AIカメラが顔検出した画像位置と大きさをシリアル・ターミナル(画面・左下)にログ出力する

す(準備2で書き込み済み)．一度，書き込んでおけば，以降のプログラムでも利用できます．

● プログラムex1_kao.pyの内容

サンプル・プログラムex1_kao.pyの処理内容について，**リスト2**を用いて説明します．

① カメラ用ライブラリsensorと，液晶用ライブラリlcdを本プログラムに組み込みます．

② AIエンジンKPU用ライブラリを本プログラムに組み込みます．

③ 配列変数anchors(アンカ)に10個の数値を代入する処理部です．丸括弧を用いた配列は，タプル型と呼び，要素となる各値を個別に変更しないときに用います．anchorsは，学習モデルkmodelのサイズ比情報です．ここでは2値のアンカ値を5組，計10値を定義します．これらの値や値の数は，モデルによって異なり，使用するモデル用の値をそのまま定義します．

④ kpu.loadでkmodelの読み込みを行います．丸括弧内の値はフラッシュ・メモリの相対アドレスです．マイクロSDに保存した学習モデルを読み取りたいときは，kpu.loadの引き数にファイル名を"/sd/xxx.kmodel"のように渡します．

⑤ kpu.init_yolo2コマンドで画像認識エンジンの初期化を行います．丸括弧内の引き数は，学習モデル，出力閾(しきい)値レベル(0～1)，重複出力の閾値レベル(0～1)，アンカ数，アンカ値です．

⑥ 処理⑤の第2引き数の出力閾値レベルは，認識結果の信頼度(確からしさ)の低いものを出力しないための設定です．値が大きいほど信頼度の高い認識結果しか出力しなくなります．

⑦ 第3引き数の重複出力の閾値レベルは，認識対象の重なりに対する閾値レベルです．値が大きいほど重なった結果が出力されやすくなります．

⑧ アンカ数を演算で求める処理部です．lenは要素数を得るための関数です．ここではanchorsの配列数10を得ます．演算子//は整数除算です．2値で1組のアンカ値なので，配列数10を2で

←④

リスト2　プログラム ex1_kao.py
付属カメラで撮影を行い(⑨)，AIエンジンKPU用の画像認識機能(②③④⑤)を用いて，顔検出を実行(⑩)し，撮影した画像に結果を追記し(⑬)，LCDに表示する(⑭)

```
import sensor, lcd ←①                                 # カメラsensor，液晶lcdの組み込み
import KPU as kpu ←②                                  # AI演算ユニットKPUの組み込み

lcd.init()                                             # LCDの初期化
sensor.reset()                                         # カメラの初期化
sensor.set_pixformat(sensor.RGB565)                    # 色設定(白黒時GRAYSCALE)
sensor.set_framesize(sensor.QVGA)                      # 解像度設定(QVGA:320x240)
sensor.set_vflip(True)                                 # カメラ画像の上下反転設定
sensor.set_hmirror(True) ←※対面撮影時はFalse           # カメラ画像の左右反転設定

anchors = (1.889, 2.525, 2.947, 3.941, 4.0, 5.366, 5.155, 6.923, 6.718, 9.01) ←③
task = kpu.load(0x300000)
kpu.init_yolo2(task, 0.3, 0.1, len(anchors)//2, anchors) ←⑤
                      ⑥    ⑦        ⑧
while(True):                                           # 永久ループ
    img = sensor.snapshot() ←⑨                        # 撮影した写真をimgに代入
    objects = kpu.run_yolo2(task, img) ←⑩             # 写真img内の顔検出を実行
    n = 0                                              # 検出件数を保持する変数n
    if objects: ←⑪                                    # 1件以上検出したとき
        n = len(objects)                               # 検出件数を数値変数nに代入
        for obj in objects: ←⑫                        # 個々の検出結果ごとの処理
      ⑬{ img.draw_rectangle(obj.rect())               # 検出範囲をimgに追記
         img.draw_string(obj.x(), obj.y(), str(obj.value())) # 文字列を追記
            print(obj.rect(), end=', ')                # 検出結果をログ出力
        print()                                        # 改行をログ出力
    img.draw_string(0, 210, 'n=' + str(n), scale=3)    # 検出件数をimgに追記する
    lcd.display(img) ←⑭                               # imgをLCDに表示
```

除算し，アンカ数5を得ます．

⑨ カメラ撮影を行い，撮影した写真(1コマ分の映像)を取得し，imgに代入します．

⑩ 撮影した写真を画像認識エンジンに渡し，実行結果を左辺のobjectsに代入します．objectsは，リスト型と呼ばれる配列で，複数の顔を認識した場合は，複数の結果が代入されます．

⑪ ifは，条件に合致したときに次の処理部を実行するための構文です．ここでは，認識結果がobjects内に代入されていたときに，以下の処理⑫～⑭を実行します．

⑫ forは配列内の個々の要素の処理を行う構文で，objects内の認識結果数と同じ回数，繰り返し処理を行います．objには，objects内の要素1つ分，すなわち1人分の結果が代入されます．

⑬ 顔検出範囲と，その信頼度(0～1)を写真imgに追記します．1人分の認識結果objに対し，obj.rectコマンドで認識した顔のX座標，Y座標，幅，高さが取得でき，obj.xコマンドでX座標，obj.yでY座標，obj.valueで認識結果の信頼度を取得できます．

⑭ 写真imgをLCDに表示します．

プログラム2 AIカメラによるGPIO制御

Sipeed M1に接続したカメラが顔を検出すると，GPIOに接続したLEDを点灯するサンプルを紹介します．**図7**のように，カメラで撮影した映像がLCDに表示され，顔検出時にLCDに「LED = On」を表示するとともに，IO14をGPIO制御してLEDを点灯します．

● GPIO実験用システム構成

必要なハードウェアは，Sipeed M1 Dockと，付属品のカメラ，付属LCDです．GPIO制御のようすは，基板上のLEDで確認できます．もちろん，外部にLEDを接続して確認することもできます．

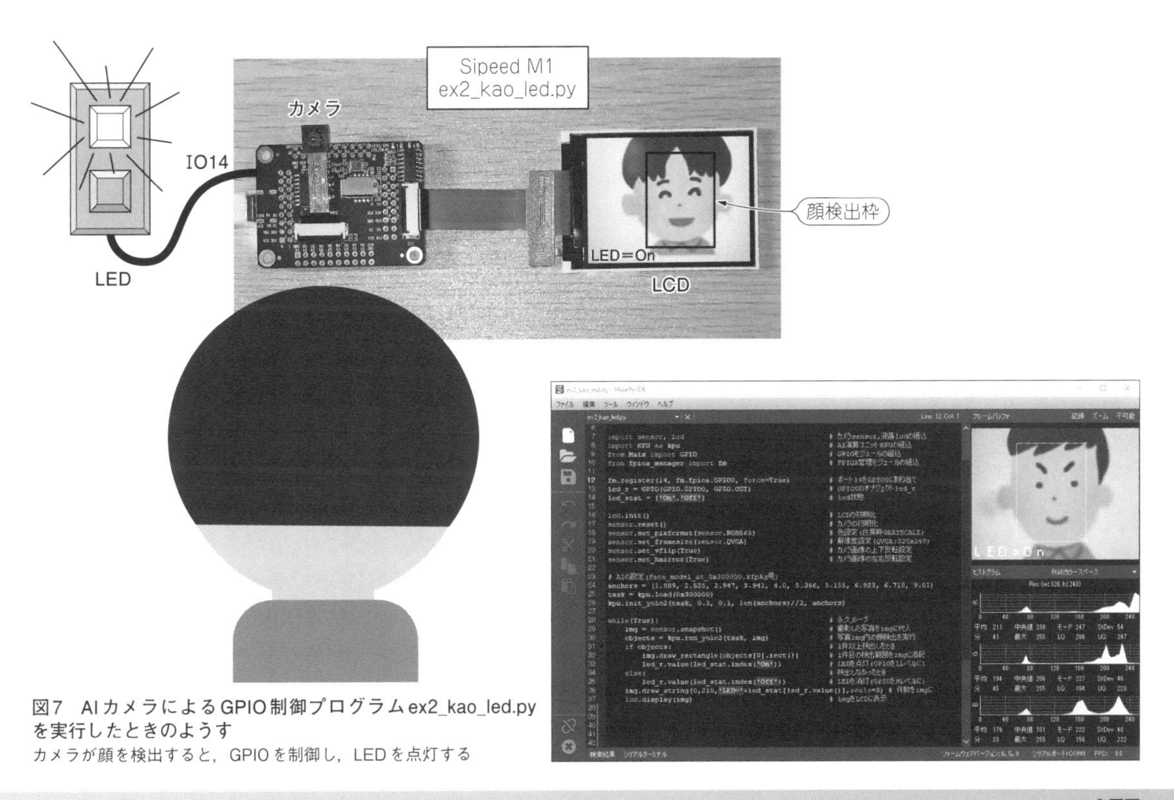

図7 AIカメラによるGPIO制御プログラムex2_kao_led.pyを実行したときのようす
カメラが顔を検出すると，GPIOを制御し，LEDを点灯する

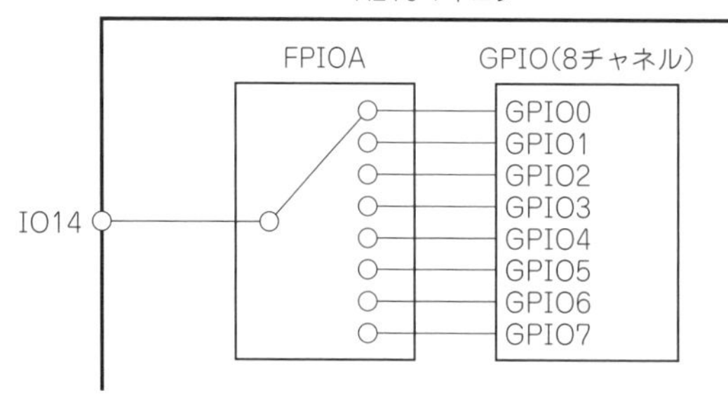

図8 I/O機能を48個のI/Oピンに割り当てるFPIOAの設定例
FPIOA(Field Programmable Input and Output Array)を用いて，GPIO0をIO14ピンに接続した

ソフトウェアは，ex2_kao_led.pyを使用し，おもにGPIOの出力方法について説明します．

● GPIOチャネルをI/Oピンに接続するFPIOA

K210マイコン内には，40チャネルのGPIO(うち32チャネルは高速GPIO)やUART，I²Cなど計255ポート分もの機能を搭載しています．FPIOA(Field Programmable Input and Output Array)は，これらの機能を48個のI/Oピンに割り当て，外部I/Oピンと接続する機能です(**図8**)．

Sipeed M1 Dock基板上のIO機器のI/Oピン番号は，**表3**のように接続されており，本例ではRGB LEDの赤色が接続されているIO14ピンを使用します．LEDを制御するには，FPIOAを使って，GPIOチャネル0をIO14ピンに接続しておく必要があります．

表3 Sipeed M1 Dock基板上のIO機器の接続先I/Oピン番号

I/Oピン名	定義名	機能
IO16	BOOT_KEY	BOOTボタン(S2)
IO14	LED_R	RGB LED 赤
IO13	LED_G	RGB LED 緑
IO12	LED_B	RGB LED 青
IO20	MIC0_DATA	マイクロホン用データ
IO30	MIC0_WS	マイクロホン用L/Rセレクト信号
IO32	MIC0_BCK	マイクロホン用クロック信号
IO34	I2S_DATA	オーディオ出力用データ
IO33	I2S_WS	オーディオ出力用L/Rセレクト信号
IO35	I2S_ BCK	オーディオ出力用クロック信号

参考資料：MaixPy Scripts(GitHub: sipeed / MaixPy_scripts)
https://github.com/sipeed/MaixPy_scripts/blob/master/board/

● LEDの周辺回路

GPIOは，0を設定するとLレベル(約0V)，1を設定するとHレベル(約3.3V)を出力します．LEDを制御するには，I/Oピンから抵抗器を経由してLED，電源(3.3VまたはGND)を直列接続し，GPIOと電源との電位差によって駆動します．

Sipeed M1 Dockの場合は，**図9**の回路図のようにLEDのアノード側が3.3Vの電源に，カソード側が4.7kΩの抵抗を経由してI/Oピンに接続しています．したがって，GPIOに0を設定したLレベル(約0V)出力のときに点灯，1を設定したHレベル(約3.3V)出力のときに消灯します．

基板上に実装されているRGB LEDは，3.5mm×2.8mmの小さなパッケージに赤，緑，青の3つのLEDを内蔵しています．本例で制御するIO14のLED_Rは，赤色のLEDです．

外部にLEDを接続するときは，I/Oピンから抵抗を経由してLEDのアノード側に接続し，カソード側をGNDに接続し，信号の論理を反転させると良いでしょう．基板上のLEDと外部LEDのどちらか一方しか点灯しないようにすることで，最大消費電流を抑えることができます．抵抗値はLEDに流れる電流がLEDの許容電流やGPIOの許容出力電流5mAを上回らない範囲で設定します．例えば，1kΩの抵抗器を使って仮製作し，輝度や電流値を確認してから調整する方法もあります．

● プログラムex2_kao_led.pyの内容

K210マイコンを使ったGPIOの出力方法について，**リスト3**のプログラムex2_kao_led.pyを使って説明します．

① Maixライブラリ内のGPIO機能をプログラムに組み込みます．
② FPIOA管理機能を組み込みます．
③ FPIOAを使って，IO14ピンをGPIO0に割り当

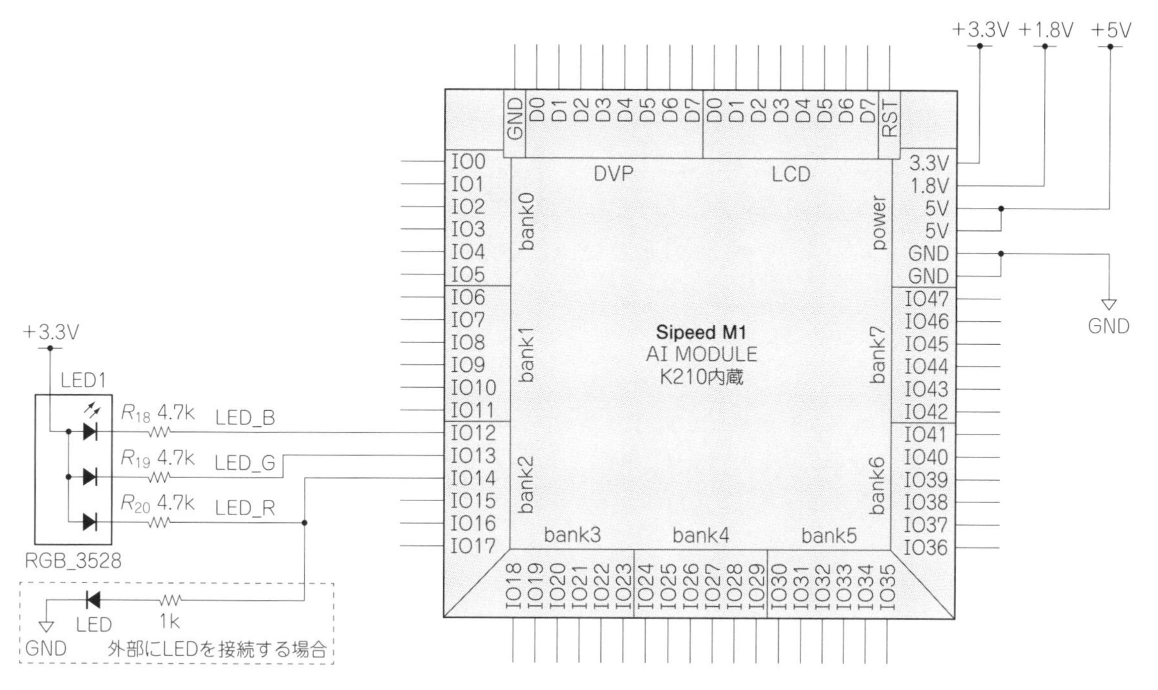

図9 Sipeed M1のLED制御回路部
I/Oピンから抵抗器を経由してLED，電源(3.3V)に接続し，GPIOと電源との電位差によってLEDを駆動する

リスト3 プログラム ex2_kao_led.py
FPIOA管理機能を使ってI/OピンにGPIOの割り当てを行い(③)，GPIOを出力に設定し(④)，LEDを制御する(⑥⑦)

```
import sensor, lcd                                    # カメラsensor,液晶lcdの組み込み
import KPU as kpu                                     # AI演算ユニットKPUの組み込み
from Maix import GPIO ←①                             # GPIOモジュールの組み込み
from fpioa_manager import fm ←②                      # FPIOA管理モジュールの組み込み

fm.register(14, fm.fpioa.GPIO0, force=True) ←③       # ポート14をGPIO0に割り当て
led_r = GPIO(GPIO.GPIO0, GPIO.OUT) ←④                # GPIO0のオブジェクトled_r
led_stat = ['On','Off'] ←⑤                           # led状態

lcd.init()                                            # LCDの初期化
sensor.reset()                                        # カメラの初期化
sensor.set_pixformat(sensor.RGB565)                   # 色設定(白黒時GRAYSCALE)
sensor.set_framesize(sensor.QVGA)                     # 解像度設定(QVGA:320x240)
sensor.set_vflip(True)                                # カメラ画像の上下反転設定
sensor.set_hmirror(True) ←※対面撮影時はFalse         # カメラ画像の左右反転設定

anchors = (1.889, 2.525, 2.947, 3.941, 4.0, 5.366, 5.155, 6.923, 6.718, 9.01)
task = kpu.load(0x300000)
kpu.init_yolo2(task, 0.3, 0.1, len(anchors)//2, anchors)

while(True):                                          # 永久ループ
    img = sensor.snapshot()                           # 撮影した写真をimgに代入
    objects = kpu.run_yolo2(task, img)                # 写真img内の顔検出を実行
    if objects:                                       # 1件以上検出したとき
        img.draw_rectangle(objects[0].rect())         # 1件目の検出範囲をimgに追記
        led_r.value(led_stat.index('On')) ←⑥         # LEDを点灯(GPIOをLレベルに)
    else:                                             # 検出しなかったとき
        led_r.value(led_stat.index('Off')) ←⑦        # LEDを消灯(GPIOをHレベルに)
    img.draw_string(0,210,'LED='+led_stat[led_r.value()],scale=3) # 件数をimgに
    lcd.display(img)                                  # imgをLCDに表示
```

てます．第1引き数はI/Oピン番号，第2引き数は割当先の機能名です．GPIOの場合，GPIO0～7，GPIOHS0～31が利用できます．Sipeed M1 Dock基板上のIO機器の接続先I/Oピン番号は**表3**のboard_infoに定義されており，例えば，IO14ピンであれば，board_info.LED_Rで取得できます．

④ GPIO0を出力に設定し，GPIO制御用のオブジェクトled_rを生成します．

⑤ リスト型の配列変数led_statを定義し，配列番号0に文字列Onを，1にOffを代入します．配列番号の論理は，Sipeed M1 Dock基板上のLEDの制御論理に合わせました．外付けLEDなどで制御論理を反転したい場合は，['Off', 'On']のように変更してください．

⑥ 処理④で生成したled_rに対して，led_r.valueコマンドでLEDを点灯制御します．本処理は，if objects: の条件に一致したとき，すなわちカメラが顔を検出したときに実行されます．led_r.valueの丸括弧内の引き数は，制御値です．処理⑤で定義した配列led_stat内に'On'が格納されている配列番号0を渡します．led_r.value(0)と書いても同じようにLEDを点灯します．

⑦ カメラが顔を検出しなかったときにLEDを消灯します．led_r.value(1)と書いても消灯します．配列led_statを使用すると，冗長で長いプログラムになるうえ，例えば大文字のONやOFFが入力されてしまうとエラーが発生し，脆弱となる場合があります．一方，本例のOn, Offのようにわかりやすい文字列は，プログラマのミスや負担を軽減し，品質を高めます．

プログラム3 AIカメラによるUART出力

AIカメラの顔認識の結果(座標情報)をUARTで送信するプログラムを製作します(**図10**)．カメラで撮影した映像データには，プライバシーに関わる情報が含まれることがあります．また，インターネットからサイバー攻撃を受けると流出してしまう恐れもあります．そこで，映像そのものが流出しないように，マイコンの役割を分担してセキュリティを強化します．

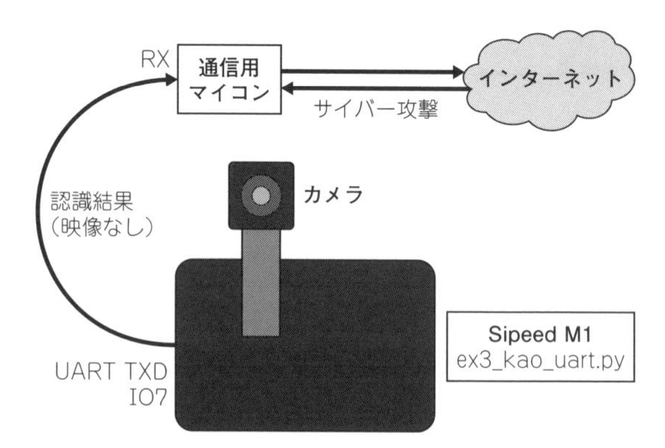

図10　AIカメラによるUART出力プログラムex3_kao_uart.pyを使ったシステム構成例
カメラが顔を検出すると，顔認識の結果(座標情報)のみをUARTで送信する

● UART実験用システム構成

本章では，撮影した映像はSipeed M1内にとどめ，認識結果(顔を検出したときの座標情報)のみをSipeed M1 DockのIO7ピンからUARTで出力します．後のプログラム5では，Sipeed M1 DockのUART出力に接続可能なBluetoothモジュールを接続する例も紹介します．

ここではUART実験用に，Sipeed M1 DockをUSBシリアル変換器経由でパソコンに接続します(**写真5**)．IO7ピンのUART出力(TXD)をUSBシリアル変換器のRXDにジャンパ・ワイヤで接続し，また双方のGNDも接続してください．ただし，この実験方法は電磁波ノイズを放射しやすくなる場合があるので，電波の影響を受けやすい機器や医療機器の近くでは実験しないでください．

● プログラムex3_kao_uart.pyの内容

UARTの出力方法について，**リスト4**のプログ

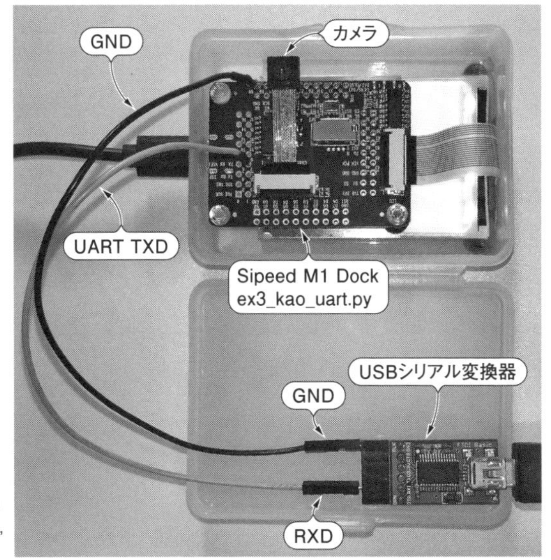

写真5
Sipeed M1 DockのUART出力をUSBシリアル変換器に接続する
認識結果のみ(カメラ映像なし)をSipeed M1 DockのIO7ピンから出力することで，映像そのものの流出を防止する

リスト4　プログラム ex3_kao_uart.py
FPIOA管理機能を使ってI/OピンにUART1の割り当てを行い(③)，通信パラメータを設定し(④)，認識結果を出力する(⑦)

```
import sensor, lcd                                            # カメラsensor，液晶lcdの組み込み
import KPU as kpu                                             # AI演算ユニットKPUの組み込み
from machine import UART ←①                                   # UARTモジュールの組み込み
from fpioa_manager import fm ←②                               # FPIOA管理モジュールの組み込み

fm.register(7, fm.fpioa.UART1_TX, force=True) ←③              # IO7ピンをUART1_TXに割り当て
uart = UART(UART.UART1, 115200, 8, 0, 1) ←④                    # UART1のオブジェクトuart
uart.write('Hello!\n') ←⑤                                      # UART送信

lcd.init()                                                    # LCDの初期化
sensor.reset()                                                # カメラの初期化
sensor.set_pixformat(sensor.RGB565)                           # 色設定(白黒時GRAYSCALE)
sensor.set_framesize(sensor.QVGA)                             # 解像度設定(QVGA:320x240)
sensor.set_vflip(True)                                        # カメラ画像の上下反転設定
sensor.set_hmirror(True)                                      # カメラ画像の左右反転設定

anchors = (1.889, 2.525, 2.947, 3.941, 4.0, 5.366, 5.155, 6.923, 6.718, 9.01)
task = kpu.load(0x300000)
kpu.init_yolo2(task, 0.3, 0.1, len(anchors)//2, anchors)

while(True):                                                  # 永久ループ
    img = sensor.snapshot()                                   # 撮影した写真をimgに代入
    objects = kpu.run_yolo2(task, img)                        # 写真img内の顔検出を実行
    n = 0                                                     # 検出件数を保持する変数n
    s=''                                                      # UART出力用の文字列変数s
    if objects:                                               # 1件以上検出したとき
        n = len(objects)                                      # 検出件数を数値変数nに代入
        for obj in objects:                                   # 個々の検出結果ごとの処理
            img.draw_rectangle(obj.rect())                    # 検出範囲をimgに追記
            img.draw_string(obj.x(), obj.y(), str(obj.value())) # 文字列を追記
            if len(s) > 0:                                    # s内に文字あり(for2回目～)
                s += ', '                                     # 文字列sにカンマを追記
            s += str(obj.rect()) ←⑥                            # 文字列sに検出結果を追記
        print(s)                                              # 検出結果をログ出力
        uart.write(s + '\n') ←⑦                                # 検出結果をUART出力
    img.draw_string(0, 190, 'n=' + str(n), scale=3)           # 検出件数をimgに追記する
    img.draw_string(0, 218, s, scale=2)                       # UART出力結果をimgに追記
    lcd.display(img)                                          # imgをLCDに表示
```

ラムex3_kao_uart.pyを使って説明します.

① Maixライブラリ内のUART機能をプログラムに組み込みます.
② FPIOA管理機能を組み込みます.
③ FPIOAを使って，IO7ピンをUART1のTX(送信)に割り当てます.
④ UART1の通信パラメータの設定を行い，オブジェクトuartを生成します．丸括弧内の第1引き数にはUARTチャネル1を，第2引き数にはビット・レート，以降，ビット数，パリティ有無，ストップ・ビットを渡します．これらは受信側(パソコン側)の設定と同じにします.
⑤ 起動したことを示すために文字列Hello!をUART送信します．\nは改行を示します.
⑥ 顔検出した結果を文字列に変換し，文字列変数sに追記します．検出結果は，X座標x，Y座標y，幅w，高さhの4値を含む**図11(2)**のようなタプル型の配列です．複数人の顔を検出したときは，本処理を含むfor構文で繰り返して変数sに追記することで，**図11(3)**のような検出した人数分の結果を出力します.
⑦ 変数sの内容をUART送信します．**図11(4)**のように顔を検出するたびに繰り返します.

```
Hello! ←(1)
(119, 49, 31, 40) ←(2)
  ↑    ↑   ↑   ↑
 (x)  (y) (w) (h)
(250, 25, 24, 32), (119, 31, 31, 41) ←(3)
        ↑                  ↑
      1人目              2人目
(119, 23, 31, 41), (250, 23, 24, 33) ┐
(249, 23, 24, 33), (119, 34, 30, 40) │
(246, 35, 30, 41)                    │
(119, 35, 30, 41), (246, 34, 30, 41) ├(4)
(171, 25, 19, 26), (42, 36, 30, 41)  │
(169, 25, 24, 32)                    ┘
```

図11　顔検出結果のUART出力例
AIカメラの認識結果(X座標，Y座標，幅，高さ)の4値を，検出した顔の人数分だけ出力する

3 AIカメラSipeed M1 Dock応用 来場者カウンタ

本節では，AIカメラで顔検出したデータの応用例として，来場者カウンタを製作してみます．さらに，Bluetoothによる送信方法についても紹介します. **図12**にAIカメラによる来場者カウンタ(ex4_kao_count.py)の構成を示します.

プログラム4 AIカメラで来場者をカウントする

AIカメラの顔認識で検出した顔の人数を累計し，来場者数をカウントするプログラムを作成します．検出した人数をそのまま累計すると，映り続けている顔を重複して数えてしまうので，同じ位置で検出した顔を累計値に加算しないようにします.

● 来場者カウンタのシステム構成

必要なハードウェアは，Sipeed M1 Dockと，付属品のカメラ，付属LCDです．ソフトウェアは，ex4_kao_count.pyを使用します．前節同様，顔検出用の学習モデルkmodelをSipeed M1に書き込ん

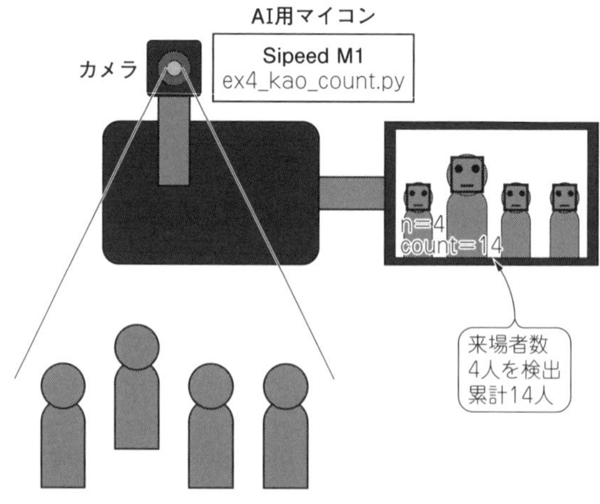

図12　AIカメラによる来場者カウンタex4_kao_count.pyを実行したときのようす
AIカメラの認識結果を利用し，新たに検出した人数をカウントする

でおく必要があります(準備2で書き込み済み).すでに書き込んであれば，再書き込みは不要です.

● AIカメラ設置時の注意点

AIカメラを設置して，許可なく撮影することは，プライバシーの侵害に抵触する可能性があります.とくに本機は小型なので，撮影していることを張り紙などで知らせる必要があります.映像を保持しない場合であっても，撮影していることに変わりないので，掲示してください.

● プログラムex4_kao_count.pyの内容

AIカメラが検出した顔をそのまま累計すると，映り続けている顔を重複カウントしてしまうので，新たに映った顔なのか，以前から映っていた顔なのかを判断する必要があります.本プログラムでは，過去10フレーム分の結果から，直近3フレームの同じ位置に顔を検出しつつ，残る7フレームの同じ位置に顔を検出していなかった場合に，来場者カウンタ(累計値)を加算します(**図13**).

加算の判定閾値は，**リスト5**の①で定義する6つのパラメータで行います.BufHist_N = 10は，映り続けている顔が同一人物かどうかを判断するために保持する認識結果数です.ここでは過去10フレーム分の認識結果をバッファに保持します.Det_N = 3とDet_Thresh = 0.2は，顔検出を判定するためのフレーム数と判定閾値です.ErrorFact = 0.2は，10フレーム中の残り7フレームに顔が映っていないことを判定するための閾値です.MotionFact = 2.0とExtentFact = 2.0は，認識対象の座標の変化や，認識対象の大きさの変化に対する許容値です.歩行などで顔位置が変化することを許容します.

ここでは，画像認識エンジンから得られた直近3フレームの信頼度がDet_Thresh = 0.2以上のとき，かつ残り7フレームの信頼度がErrorFact = 0.2以下のときに，来場者カウンタ(累計値)に1を加算します.以上の来場者のカウント方法を組み込んだ，**リスト5**のプログラムex4_kao_count.pyのおもな動作について説明します.

① 来場者カウンタ(累計値)countに加算するかどうかを判断するための6つのパラメータを定義します.環境によって誤検出がある場合は，調整してください.

② 認識結果に含まれる顔の位置座標，顔の大きさから，検出した顔が新たに映った顔である度合(0～1)と，過去に映っていた度合(0～1)を算出する関数です.引き数は今回の認識結果と，バッファに保存した過去の認識結果です.戻り値は，直近3フレーム分の顔認識の信頼度と，残る7フレーム分の信頼度です.以下③～⑦の処理を行います.

③ バッファ数が10に満たないときは，処理を実行せずに0を応答します.

④ 過去の認識位置の中から，今回の検出位置と同じ位置に検出していたかどうかを確認します.

⑤ 同じ位置に顔を検出していた場合に，画像認識エンジンから得た信頼度を変数detまたはndet

図13　来場者数の累計方法
同じ位置で検出した顔を累計値に加算しない

リスト5　プログラム ex4_kao_count.py

画像認識エンジンの認識結果(⑧)と，過去10フレーム分の認識結果から，直近3フレームと残る7フレームと同じ位置の信頼度を算出し(②～⑦)，直近3フレームで検出かつ，残る7フレームで非検出のときに来場者カウンタに1を加算する(⑩)

```
import sensor, lcd                                          # カメラsensor,液晶lcdの組み込み
import KPU as kpu                                           # AI演算ユニットKPUの組み込み
from machine import UART                                    # UARTモジュールの組み込み
from fpioa_manager import fm                                # FPIOA管理モジュールの組み込み

BufHist_N = 10        # 2～                                 # 動き検出用バッファ数
Det_N = 3             # 1～BufHist_N                        # うち検出判定用
Det_Thresh = 0.2  ┐                                         # 検出閾値(小さいほど緩い)
MotionFact = 2.0  │                                         # 動き判定係数(大ほど緩い)
ExtentFact = 2.0  ├①                                        # 遠近判定係数(大ほど緩い)
ErrorFact = 0.2   ┘                                         # 誤判定係数(大ほど緩い)

def det_filter(obj, buf): ←②                               # バッファとの一致レベル計算
    if len(buf) < BufHist_N: ┐                              # バッファ不足時
        return(0,0)          ┘③                             # 0を応答
    det = 0.0                                               # 検知確認用の一致レベル
    ndet = 0.0                                              # 非検知確認用の一致レベル
    x = obj.x()                                             # 現在の顔位置座標xを保持
    y = obj.y()                                             # 現在の顔位置座標yを保持
    w = obj.w()                                             # 現在の顔サイズ幅wを保持
    h = obj.h()                                             # 現在の顔サイズ高hを保持
    for i in range(BufHist_N-1,-1,-1):                      # バッファ1件ごとの処理
        for j in range(len(buf[i])):                        # 検知人数ごとの処理
          ┌ if x + (0.5 - MotionFact) * w < buf[i][j][0] + buf[i][j][2]/2 and\
          │    x + (0.5 + MotionFact) * w > buf[i][j][0] + buf[i][j][2]/2 and\
          │    y + (0.5 - MotionFact) * h < buf[i][j][1] + buf[i][j][3]/2 and\
        ④┤    y + (0.5 + MotionFact) * h > buf[i][j][1] + buf[i][j][3]/2 and\
          │    w - ExtentFact * w < buf[i][j][2] and\
          │    w + ExtentFact * w > buf[i][j][2] and\
          │    h - ExtentFact * h < buf[i][j][3] and\
          └    h + ExtentFact * h > buf[i][j][3]:
              ┌ if i >= BufHist_N - Det_N:                  # 直近Det_Nのバッファ処理時
              │     det += buf[i][j][4]                     # 一致レベルをdetに加算
            ⑤┤ else:                                        # Det_Nより古いバッファ処理
              └     ndet += buf[i][j][4]                    # 一致レベルをndetに加算
              ┌ x = buf[i][j][0]                            # 発見した顔位置にxを更新
            ⑥┤ y = buf[i][j][1]                            # 発見した顔位置にyを更新
              │ w = buf[i][j][2]                            # 発見した顔サイズ幅wに更新
              └ h = buf[i][j][3]                            # 発見した顔サイズ高hに更新
                break                                       # 同一データでの重複加算防止
    return (det/Det_N, ndet/(BufHist_N - Det_N)) ←⑦        # detとndetを比率にして応答

fm.register(7, fm.fpioa.UART1_TX, force=True)               # IO7ピンをUART1_TXに割り当て
uart = UART(UART.UART1, 115200, 8, 0, 1)                    # UART1のオブジェクトuart
uart.write('0,0\n')                                         # UART送信(検知0,来場者数0)

lcd.init()                                                  # LCDの初期化
sensor.reset()                                              # カメラの初期化
sensor.set_pixformat(sensor.RGB565)                         # 色設定(白黒時GRAYSCALE)
sensor.set_framesize(sensor.QVGA)                           # 解像度設定(QVGA:320x240)
sensor.set_vflip(True)                                      # カメラ画像の上下反転設定
sensor.set_hmirror(True) ←※対面撮影時はFalse                # カメラ画像の左右反転設定

anchors = (1.889, 2.525, 2.947, 3.941, 4.0, 5.366, 5.155, 6.923, 6.718, 9.01)
task = kpu.load(0x300000)
kpu.init_yolo2(task, Det_Thresh, 0.1, len(anchors)//2, anchors)

buf = list()                                                # 撮影ごとの検知位置バッファ
count = 0                                                   # 来場者数(累計)

while(True):                                                # 永久ループ
    img = sensor.snapshot()                                 # 撮影した写真をimgに代入
    objects = kpu.run_yolo2(task, img) ←⑧                  # 写真img内の顔検出を実行
    n = 0                                                   # 検出件数を保持する変数n
    objs_rect = list()                                      # 1撮影分の検出データ保持用
```

```
    if objects:                                          # 1人以上の顔を検出したとき
        for obj in objects:                              # 個々の検出結果ごとの処理
            img.draw_rectangle(obj.rect())               # 検出範囲をimgに追記
            img.draw_string(obj.x(), obj.y(), str(obj.value())) # 文字列を追記
            objs_rect.append((obj.x(), obj.y(), obj.w(), obj.h(), obj.value()))
        if len(buf) >=  BufHist_N:                       # バッファ数を満たすとき
            objs_det = list()                            # 顔検出した結果の保持用
            count_new = 0                                # 新規の検出数
            for obj in objects:                          # 個々の検出結果ごとの処理
                (det,ndet) = det_filter(obj, buf) ←─⑨   # 関数det_filterを実行
       ⑩ { if det >= (1 + ErrorFact) * Det_Thresh:     # 直近bufに含まれてるとき
                    objs_det.append(objs_rect[objects.index(obj)]) # 顔位置保持
                  { if ndet <= ErrorFact:                # 古いbufに含まれていないとき
                        count_new += 1                   # 新規検出数に1を加算
               ⑪ {     uart.write(str(n)+',')           # 現在の検知数をシリアル出力
                        uart.write(str(count)+'\n')      # 来場者数をシリアル出力
            n = len(objs_det)                            # 検出件数を数値変数nに代入
            if n > 0:                                    # 顔検出結果があるとき
                print(objs_det)                          # 顔検出結果をログ表示
            if count_new > 0:                            # 新しい顔検出結果があるとき
                count += count_new ←─⑫                  # 来場者数（累計）に加算
                for i in range(BufHist_N):               # 非検知確認用の区間
                    buf[i] = objs_det                    # バッファを最新値で上書き
    buf.append(objs_rect)                                # バッファに顔位置を保存
    if len(buf) > BufHist_N:                             # 最大容量を超過したとき
        del buf[0]                                       # 最も古いデータ1件を消去
    img.draw_string(0, 180, 'n=' + str(n), scale=3)      # 検出件数をimgに追記する
    img.draw_string(0, 210, 'count=' + str(count), scale=3) # 検出件数を追記する
    lcd.display(img)                                     # imgをLCDに表示
```

に加算します(直近3フレームはdet，残る7フレームはndet)．

⑥ 10フレームの中で移動している場合があるので，1フレームを処理するごとに現在データを1つ過去のものに更新します．

⑦ 直近3フレーム分の顔認識の平均信頼度と，残る7フレーム分の平均信頼度を応答します．

⑧ 画像認識エンジンを実行し，認識結果をobjectsに保持します．

⑨ objectsには複数の結果が含まれています．for構文で個々の結果に対して，処理②〜⑦の関数を実行し，直近3フレームと，残る7フレームの信頼度をdet，ndetに代入します．

⑩ 処理②の関数の実行結果⑦から，直近3フレームのdetに顔を検出しているかどうかを判定します．フレーム間で生じるノイズの影響分ErrorFactを加算し，閾値を引き上げました．

⑪ 残る7フレームのndetがErrorFact以下のときに非検出と判断します．処理⑩のdetが検出状態で，本処理⑪のndetが非検出状態のときに，新規の顔検出数count_newに1を加算します．

⑫ 来場数(累計値)countに新規の顔検出数count_newを加算します．

プログラム5 来場者数をBluetooth LEで送信する

AIカメラがカウントした来場者数をBluetooth LEで送信するプログラムについて説明します．ワイヤレス化で設置の自由度が増すだけでなく，サイバー攻撃などによるカメラ映像の流出リスクを抑えつつ，来場数をリアルタイムでインターネット公開することもできます(図14)．

● Bluetooth LEモジュールRN4020

RN4020(マイクロチップ製)は，Bluetooth LE(BLE)通信が可能な通信モジュールです．モジュール内に通信プロトコル・スタック処理用のマイ

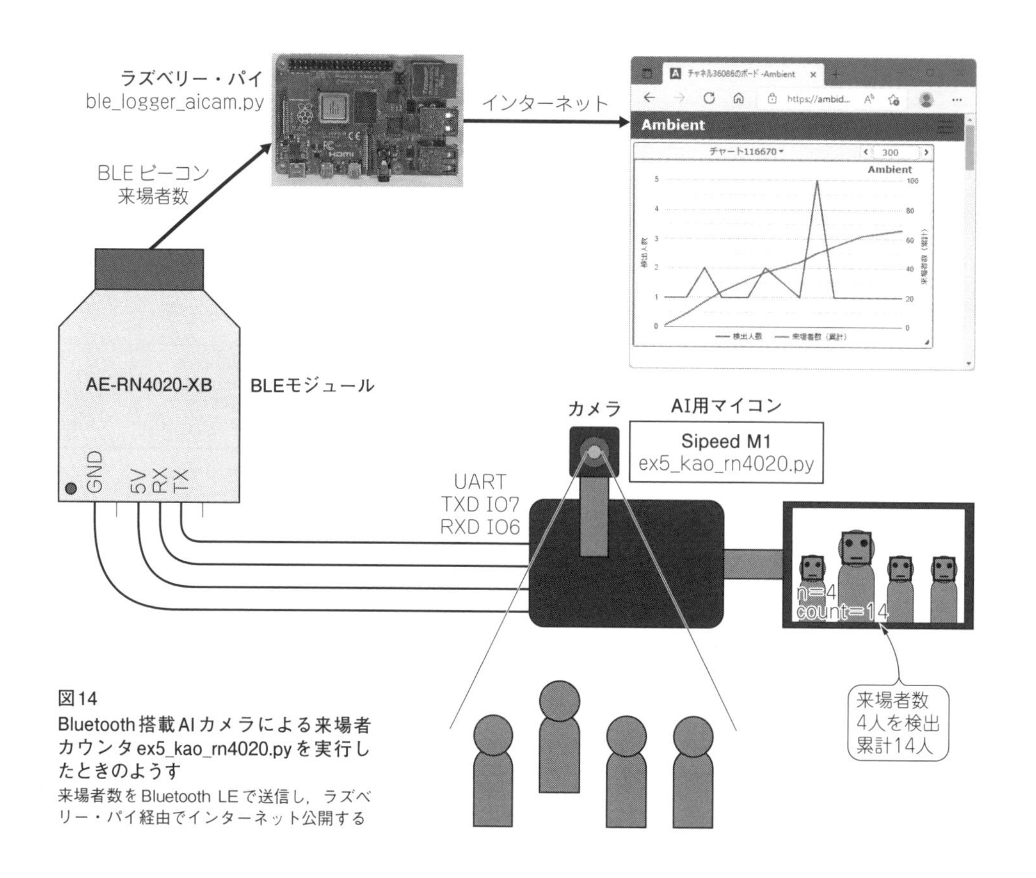

図14
Bluetooth搭載AIカメラによる来場者カウンタex5_kao_rn4020.pyを実行したときのようす
来場者数をBluetooth LEで送信し，ラズベリー・パイ経由でインターネット公開する

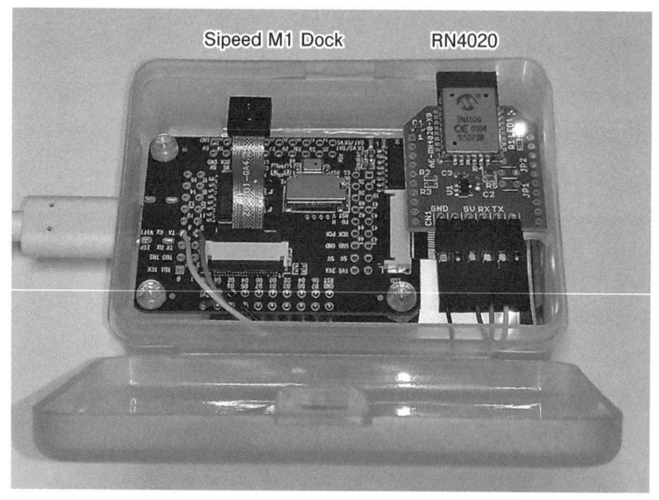

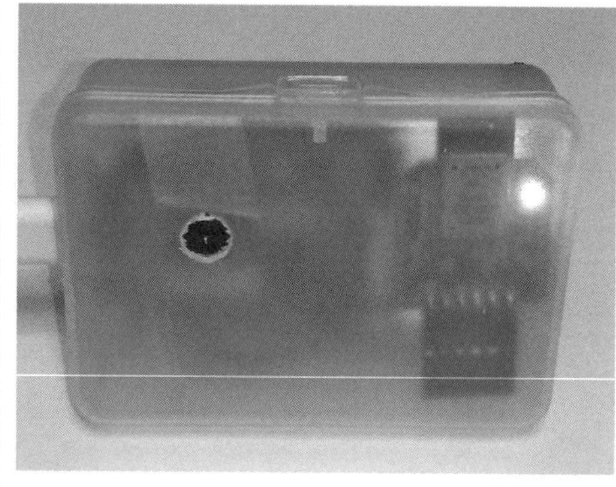

写真6　ケースに収めたSipeed M1 Dock．UART信号をBluetoothモジュールRN4020に接続した．(左)ケース内部のようす．(右)ケース外観
認識結果をラズベリー・パイにBluetooth送信できるようになる

コンを内蔵しているので，簡単なコマンド操作で通信を行うことができます．

本章では，このRN4020を搭載した秋月電子通商製のRN4020使用BLEモジュール AE-RN4020-XB(以下RN4020モジュールと略す)をSipeed M1にUARTで接続し，BLEビーコン(アドバタイジング)を送信するAIカメラの概要とハードウェア，プログラムについて説明します(**写真6**)．

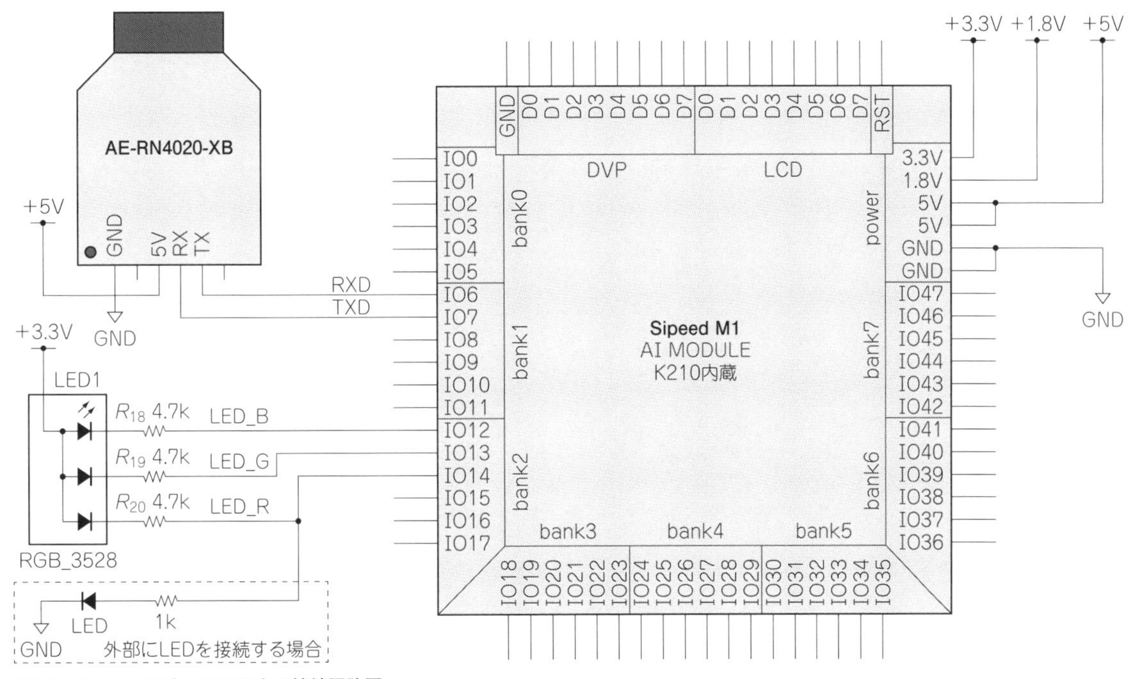

図15　Sipeed M1とRN4020との接続回路図
Sipeed M1のUART通信用TXD(IO7)端子をRN4020モジュールのRX端子に接続し，RXD(IO6)をTX端子に接続する

● インターネット対応・来場者数カウンタのシステム構成

BLEビーコン送信用のハードウェアは，Sipeed M1 Dockと，付属品のカメラ，LCDに加え，秋月電子通商製のRN4020モジュールで構成します．BLEビーコンの受信側にはラズベリー・パイを使用し，受信した来場者数をインターネットに転送するシステムを作成します．

送信側のSipeed M1 Dockでは，UART通信用TXD(IO7)端子をRN4020モジュールのRX端子に接続し，RXD(IO6)をTX端子に接続します．また，電源5VとGNDも接続してください(**図15**)．Sipeed M1用ソフトウェアはex5_kao_rn4020.pyです．MaixPyの[ツール]メニュー内の[Save open script to board]からSipeed M1 Dockに書き込んでください．

● 受信側ラズベリー・パイの準備

受信側のラズベリー・パイは，Bluetoothを搭載したRaspberry Pi 4などを使用します．インターネットへの接続環境も必要です．

ラズベリー・パイ用のBLEビーコン受信プログラムble_logger_aicam.pyは，LXTerminal上で下記のgitコマンドを実行するとダウンロードできます．

```
git clone https://bokunimo.net/git/maix/
```

また，Bluetoothを扱うためのソフトウェア・ライブラリbluepy(Bluetooth LE interface for Python)は，下記のコマンドでインストールしてください．

```
sudo apt install python3-pip libglib2.0-dev
sudo pip3 install bluepy
```

● システムの実行方法

本システムを動かすには，先にラズベリー・パイ上で受信プログラムble_logger_aicam.pyを実行してから，Sipeed M1 Dockを起動します．Sipeed M1 Dock上のプログラムex5_kao_rn4020は，起

```
pi@raspberrypi:~ $ git clone https://bokunimo.net/git/maix/
pi@raspberrypi:~ $ sudo pip3 install bluepy
pi@raspberrypi:~ $ cd maix
pi@raspberrypi:~/maix $ sudo ./ble_logger_aicam.py

found RN4020 No. 1 ←(1) RN4020を発見

to Ambient:
    body {'writeKey': '0123456789abcdef', 'd1': 0, 'd2': 0, 'd3': None, 'd4': None,
'd5': None, 'd6': None, 'd7': None, 'd8': None}
    Done
    チャネルID(ambient_chid)が設定されていません

Device 00:1e:xx:xx:xx:xx (public), RSSI=-64
+----+-------------------------+--------------------------
|type|             description | value
+----+-------------------------+--------------------------
|   1|                   Flags | 04
| 255|            Manufacturer | cd00040e00 ←(2) 受信データ
+----+-------------------------+--------------------------
    isTargetDev    = RN4020_AICAM ←(3) デバイス名
    ID              = 0xcd ←(4) 識別ID
    Number         = 4 ←(5) 現在の顔検出数
    Count          = 14 ←(6) 来場者カウンタ値
    RSSI           = -59 dB

to Ambient:
     body {'writeKey': '0123456789abcdef', 'd1': 4, 'd2': 14, 'd3': None, 'd4':
None, 'd5': None, 'd6': None, 'd7': None, 'd8': None}
    Done
    チャネルID(ambient_chid)が設定されていません
```

図16　ラズベリー・パイでBluetooth受信したときのようす
AIカメラを起動すると(1)BluetoothモジュールRN4020が見つかり，(2)受信データが16進数で表示される．受信データのうち，(5)は現在の顔検出数，(6)は来場者カウンタ値

動時に機器名RN4020-AICAMを送信します．この機器名をラズベリー・パイが受信すると，**図16**(1)のように，[found RN4020 No.1]を表示し，本機の物理アドレスからのデータを来場者数として扱うようになります．表示されない場合は，Sipeed M1 Dockを再起動してみてください．

Sipeed M1 Dockは，AIカメラで顔を検出すると，来場者数をBLEビーコンで送信します．

来場者数を受信したラズベリー・パイは，**図16**(2)のように受信データを16進数で表示します．受信データのうち，**図16(5)**は現在の顔検出数，**図16(6)**は来場者カウンタ値(累計値・65535まで)です．なお，BLEビーコンは，Bluetoothの電波の届く範囲であれば，だれでも受信することができます．

● 来場者数をインターネット上のサービスAmbientに送信する

Ambient(https://ambidata.io/)は，センサ値などのデータをクラウド上で蓄積し，グラフ化するアンビエントデータ社のクラウド・サービスです．Ambientに来場者数を送信するには，同ウェブ・サイトでユーザ登録(無料)を行い，チャネルIDとライト・キーを取得する必要があります．

また，プログラムble_logger_aicam.py内の変数ambient_chidにAmbientで取得したチャネルIDを，ambient_wkeyにライト・キーを代入します．

Ambient上での表示例を**図17**に示します．Ambient上のデータd1は現在の検出数，データd2は来場者数(累計値)です．図中(5)d1の検出数

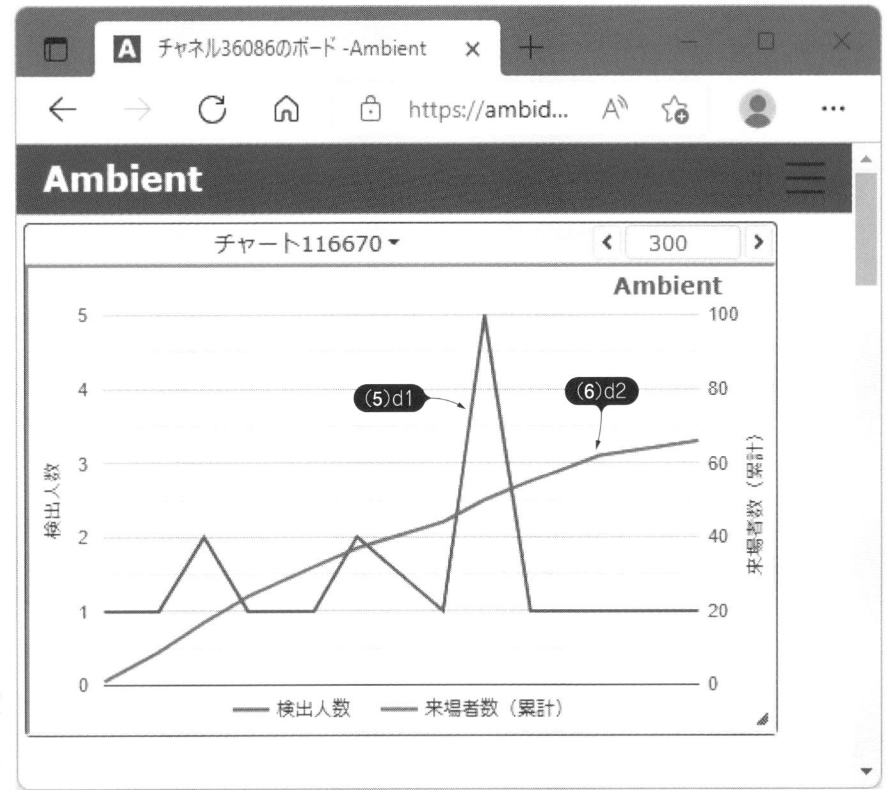

図17
AIカメラによる来場者カウンタex4_kao_count.pyを実行したときのようす
ラズベリー・パイからインターネット上のクラウド・サービスへ来場者数を送信する．(5)d1は約30秒ごとの送信時点の顔検出数なので上下に変化するが，(6)d2は来場者カウンタの累計値なので単調増加となる

はカメラの前にいる人数によって上下しますが，図中(6)d2は来場者カウンタの累計値なので単調増加となります．だれでもグラフを見られるようにインターネット上に一般公開するには，ウェブ・サイトAmbientのボード一覧でボードを選択し，[公開ボード]にチェックを入れます．

● プログラムex5_kao_rn4020.pyの内容

以下に**リスト6**のサンプル・プログラムex5_kao_rn4020.pyのBLE通信部について説明します．

① BLEビーコン(アドバタイジング情報)に含める2バイトの識別用IDです．RN4020からの送信であることを受信側に伝えるために使用します．ここでは'CD00'に設定しました．

② UARTによるRN4020との送受信用の関数rn4020の定義部です．引き数で渡された文字列を変数sに代入し，処理③のRN4020への送信を行い，その応答の受信処理④～⑤を行います．引き数を省略した場合は，空の文字列を変数sに代入し，処理④～⑤の受信処理のみを行います．

③ 変数sの文字列に改行(\n)を付与し，RN4020に送信します．

④ RN4020からの応答を変数rxに代入します．

⑤ 変数rxに代入された受信結果をログ表示します．

⑥ RN4020の初期化処理部です．処理②の関数rn4020を使って，それぞれの丸括弧内の文字列をRN4020に送信します．それぞれのコマンドの役割は，各行のコメント欄をご覧ください．

⑦ ID(2バイト)と現在の顔検出数n(1バイト)，来場者カウンタ値count(2バイト)を16進数の文字列に変換して変数sに代入します．文字列.formatは，丸括弧内の値を指定形式の文字列に変換する関数です．ここでは数値を16進数(最

大FF FF hまで)の文字列に変換します.

BLE通信ではリトル・エンディアンと呼ばれる下位バイトから送信する方式を用います．このためcountの下位バイトを先に変数sに追記しました．例えば，n＝4(04 h)，count＝14(00 0E h)の場合，文字列'CD00040E00'が変数sに代入されます．00 0E hが'0E00'になる点に注意してください．処理①の'CD00'も，IDは00 CD hです.

⑧ 処理⑦で作成したBLE送信データをRN4020にセットします(まだ送信はしません).

⑨ 処理⑦のデータを含むBLEビーコン(アドバタイジング情報)の送信を開始します.

⑩ BLEビーコン(アドバタイジング情報)の送信を停止します.

● 今後の展望

本章では，Sipeed社が用意した顔検知用の学習モデルkmodelを使用し，K210マイコンによるリアルタイムの画像認識結果を応用する方法について説明しました.

Sipeed社からは，他にも画像認識により物体を分類(特定)するモデルmobilenetが配布されている他，MaixHub(https://www.maixhub.com)でアカウントとボードのMachine IDを登録すれば，他のユーザが作成したサンプルをダウンロードしたり，自分で学習モデルを作成したりできるようになります．さらに，内蔵マイクロホンで音声や物体の動作音などの認識もできるようになるでしょう.

リスト6　ワイヤレス温度センサ用プログラム ex5_kao_rn4020.py
5秒おきにラズベリー・パイPicoに内蔵された温度センサ値をBLE送信する

```
import sensor, lcd                                  # カメラsensor，液晶lcdの組み込み
import KPU as kpu                                   # AI演算ユニットKPUの組み込み
from machine import UART                            # UARTモジュールの組み込み
from Maix import GPIO                               # GPIOモジュールの組み込み
from fpioa_manager import fm                        # FPIOA管理モジュールの組み込み
from time import sleep                              # 待ち時間処理関数の組み込み

                  -------------------(一部省略・リスト4 ①参照)-------------------
ble_ad_id = 'CD00' ←─①                             # BLEビーコン用ID(先頭bytes)

                  -----------------(一部省略・リスト4 ②〜⑦参照)-----------------

def rn4020(s = ''): ←─②                            # BLE RN4020との通信用の関数
    if len(s) > 0:                                  # 変数sが1文字以上あるとき
        print('>',s)                                # 内容を表示
        uart.write(s + '\n') ←─③                   # コマンド送信
        sleep(0.1)                                  # 0.1秒の待ち時間処理
    while uart.any() > 0:                           # 受信バッファに文字があるとき
        rx = uart.readline().decode() ←─④          # 受信データを変数sに代入
        print('<',rx.strip()) ←─⑤                  # 受信結果を表示する
        sleep(0.1)                                  # 0.1秒の待ち時間処理

fm.register(7, fm.fpioa.UART1_TX, force=True)       # IO7ピンをUART1_TXに割り当て
fm.register(6, fm.fpioa.UART1_RX, force=True)       # IO8ピンをUART1_RXに割り当て
uart = UART(UART.UART1,115200,8,0,1,timeout=1000,read_buf_len=4096) # UART1設定
fm.register(14, fm.fpioa.GPIO0, force=True)         # IO14ピンをGPIO0に割り当て
fm.register(13, fm.fpioa.GPIO1, force=True)         # IO13ピンをGPIO1に割り当て
led_r = GPIO(GPIO.GPIO0, GPIO.OUT)                  # GPIO0のオブジェクトled_r
led_g = GPIO(GPIO.GPIO1, GPIO.OUT)                  # GPIO1のオブジェクトled_g
led_stat = ['On','Off']                             # led状態

lcd.init()                                          # LCDの初期化
sensor.reset()                                      # カメラの初期化
sensor.set_pixformat(sensor.RGB565)                 # 色設定(白黒時GRAYSCALE)
sensor.set_framesize(sensor.QVGA)                   # 解像度設定(QVGA:320x240)
```

```
sensor.set_vflip(True)                                  # カメラ画像の上下反転設定
sensor.set_hmirror(True) ←※対面撮影時はFalse             # カメラ画像の左右反転設定

anchors = (1.889, 2.525, 2.947, 3.941, 4.0, 5.366, 5.155, 6.923, 6.718, 9.01)
task = kpu.load(0x300000)
kpu.init_yolo2(task, Det_Thresh, 0.1, len(anchors)//2, anchors)

rn4020('V')             ┐                               # バージョン情報表示
rn4020('SF,2')          │                               # 全設定の初期化
sleep(0.5)              │                               # リセット待ち(1秒)
rn4020()                │                               # 応答表示
rn4020('SR,20000000')   │                               # 機能設定:アドバタイジング
rn4020('SS,00000001')   ├⑥                              # サービス設定:ユーザ定義
rn4020('SN,RN4020_AICAM')│                              # デバイス名:RN4020_AICAM
rn4020('R,1')           │                               # RN4020を再起動
sleep(3)                │                               # リセット待ち(送信開始)
rn4020('D')             │                               # 情報表示
rn4020('Y')             ┘                               # アドバタイジング停止

buf = list()                                            # 撮影ごとの検知位置バッファ
count = 0                                               # 来場者数

while(True):                                            # 永久ループ
    img = sensor.snapshot()                             # 撮影した写真をimgに代入
    objects = kpu.run_yolo2(task, img)                  # 写真img内の顔検出を実行
    n = 0                                               # 検出件数を保持する変数n
    objs_rect = list()                                  # 1撮影分の検出データ保持用
    if objects:                                         # 1人以上の顔を検出したとき
        led_g.value(led_stat.index('On'))               # 緑色LEDの点灯
        for obj in objects:                             # 個々の検出結果ごとの処理
            img.draw_rectangle(obj.rect())              # 検出範囲をimgに追記
            img.draw_string(obj.x(), obj.y(), str(obj.value())) # 文字列を追記
            objs_rect.append((obj.x(), obj.y(), obj.w(), obj.h(), obj.value()))
        if len(buf) >=  BufHist_N:                      # バッファ数を満たすとき
            objs_det = list()                           # 顔検出した結果の保持用
            count_new = 0                               # 新規の検出数
            for obj in objects:                         # 個々の検出結果ごとの処理
                (det,ndet) = det_filter(obj, buf)       # 関数det_filterを実行
                if det >= (1 + ErrorFact) * Det_Thresh: # 直近bufに含まれてるとき
                    objs_det.append(objs_rect[objects.index(obj)]) # 顔位置保持
                    if ndet <= ErrorFact:               # 古いbufに含まれていないとき
                        count_new += 1                  # 新規検出数に1を加算
            n = len(objs_det)                           # 検出件数を数値変数nに代入
            if n > 0:                                   # 顔検出結果があるとき
                print(objs_det)                         # 顔検出結果をログ表示
            if count_new > 0:                           # 新しい顔検出結果があるとき
                count += count_new                      # 来場者数(累計)に加算
                for i in range(BufHist_N):              # 非検知確認用の区間
                    buf[i] = objs_det                   # バッファを最新値で上書き
                led_r.value(led_stat.index('On'))       # LEDを点灯(IOをLレベルに)
                count %= 65536                          # 65536以上でリセット
              ┌ s = ble_ad_id                           # BLEデータ生成(16進数変換)
            ⑦│ s += '{:02X}'.format(n%256)             # nの値を16進数に変換
              │ s += '{:02X}'.format(count%256)         # count下位バイトを16進数に
              └ s += '{:02X}'.format(count>>8)          # count上位バイトを16進数に
                rn4020('N,' + s) ←⑧                     # ブロードキャスト情報に設定
                rn4020('A,0064,00C8') ←⑨                # 0.1秒間隔0.2秒アドバタイズ
                sleep(0.1)                              # 0.1秒間の待ち時間処理
                rn4020('Y') ←⑩                          # アドバタイジング停止
                led_r.value(led_stat.index('Off'))      # LED消灯(IOをHレベルに)
        led_g.value(led_stat.index('Off'))              # 緑色LEDの消灯
    buf.append(objs_rect)                               # バッファに顔位置を保存
    if len(buf) > BufHist_N:                            # 最大容量を超過したとき
        del buf[0]                                      # 最も古いデータ1件を消去
    img.draw_string(0, 180, 'n=' + str(n), scale=3)     # 検出件数をimgに追記する
    img.draw_string(0, 210, 'count=' + str(count), scale=3) # 検出件数を追記する
    lcd.display(img)                                    # imgをLCDに表示
```

第12章 M5Camera使用

多機能Webカメラ応用プログラミング

ESP32マイコンと200万画素のカメラを組み合わせたM5Cameraは，手軽にスマホで動画や静止画を見ることができるカメラ・ガジェットとして人気があります．小型で安価に入手できるのがその理由です．このM5Cameraを使って，Webカメラや人体検知センサを組み合わせて条件がそろったときに画像をLINEで送るシステムを作ります．3つのサンプルと，ホーム・ネットワーク・システム例を想定して解説します．

使用機材

- M5Camera
- 人体検知センサ（オプション）

ESPマイコン＋カメラ＝M5Camera

M5Camera（**写真1**）は，M5Stack社（中国・深セン市）が開発したESPマイコン搭載のカメラ・デバイスです．ESPマイコンなのでプログラミングにはソフトウェア統合開発環境Arduino IDEが使えます．従来どおりWi-Fiも使えます．

写真1　顔検知や人体検知で写真撮影＆ネット配信．IoTレディM5Camera
M5Stack製が開発したWi-Fi搭載カメラ・デバイス．Arduinoを使って，IoT化や機能拡張が可能

本章では，このESPマイコン付きカメラを使って，写真をLINEへ送信したり，FTPサーバに画像を転送する最新のWebカメラを紹介します．オプションで顔を検知したときや人感センサが人体の動きを検知したときに動作する条件を付けることも可能です．

● M5Cameraの仕様概要

M5Cameraは，技適取得済みのWi-Fi搭載マイコンESP32-WROVER（中国Espressif Systems製）と，200万画素のカメラ・モジュールOV2640（米OmniVision Technologies製）が48mm × 24mm × 10.8mm（突起部除く）のプラスチック・ケースに収められています．M5Cameraの内部基板のようすを**写真2**に示します．

ESP32-WROVERは，Wi-Fi搭載ESP32マイコン・モジュールの上位のモデルで，4MバイトのFLASHメモリに加え8Mバイトの疑似SRAMを内蔵しています（2018年6月以前に生産されたものは4Mバイト）．また，カメラ・モジュールOV2640には，JPEGエンコーダが搭載されており，画像圧縮符

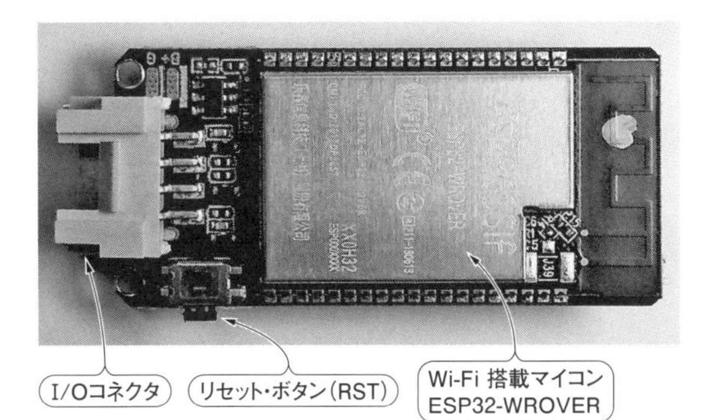

写真2　M 5Camera内部の基板に実装された主要部品
Wi-Fi搭載マイコンESP32-WROOVER，JPEGカメラ，I/Oコネクタ，Type C形状のコネクタ等が実装されている

表1　M5Camera仕様

項　目	仕　様
製品名	M5Stack Official ESP32 WROVER with PSRAM Camera Module OV2640
略　称	M5Camera
購入先	M5Stack Official Store（AliExpress内）
Wi-Fi搭載マイコン	Espressif Systems製ESP32-WROVER
JPEGカメラ	OmniVision製2M ピクセル OV2640
サイズ	48mm × 24mm × 10.8mm（突起部除く）
付属品	電源，パソコン接続用ケーブル

号化が可能です（**表1**）.

300万画素のOV3660を搭載した最新版 Timer Camera Xも発売されています.

M5Cameraには，動作確認用ソフトがあらかじめ書き込まれており，購入後，電源を入れてスマートフォンでM5Camaeraのアクセス・ポイントにアクセスすれば，リアルタイムのカメラ映像を再生することができます.

製品には，カメラやI/O端子（Grove互換）のピン割り当てが異なるモデルAとBに加え，最新のTimer Camera Xなどがあります．本章では各モデルへの対応方法についても説明します.

● M5Camera（M5Stack Official ESP32 PSRAM Timer Camera X OV3660）の購入方法

M5Cameraは，国内ではスイッチ・サイエンス，海外だと中国アリババ・グループ（阿里巴巴集団）の海外向け通販サイトAliExpressの店舗の1つM5Stack Official Store（https://m5stack.aliexpress.com/）などでも販売されています.

スイッチ・サイエンスなら，より早く購入できるでしょう.

● M5Cameraが到着後の動作確認

M5Cameraには，動作確認用のソフトウェアがあらかじめインストールされいて，スマートフォンを使って簡単に動作確認できます（**図1**）.

M5Cameraに付属のケーブルを使って，パソコンのUSB端子またはUSB出力付きACアダプタから電源を供給するだけで，M5CameraはWi-Fiアクセス・ポイントとして起動します.

スマートフォンを使った動作確認の手順です．Wi-Fi機能のあるパソコンでも同様に動作確認ができます.

① M5Cameraに電源を供給し，赤色のLEDが点

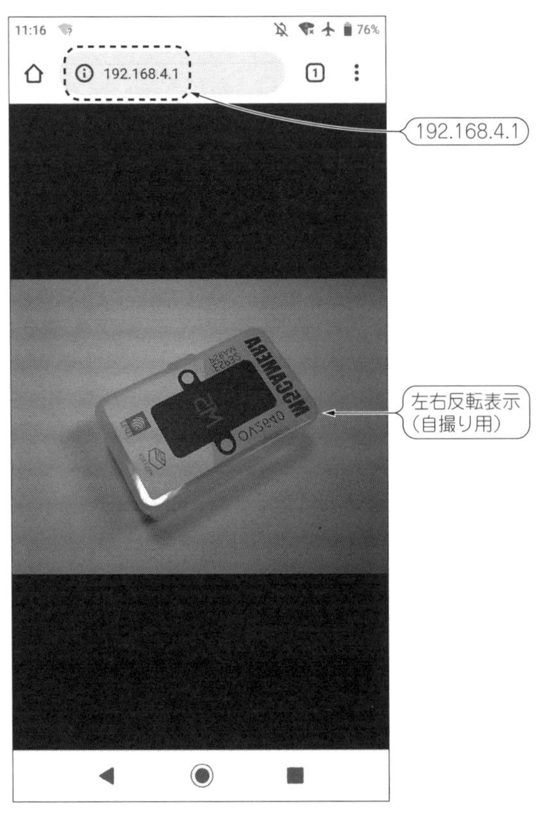

図1　あらかじめインストールされている動作確認用のソフトウェア(カメラの左右反転映像表示)**で動作確認を行ったときのようす**
スマートフォンのWi-Fi設定で，SSID[M5CAM_XXXX(またはM5FishEyeCam)]に接続し，ブラウザでhttp://192.168.4.1/にアクセスする

灯することを確認する.

② スマートフォンのWi-FiをON，モバイル・ネットワーク通信をOFFにします.
③ スマートフォンのWi-Fi設定で，SSID[M5CAM_XXXX(またはM5FishEyeCam)]に接続します.
④ スマートフォンのブラウザからM5Cameraのアドレスhttp://192.168.4.1/にアクセスします.
⑤ M5Cameraとの接続に成功すると，自撮り用のカメラ画像(左右反転)が表示されます.

なお，上記は一例です．モデルや販売時期によって，動作が異なります.

プログラミングの準備

● Arduino IDEのセットアップ

M5Cameraのプログラムを作ったり，M5Cameraにプログラムを転送するためにArduino IDEを使います.「1. Arduino IDE」,「2. USB/UART シリアル変換ドライバ」,「3. ESP32ボードマネージャ」の3点のインストールが必要です.

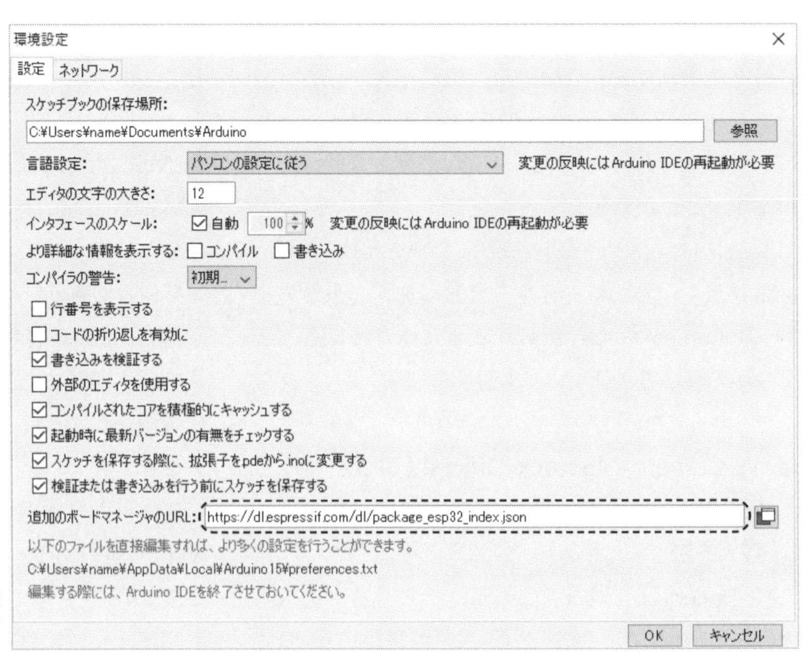

図2
Arduino IDEの環境設定画面
Arduino IDEの[ファイル]メニュー内の[環境設定]で，追加のボード・マネージャのURLを入力する

また，本書で紹介するプログラムでは，Espressif Systems純正のカメラ用ライブラリを使用します．M5Cameraの場合は，ESP32ボード（ライブラリ）のバージョン1.0.4，最新のTimer Camera Xの場合は2.0.0-alpha1で動作確認済みです．ESP32ボード（ライブラリ）のバージョンによっては動作しないので，対応状況は下記を参照してください．

https://git.bokunimo.com/m5camera/

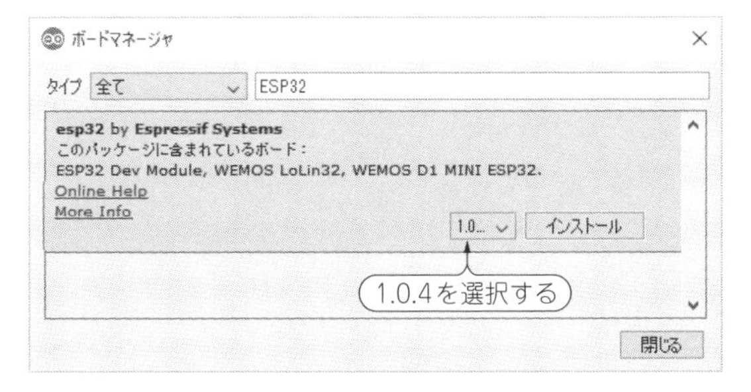

図3　ボード・マネージャの設定画面
［ツール］メニュー内の［ボード］の［ボードマネージャ］で［esp32 by Espressif Systems］とバージョン［1.0.4］を選択する

以下にESP32 バージョン1.0.4のインストール方法を説明します．

① Arduino IDEの［ファイル］メニューから［環境設定］を開いてください．
② ［追加のボード・マネージャのURL］にhttps://dl.espressif.com/dl/package_esp32_index.jsonを入力してください（**図2**）
③ ［ツール］メニュー内の［ボード］から［ボードマネージャを］を開いてください．
④ 検索ボックスに「ESP32」と入力し，［esp32 by Espressif Systems」を選択し，プルダウンメニューでバージョン1.0.4を選択してから［インストール］をクリックしてください（**図3**）．

また，コンパイル環境を設定するために，**図4**のように，［ツール］メニュー内の［ボード］で，［ESP32 Wrover Module］を，［Partition Scheme］で［Huge APP］を選択してください．

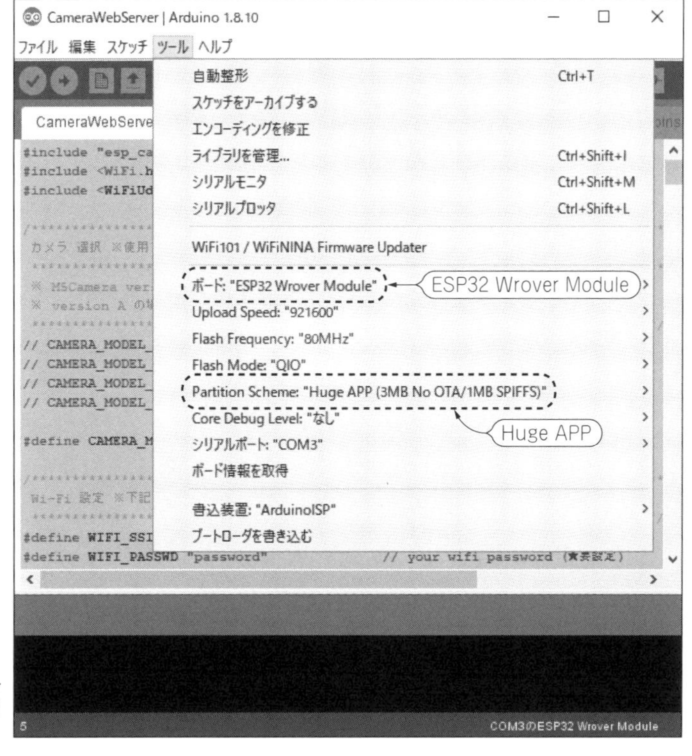

図4
M5Camera用のコンパイル環境の設定
［ツール］メニュー内の項目［ボード］から，［ESP32 Wrover Module］を選択し，項目［Partition Scheme］で［Huge APP］を選択する

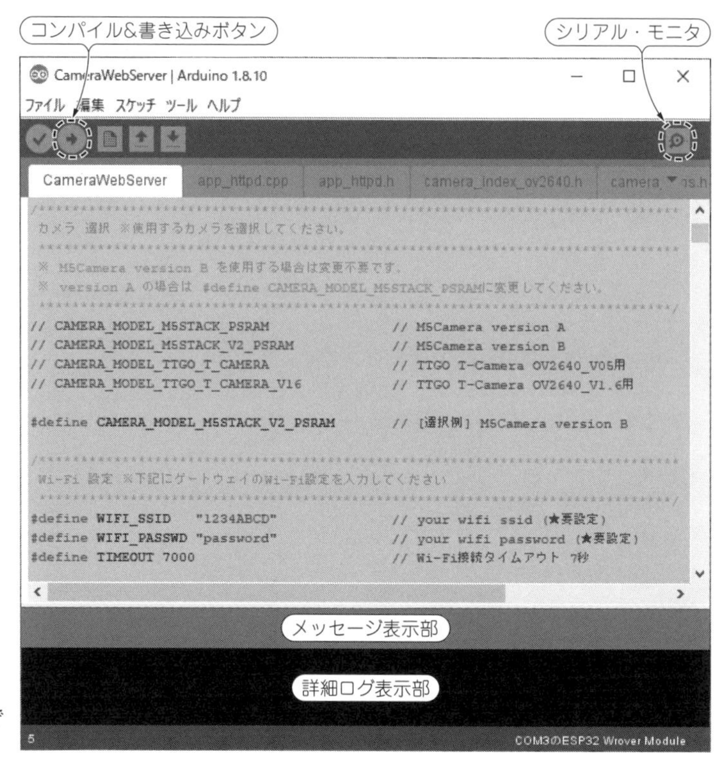

図5
ソフトウェア統合開発環境 Arduino IDE で M5Camera 用プログラミング

サンプル1 M5Cameraをコントロール

筆者が本書用に作成したサンプル・プログラムをダウンロードし，Arduino IDEで開きます．

下記から圧縮ファイル m5camera-master.zip をダウンロードし，パソコン内に展開(解凍)してから Arduino IDEの[ファイル]メニュー内の[開く]を選択し，展開(解凍)した[m5camera-master]フォルダ→[CameraWebServer]フォルダ内のファイル CameraWebServer.ino を開いてください(**図5**).

ZIP形式ダウンロード：
https://github.com/bokunimowakaru/m5camera/archive/master.zip

このサンプル・プログラムは，各設定を追加することで用途が広がります．

● サンプル①M5Cameraコントロールを実行する

付属のケーブルを使ってM5Cameraをパソコンの USB端子に接続し，Arduino IDE画面(**図5**)の左上の右矢印ボタンをクリックすると，プログラムのコンパイルとM5Cameraへの書き込みが行われます．

右上の虫眼鏡ボタンを押すと，**図6**のようなシリアル・モニタが起動し，プログラムの動作状況を表示することができます．ウィンドウ右下のビットレートは，[115200bps]に合わせてください．

M5Cameraに書き込んだサンプル・プログラム CameraWebServer は，起動してから約10秒後に，Wi-Fiアクセス・ポイント機能の動作を開始します．スマートフォンのWi-Fi設定でSSID[M5CAM_XXXX]に接続し，ブラウザでアドレス192.168.4.1にアクセスして，**図7**のような設定画面が表示さ

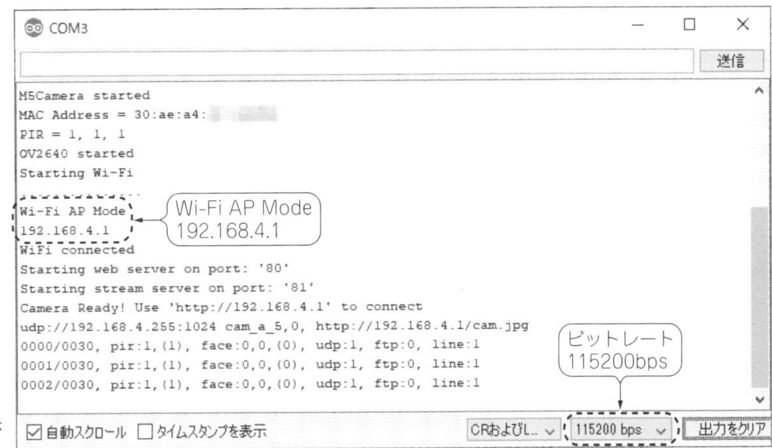

図6　M5Cameraの動作ログを確認する
Arduino IDEの右上の虫眼鏡ボタンを押すと，シリアル・モニタが起動し，動作状態を表示する

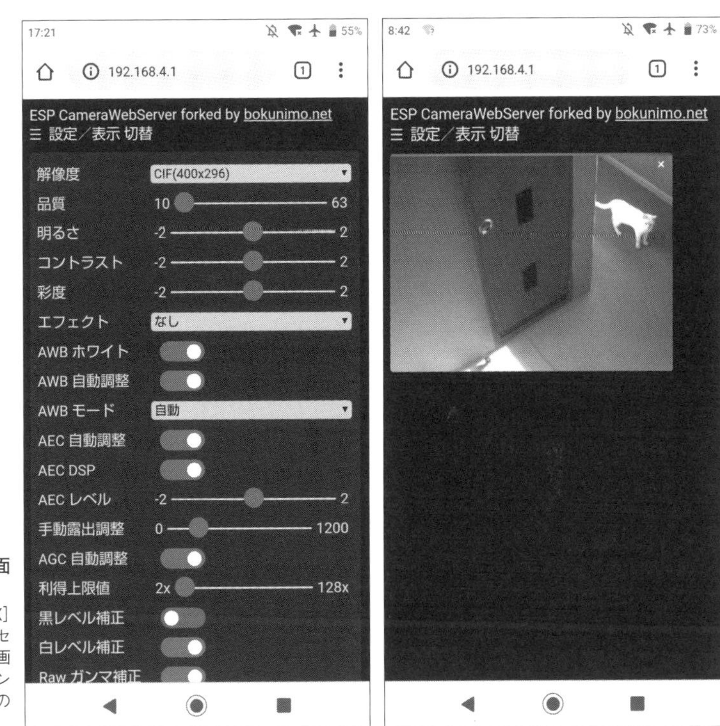

図7
スマートフォンでM5Cameraのカメラ設定画面にアクセスし，写真を撮影したときのようす
スマートフォンのWi-Fi設定でSSID[M5CAM_XXXX]に接続し，ブラウザでアドレス192.168.4.1にアクセスすると，全30個の設定項目が表示される(左)．画面最下部の[写真撮影]または[ビデオ撮影]のボタン(図9参照)を押すと，写真や動画をスマートフォンのブラウザ上に表示する(右)

れることを確認してください．

設定項目は30個ほどあります．画面をスクロールし，最下部の[写真撮影]と[ビデオ撮影]のボタンを押すと，写真や動画をスマートフォンのブラウザ上に表示します．

サンプル2 LINEに顔検知した画像を送信する

撮影した画像に人物の顔が含まれていたときに，写真をスマートフォンのLINEアプリに送信します．

さらに別売りの人感センサPIR Unit(M5Stack

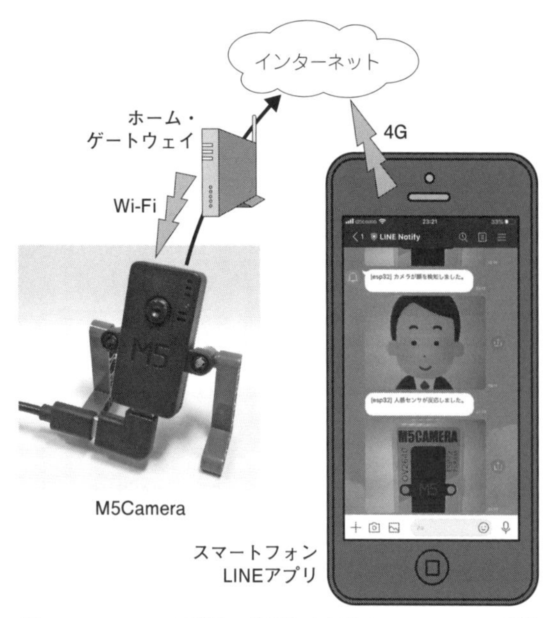

図8　M5Cameraで顔検知．撮影した写真をLINE Notifyへ送信するシステムの一例
M5Cameraが撮影した画像に人物の顔が含まれていたときに，写真をスマートフォンのLINEアプリに送信する

製)を接続すれば，人体の動きを検知したとき，そして顔を認知した場合に撮影した画像をLINE Notifyに送ることができます(**図8**).

● サンプル・プログラムの設定

サンプル・プログラムに，インターネットにアクセスするための設定と，LINEへ通知するための設定をします．

Arduino IDEでファイル[CameraWebServer.ino]を開き，タブ[CameraWebServer]に表示されたプログラムを下方向へスクロールすると，**リスト1**のような[Wi-Fi設定]や[LINE Notify設定]という行が見つかります．**リスト1**の設定①～④の役割について，以下に説明します．

① M5Cameraの選択部です．先頭の#defineは，コンパイル前に定数などを定義するための命令です．Timer Camera Xの場合は[CAMERA_MODEL_M5STACK_TimerCAM]を，タイプAの場合は[CAMERA_MODEL_M5STACK_PSRAM]を，タイプBの場合は[CAMERA_MODEL_M5STACK_V2_PSRAM]を設定してください．

② インターネットへ接続するホーム・ゲートウェイのWi-Fiの設定部です．使用するWi-Fiなど

リスト1　サンプル・プログラムCameraWebServer.inoの設定部(抜粋)

```
/**************************************************************************
 カメラ 選択 ※使用するカメラを選択してください.
 *************************************************************************/
#define CAMERA_MODEL_M5STACK_V2_PSRAM ←      // [選択例] M5Camera version B
                                    設定①
/**************************************************************************
 Wi-Fi 設定 ※下記にゲートウェイのWi-Fi設定を入力してください
 *************************************************************************/
#define WIFI_SSID    "1234ABCD" ┐←設定②    // your wifi ssid (★要設定)
#define WIFI_PASSWD "password"  ┘           // your wifi password (★要設定)
#define TIMEOUT 7000                         // Wi-Fi接続タイムアウト 7秒

/**************************************************************************
 FTP 設定
 *************************************************************************/
#define FTP_TO    "192.168.4.2"    ┐         // FTP 送信先のIPアドレス(★要設定)
#define FTP_USER "pi"              ├←設定③  // FTP ユーザ名(★要設定)
#define FTP_PASS "your_password"   ┘         // FTP パスワード(★要設定)
#define FTP_DIR   "~/"                       // FTP ディレクトリ(Raspberry Pi等)
#define Filename "cam_a_5_0000.jpg"          // FTP 保存先のファイル名

/**************************************************************************
 LINE Notify 設定
 *************************************************************************/
#define LINE_TOKEN   "your_token" ←          // LINE Notify 用トークン(★要設定)
#define MESSAGE_PIR "人感センサが反応しました. "  設定④
#define MESSAGE_CAM "カメラが顔を検知しました. "
```

に書かれているSSIDとパスワードに変更してください．

③ 写真をFTPというプロトコルで送信するための設定部です．LINEへの送信時は変更不要です．

④ 写真をLINEへ送信するための設定部です．[your_token]と書かれた部分を，LINE Notify用のトークンに書き換えてください．LINE Notify用のトークンは，以下の手順で取得します．

1. パソコンのブラウザなどを使って，インターネット・サイト https://notify-bot.line.me/ にアクセスし，使用するLINEアカウントでログインしてください．
2. ブラウザ上に表示されたアカウント・メニュー(右上)から[マイページ]を選択します．
3. 入力欄[トークン名]に[esp32]などを入力します．
4. 送信先のLINEのトークルームを設定します．例えば，[1：1でLINE Notifyから通知を受け取る]などを選択してください．
5. [発行する]ボタンでトークン(アルファベットと数字約40文字の認証コード)が発行されるので，[コピー]ボタンでコピーしてください．
6. プログラムの#define LINE_TOKENの[your_token]に，コピーしたトークンをペーストし，書き換えてください．

以上の設定を行ってから，プログラムをM5Cameraに書き込めば完成です．Arduino IDEの虫眼鏡ボタンでシリアル・モニタを開き，設定したホーム・ゲートウェイへの接続が行えたかどうかを確認してください．接続試行中は「....」が表示され，接続に成功するとM5Cameraに割り当てられたIPアドレスが表示されます．このIPアドレスは，この後も必要なのでメモしておいてください．

● 顔の検出機能の設定

スマートフォンのWi-Fi設定の接続先をホーム・ゲートウェイに設定し，ブラウザでM5Cameraに接続し，顔検出設定を行います．ブラウザのURL入力欄に，ホーム・ゲートウェイからM5Cameraに割り当てられたIPアドレスを入力すると，M5Cameraの設定画面が開きます．**図9**は全30の設定項目を表示した設定画面の全体図です．このうち下方の7項目が，顔検出や通信のON/OFF設定です(**図10**)．

[顔検出]と書かれたスイッチにタッチして，右側(赤色)に設定すると，顔検出が有効になります．カメラが顔を検出すると，シリアル・モニタに[Triggered by Face Detector]と表示され，設定済みのLINEアプリに写真を送信します．なお，[送信間隔]は，UDP送信とFTPサーバに一定周期で自動送信する機能です．LINEに周期送信したい

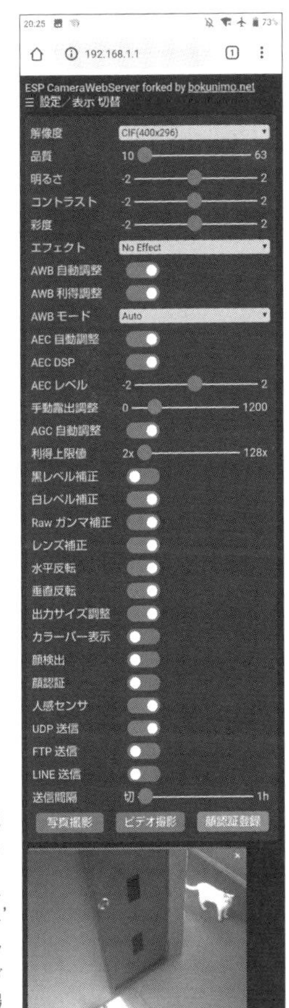

図9
M5Cameraのカメラ設定画面にスマートフォンからアクセスしたときのようす
スマートフォンのブラウザを使って，ホーム・ゲートウェイから割り当てられたM5CameraのIPアドレスにアクセスすると，全30個の設定項目が表示される．[写真撮影]や[ビデオ撮影]で撮影した写真や動画は，画面最下部に表示される

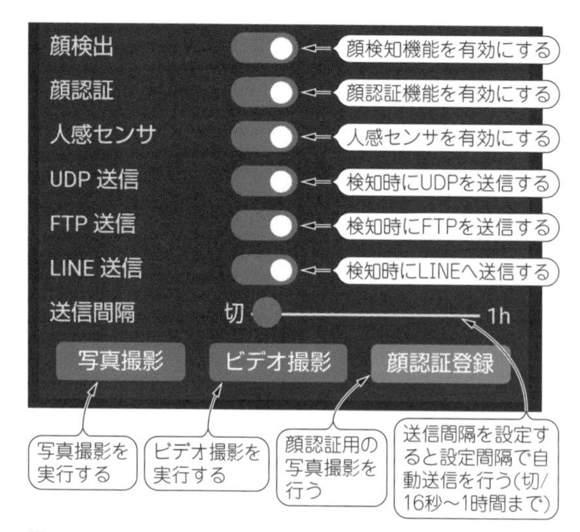

図10 M5Cameraのカメラ設定画面の撮影契機と通信のON/OFF設定部
顔検出，顔認証，人感センサ(要M5Stack製PIR Unit・別売)，UDP送信，FTP送信，LINE送信，一定周期で送信する際の送信間隔が設定できる

ときは，プログラム内の[トリガ③インターバル・タイマ設定]内のLINE_Cameraを含むコメントアウト行の行頭にある[//]を削除してください．

サンプル3 画像を定期的にFTP送信する

今度は撮影した写真をFTPサーバに送信してみましょう．LAN内であれば，パソコンやラズベリー・パイ上にFTPサーバを構築し，同じLAN内で写真の一覧表示が可能です(**図11**)．また，インターネット上のFTPサーバに転送すれば，Webカメラとして写真のネット配信ができるようになります．

FTP送信するプログラムの設定

M5Camera側については，**リスト1**の③に宛て先となるFTPサーバのIPアドレス(または外部サーバのURL)と，FTP用のアカウントを設定します．

コラム1のftp_setup.shでセットアップした場合は，FTP_TOの部分にラズベリー・パイのIPアドレスを入力し，FTP_PASSの[your_password]を

column1 画像を受け取るFTPサーバ

一般的なFTPサーバも利用できますが，FTPサーバを自分で構築する方法もあります．パソコンやラズベリー・パイの場合はFTPサーバをインストールします．NASを所持しているのであれば，NASの管理画面でFTPサーバを有効にします．ここでは，クラウド・サーバ等で利用可能なvsftpdをラズベリー・パイへインストールして動作確認してみます．Windows用FileZilla Serverでも，[#define FTP_DIR "~/"]のチルダ(~)を削除すれば動作します．

ラズベリー・パイ用のvsftpdをインストールするには，ダウンロードしたZIPファイルm5camera-master内の[tools]フォルダのftp_setup.shを実行してください．スクリプトにより，ユーザ名「pi」のホーム・ディレクトリにFTPによる読み書き権限が設定されます．実験後は，アンインストールするために，ftp_uninstall.shを実行してください．

FTPサーバとの相性で接続できない場合は，M5CameraのFTPクライアントのログを確認するために，ファイルftp.ino内のDEBUG_FTPを有効化し，エラー表示から対策方法を検討してください．

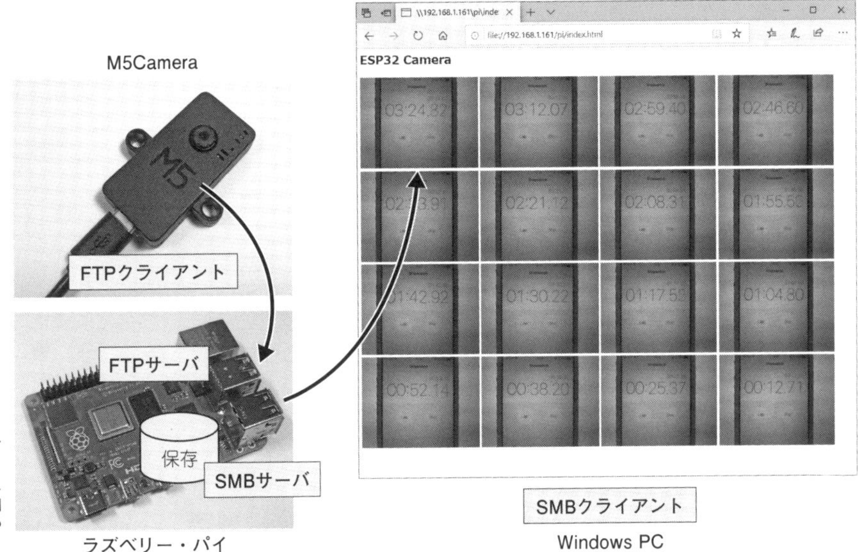

図11
M5Cameraで撮影した写真をラズベリー・パイへ転送する遠隔監視カメラ
カメラが顔を検知したときや，人感センサが人体などの動きを検知したときに，写真を撮影し，FTPサーバに送信する

ラズベリー・パイ用ユーザpiのパスワードに書き換えてください．

変更後，Arduino IDEからM5Cameraにプログラムの書き込みを行うと，約30秒ごとに写真を撮影し，撮影した写真のファイルcam_a_5_0001.jpgと一覧表示用のHTMLファイルindex.htmlがFTPで転送され，ラズベリー・パイのユーザpiのホーム・ディレクトリに保存されます．

写真ファイルの数字部は0001から0016まで付与されると，0000にリセットされ，最大17枚の写真ファイルを保持します．

index.htmlは，ファイルを一覧表示するためのHTML形式のファイルです．ラズベリー・パイ上でダブルクリックすると，**図12**のようにブラウザChromiumで一覧表示が行えるほか，Webサーバ(例：Apache HTTP Server)やSMBサーバ(例：Samba)をインストールすれば，LAN内のPCなどから閲覧することもできます．もちろん，クラウド・サーバやVPSに転送して写真を公開することもできます．

このindex.htmlファイルが一覧表示する写真数は最大16枚で，左上に最新の写真が表示されるように表示順序が巡回します．なお，一覧表示数の16枚よりも1枚だけ多い17枚を保持するのは，転送中の写真の誤表示を防ぐための工夫です．

● FTP送信間隔，一覧表示数の変更方法

M5Cameraの送信間隔や一覧表示数を変更することで，写真の保持期間を調整することができます．

送信間隔は，スマートフォンで16秒から1時間まで設定可能ですが，M5Cameraの送信間隔を変更するには，同じLAN内に接続したスマートフォン(iOSまたはAndroid)のブラウザ，またはラズベリー・パイ用ブラウザChromiumからM5CameraのIPアドレスにアクセスし，送信間隔のスライドバーを調整します．スライドバーを左端に寄せると「切」に，右端に寄せると1時間になります．30分間隔にするには中央に設定します．

初期値では30秒間隔×16枚で8分間の写真を保持します．例えば，30分間隔×64枚に変更すると，約1.3日分の写真が保持できるようになります．

• FTP送信間隔を1時間以上に設定する

設定値を固定したい場合や，より長く設定したい場合は，CameraWebServer.inoの[トリガ③：

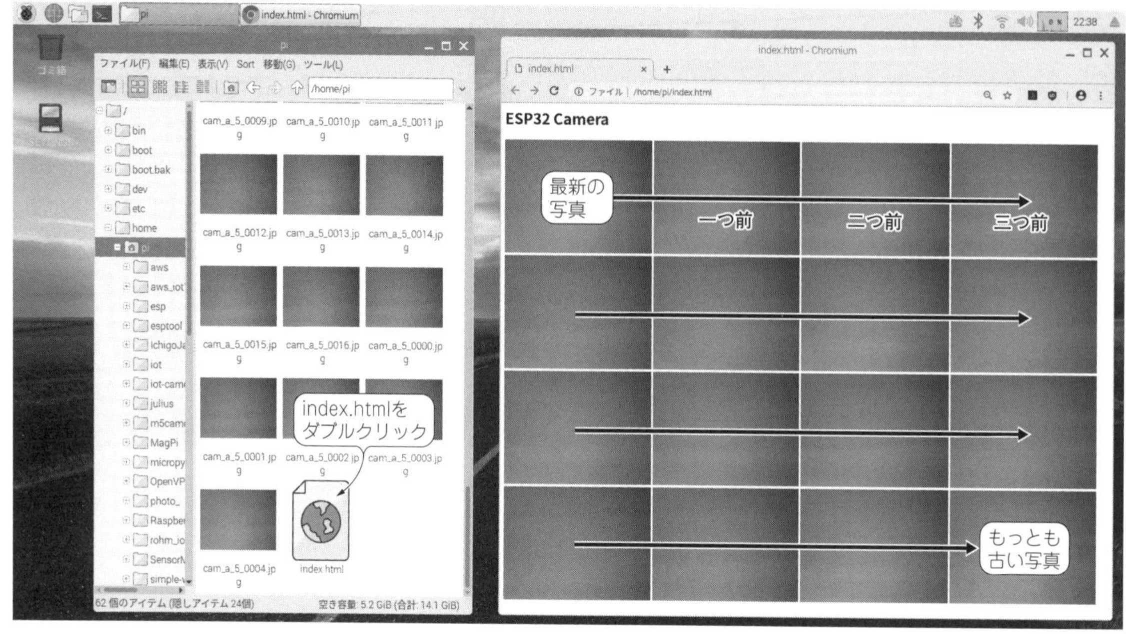

図12　撮影した写真をFTPで転送し，ラズベリー・パイのブラウザChromiumで開いたときのようす
[index.html]をダブルクリックし，ブラウザChromiumで一覧表示を行った

インターバル・タイマ設定時間の経過]部のif文内の条件[send_c >= send_interval]を変更してください．

例えば，6時間に固定したい場合は[send_c >= 21600]に変更します．数値は秒数です．また，[send_c >= send_interval * 6]に変更することで，スライドバーの可変範囲を6倍の96秒～6時間に増大することも可能です．

column2 CameraWebServer内のおもなプログラム・ファイルの役割

おもなプログラム・ファイルの役割を表に示します．各ファイルは無料で使用できますが，条件や権利の詳細についてはREADME.mdおよび各ファイル内の記載を確認してください．

HTMLファイルcamera_index_ov2640_J.htmlを変更したときは，Bashスクリプトhtmlj2h.shを実行してヘッダ・ファイルに変換してください．変換にはgzipとPython 3の実行環境が必要です．

CameraWebServer内のおもなプログラム・ファイルの役割

ファイル名	役　割
CameraWebServer.ino	本ソフトウェアの主要部．Setup関数で初期化し，Loop関数を繰り返す
app_httpd.hおよび.cpp	スマートフォンから操作するHTTPサーバ処理部
camera_index_ov2640_J.html	スマートフォンへ送信するHTMLファイル．Jは日本語版を示す
camera_index_ov2640.h	HTMLファイルをデータ化(htmlj2h.shで変換)したヘッダ・ファイル
http_to_line.ino	HTTPクライアントの処理部．写真を撮影し，LINE Notifyへ送信する
ftp.ino	FTPクライアントの処理部．写真を撮影し，FTPサーバへ送信する

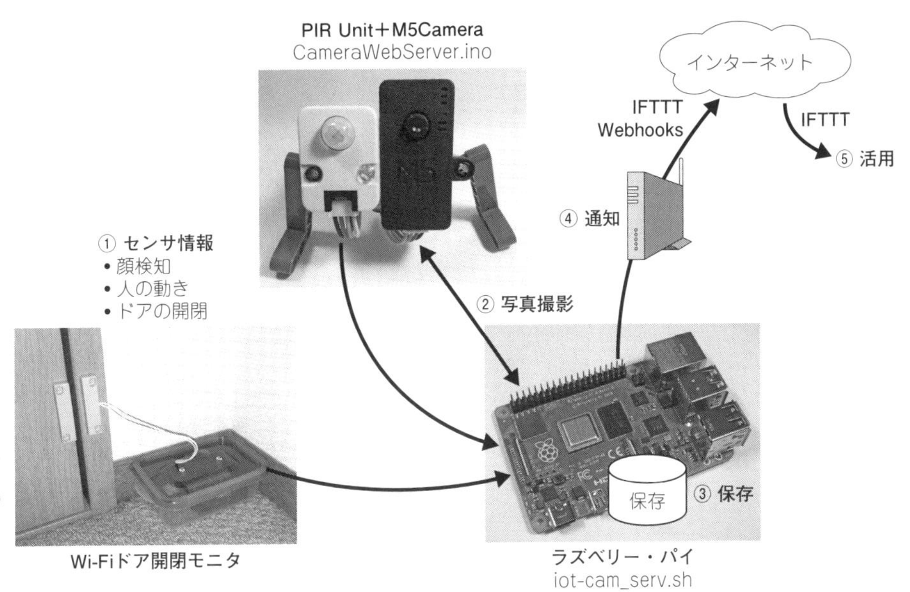

図13
M5Cameraをホーム・ネットワークで活用する
①センサ情報を送信し，②写真を撮影し，③ラズベリー・パイに保存する．さらに，④インターネット上のIFTTTへ通知を送信することで，⑤さまざまなインターネット・サービスとの連携が可能になる

• 一覧表示数の変更

一覧表示数は，プログラムCameraWebServer.inoの[int FileNumMax = 16;]の数字16を書き換えて変更します．表示数を64枚に変更したいときは，[int FileNumMax = 64;]に変更してください．

その他の応用，IFTTTへ通知

M5Cameraとラズベリー・パイ，各種IoT機器を使ってホーム・ネットワーク・システムを作成することも可能です．ここでは，さらなるIoT活用に向けた参考情報として，**図13**のようなドア・センサの追加と，さまざまなインターネット・サービスに連携が可能なIFTTT(イフト：IF This Then That)というサービスを利用して通知を行ってみます．他のセンサを追加したり，チャイム音や音声出力を追加したり，液晶付きのM5Stack端末への表示，ラズベリー・パイを接続したテレビ画面への表示などへ展開したりすることも可能でしょう．

● 作成するホーム・ネットワーク・システムの動作例

図13の作成例では，①玄関に設置したM5Cameraが顔や人体の動きを検知したときや，Wi-Fiドア開閉モニタ(ドア・センサ)が検知したときにセンサ情報をLAN内に送信します．センサ値を受けたラズベリー・パイは，②M5Cameraで写真を撮影し，③写真を保存し，④後述のIFTTTへ通知を送信します．

ラズベリー・パイでは，ダウンロードしたZIPファイルのtoolsフォルダ内のiot-cam_serv.shを実行してください．Wi-Fiドア開閉モニタは，ESPマイコンのIO4にリード・スイッチを接続し，筆者のGitHub Pages(https://git.bokunimo.com/esp/)のソフトウェアを用いて製作します．詳細は書籍「超特急Web接続！ ESPマイコン・プログラム全集」のp.64を参考にしてください．

● 対応サービス1000以上．サービス間の連携が可能なIFTTT

IFTTTを使用すれば，Gmailや，Twitter，Facebook，LINEなど1000以上のインターネット・

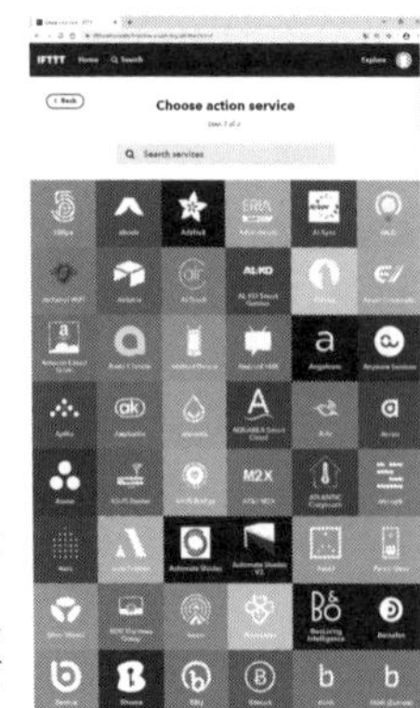

図14
対応サービス1000以上．サービス間の連携が可能なIFTTT
Gmailや，Twitter，Facebook，LINEなど1000以上のインターネット・サービス間で通知データの橋渡しが可能

サービス間での通知データの橋渡しができるようになります(**図14**)．

IFTTTは，「if this then that」の「if」と，this，then，thatの頭文字「t」が並べられた省略文字です．ここでは，入力となる[this]にWebhooksを設定し，IFTTTから取得したトークン・キーをラズベリー・パイ上のiot-cam_serv.shの変数KEYへ代入してください．また，出力先の[that]は，使用するインターネット・サービスの中から選択してください．

● センサ情報をUDPで通知し，写真撮影をHTTPで実行する

図15は，M5Cameraの顔検知センサが反応したときや，人感センサが人体などの動きを検知したときに，検知情報を通知し，当該通知を受け取ったラズベリー・パイが，写真撮影コマンドをM5Cameraに送信し，受け取った写真データを保存するシーケンス例です．

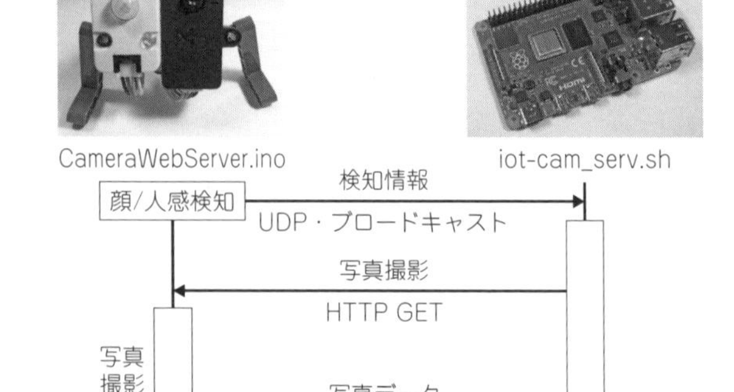

図15　センサ情報をUDPで通知し，写真撮影をHTTPで実行するシーケンス
M5Cameraの人感センサが人体などの動きを検知したときに，UDP・ブロードキャストで検知情報を通知し，当該通知を契機に，写真撮影コマンドをHTTP GETで送信し，受け取った写真データを保存する

UDPは，LAN内で送信先を特定しない場合に使われることが多く，IoT機器では，不特定の機器にセンサ値を送ったり，機器の存在を知らせるのに向いています．本例では，顔検知および人感検知時にCSV形式の検知情報をUDP・ブロードキャストで送信します．また，M5Camera起動時には，デバイス名[cam_a_5]と撮影用のHTTPコマンドの様式を送信し，M5Cameraの存在を知らせるようにしました．

一方のHTTPは，特定の機器との短い通信に適しており，本例では写真の撮影指示と写真データの転送に使用しました．

注意

セキュリティに関する注意

本章で紹介したシステムは学習や実験を想定したものにつき，継続的に利用する場合は，セキュリティ対策が必要です．不正アクセスによってM5Cameraやラズベリー・パイ，サーバ等に侵入されると，室内のようすなどが流出する恐れや，他の機器やシステムに影響を及ぼす恐れがあります．

M5Cameraに関しては，SSIDやパスワードの強化，廃棄時のSSID流出などに注意してください．ラズベリー・パイやサーバについては，アクセス認証・暗号化，FTP専用アカウントの作成とディレクトリの変更，ファイヤウォールの設定などの対策を行ってください．

第13章 ラズベリー・パイPico使用

Thonny Python IDEでプログラミング

本章では，Thonny Python IDEを使ってBLE通信でセンサ・データを送信するMicroPythonのプログラムを作成します．Thonny Python IDEは，シンプルな構成で学習用としてお勧めのPython用開発環境です．

ラズベリー・パイPicoに内蔵された温度センサや温湿度センサ・モジュールから取得したセンサ値をBLEモジュールRN4020で送信します．

プログラム開発やBLEの受信には従来のラズベリー・パイ4(または，400，3+，3)を使用します．

ラズベリー・パイPicoでBLE送信した測定値をラズベリー・パイ4で受信して表示します．

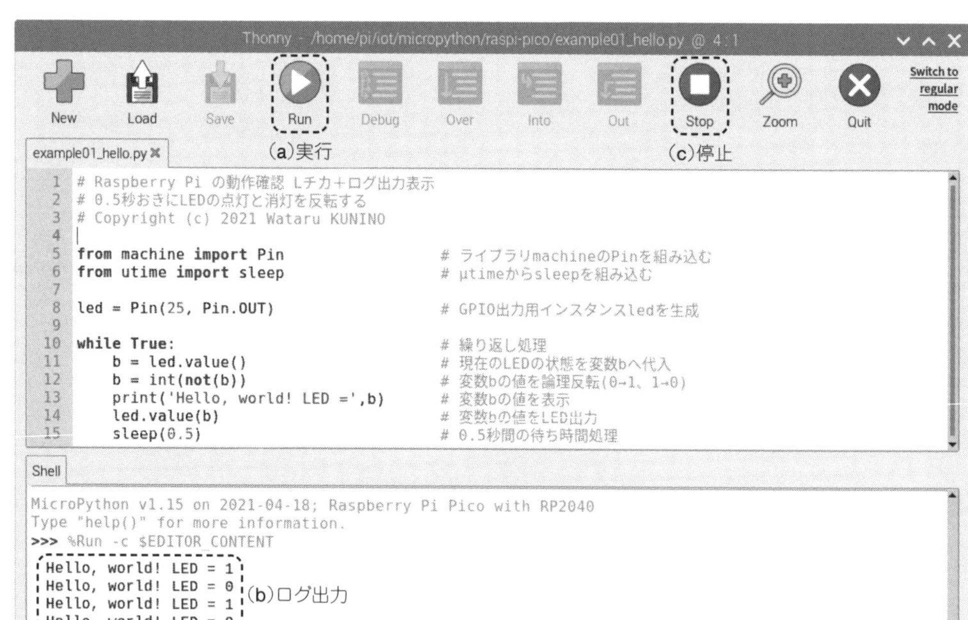

図1 Thonny Python IDE
プログラムを実行するには，(a)の[Run]ボタンを押す．ログ出力はShell部(b)に表示される．(c)の[Stop]ボタンで停止する

Thonny Python IDE

本章では，無料のソフトウェア統合開発環境Thonny Python IDE(**図1**)を使ったプログラムの作成方法について説明します．Thonny Python IDEは，本書で使用するラズベリー・パイ版のほか，Windows版やMac版もリリースされています．

図2 Thonny Python IDE 3.3.7を起動した
Raspberry Pi OS 画面左上のメニュー・アイコンから[プログラミング]→[Thonny Python IDE]の順に選択する

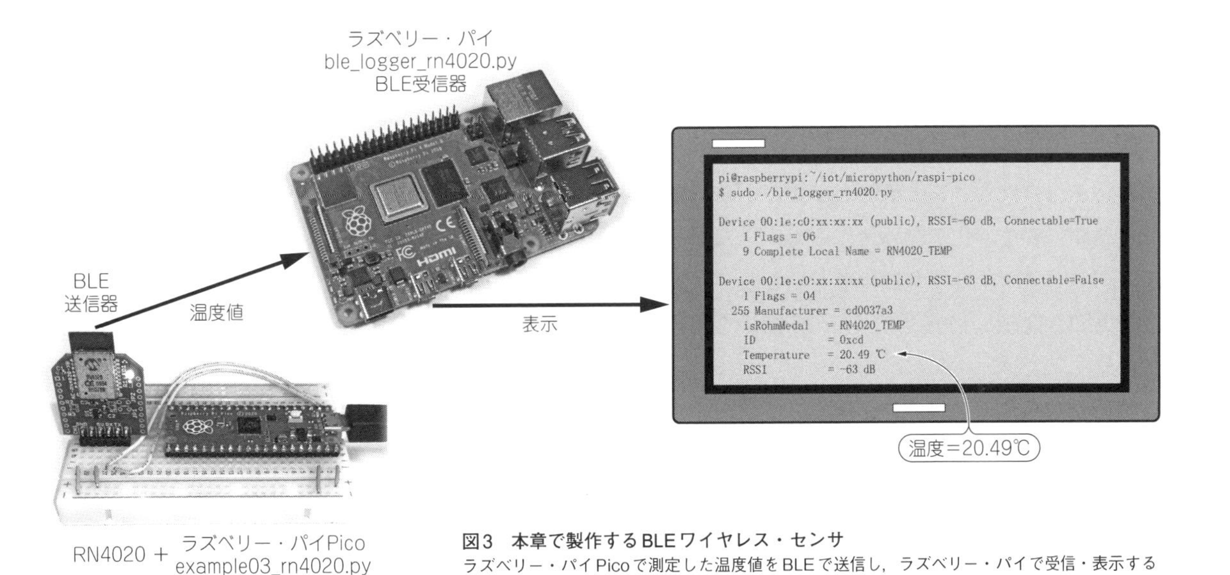

図3 本章で製作するBLEワイヤレス・センサ
ラズベリー・パイPicoで測定した温度値をBLEで送信し，ラズベリー・パイで受信・表示する

なお，バージョンは3.3以上を使用してください(3.37で動作確認済み)．バージョン3.2以下の場合は，Raspberry Pi OSをアップデートするか，新規インストールする必要があります．

Raspberry Pi OS画面の左上隅のメニュー・アイコンから[プログラミング]→[Thonny Python IDE]の順に選択すると**図2**のようなウィンドウが起動します．

ラズベリー・パイPico RP2040

ラズベリー・パイPicoとBLEモジュールを使って，ワイヤレス・センサを作ります(**図3**)．

2021年に発売されたラズベリー・パイPicoは，従来のシングルボード・コンピュータのラズベリー・パイとは異なり，ユーザ・インターフェースやモニタ出力を使ったOS機能に対応していない

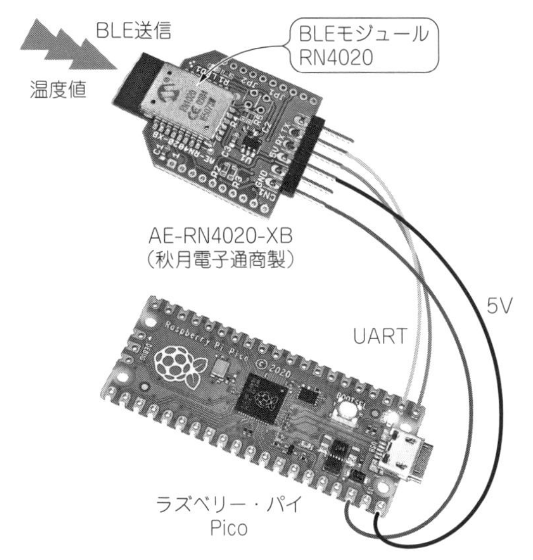

図4 RN4020を接続する
マイクロチップ・テクノロジー製RN4020を搭載したBluetooth(BLE)モジュールAE-RN4020-XB(秋月電子通商製)のUARTと電源をラズベリー・パイPicoに接続する

組み込み用のマイコン・ボードです．より小型化，低価格化，省電力化が求められる組み込み向けに，ラズベリー・パイ財団が独自に開発したデュアルコアARM Cortex M0+ マイコンRP2040を搭載しています．

同じラズベリー・パイのシリーズですが，使い方は大きく異なります．プログラムを作成するには従来の通常のラズベリー・パイ4(または，400，3+，3，2，1)またはパソコンが必要です．

BLEモジュール RN4020

本章で製作するBLE通信部には，マイクロチップ・テクノロジー社(Microchip Technology Inc.・米国)のRN4020を搭載したBluetooth(BLE)モジュール AE-RN4020-XB(秋月電子通商製)を使用し，**図4**のようにUARTと電源をラズベリー・パイPicoに接続します．

表1 ワイヤレス・センサの実験に必要な機器

機器名	数量	備 考
Raspberry Pi Pico (RP2040)	1台	ラズベリー・パイPico本体
AE-RN4020-XB (秋月電子通商製)	1個	マイクロチップ製RN4020搭載 BLEモジュール
AE-SHT31 (秋月電子通商製)	1個	センシリオン製 SHT31 搭載 温度センサ・モジュール
細ピンヘッダ 1×40 PHA-1x40SG	1本	40ピン(中央で分断し，20ピンずつ使用)※要ハンダ付け
ブレッドボード EIC-801	1個	400穴 タイプ
マイクロUSB ケーブル	1本	USB microB - USB Aタイプ
ラズベリー・パイ またはパソコン	1式	プログラム作成用(マウス，キーボード，モニタなどを含む)

必要な機器

表1にワイヤレス・センサの実験に必要な機器を示します．細ピンヘッダは，ラズベリー・パイPicoをブレッドボードに接続するのに使用します．

BLEモジュール用のピンヘッダは，AE-RN4020-XBに付属しています．マイクロUSBケーブル(microBタイプ)は，ラズベリー・パイPicoをプログラム作成用のラズベリー・パイ(またはパソコン)に接続するのに使用します．ピンヘッダの取り付けにはハンダ付け作業が必要です．

本章では，プログラムの作成にはラズベリー・パイ4を使用しますが，WindowsやmacOSを搭載したパソコンを使用することもできます．

MicroPythonファームウエアを書き込む

ラズベリー・パイPicoにMicroPythonファームウェアを書き込む手順を以下に示します．

(1) Raspberry Pi OS 画面のメニュー・アイコンからThonny Python IDEを起動します．

(2) ラズベリー・パイPico基板上のBOOTSELボ

(a)

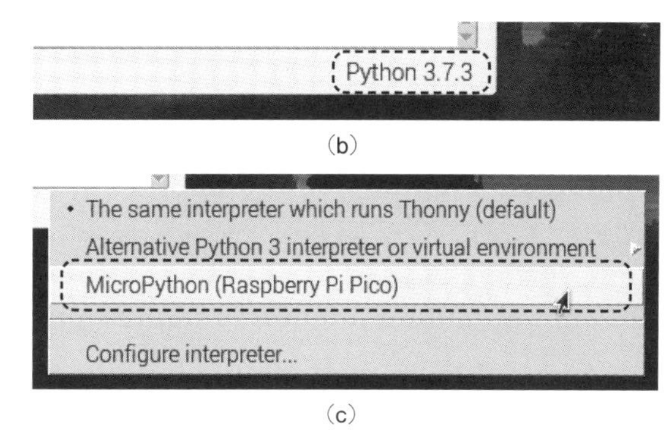

(b)

(c)

図5　Thonny Python IDE のプログラミング環境をMicroPythonに切り替える
Pico基板上のBOOTSELボタンを押しながら，USBをラズベリー・パイに接続し，ドライブ名RPI-RP2とポップアップ画面(a)を確認してから，Thonny Pythonの右下(b)の[Python 3.X.X]の表示部をクリックし，[MicroPython(Raspberry Pi Pico)]を選択する

タンを押しながら，USBケーブルを使って，ラズベリー・パイのUSB端子にラズベリー・パイ Picoを接続してください．

(3) デスクトップに**図5(a)**のようなドライブ名RPI-RP2と，ポップアップ画面が表示されます．表示されなかった場合は，(2)のUSB接続をやり直してください．

(4) Thonny Python IDEの画面右下の**図5(b)**の[Python 3.X.X]表示をクリックし，プログラミング環境[MicroPython(Raspberry Pi Pico)]を選択してください(**図5(c)**)．

(5) **図6**のようなポップアップ画面が開くので，[Install]ボタンをクリックしてください．

(6) [Done]が表示され，ドライブRPI-RP2が消えれば，書き込み完了です．

(7) USBケーブルを一度，抜いて，挿し直してください(BOOTSELボタンは押さない)．

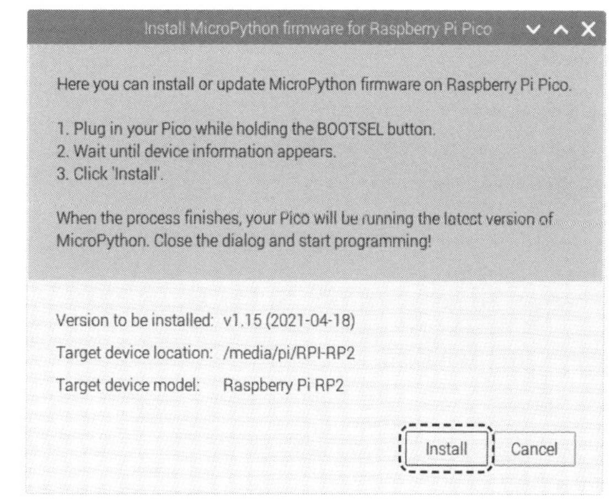

図6　ラズベリー・パイ Pico用MicroPythonファームウェアのインストール画面
ポップアップ画面の右下の[Install]を押すとファームウェアの書き込みが開始される

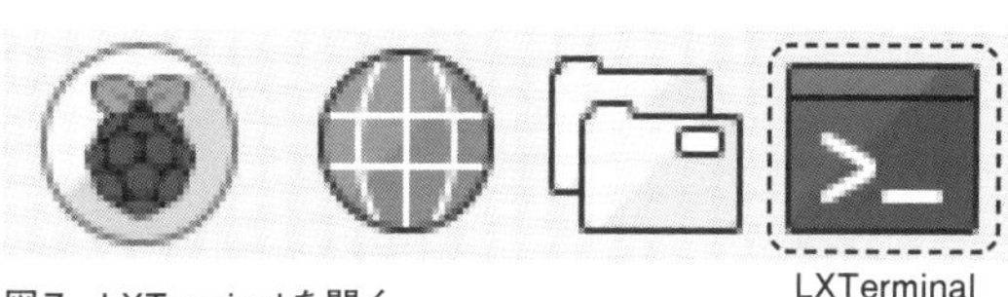

図7　LXTerminalを開く

サンプル・プログラムをダウンロードする

筆者が作成したサンプル・プログラムはGitHub上のiotフォルダに含まれています．未ダウンロードの場合は，Raspberry Pi OS 上でLXTerminalを起動して，以下の手順でダウンロードしてください．

Bashコマンドを入力したり実行したりするために，ラズベリー・パイでターミナル・ソフトLXTerminalを起動します(**図7**)．

プロンプト pi@raspberrypi:~ $が表示されたら

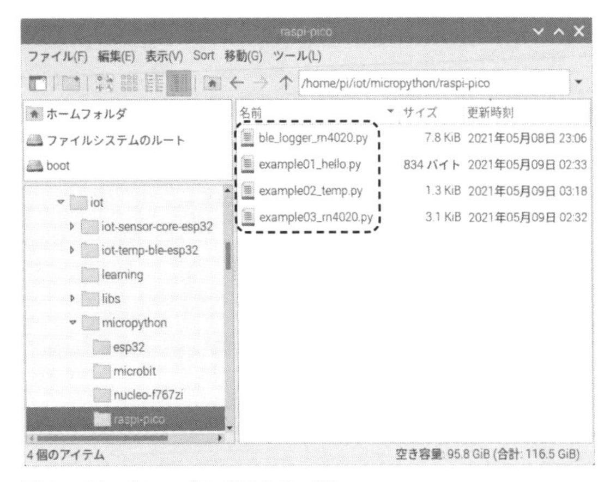

図8　サンプル・プログラムの一覧
https://bokunimo.net/git/iotからダウンロードすると，iot→micropython→raspi-picoフォルダ内にサンプル・プラグラムが格納される

コマンド入力待ち状態です．LXTerminal上で，次のコマンドをキーボードから入力し，サンプル・プログラムをダウンロードします．

> **プログラム集のダウンロード：**
> $ git clone https://bokunimo.net/git/iot⏎

実行したフォルダ内にiotフォルダが作られ，その中のmicropythonフォルダ→raspi-picoフォルダ内に**図8**のようなファイルが格納されます．

example01_hello.pyを実行してラズベリー・パイPicoの動作確認を行います．**図8**のファイルを右クリックして[Thonny]を選択すると，Thonny Python IDEに**リスト1**の内容が表示されます．

プログラムを実行するには，**図1**(**a**)の[Run]ボタンをクリックします．ラズベリー・パイPico基板上のLEDが点滅し，Thonny Python IDEの画面下のShell部**図1**(**b**)に[Hello, World! LED = 1]や[LED =0]のログ出力が表示されるので，確認してください．

動作確認を終えたら，**図1**(**c**)の[Stop]ボタンをクリックし，プログラムを停止させます．

サンプル1 プログラム1 Lチカ+ログ出力表示プログラム example01_hello.pyシステムの動作確認(その1)

以下に**リスト1**のサンプル・プログラムexample01_hello.pyの処理の流れについて説明します(**図9**)．

① ラズベリー・パイPicoのハードウェア用デバイス・ドライバmachineモジュールの中からGPIOを制御するPinクラスを本プログラム内に組み込みます．

② 同様に，時間に関するライブラリutimeモジュ

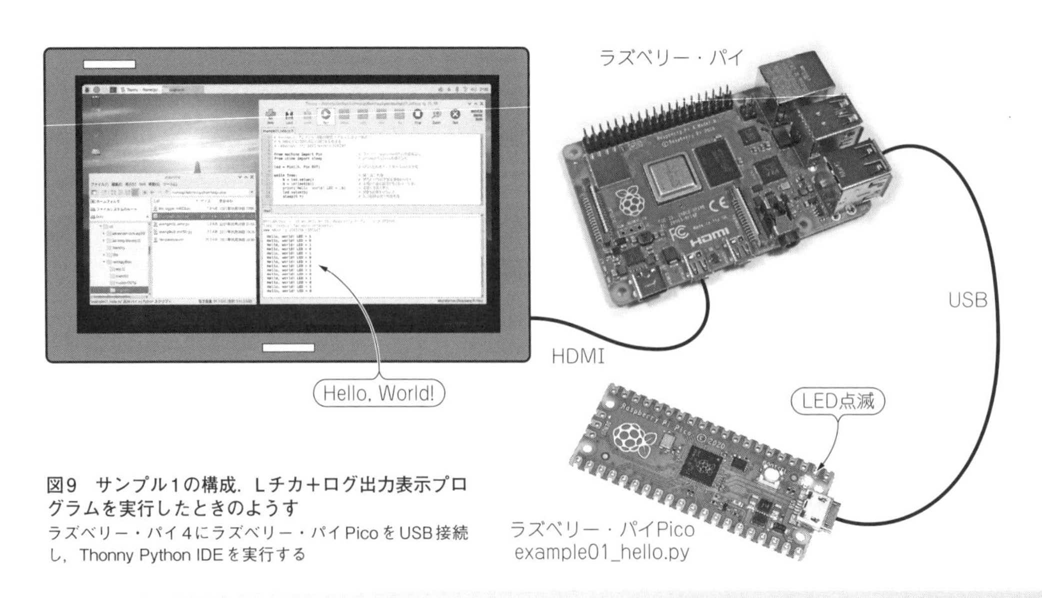

図9　サンプル1の構成．Lチカ+ログ出力表示プログラムを実行したときのようす
ラズベリー・パイ4にラズベリー・パイPicoをUSB接続し，Thonny Python IDEを実行する

リスト1 Lチカ＋ログ出力表示プログラムexample01_hello.py
0.5秒おきにLEDの点灯と消灯を繰り返す

```
from machine import Pin ←①              # ライブラリmachineのPinを組み込む
from utime import sleep ←②              # μtimeからsleepを組み込む

led = Pin(25, Pin.OUT) ←③               # GPIO出力用インスタンスledを生成

while True:                              # 繰り返し処理
  b = led.value()                        # 現在のLEDの状態を変数bへ代入
  b = int(not(b))                        # 変数bの値を論理反転(0→1, 1→0)
  print('Hello, world! LED =',b) ←④     # 変数bの値を表示
  led.value(b) ←⑤                       # 変数bの値をLED出力
  sleep(0.5) ←⑥                         # 0.5秒間の待ち時間処理
```

ール内のsleepクラスを組み込みます．MicroPython用のutimeモジュールは，通常のCPython用のtimeモジュールとの互換性を(ある程度)保ちつつ，少ないハードウェア資源で実行できるようにしたものです．

③ ラズベリー・パイPicoのGPIOポート25の出力用のオブジェクト(インスタンス)ledを生成します．以降，ledオブジェクトを使ったLED制御ができるようになります．

④ [Hello, World! LED =]とLED制御値を表示します．0がOFFで，1がONです．

⑤ 処理④で表示した制御値0と1で，LEDのON/OFFを制御します．

⑥ 0.5秒間，何もしない待ち時間処理を行います．

column1 BLEで送られてきたセンサ値をAmbientに転送する

iotフォルダのserverフォルダ内に収録したble_logger_sens_scan.pyをラズベリー・パイ4で実行すれば，サンプル3と4で製作したワイヤレス・センサが送信する情報をIoTセンサ用クラウド・サービスAmbientに転送することができます．

ウェブ・サイトAmbient(https://ambidata.io/)でIDとライトキーを取得し，プログラムble_logger_sens_scan.py内のambient_chidと，ambient_wkeyに記載してください．BLEで送られてきたセンサ値を受信すると，データ番号d1に温度値，データ番号d2に湿度値を代入してAmbientに送信します．

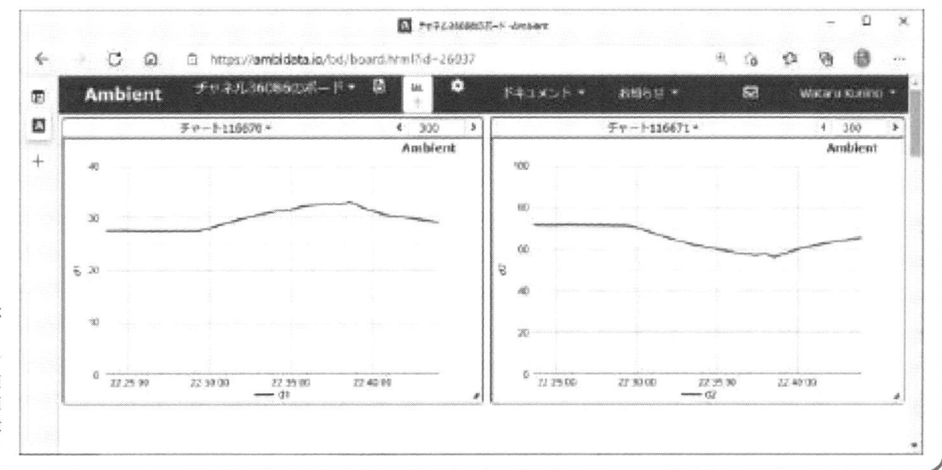

Ambientでの表示例
ワイヤレス・センサが送信する温度値(左・d1)と湿度値(右・d2)をAmbientに送信し，表示した

リスト2　温度測定・表示プログラム example02_temp.py
5秒おきにラズベリー・パイPico内蔵された温度センサの値を取得して表示する

```
from machine import ADC,Pin ←①                 # ライブラリmachineのADCを組み込む
from utime import sleep                        # μtimeからsleepを組み込む

led = Pin(25, Pin.OUT)                         # GPIO出力用インスタンスledを生成
adc = ADC(4) ←②                                # 温度センサ用ADCポートadcを生成
prev = 0                                       # 前回の温度値を保持するための変数
while True:                                    # 繰り返し処理
  val = adc.read_u16() ←③                      # ADCから値を取得して変数valに代入
  mv = val * 3300 / 65535 ←④                   # ADC値を電圧(mV)に変換
  temp = 27 - (mv - 706) / 1.721 ←⑤            # ADC電圧値を温度(℃)に変換
  print('Temperature =',round(temp,1)) ←⑥      # 温度値を表示
  if temp > prev:  ┐                           # 前回の温度値よりも大きいとき
    led.value(1)   │                           # LEDを点灯する
  else:            ├⑦                          # そうでないとき(前回値以下)
    led.value(0)   ┘                           # LEDを消灯する
  prev = temp                                  # 変数prevに前回値を保持する
  sleep(5)                                     # 5秒間の待ち時間処理
```

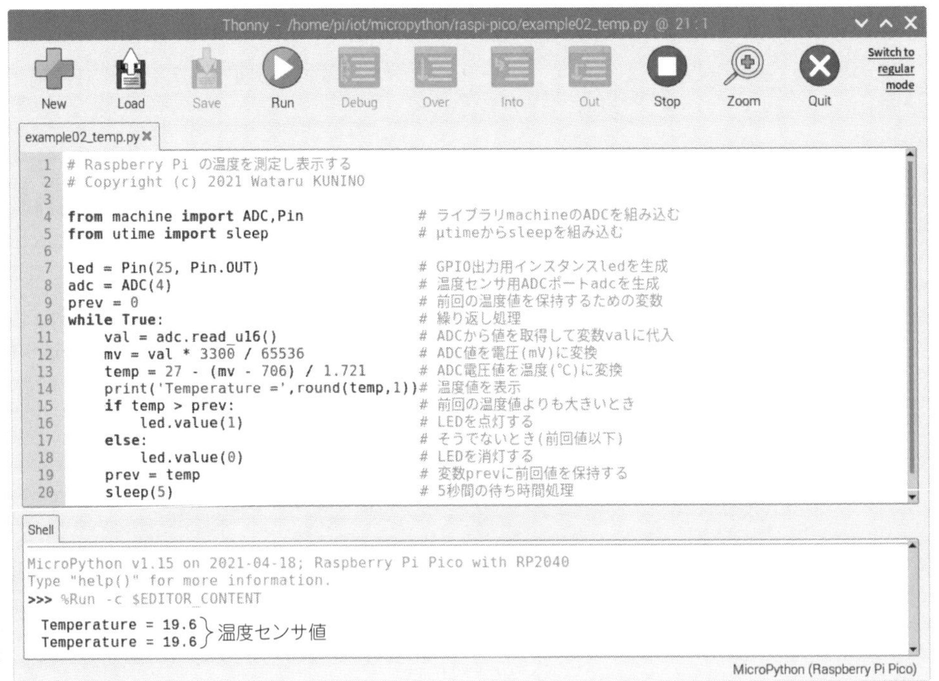

図10
温度測定・表示プログラムの実行例
ラズベリー・パイPicoに内蔵された温度センサから温度値を取得して表示した

温度値を送信する

今度は，ラズベリー・パイPicoに内蔵されている温度センサから温度値を取得して表示するプログラムexample02_temp.py(**リスト2**)を実行してみましょう．

23 ℃の室内環境で実行してみたところ，**図10**のように19.6 ℃が得られました．ラズベリー・パイ4に内蔵された温度センサでは，マイコン動作

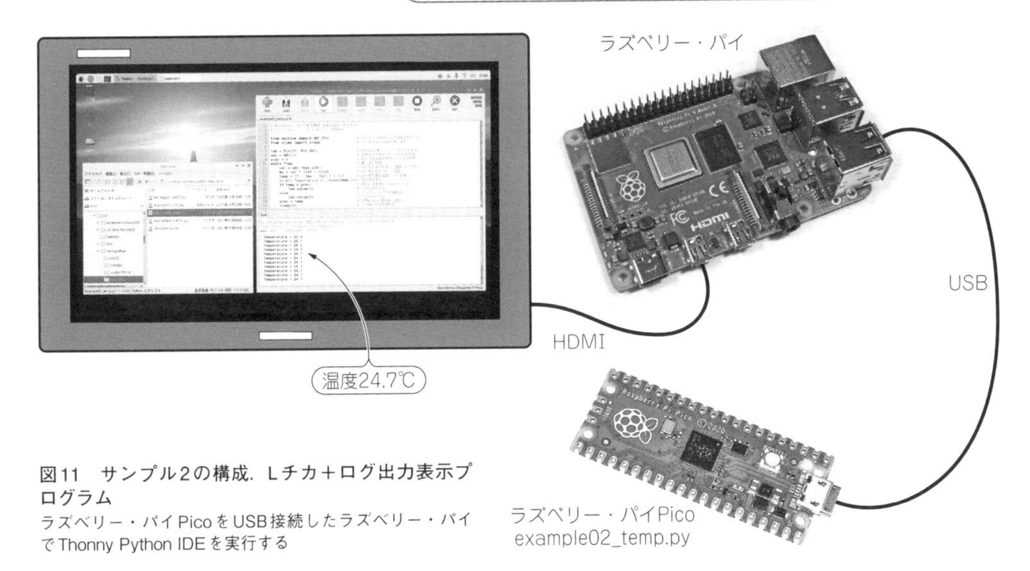

図11　サンプル2の構成．Lチカ＋ログ出力表示プログラム
ラズベリー・パイPicoをUSB接続したラズベリー・パイでThonny Python IDEを実行する

時の温度上昇の影響を受けやすい課題がありましたが，消費電力が少なく内部発熱の小さなラズベリー・パイPicoの内蔵温度センサで測定した場合は，実際の室温との差が小さくなりました．とはいえ，室温測定用のセンサではないので，誤差が影響しない用途でしか使えないことに変わりはありません．

サンプル2 プログラム2 温度測定・表示プログラム example02_temp.pyシステム構成

以下に**リスト2**のサンプル・プログラムexample02_temp.pyの処理の流れについて説明します(**図11**)．

① machineモジュール内のPinクラスとA-D変換器用のADCクラスを，組み込みます．

② マイコン内蔵の温度センサ用A-D変換器ポート4のオブジェクトadcを生成します．

③ A-D変換器の変換値を16ビット(0から65535の値)で取得し，変数valに代入します．

④ 温度センサの電圧出力値を求めます．A-D変換器の最大値は3.3Vのときに65535なので，下式で電圧値[mV]を求めることができます．

$$電圧値[mV] = 3300 \times val \div 65535$$

⑤ ラズベリー・パイPico内蔵の温度センサの特性から温度値[℃]を算出します．

$$温度[℃] = 27 - (電圧値 - 706) \div 1.721$$

⑥ 処理⑤で得られた温度値の小数点第1位で丸めて，表示します．

⑦ 温度値が前回よりも高かったときにLEDを点灯，前回以下のときに消灯する制御を行います．

ラズベリー・パイPicoに内蔵された温度センサから取得した温度値をBLE送信する実験を行います．**図12**は，BLEモジュールAE-RN4020-XB(秋月電子通商製)と，ラズベリー・パイPicoをブレッドボード上に実装したワイヤレス温度センサ(送信機)の製作例です．

ラズベリー・パイPicoとBLEモジュールAE-RN4020-XBとの接続回路を**図13**に示します．BLEモジュールのUART送信TX端子をラズベリー・パイPicoのUART受信RXD端子に，RX端子をTXD端子に接続し，電源5VとGNDを供給しました．製作するときはブレッドボードの実装図を見ながら配線してください．

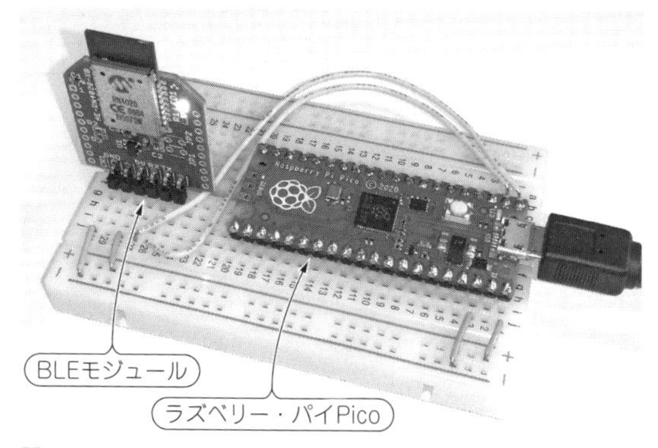

図12　ワイヤレス温度センサの製作例
BLEモジュールAE-RN4020-XB（秋月電子通商）と，ラズベリー・パイPicoをブレッドボード上に実装した

ワイヤレス通信の実験方法

ワイヤレス通信の実験を行うには，BLE送信を受信するための受信機が必要です．ここでは，ラズベリー・パイ4に内蔵されたBluetooth機能で受信する方法について説明します．

受信用のプログラムは同じフォルダ内のble_logger_rn4020.pyです．実行にはbluepyのインストールとルート権限が必要です．ラズベリー・パ

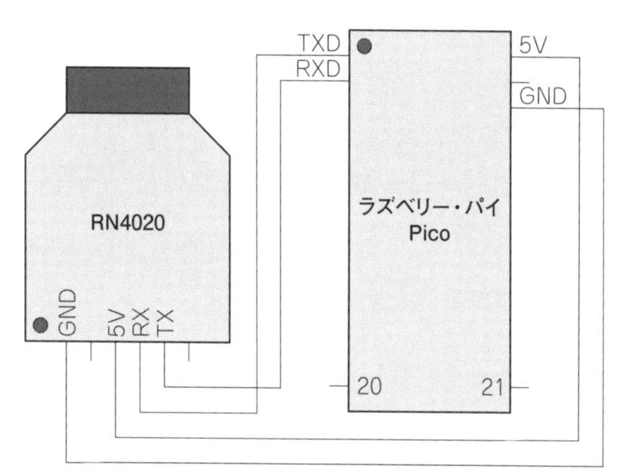

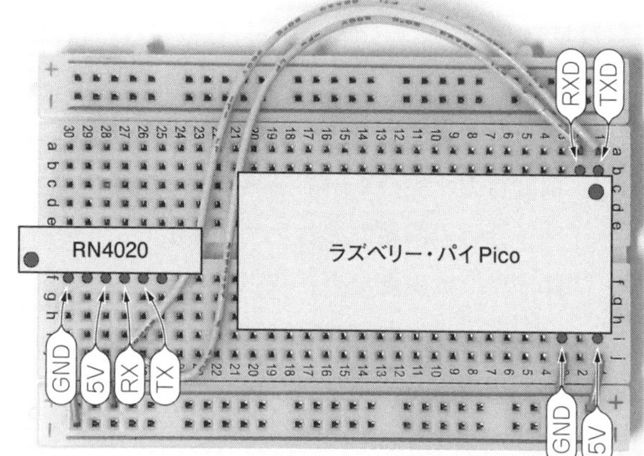

図13　BLEワイヤレス・センサの回路図・ブレッドボード実装図
BLEモジュールAE-RN4020-XB（秋月電子通商製）のTXとRXをラズベリー・パイPicoのRXDとTXDに接続する（TX→RXD，RX→TXD）

column2　Linuxコマンドの履歴情報

過去に入力した履歴情報を使ってコマンド入力を支援するhistory機能について説明します．

試しに，LXTerminalを開いて[history]と入力し，[Enter]を押下してみてください．過去に入力したコマンド行の履歴が表示されると思います．この履歴情報をもとにコマンド入力の手間を減らすことができます．

もっとも頻繁に使用するのは前回のコマンドの入力誤りを修正する時です．カーソル・キーの[↑]を押下すると，直前のコマンド行が表示されます．この状態で左右キーを使って修正個所にカーソルを移動してから修正し，[Enter]キーで修正後のコマンドを実行することができます．

また，過去とまったく同じコマンド行を[!!]や[!文字列]で実行することもできます．

基本的なhistory機能と補助機能

コマンド	機　能
history	履歴情報を一覧表示する
カーソル[↑]キー	履歴の新しいものから順に呼び出す
[Ctrl]を押しながら[A]	コマンド行の先頭へカーソルを移動する
[Ctrl]を押しながら[E]	コマンド行の末尾へカーソルを移動する
!!	直前のコマンドを実行する
!文字列	指定文字から始まる最新のコマンドを実行する

イ4上でLXTerminalを起動し，以下のように，pip3でbluepyをインストールしてからプログラムをsudoで実行してください．

```
ラズベリー・パイ用BLE受信機：
  $ sudo apt install python3-pip libglib2.0-dev⏎
  $ sudo pip3 install bluepy⏎
  $ cd ~/iot/micropython/raspi-pico⏎
  $ sudo ./ble_logger_rn4020.py⏎
```

受信用のble_logger_rn4020.pyを実行した状態で，送信用のラズベリー・パイPico(Thonny Python IDE)でサンプル・プログラムexample03_rn4020.pyを実行すると，LXTerminal上に**図14**(c)のような受信結果が表示されます．温度値はファイル名Temperature.csvで保存されます．

送信側(Pico)のプログラムは，実行してから約3秒後にセンサ名としてRN4020_TEMPを送信します．受信側のラズベリー・パイは，受信したセンサ名を**図14**(a)のように表示し，送信側のデバイスのアドレスを保持し，以降，同アドレスからの温度値の送信を待ち受けます．ワイヤレス・センサからセンサ名を送信するのは起動時だけなので，既に送信側(Pico)のプログラムが動作していたときは，一度，Thonny Python IDEの[Stop]ボタンで停止し，[Run]で再起動してください．

実験時は，**図15**のように，受信用のLXTerminal(図・左下)と，送信用のThonny Python IDE(図・右側)を1台のラズベリー・パイで操作することができます．それぞれのウィンドウが別々の機器を制御している点を想像しながら実験してください．

ラズベリー・パイPico単体でプログラムを実行する方法

プログラムをラズベリー・パイPicoのフラッシュ・メモリに書き込めば，ラズベリー・パイのUSBを切断し，ACアダプタからラズベリー・パイPicoのマイクロUSB端子に電源を供給して単体で動かすことができます．

Thonny Python IDEのUI画面には，Simpleモード，RegularモードとExpertモードがあり，初期状態はSimpleモードです．この場合は，一度，**図16**の(a)[New]ボタンで新しいタブを開き，プログラムの内容を新しいタブにコピーしてから，**図16**(b)[Save]ボタンを押し，[Where to save to?]ダイヤログで[Raspberry Pi Pico]を選択し，ファイル名をmain.pyに変更して保存します．

RegularモードやExpertモードだと，より簡単です．SimpleモードからRegularモードに切り替えるには，**図16**(c)右上の[Switch to regular mode]の文字をクリックし，Thonny Python IDE画面の閉じるボタン[×]をクリック後，Thonny Python

```
pi@raspberrypi:~/iot/micropython/raspi-pico $ sudo ./ble_logger_rn4020.py

Device 00:1e:c0:xx:xx:xx (public), RSSI=-60 dB, Connectable=True  ┐
  1 Flags = 06                                                      ├(a)
  9 Complete Local Name = RN4020_TEMP                               ┘

Device 00:1e:c0:xx:xx:xx (public), RSSI=-63 dB, Connectable=False
  1 Flags = 04
 255 Manufacturer = cd0037a3 ←(b)
  isTargetDev  = RN4020_TEMP
  ID           = 0xcd
  Temperature  = 20.49 ℃ ←(c)
  RSSI         = -63 dB
```

図14 BLE受信用プログラムble_logger_rn4020.pyの実行結果の例
ワイヤレス・センサが送信する温度値を受信して表示した．また，ファイル名Temperature.csvとして保存される

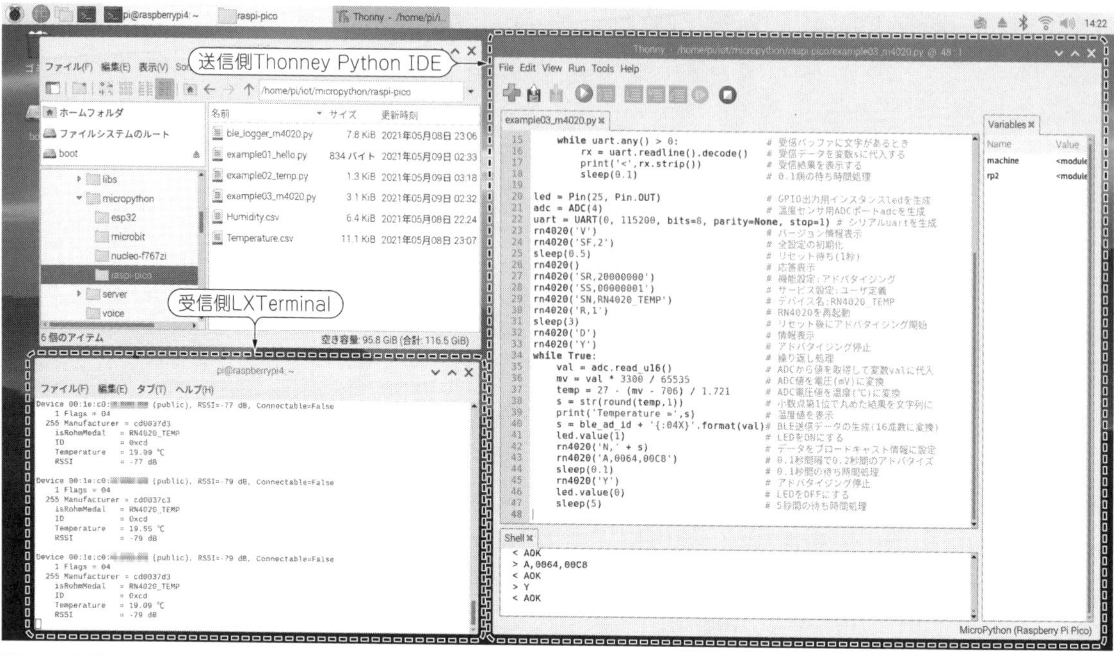

図15　受信側と送信側の操作を1台のラズベリー・パイで行う
受信用のLXTerminal(左下)と，送信用のThonney Python IDE(右側)を1台のラズベリー・パイで操作したときの画面例

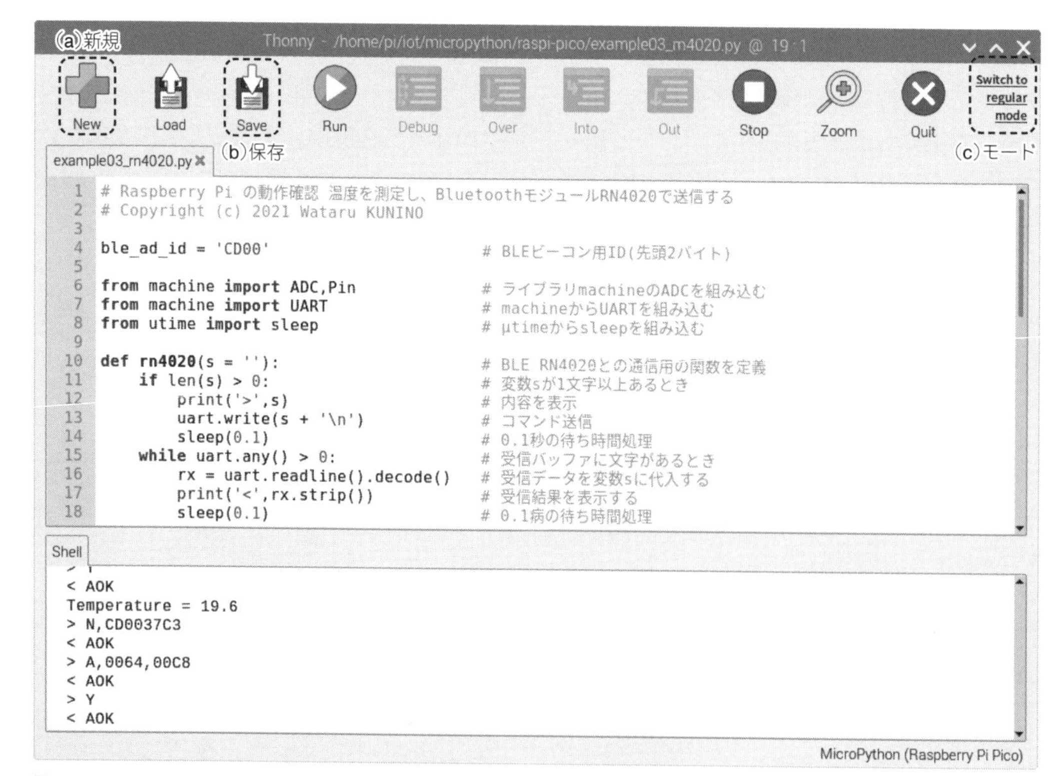

図16　Thonny Python IDEのUI画面のSimpleモード
Simpleモードでラズベリー・パイPicoにプログラムを書き込むには，(a)Newで開いたタブにプログラムをコピーし，(b)Saveで保存する．(c)Regularモードに切り替えると，FileメニューのSave copy機能が使える

IDEを起動し直してください．Thonny Python IDE画面上部に，メニューが表示されるので，[File]メニューから[Save copy...]を選択すれば，表示中のプログラムを直接ラズベリー・パイPicoに保存することができます．

サンプル3 プログラム3 ワイヤレス温度センサ用プログラム example03_rn4020.pyシステム構成

以下にリスト3のラズベリー・パイPico用サンプル・プログラムexample03_rn4020.pyの処理の流れについて説明します(図17)．

① BLEビーコン(アドバタイジング情報)に含める2バイトの識別用IDです．RN4020からの送信であることを受信側に伝えるために使用します．ここではCD00 hに設定しました．

② RN4020とのUART通信(シリアル通信)を行うためのUARTクラスをmachineモジュールから組み込みます．

③ UARTによるRN4020との送受信用の関数rn4020の定義部です．引き数で渡された文字列を変数sに代入し，処理④の送信を行い，その

リスト3 ワイヤレス温度センサ用プログラムexample03_rn4020.py
5秒おきにラズベリー・パイPicoに内蔵された温度センサ値をBLE送信する

```
ble_ad_id = 'CD00' ←①                                     # BLEビーコン用ID(先頭2バイト)

from machine import ADC,Pin                                # ライブラリmachineのADCを組み込む
from machine import UART ←②                                # machineからUARTを組み込む
from utime import sleep                                    # μtimeからsleepを組み込む

def rn4020(s = ''): ←③                                     # BLE RN4020との通信用の関数を定義
  if len(s) > 0:                                           # 変数sが1文字以上あるとき
    print('>',s)                                           # 内容を表示
    uart.write(s + '\n') ←④                                # コマンド送信
    sleep(0.1)                                             # 0.1秒の待ち時間処理
  while uart.any() > 0:                                    # 受信バッファに文字があるとき
    rx = uart.readline().decode() ←⑤                       # 受信データを変数sに代入する
    print('<',rx.strip()) ←⑥                               # 受信結果を表示する
    sleep(0.1)                                             # 0.1病の待ち時間処理

led = Pin(25, Pin.OUT)                                     # GPIO出力用インスタンスledを生成
adc = ADC(4)                                               # 温度センサ用ADCポートadcを生成
uart = UART(0, 115200, bits=8, parity=None, stop=1) ←⑦     # シリアルuartを生成
rn4020('V')          ┐                                     # バージョン情報表示
rn4020('SF,2')       │                                     # 全設定の初期化
sleep(0.5)           │                                     # リセット待ち(1秒)
rn4020()             │                                     # 応答表示
rn4020('SR,20000000')│                                     # 機能設定:アドバタイジング
rn4020('SS,00000001')├⑧                                    # サービス設定:ユーザ定義
rn4020('SN,RN4020_TEMP')                                   # デバイス名:RN4020_TEMP
rn4020('R,1')        │                                     # RN4020を再起動
sleep(3)             │                                     # リセット後にアドバタイジング開始
rn4020('D')          │                                     # 情報表示
rn4020('Y')          ┘                                     # アドバタイジング停止
while True:                                                # 繰り返し処理
  val = adc.read_u16()                                     # ADCから値を取得して変数valに代入
  mv = val * 3300 / 65535                                  # ADC値を電圧(mV)に変換
  temp = 27 - (mv - 706) / 1.721                           # ADC電圧値を温度(℃)に変換
  s = str(round(temp,1))                                   # 小数点第1位で丸めた結果を文字列に
  print('Temperature =',s)                                 # 温度値を表示
  s = ble_ad_id + '{:04X}'.format(val) ←⑨                  # BLE送信データの生成(16進数に変換)
  led.value(1)                                             # LEDをONにする
  rn4020('N,' + s) ←⑩                                      # データをブロードキャスト情報に設定
  rn4020('A,0064,00C8') ←⑪                                 # 0.1秒間隔で0.2秒間のアドバタイズ
  sleep(0.1)                                               # 0.1秒間の待ち時間処理
  rn4020('Y') ←⑫                                           # アドバタイジング停止
  led.value(0)                                             # LEDをOFFにする
  sleep(5)                                                 # 5秒間の待ち時間処理
```

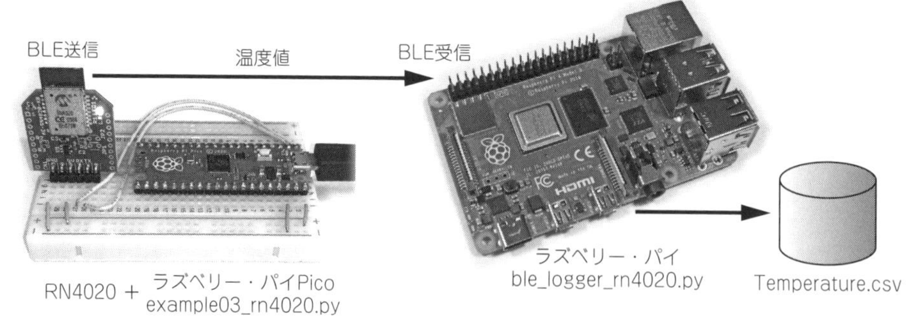

図17　サンプル3の構成．ワイヤレス温度センサの通信
ラズベリー・パイ Picoの内の温度センサから取得した温度値をBLE送信する実験を行う

応答の受信処理⑤～⑥を行います．引き数を省略した場合は，空の文字列を変数sに代入し，処理⑤～⑥の受信処理のみを行います．

④ 変数sの文字列に改行(\n)を付与し，RN4020に送信します．

⑤ RN4020の応答を変数rxに代入します．

⑥ 変数rxに代入された受信結果を表示します．

⑦ UART通信を行うためのオブジェクトuartを生成します．引き数は，UART通信用の設定パラメータです．RN4020の初期値115200bps，パリティなし，ストップビット1を設定します．

⑧ RN4020の初期化処理部です．処理③の関数rn4020を使って，それぞれの丸括弧内の文字列をRN4020に送信します．それぞれのコマンドの役割は，各行のコメント欄をご覧ください．

⑨ 処理①のIDとA-Dコンバータからの取得値valを文字列に変換して，変数sに代入します．

[.format]は，文字列に丸括弧内の値を埋め込む処理を行う文字列クラスのformatメソッドです．ここでは数値変数valの内容を4桁の16進数の文字列に変換します．IDも4桁なので，合計8桁の16進数の文字列(例：'CD0037A3')が変数sに代入されます．**図14**の(b)の受信例[255 Manufacturer = cd0037a3]の下位2バイトの37A3hが温度の受信結果です．本例では上位バイトを先に配置しましたが，BLEでは下位バイトから配置するのが一般的です．

⑩ 処理⑨で作成したBLE送信データをRN4020にセットします(まだ送信はしません)．

⑪ RN4020から処理⑨のデータを含むアドバタイズ情報の送信を開始します．

⑫ アドバタイズ情報の送信を停止します．

高精度に測定する

より高精度なセンシリオン製の湿度センサSHT31から取得した温度値と湿度値を，BLE送信するワイヤレス・センサを製作します．ラズベリー・パイ Picoに内蔵されている温度センサよりも正確な温度を取得できるうえ，高精度な湿度値も取得できるようになります．

ラズベリー・パイ Picoに湿度センサ・モジュールAE-SHT31(秋月電子通商)と，BLEモジュールAE-RN4020-XB(秋月電子通商)を接続したワイヤレス温度＋湿度センサ(送信機)の製作例を**図18**に，回路図と実装図を**図19**に示します．

ワイヤレス通信の受信結果

ラズベリー・パイ4上でLXTerminalを起動し，

受信用のプログラムble_logger_rn4020.pyをsudoで実行したときの例を図20に示します.

受信用のプログラムを実行した状態で，ラズベリー・パイPico側で送信用のexample04_humid.pyを実行すると，約3秒後に図20(a)のセンサ名RN4020_HUMIDを受信し，同アドレスのラズベリー・パイPicoからのセンサ値を待ち受け，センサ値を受信すると結果として図20(b)を表示します.

本例では，図20(c)と図20(d)のように温度27.81 ℃，湿度64.47%が表示されました．それぞれの値は，ファイルTemperature.csv，Humidity.csvとしてプログラムと同じフォルダに保存されます.

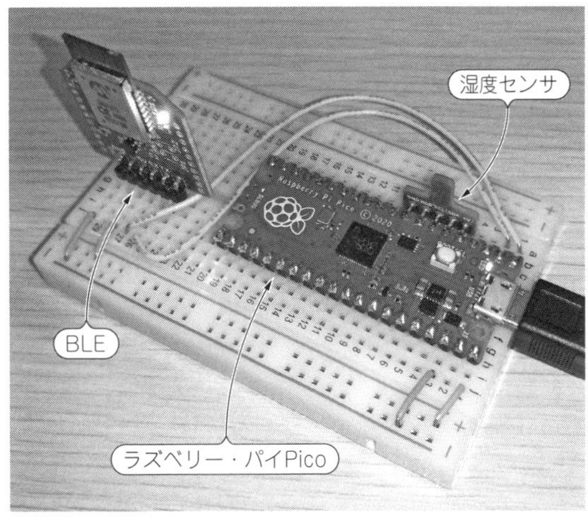

図18 ワイヤレス温度＋湿度センサの製作例
ラズベリー・パイPicoに湿度センサ・モジュールAE-SHT31(秋月電子通商製)と，BLEモジュールAE-RN4020-XB(秋月電子通商製)を接続して製作した

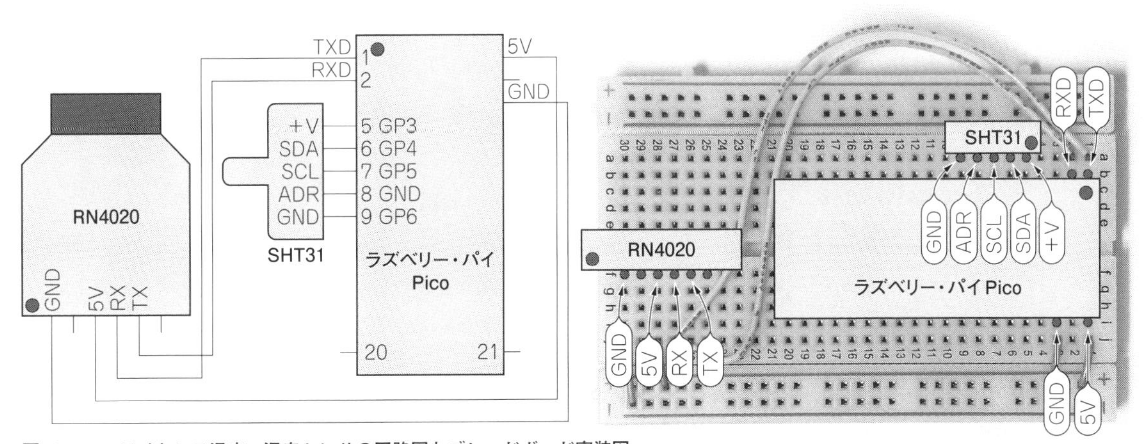

図19 BLEワイヤレス温度＋湿度センサの回路図とブレッドボード実装図
温湿度センサSHT31の電源+VとGNDは，それぞれラズベリー・パイPicoのGP3とGP6に接続し，I2CのSDAとSCLはGP4とGP5に接続する

```
pi@raspberrypi:~/iot/micropython/raspi-pico $ sudo ./ble_logger_rn4020.py

Device 00:1e:c0:xx:xx:xx (public), RSSI=-62 dB, Connectable=True  } (a)
    1 Flags = 06
    9 Complete Local Name = RN4020_HUMID

Device 00:1e:c0:xx:xx:xx (public), RSSI=-64 dB, Connectable=False  } (b)
    1 Flags = 04
  255 Manufacturer = cd00826a0da5
    isTargetDev    = RN4020_HUMID
    ID            = 0xcd
    Temperature    = 27.81 ℃ ←(c)
    Humidity       = 64.47 % ←(d)
    RSSI          = -63 dB
```

図20 BLE受信用プログラムble_logger_rn4020.pyの実行結果
ワイヤレス・センサが送信する温度値と湿度値を受信して表示した

第14章 さくらのセキュアモバイルコネクト使用

キャリアSIM利用 通信プログラミング

インターネットを経由しない閉域網モバイル通信が特徴のさくらのセキュアモバイルコネクトを使って，クラウド・サーバに接続します．

マイコンでCSV形式にしたセンサ値をクラウド・サーバにUDPで送信するIoTシステムです．

※サービスと価格は，原稿執筆時のものです．

使用機材

- さくらのセキュアモバイルコネクト用SIMカード（要さくらインターネットの法人契約）
- モバイル・ルータ
- M5StickC または M5StickC Plusなど
- DLIGHTハット，またはENV Ⅲハット

さくらのセキュアモバイルコネクトの特徴

さくらのセキュアモバイルコネクトは，モバイル回線をインターネット非経由でクラウド・サーバに接続する閉域網モバイル通信サービスです．IoT/M2M（データ）用のSIMカード（**図1**）を使って，さくらインターネットが運営するクラウド・サーバに接続することができます．

最大の特徴は，まるでモバイル網がLANのような閉域ネットワークであることです．インターネットを経由しないので，閉域網内での認証や暗号化を行わなくてもセキュアな通信が行えます．もちろん，通常のデータ用SIMカードと同じようにインターネット接続可能な構成にすることもできます．

ほかにもメリットがあり、SIM 1枚当たりの基本利用料が月額13円と低価格な点（原稿執筆時），ソフトバンク，KDDI，DoCoMoの3キャリアに対応している点，通信速度制限がない点など，IoT機器に適したモバイル通信サービスになっています．システム全体のサービス総額（月額）は，基本利用料やデータ通信料のほか，各種のクラウド・サービス利用料が必要なので，初めに試算しておくと良いでしょう．

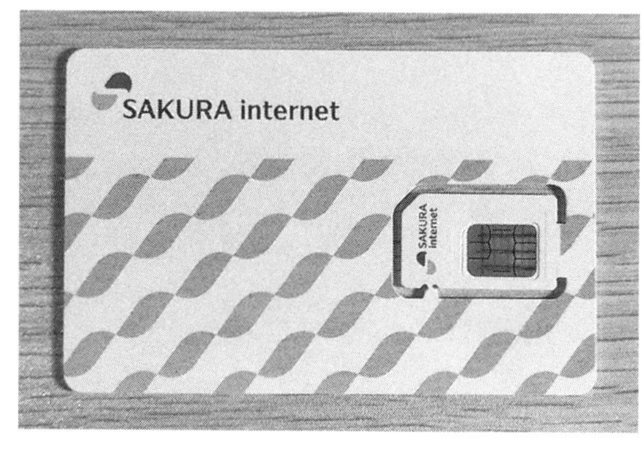

図1　さくらのセキュアモバイルコネクト用SIMカード
nano SIM，micro SIM，mini SIM（標準SIM）に対応したマルチ・サイズのSIMカード

サービス総額（月額）の試算

さくらのセキュアモバイルコネクトをさくらインターネットのクラウド・サーバへ接続するのに

必要なサービスの総額(月額)を試算してみます.

はじめに，データ通信料(ソフトバンク利用の場合6円/MB)です．UDPでセンサ値(40バイト以内)を30秒ごとに送信すると，1カ月当たり約87,660パケットとなり，約11.2MB，67円に相当します(課金は1MB単位，1パケット128バイトで換算)．また，ソフトバンク網を利用する場合は500MB(月額3,000円相当)までのデータ通信料が後述のモバイル・ゲートウェイの利用料に含まれているので，SIMカード40枚くらいまでであれば，データ通信料は不要でしょう.

閉域網をさくらのクラウド・サーバに接続するには，**図2**の(a)モバイル・ゲートウェイの利用料(月額4,400円)と，(b)スイッチの利用料(月額2,200円)が必要です．また，(c)クラウド・サーバの利用料(月額2,585円～)も必要です．さくらのVPSなどにも接続できますが，ブリッジ利用料(月額2,750円)が別途必要なので，事情がない限りクラウド・サーバを使ったほうが良いでしょう.

クラウド・サーバの利用料は，東京よりも石狩データ・センタのほうが安価です．しかも，北海道の冷涼な気候を活用した省エネ化や，地震などのリスクが比較的低いといった特徴もあります.

以上より，最小のサービス総額は月額9,198円で，SIMカード40枚で使うのであれば，月額9,705円，1枚当たり月額243円のサービスと試算できます(**表1**)．仮にSIMカード100枚で試算した場合，1枚当たりの月額は142円になります．SIMの枚数

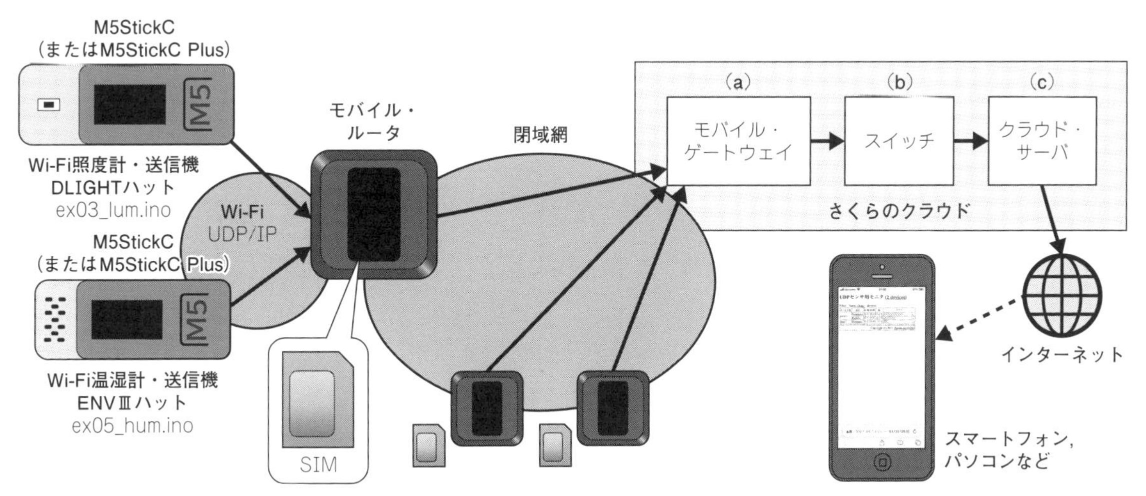

図2　さくらのセキュアモバイルコネクトを使ったシステム例
M5StickCが送信するセンサ値データを閉域網でクラウドに送信する

表1　30秒間隔でUDP送信するシステムのサービス総額(月額)の試算例(初期費用・ハードウェアを除く)

項　目	SIM 1枚	SIM 40枚	SIM 100枚	システム条件，試算条件など
基本利用料	13円	520円	1,300円	SIM 1枚当たり13円 最大10,000枚
データ通信料	0円	0円	3,732円	SIM 1枚当たり11.2MB，ソフトバンク利用時
モバイル・ゲートウェイ利用料	4,400円			500MBまでの無料データ通信料を含む
スイッチ利用料	2,200円			クラウド・サーバとの接続用
クラウド・サーバ利用料	2,585円			コア1，RAM 2G，SSD 20GB，石狩
合計(カッコ内は1枚当たり)	9,198円(9,198円)	9,705円(243円)	14,217円(142円)	SIM枚数が少ないと，クラウド・サービス利用料の合計9,185円の負担割合が大きくなる

価格は執筆時点(参考文献：https://iot.sakura.ad.jp/sim/)

が増えるほど，1枚当たりの月額が下がり，手軽にモバイル・センサ用・閉域ネットワーク・システムを構築できることがわかります．

初期費用として，SIMカード本体価格(2,200円)やハードウェアの購入費が別途必要です．

なお，試算結果は条件などで異なる場合があります．さらに，本サービスを再販するには，総務省へ電気通信事業の届け出または登録を行う必要があります．本章は自社内でのサービスを想定しており，他社にサービスを提供する場合は，UDPの利用も含めて他の方法を検討してください．

UDPで閉域ネットワークを使ってみる

情報を確実に届けたい場合は、TCPのほうが有利ですが，モバイル通信の性質上，TCPであってもパケットの消失が生じます．パケット消失を気にするよりも，常に最新の値が得られ続けることに意味があるケースではUDPは有効です．

UDPは，通信時に付与する情報や通信手順が少なくデータ構造がシンプルという特徴があります．例えば，40バイトの情報を送る場合，UDPでは1つのパケットで送ることができますが，TCPでは9つのパケットが必要です．アクセス管理用にIDやトークンを付与したり，SSLを利用したりすると，オーバーヘッド(センサ値などの伝えたい情報を除く情報量)はますます増大します．

閉域網モバイル通信の特徴として，IP上でのアクセス制限を行わずに運用することができます．接続管理を，さくらインターネットのコントロール・パネルで行えるからです．

センサ値のように，多少のパケットロスがあっても差し支えないアプリケーションでは，UDPが適しています．情報量が多い場合は，オーバーヘッドの割り合いが減り，TCPとの差は縮小しますが，TCPよりも増えるようなことはありません．

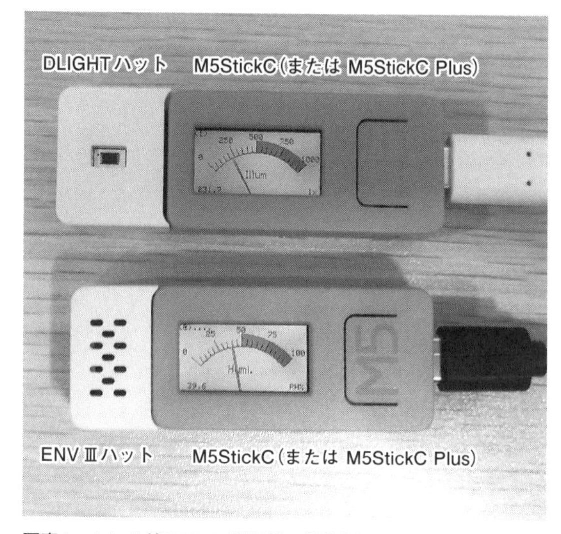

写真1　センサ値のWi-Fi送信機の製作例
M5StickCまたはM5StickC Plusに純正のDLIGHTハットまたはENV Ⅲハットを接続し，センサ値をWi-Fi送信する

以上のような背景から，本稿では閉域網内でUDPを使ってデータの伝送をしてみます．

ハードウェアの構成

M5StackシリーズのM5StickCまたはM5StickC Plus，ATOMのいずれかに，純正のDLIGHTハットまたはENV Ⅲハットを接続し，**写真1**のようなセンサ値のWi-Fi送信機を製作しました．

DLIGHTハットは，照度センサBH1750FVI(ローム製)を搭載したM5StickCシリーズ用オプション機器の1つです．これを利用して照度値をUDPで送信するWi-Fi照度計/送信機を製作します．

ENV Ⅲハットは，センシリオン社(スイス)の温湿度センサSHT30を内蔵し，高い精度(温度±0.3℃，湿度±3% RH)で室内などの環境を測定できるオプション機器です．

ATOMやATOM Liteの場合は，別売のATOM-MATEに付属するATOMハット(**写真2**)を経由して各種ハットに接続してください．

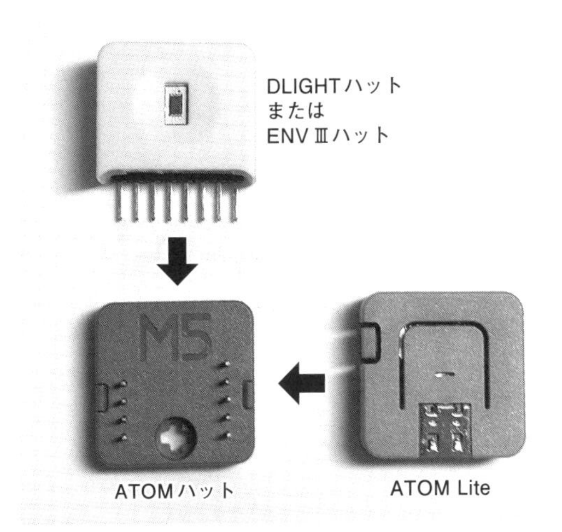

写真2 ATOM/ATOM Liteの接続例
ATOMやATOM Liteの場合は，別売のATOM-MATEに付属するATOMハットを経由してから接続する

プログラムをダウンロードしてM5StickCに書き込む

本章で使用するプログラムは，第6章でダウンロードしたm5-masterに含まれています．

ZIP形式ダウンロード：
https://bokunimo.net/git/m5/archive/master.zip
GitHubのページ：
https://github.com/bokunimowakaru/m5/

ZIP形式でダウンロード後，PC内に展開(ZIPフォルダ内のm5-masterフォルダを任意の場所にコピー)してください．m5-masterフォルダには，各種M5Stack用のフォルダが含まれており，M5StickC用のプログラムはstick_cフォルダ，C Plus用はstick_cplusフォルダ，ATOM用はatomフォルダにあります．

M5StickC/Plus/ATOM用の開発環境は，第6章準備1および下記を参考にセットアップしてください．

M5StickC開発環境：
https://docs.m5stack.com/en/quick_start/arduino

開発環境をセットアップ後，照度センサ用のプログラムex03_lum.lino，または温湿度センサ用のex05_hum.inoを開きます．M5StickC/Plus/ATOMに書き込む前にプログラムの編集が必要です．SSIDとPASSの定義部をモバイル・ルータのSSIDとパスワードに書き換え，UDPTO_IPの右辺を閉域網内のクラウド・サーバのIPアドレス(カンマ区切り)に書き換えてください．

閉域網を使ったIPアドレスの割り当て

モバイル・ルータからクラウド・サーバまでの閉域網は，ローカルのIPアドレスでネットワーク構成することができます(モバイル・ルータの閉域網側とさくらのクラウド側とで異なるネットワークにすることも可能)．閉域網を使ったIPアドレスの割り当ての例を**図3**に示します．

本例では192.168.3.0/24のアドレスで閉域網を構築しました．モバイル通信の接続先がLANのようなIPアドレスになることに違和感と期待感が膨らみます．一方，モバイル・ルータのWi-Fi側には192.168.10.0/24のネットワークを構成しました．モバイル・ルータのWi-Fiネットワークに複数の送信機を接続すれば，1枚のSIMで複数台の機器を接続することができます．もちろん，遠く離れた場所に別のモバイル・ルータとSIMを用意し，複数の地点にセンサを設置することもできます．

図中の送信機からクラウド・サーバにUDP送信するには，送信機のUDP宛先IPアドレス(プログラム内のUDPTO_IP)を192.168.3.3に設定します(カンマ区切りで入力する)．なお，モバイル・ゲートウェイはブロードキャストを中継しないので，192.168.3.255では届きません．

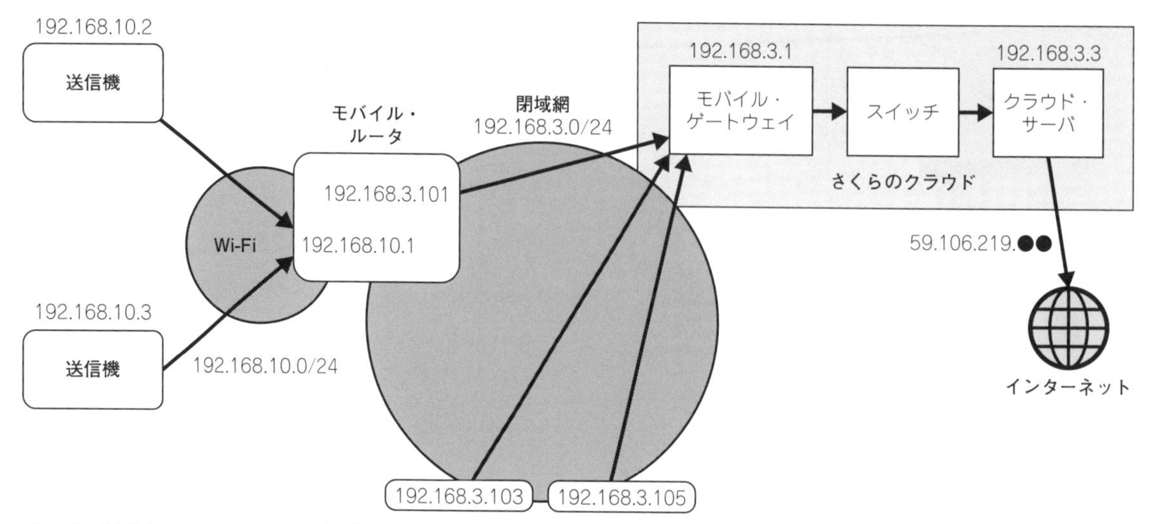

図3　閉域網を使ったIPアドレスの割り当て例
閉域網に192.168.3.0/24のネットワークを構築し，モバイル・ルータで接続する(IPアドレスは設定や条件で異なる)

閉域網モバイル通信システムの設定方法

さくらのセキュアモバイルコネクトの設定は，下記のサイトの「ご利用流れ」の手順を参考に，モバイル・ゲートウェイとスイッチの作成と，SIMの作成を行います．

セキュアモバイルコネクト：
https://manual.sakura.ad.jp/cloud/manual-mobile-connect.html

初めて作成する場合は，モバイル・ゲートウェイの作成時に，**図4(a)**のように新規スイッチの作成でプライベート・ネットワーク(例：192.168.3.0/24)を作成します．**図4(b)**のSIMの作成では，購入したSIMカードの情報を入力し，**図4(a)**で作成したモバイル・ゲートウェイを選択し，SIMカード用のIPアドレス(例：192.168.3.101)を入力してください．

図4(c)のクラウド・サーバの作成では，CPUコア数，メモリ容量，OSなどを選択します．サーバ作成後に，ネットワーク設定やセキュリティ対策が必要になるので，十分に使い慣れたOSを選んでください．OSによってメモリ容量の推奨値があり，月額に影響します．筆者が選択したOSの推奨値は1.5GBだったので2GBを選択しました．詳細な設定方法については下記を参照してください．

サーバ：
https://manual.sakura.ad.jp/cloud/server/

図5(a)に作成したモバイル・ゲートウェイの例，**図5(b)**にスイッチの例，**図5(c)**にクラウド・サーバのNIC(ネットワーク・インターフェース・カード)の例を示します．

なお，**図2**，**図3**のように，クラウド・サーバをインターネットに接続したい場合は，クラウド・サーバ作成時にインターネット接続する構成でセットアップし，そのあとでサーバにスイッチのNICを追加してください．筆者が作業したときは，順序が逆(サーバ作成時にスイッチ接続を選択)だと，後からインターネット用のNICを追加することができませんでした．また，インターネット側のNICにはセキュリティ対策として，少なくとも**図5(c)**のようなパケット・フィルタが必要です．

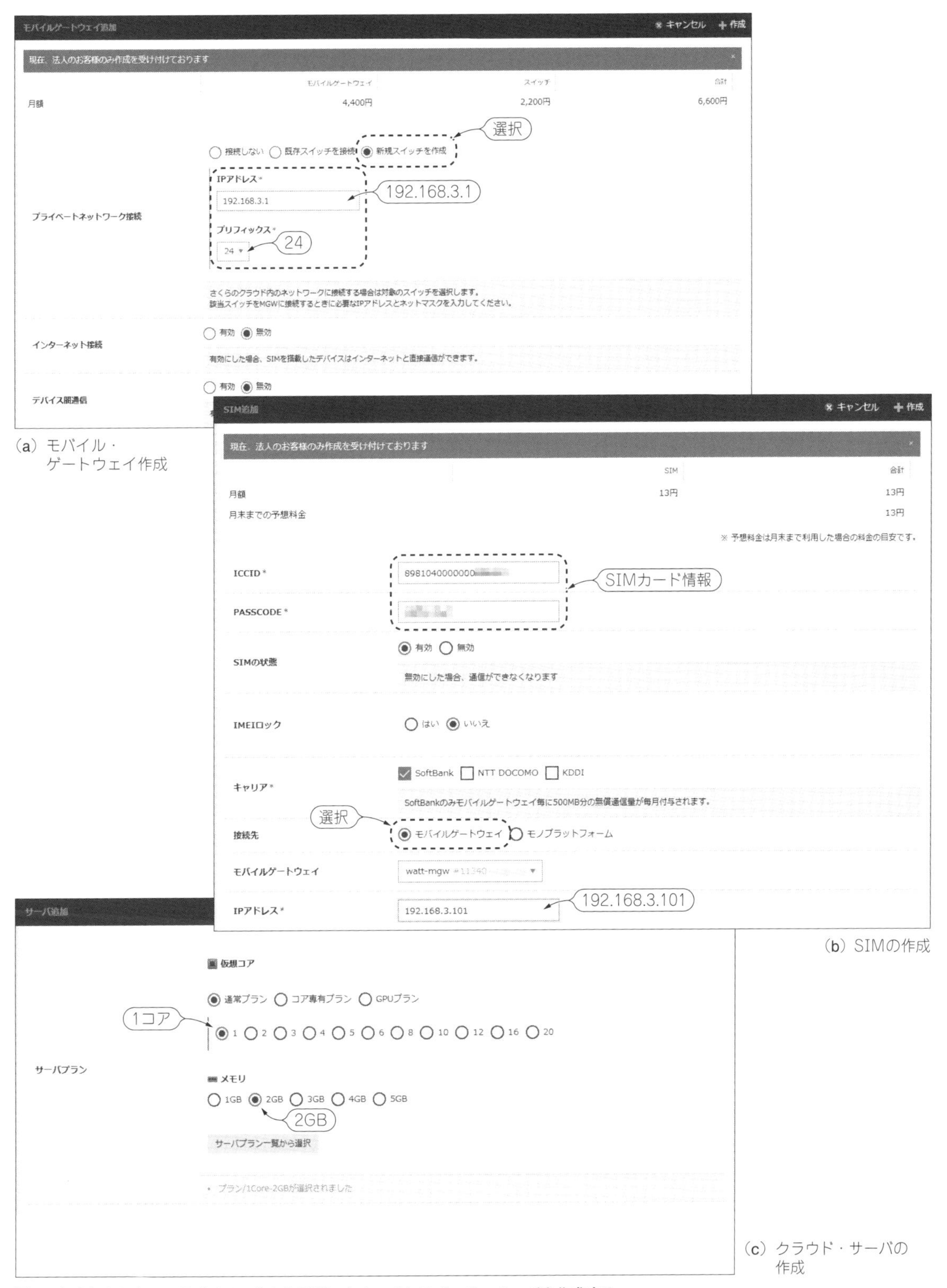

(a) モバイル・ゲートウェイ作成

(b) SIMの作成

(c) クラウド・サーバの作成

図4　さくらのセキュアモバイルコネクト用ゲートウェイとスイッチ，サーバを作成する
(a) モバイル・ゲートウェイとスイッチを作成し，(b) 購入したSIMカード情報の入力などを行う．(c) サーバ作成時は，使い慣れたOSを選択する

リソースを検索...

モバイルゲートウェイ » watt-mgw　UP: 電源操作 ▼　設定変更　反映　モバイルゲートウェイを削除

情報　トラフィックコントロール　インターフェース　スタティックルート　SIM　SIMルート　ログ　アクティビティ

リソースID	1134
名前	watt-mgw
DNSサーバ	210.188.224.10, 8.8.8.8
インターネット接続	OFF
デバイス間通信	OFF
IPアドレス	192.168.3.1

192.168.3.1

（a）モバイル・ゲートウェイ

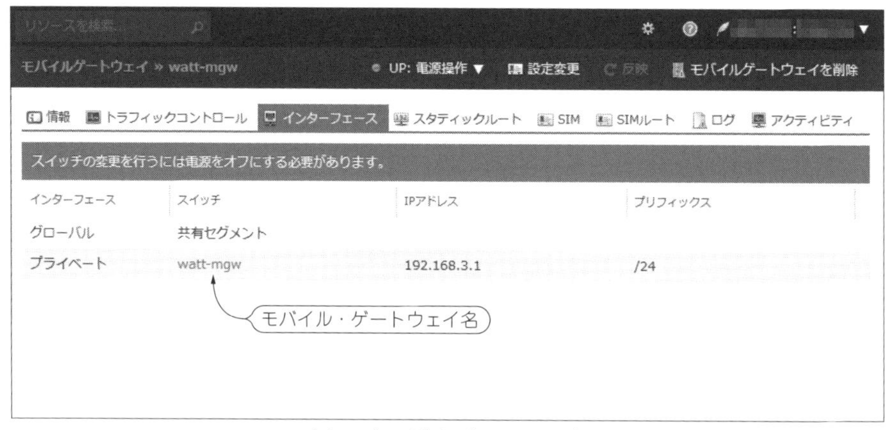

（b）スイッチ（インターフェース）

（c）サーバ（NIC）

図5　モバイル・ゲートウェイの作成時に，新規スイッチの作成でプライベート・ネットワークを作成してから，クラウド・サーバを作成した．セキュリティ対策のためパケット・フィルタは必須

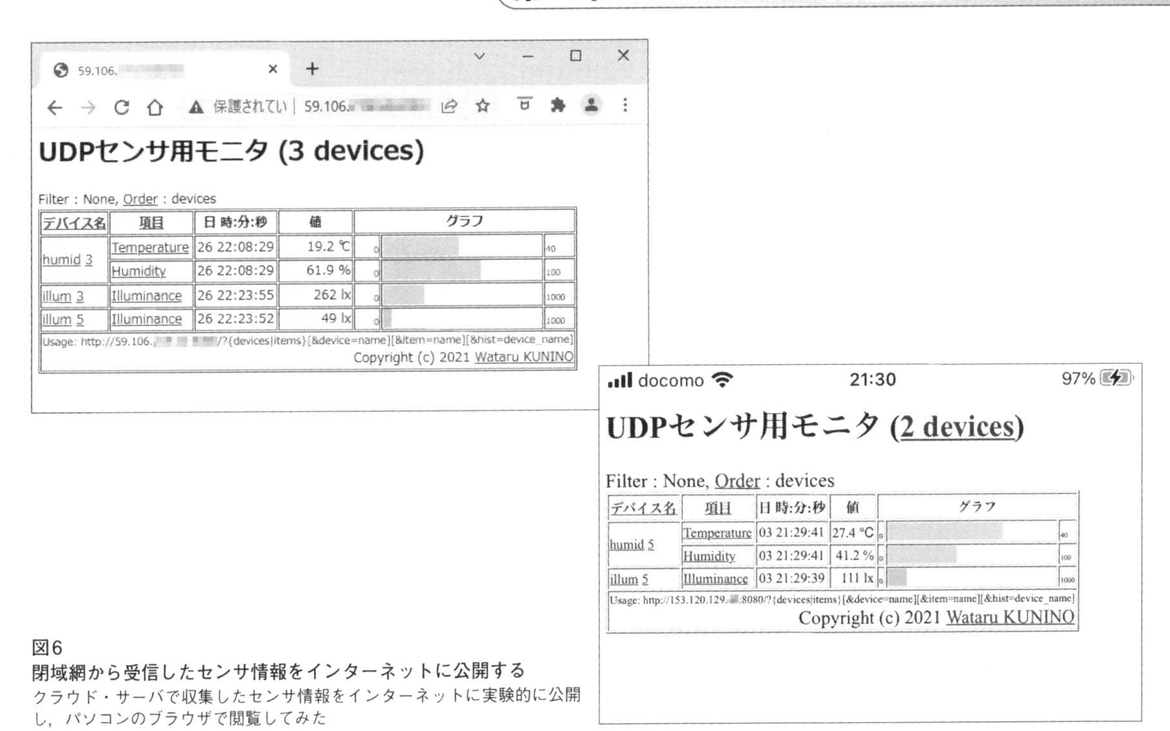

図6
閉域網から受信したセンサ情報をインターネットに公開する
クラウド・サーバで収集したセンサ情報をインターネットに実験的に公開し，パソコンのブラウザで閲覧してみた

詳細な設定例は，下記を参考にしてください．

フィルタ設定例（補償なし）
https://git.bokunimo.com/m5/tools/

受信したセンサ値をクラウド・サーバで公開する

クラウド・サーバをインターネットに接続すれば，センサ値情報を公開することができます．**図6**は，m5-masterフォルダ内のtoolsに収録したudp_monitor_chart.pyの実行例です．

インターネットに公開すると，サーバ攻撃を受ける場合があるので，セキュリティ対策が必要です．実際，筆者が本システムを構築したときも，数時間後にアプリが終了してしまう障害に遭遇しました（当該脆弱性は対策済み）．閉域網内に侵入される場合もあり得るので，たとえ一時的な公開であっても対策を怠ると危険です．少なくとも**図5**(c)のパケット・フィルタの設定とOSのファイヤ・ウォールの設定を行ってください．また，ソフトウェアのソースリストを公開しているので，急所を解析して攻撃を受ける可能性も考えられます．実運用時は本プログラムのセキュリティ診断を行ったうえで使用するか，閉域網内で使用してください．筆者が作成したソフトウェアによって損失を被っても，一切，補償しません．

第15章 さくらのモノプラットフォーム使用
M5Stackで モバイル通信プログラミング

小型液晶ディスプレイを搭載したESP32マイコンM5Stack Coreにモバイル通信ユニットを追加して，モバイル閉域網を利用する通信プログラムを紹介します．通信キャリアの回線を使うことにより，高いセキュリティで，安定したデータ通信を行うことができるようになります．

使用機材

- M5Stack Basic
- SCO-M5SNRF9160(要・さくらインターネット法人契約)
- RGB LED ユニット
- ENV Ⅲ ユニット
- ラズベリー・パイ(一式)
- インターネット接続環境，パソコン

準備編 モバイル対応さくらのモノプラットフォームを始めよう

さくらのモノプラットフォームとM5Stackを使えば，モバイル通信システムを簡単に構築することができます．本章では，M5Stack対応LTEモジュール cat.M1 nRF9160(SCO-M5SNRF9160)を使った遠隔センサ・システムの構築方法と，応用方

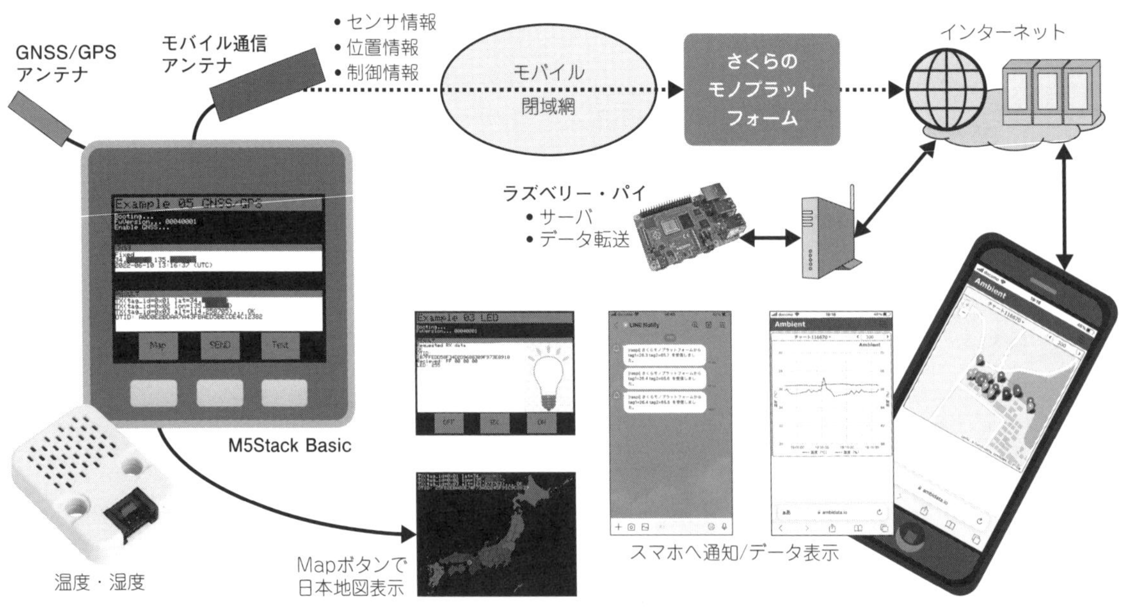

図1 本章で製作するシステムの一例
M5Stackからモノプラットフォームにセンサ値や位置情報を送信し，ラズベリー・パイで受信し，スマホへ通知/データ表示する実験例

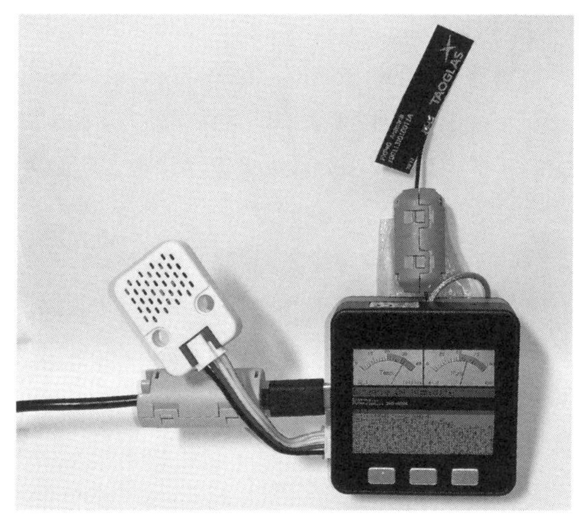

写真1　M5Stack Basic＋SCO-M5SNRF9160
本章ではさくらのモノプラットフォームとM5Stackを使ったモバイル通信システムの構築例を紹介する

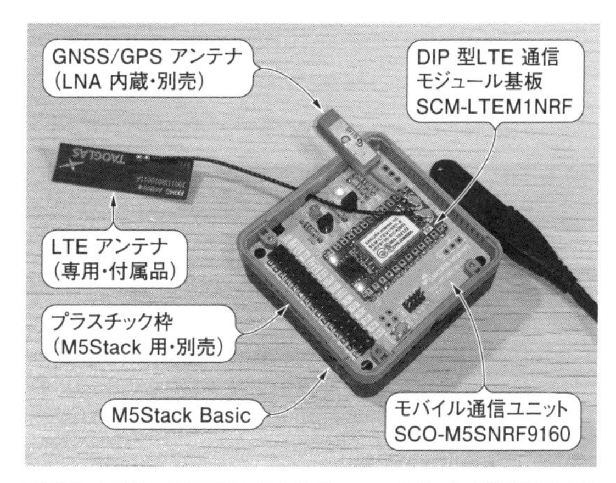

写真2　M5Stack用モバイル通信ユニットSCO-M5SNRF9160の製作例
さくらのモノプラットフォームを試すことが可能な評価基板(レビジョンC)に，DIP型LTE通信モジュール基板SCM-LTEM1NRFと，モバイル通信用アンテナ，GNSS/GPSアンテナ(LNA内蔵・別売)，プラスチック枠(M5Stack用・別売)などを取り付けた

法まで紹介します(**写真1**).

● さくらのモノプラットフォームとは

さくらインターネット社が開発したモバイルIoTシステム用のクラウド・サービスです．**図1**は，モバイル端末M5Stackからモノプラットフォームにセンサ情報や位置情報を送信し，サーバ用ラズベリー・パイで受信し，Ambientに転送するシステムの一例です．

本例では，自分でクラウド・サーバを運用することなく，IoTシステムを構築することができます．これを使わずに，クラウド・サーバ上に自分で類似の機能を構築することも可能ですが，利用台数が少ない段階では既存サービスを利用したほうが簡単で低コストです．

● サービス利用料

さくらのモノプラットフォームのサービス料は利用台数，オプション機能に応じた月額制です．1デバイスごとにプラットフォーム基本利用料(月額220円)やサービスアダプタ利用料(月額11円)，通信基本料(月額13円)，データ通信料(ソフトバンクの場合1MBにつき6円)が必要です(金額は執筆時点)．通信量が少ない場合は，目安として基本利用料×利用台数がクラウド・サーバの利用料を上回らない(およそ20台以下)ように，月額を抑えられる可能性があります．

データ通信料は，通信頻度やデータ量によって月額に大きく影響する場合があります．実際に使ってみたようすはコラム1を参照してください．他にハードウェアの購入費や，ラズベリー・パイを設置する場所にインターネット環境がない場合は，インターネット回線が必要です．

● M5Stack用モバイル通信ユニットSCO-M5SNRF9160

SCO-M5SNRF9160は，M5Stack Basicの背面に接続することで，さくらのモノプラットフォームを試すことが可能な評価基板です．さくらインターネット社が提供しています．

写真2は，執筆時点で提供されているリビジョンCの評価基板を使った製作例です．時期やリビジョンによって，提供内容や仕様が変更となる可能性があるので，入手時に確認してください．

準備1 さくらのモノプラットフォームの設定方法

さくらのモノプラットフォームの設定手順について説明します．具体的な設定内容などの詳細は下記のサイトのマニュアルを参考にしてください．

> **さくらのモノプラットフォーム：**
> https://manual.sakura.ad.jp/cloud/manual-iotpf.html

1. 必要なアカウントと，ハードウェア，ソフトウェアを準備する

さくらインターネットの法人用アカウントと，M5Stack Basic，通信ユニットSCO-M5SNRF9160(SIM情報を含む)，Arduino用ソフトウェア開発環境が必要です．SIM情報(ICCIDとPASSCODE)は，DIP型LTE通信モジュール基板SCM-LTEM1NRFの裏面のシールに書かれています．はんだ付け実装する前に，必ず書き写しておいてください．

2. モノプラットフォーム用のプロジェクトを作成する

コントロール・パネル(https://secure.sakura.ad.jp/cloud/)で**図2**のようにプロジェクト名を設定し，プロジェクトの作成を実行してください．ここでは「m5ltePj」としました．

3. SIM情報をプロジェクトに紐づける

メニュー[セキュアモバイル]内のSIMを選択し，DIP型LTE通信モジュール基板SCM-LTEM1NRFの裏面のシールに書かれているSIM情報(ICCIDとPASSCODE)を**図3**のように入力し，接続先[モノプラットフォーム]を選択し，プロジェクトの欄で手順2のプロジェクト名を選択してください．

4. サービスアダプタを作成する

図4のように，手順2で作成したプロジェクトm5ltePjにサービスアダプタwebsocketを追加します．サービスアダプタの名前は[m5ltePjWS]としました．

5. WebSocket用トークンを取得する

図2 モノプラットフォーム用のプロジェクトを作成する(手順2)
コントロール・パネルでプロジェクト名を設定し，プロジェクトの作成を実行する

図3
SIM情報をプロジェクトに紐づける(手順3)
手順2で作成したプロジェクトにSIM情報を紐づけた

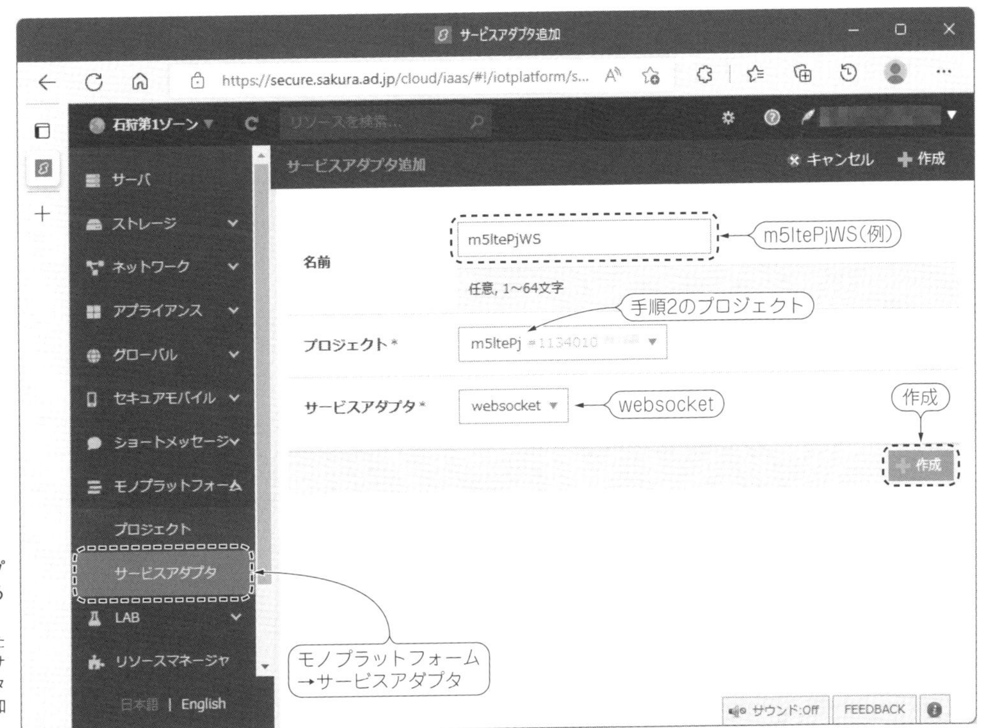

図4
サービスアダプタを作成する(手順4)
手順2で作成したプロジェクトにサービスアダプタwebsocketを追加する

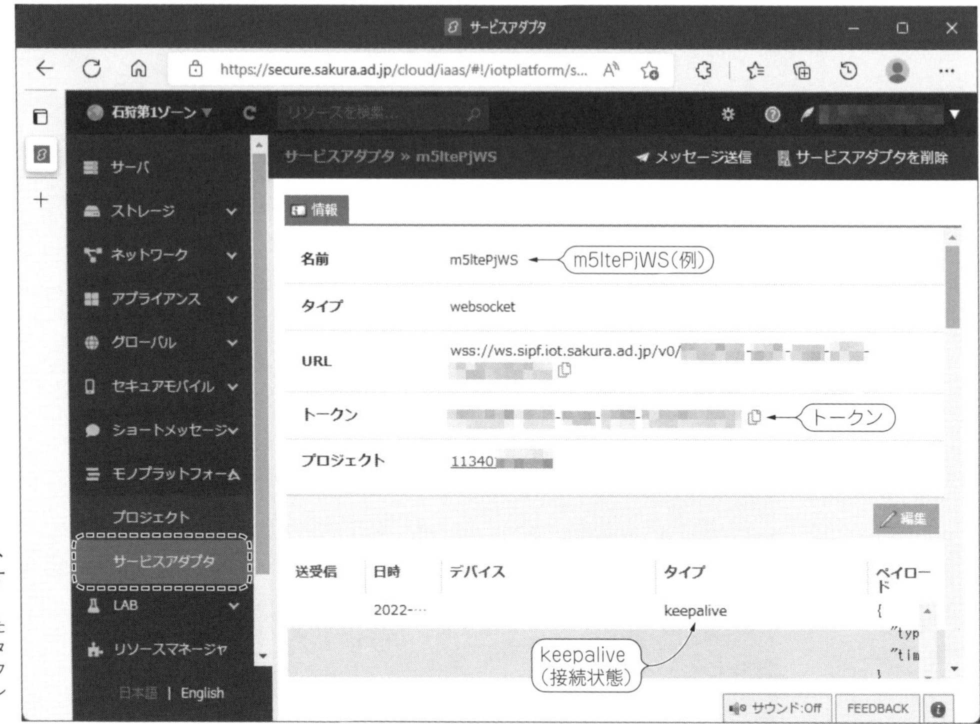

図5 WebSocket用トークンを取得する(手順5)
手順4で作成したサービスアダプタをダブルクリックすると，トークンが表示される

手順4で作成したサービスアダプタをダブルクリックすると，**図5**のようなWebSocket用のトークンが表示されます．このトークンは，インターネットからモノプラットフォームにアクセスするときの認証用のコードです．流出しないように注意してください．

6. 動作確認

手順5のウェブ・ページ内の[送受信]の欄にkeepaliveが10秒ごとに表示されることを確認してください．WebSocketサービスアダプタが正しく動作していることがわかります．

準備2 M5Stack用Arduino環境のセットアップ方法

M5Stack Basicの開発環境は，第6章の準備1に記載したように，Arduino IDE，M5Stack用ESP32ボード・マネージャ，M5Stackライブラリ，USB/UARTシリアル変換ドライバを，パソコンにインストールして構築します．

詳細なインストール方法は，下記のM5Stack公式サイトをお読みください．サイトは英文で書かれていますが，スクリーンショットに従って操作すれば，迷わずにインストールできるでしょう．

M5Stack Coreインストール方法：
https://docs.m5stack.com/en/quick_start/m5core/arduino
M5Stack Core2インストール方法：
https://docs.m5stack.com/en/quick_start/core2/arduino

準備3 本章用のサンプル・プログラムをダウンロードする

筆者が本章用に作成したサンプル・プログラムは，下記からダウンロードすることができます．

ZIP形式ダウンロード：
https://bokunimo.net/git/m5sakura/archive/

main.zip
GitHubのページ：
https://github.com/bokunimowakaru/m5sakura/

いずれか一方のリンク先からZIPファイルをダウンロード後，パソコン内に展開(ZIPフォルダ内のm5sakura-mainフォルダを任意の場所にコピー)してください．m5sakura-mainフォルダ内には，**表1**に示すサンプル・プログラム用フォルダを収録しました．なお，M5Stack Core2用のプログラムもm5core2フォルダ内に収録しました(コラム2参照)．

表1　サンプル・プログラムのフォルダ

フォルダ名	内容
ex01_btn	ボタン・送信機
ex02_temp	温度センサ・送信機
ex03_led	LED・受信機
ex04_hum	温湿度センサ・送信機
ex05_gps	GNSS/GPSデータ送信機
tools	ラズベリー・パイ用データ転送ソフトウェアなど(**表2**)
m5core2	M5Stack Core2用のサンプル・プログラム(参考用)

基礎編 さくらのモノプラットフォームでIoT機器をリモートI/O制御

ここでは，M5Stack上のボタン，内蔵の温度センサ，LCDを使ったI/O制御を試してみます．M5Stackで製作するモバイル端末側はソフトバンク等のモバイル回線を使うので，移動中でも利用できます．また，さくらのモノプラットフォームを利用すると，インターネット経由でM5Stackのリモート制御ができるようになります．

プログラム1［基礎編］ モバイル対応ボタン・送信機で遠隔地からリモート通知

M5Stack本体表面のOFFボタンを押すと値0を，ONボタンを押すと値1をモバイル通信で送信するボタン・送信機の製作方法について説明します．

図6は，モバイル対応ボタン・送信機を含むシステム全体図です．モバイル通信ユニットSCO-M5SNRF9160を搭載したM5Stackは，モバイル閉域網を通して，さくらのモノプラットフォームにデータを送信します．受信側は，ここではウェブ・

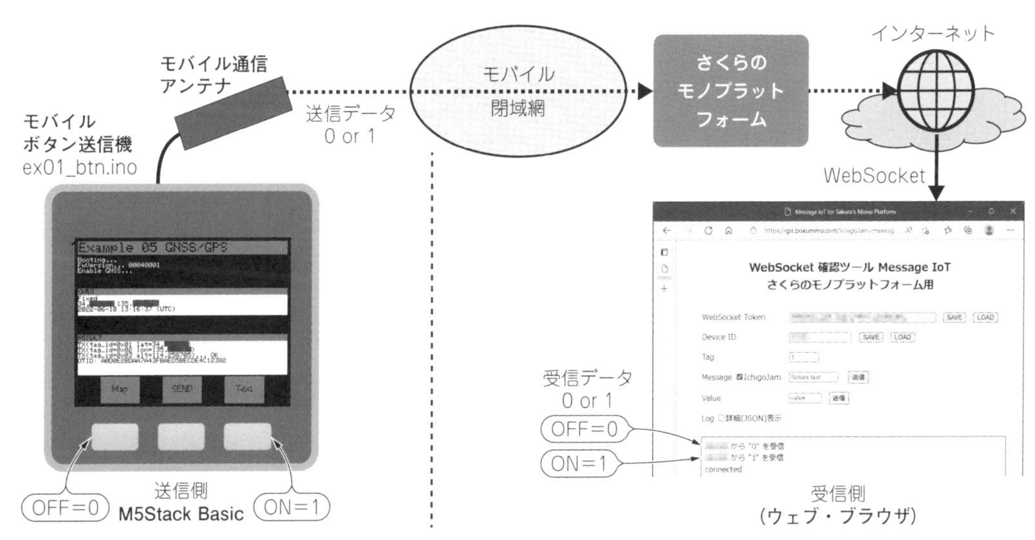

図6　さくらのプラットフォームにボタン・送信機から値0または1を送信する
M5Stackで製作したボタン・送信機の情報をインターネット経由で受信した．使用機材：M5Stack Basic本体，SCO-M5SNRF9160，受信機(パソコン，スマートフォンなど)

column1 さくらのモノプラットフォームのデータ通信料

本コラムでは，通信量が多いときと少ないときの1か月当たりのデータ通信料について説明します．

データ通信料は，モバイル通信のデータ量に応じて課金され，ソフトバンクとKDDIの場合が1MBごとに6円，ドコモの場合が1MBごとに40円です．データ量にはセンサ値の情報だけでなく，さくらのプラットフォームとのやりとりに必要な付随情報や通信環境によって生じる再送のオーバヘッドなども加わります．そこで，実際に発生するデータ量を実環境で確認してみました．

プログラム4のモバイル温湿度センサは，30秒ごとに4バイトのデータ2値を送信します．1か月当たりのセンサ値情報は約0.67MBになります．このプログラムを一定期間，実際に動かし，コントロール・パネルのSIM一覧に表示される当月通信量の上りと下りの合計値を確認しました．

確認結果と1か月の試算結果を上の表に示します．送信間隔30秒の場合は，1か月の通信量が460MB程度(試算通信料2760円・ソフトバンクの場合)となり，送信間隔が30分の場合は9MB程度(同54円)になることがわかりました．

また，1か月の上り通信量は，センサ値の約0.67MBに対して約128MBに増大していることから，付随情報が多いこともわかりました．さらに，上りの通信量よりも下りのほうが2.6～2.8倍ほど大きくなっており，通信の維持やパケットの再送信要求のためのオーバヘッドが大きいことも推測できます．

下の表は，前章で紹介した「さくらのセキュア・モバイル・コネクト」の試算との比較結果です．さくらのプラットフォームは，通信量が少ない(通信頻度が30分以上)とき，または台数が5台以下のときなどに月額を抑えることができそうです．

データ通信料の測定結果と試算通信料

送信間隔	測定期間	通信量(実測)		通信量1か月(試算)		通信料1か月(試算)
		上り	下り	上り	上り+下り	
30秒	2022/6/14 22:40～6/18 23:33	13.041MB	33.779MB	128.03MB	458.82MB	2754円
30分	2022/8/1 0:00～8/16 17:31	1.153MB	3.275MB	2.23MB	8.57MB	54円

さくらのセキュア・モバイル・コネクト(前章で紹介)との月額試算比較

サービス	さくらのモノプラットフォーム						さくらのセキュアモバイルコネクト +サーバ			
送信間隔	30分			30秒			36秒			
台数	1台	5台	40台	1台	5台	40台	1台	5台	40台	100台
通信基本料	13円	65円	2,600円	13円	65円	2,600円	13円	65円	2,600円	1,300円
データ通信量	54円	258円	2,058円	2,754円	13,764円	110,118円	–	–	–	3,732円
プラットフォーム基本利用料	220円	1,100円	8,800円	220円	1,100円	8,800円	–	–	–	–
通信サービス・アダプタ利用料	11円	55円	440円	11円	55円	440円	–	–	–	–
モバイル・ゲートウェイ利用料	–	–	–	–	–	–	4,400円	4,400円	4,400円	4,400円
スイッチ利用料	–	–	–	–	–	–	2,200円	2,200円	2,200円	2,200円
サーバ利用料	–	–	–	–	–	–	2,585円	2,585円	2,585円	2,585円
合計	298円	1,478円	13,898円	2,998円	14,984円	121,958円	9,198円	9,250円	11,785円	14,217円
1台あたりの月額	298円	296円	347円	2,998円	2,997円	3,049円	9,198円	1,850円	295円	142円
送信間隔ごとの月額の最安値	○	○	–	○	–	–	–	○	○	○

※価格は原稿執筆時のもの

ブラウザを使います．さくらのモノプラットフォームにWebSocketで接続し，受信データをブラウザ上に表示します．

● モバイル対応ボタン・送信機の製作方法

M5Stackへのプログラムの書き込み方法と実行方法について説明します．

ダウンロードしたm5sakura-mainフォルダ内のex01_btnフォルダに入っているex01_btn.inoをArduino IDEで開き，M5Stack BasicをパソコンのUSB端子に接続し，Arduino IDE画面上の左から2番目の右矢印ボタン［マイコンに書き込む］をクリックすると，プログラムのコンパイルと書き込みを実行できます．

書き込みが完了すると，書き込んだプログラムが自動的に起動し，モバイル通信ユニットのリセット後に，モバイル網への接続を開始します．M5StackのLCDに［booting］が表示されてから，数秒～数分以内で完了しますが，なかなか接続できないときは，一度，電源ボタンでリセットしてみてください．また，屋外など電波強度の強い場所に移動してみてください．

M5StackのRESULT画面上に［+++ Ready +++］が表示されれば，準備完了です．M5Stack本体表面のOFF（左）ボタンまたはON（右）ボタンを押下すると，値0または1を送信できます．

● ボタン情報の受信方法

ボタン情報を受信するにはWebSocketに対応したプログラムが必要です．パソコンやスマートフォンのウェブ・ブラウザを使って下記にアクセスすると，筆者が公開しているWebSocket確認ツールがブラウザ上で起動します．

> **WebSocket 確認ツール（リリース版）**
> https://bokunimo.net/iot/mesg/

WebSocket確認ツールでは，準備1-5で取得したWebSocket用トークンを**図7**の［WebSocket Token］に入力してください．画面下部のLog部に［connected］が表示されれば，さくらモノプラット

図7
WebSocket確認ツールの実行例
ウェブ・ブラウザでhttps://bokunimo.net/iot/mesg/にアクセスし，WebSocket用トークンを入力すると，Log部に「connected」が表示される．M5Stack本体表面のボタンを押して送信を行うと，ボタン情報0または1を受信した

フォームのサービスアダプタとの接続が完了しています．M5Stack本体表面のボタンを押して，0または1を送信し，ブラウザで受信できるかどうかを確認してください．

入力したトークンはSAVEボタンでブラウザに保存することができます．また，M5Stackからの

リスト1　プログラムex01_btn.ino

送信データを格納するための32ビット符号なし整数変数value(③)に，ボタンに応じた値0または1を代入し(④)，変数valueの値を送信する(⑥)

```
#include <M5Stack.h>                                   // M5Stack用ライブラリ組み込み
#include "sipf_client.h" ←①                           // さくらモノプラット用
static uint8_t otid[33];                               // 送信時のOTID保持用バッファ

void reset(){ ←②                                       // LTEモジュールのリセット
    M5.Lcd.print("Booting... ");                       // 起動中の表示
    while(resetSipfModule()){                          // LTEモジュールのリセット
        M5.Lcd.print("NG\nRetrying... ");              // リセット失敗時のリトライ表示
    }
    uint32_t fw_version;                               // バージョン保持用の変数を定義
    M5.Lcd.print("\nFwVersion... ");                   // バージョン取得表示
    while(SipfGetFwVersion(&fw_version)){              // バージョンを取得
        M5.Lcd.print("NG\nRetrying... ");              // 取得失敗時のリトライ表示
    }
    M5.Lcd.printf("%08X\n",fw_version);                // バージョン表示
    if(fw_version < 0x000400 && SipfSetAuthMode(0x01)){ // AuthModeモード設定
        M5.Lcd.println("Auth mode... NG");             // 設定失敗時の表示
    }
}

void setup(){                                          // 起動時に一度だけ実行する関数
    M5.Lcd.begin();                                    // M5Stack用Lcdライブラリの起動
    M5.Lcd.setBrightness(31);                          // 輝度を下げる(省エネ化)
    M5.Lcd.fillScreen(BLACK);                          // LCDを消去
    sipf_drawTitle("Example 01 Button");               // LCDにタイトルを表示
    reset();                                           // 関数リセットを呼び出し
    sipf_drawButton(0, "OFF");                         // ボタンA(左)の描画
    sipf_drawButton(2, "ON");                          // ボタンC(右)の描画
    sipf_drawResultWindow();                           // RESULT画面の描画
    M5.Lcd.println("+++ Ready +++");                   // 準備完了表示
}

void loop() {
    boolean tx = false;                                // 送信フラグ(false:OFF)
    uint32_t value; ←③                                 // 送信値
    M5.update();                                       // M5Stack用IO状態の更新
    delay(1);                                          // 誤作動防止
    if(M5.BtnA.wasPressed()){   ┐                      // ボタンA(左)が押されたとき
        tx = true;              │                      // 送信設定
        value = 0;              │                      // 送信値を0に設定
    }                           │
    if(M5.BtnC.wasPressed()){   ├④                     // ボタンC(右)が押されたとき
        tx = true;              │                      // 送信設定
        value = 1;              │                      // 送信値を1に設定
    }                           ┘
    if(tx){                                            // 送信フラグがTrueの時
        sipf_drawResultWindow();                       // RESULT画面の描画
        byte tag_id = 0x01; ←⑤                         // Tag ID を 0x01に設定
        M5.Lcd.printf("TX(tag_id=0x%02X value=%d)\n", tag_id, value);
        memset(otid, 0, sizeof(otid));                 // 変数otidの内容を消去
        // 送信の実行
        int ret = SipfCmdTx(tag_id, OBJ_TYPE_UINT32, (uint8_t*)&value, 4, otid); ←⑥
        if (ret == 0) {                                // 送信に成功した時
            M5.Lcd.printf("OK\nOTID: %s\n", otid);     // OTIDを表示
        }else{                                         // 送信に失敗した時
            M5.Lcd.printf("NG: %d(%d)\n", ret);        // 応答値を表示
        }
    }
}
```

データを受信すると，デバイスIDが[Device ID]欄に表示され，この値を保存することもできます．

以上の手順で，さくらのモノプラットフォームとWebSocket用トークンを使えば，インターネット経由でM5StackのリモートI/O制御が簡単に実現できます．ただし，このトークンが流出してしまうと，勝手にリモート制御されてしまう場合もあります．共用のパソコンを使った場合は，トークンを保存しないように注意してください．なお，紹介したWebSocket確認ツールは，さくらのモノプラットフォームのみにトークンを送信し，他のサイトやサーバには送信しません．

● プログラムex01_btn.inoの内容

本章の基本となるプログラムex01_btn.inoのおもな処理について，**リスト1**を用いて説明します．

①さくらインターネット社が提供しているライブラリsipf_clientを組み込みます．ライブラリの詳細内容やライセンスについては，ソースコードならびにLICENSEファイルを参照ください．

②モバイル通信ユニットのリセットを行う関数resetSipfModuleを実行し，リセットに成功するとユニットのバージョン情報を取得するSipfGetFwVersionを実行する処理部です．これらの関数の内容は，sipf-std-m5stack.inoまたはsipf_client.cppに記述してあります．

③送信データを格納するための32ビット符号なし整数変数valueを定義します．

④M5Stackの表面にある3つのボタンのうち，ボタンA(左)またはボタンC(右)が押されたときに，変数txにtrueを，変数valueにボタンに応じた値0または1を代入します．

⑤さくらのモノプラットフォームに送信するタグIDを01に設定します．タグIDは，同時に複数の種類の値を送信するときの識別用です．本サンプルは1種類なので01のみを使用します．

⑥SipfCmdTxコマンドで，さくらのモノプラットフォームに変数valueの値を送信します．丸括弧内の5つの引き数のうち最初の第1引き数は，処理④のタグIDです．第2引き数は③で定義した送信データ用変数valueの型名です．第3引き数は，送信値valueのバイト列のポインタ，第4引き数は送信値valueのバイト長，第5引き数はOTIDと呼ばれる発信元の送信IDを受け取るための変数のポインタです．送信に成功すると，のちの処理部でOTIDをM5StackのLCDに表示します．

プログラム2[基礎編]
モバイル温度センサ・送信機で遠隔地の温度確認

M5Stack内のマイコンに内蔵されている温度センサの値を，モバイル回線に送信する送信機の製作方法について説明します．受信側はウェブ・ブラウザを用い，WebSocketで受信します(**図8**)．

● モバイル温度センサ・送信機の製作方法

ハードウェアはプログラム1と同様ですが，プログラムはex02_temp.inoを使用します．プログラムを書き込み，モバイル網に接続すると，30秒ごとに温度値を送信します．

マイコン内蔵の温度センサは，放熱状態や内部発熱状態によって温度値が変化するので，本プログラムでは発熱分の25度を減算して室温に変換します．しかし，これらは環境やマイコンの負荷，製造ばらつきによって変化するので，補正する必要があります．実際の室温と比較し，適切な温度が得られるようにM5Stackの上面のボタンで調整してください．

なお，本機で得られる温度は目安値です．また，桁数は有効数字を示すものではありません．

● プログラムex02_temp.inoの内容

センサ送信用プログラムex02_temp.inoのおも

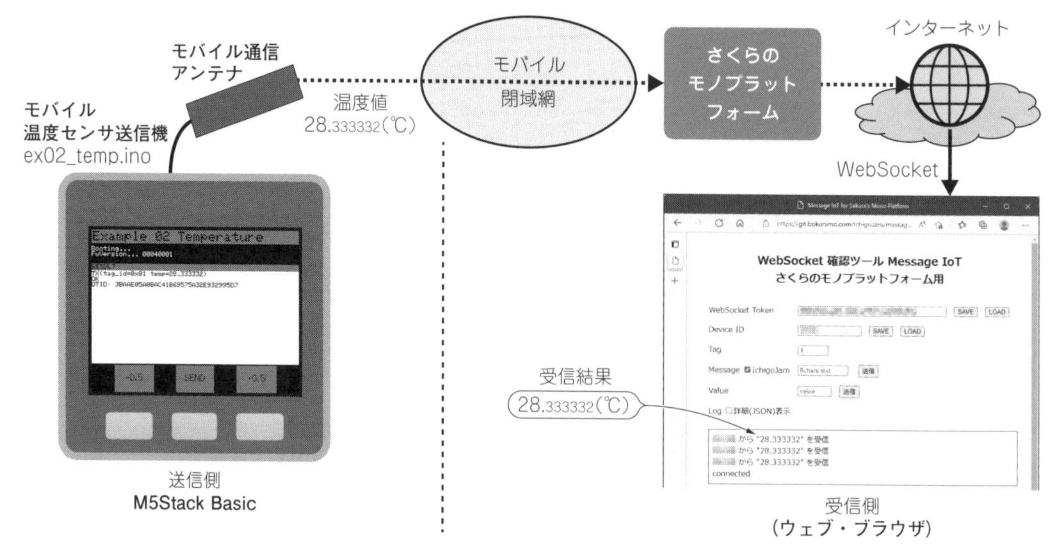

図8　さくらのモノプラットフォームに温度センサ値を送信する
M5Stackで製作した温度センサ・送信機の温度情報をインターネット経由で受信した．使用機材：M5Stack Basic本体，SCO-M5SNRF9160，受信機(パソコン，スマートフォンなど)

リスト2　プログラムex02_temp.inoの主要部
マイコン内の温度を取得し(③)，モバイル通信で送信する(④)

```
#include <M5Stack.h>                                    // M5Stack用ライブラリ組み込み
#include "sipf_client.h"                                // さくらモノプラット用
#define INTERVAL_ms 30000 ←①                            // 送信間隔
static float TEMP_ADJ = -25.0; ←②                       // 温度値の補正用

              ～～ 一部省略(内容はダウンロードしたファイルを参照) ～～

void loop() {
    boolean tx = false;                                 // 送信フラグ(false:OFF)
    float temp = temperatureRead() + TEMP_ADJ; ←③     // マイコンの温度値を取得

              ～～ 一部省略(内容はダウンロードしたファイルを参照) ～～

    if(tx){                                             // 送信フラグがTrueの時
        time_prev = millis();                           // 現在のマイコン時刻を保持
        sipf_drawResultWindow();                        // RESULT画面の描画
        byte tag_id = 0x01;                             // Tag ID を 0x01に設定
        M5.Lcd.printf("TX(tag_id=0x%02X temp=%f)\n", tag_id, temp);
        memset(otid, 0, sizeof(otid));                  // 変数otidの内容を消去
        int ret = SipfCmdTx(tag_id, OBJ_TYPE_FLOAT32, (uint8_t*)&temp, 4, otid); ←④

              ～～ 一部省略(内容はダウンロードしたファイルを参照) ～～
    }
}
```

な処理について，**リスト2**を用いて説明します．

①送信間隔を30000ミリ秒(30秒)に設定します．必要に応じて変更してください．

②温度補正用の初期値です．初期値の－25.0は，センサ値から25度を減算します．

③マイコン内の温度を取得し，処理②の値で補正し，浮動小数点数型変数tempに代入します．

④変数tempの値をモバイル通信で送信します．第2引き数は浮動小数点数型を示します．

図9　モバイルLチカ端末
ブラウザからLEDを制御する．LCD上に電球の画像を表示するので，LEDがなくても，動作確認できる．使用機材：M5Stack Basic本体，SCO-M5SNRF9160，RGB LEDユニット，送信機（パソコン，スマートフォンなど）

プログラム3[基礎編]
モバイルLチカ端末(LED・受信機)

ウェブ・ブラウザからLED制御できるモバイルLチカ端末のプログラムを製作します．M5Stack BasicのLCDに電球の画像を表示するので，LEDがなくても，動作を確認できます(**図9**)．

● モバイルLチカ端末(LED・受信機)の製作方法

M5Stackにex03_led.inoを書き込んで製作します．モバイル回線に接続すると，30秒ごとに受信動作を行います．ウェブ・ブラウザ上で動作するWebSocket確認ツール内のValueに0～255の範囲で輝度を入力してから送信ボタンをクリックし，しばらく待つと，RGB LEDユニットがValueの値に応じたLED輝度に変化するとともに，M5StackのLCD上のLEDは点灯または消灯します(**写真3**)．

● プログラムex03_led.inoの内容

受信機用のプログラムex03_led.inoのおもな処理内容について，**リスト3**を用いて説明します．

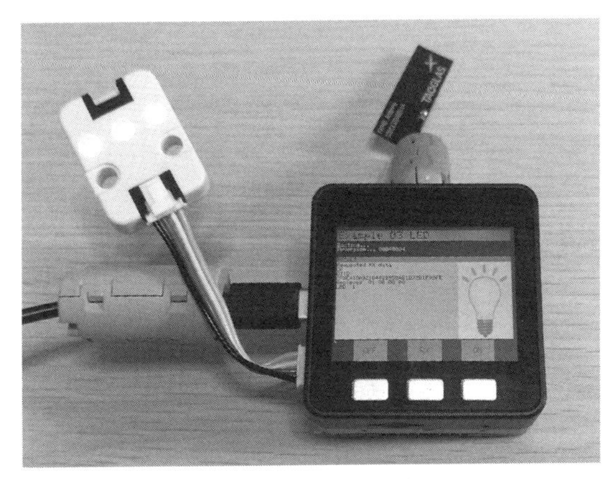

写真3　モバイルLチカ端末の実験のようす
M5Stack 純正のRGB LEDユニットを接続し，リモートIO制御を行った．RELAYユニットを使えば，実際のAC家電を制御する応用も可能（要プログラムの改造）

①受信間隔を30000ミリ秒(30秒)に設定します．必要に応じて変更してください．
②前回の受信から30秒以上，経過したときに，受信の実行フラグ用の変数rxにtrueを代入し，処理③～⑥を実行します．30秒未満のときは，loop処理を継続します．
③構造体SipfObjObjectを使って，受信結果を代

リスト3 プログラムex03_led.ino
前回の受信から30秒以上，経過した時に(②)，コマンドSipfCmdRxを使って，さくらのモノプラットフォームから受信データを取得し(④)，先頭1バイト目の値をRGB LEDユニットの輝度として設定する(⑥)

```
#include <M5Stack.h>                                    // M5Stack用ライブラリ組み込み
#include "sipf_client.h"                                // さくらモノプラット用
#include "on_jpg.h"                                     // 点灯した電球のJPEGデータ
#include "off_jpg.h"                                    // 消灯した電球のJPEGデータ
#define PIN_LED_RGB 21                                  // RGB LED 接続先IOポート番号
#define INTERVAL_ms 30000 ←①                            // 受信間隔

static uint8_t otid[33];                                // 送信時のOTID保持用バッファ
unsigned long time_prev = millis()-INTERVAL_ms;         // CPU時刻(ms単位)の30秒前を保持
int timeout_n = 0;                                      // 通信タイムアウト回数
byte led_stat = 0;                                      // LED点灯輝度(0～255)

              ～～ 一部省略(内容はダウンロードしたファイルを参照) ～～

void loop() {
    boolean rx = false;                                 // 受信フラグ(false:OFF)

              ～～ 一部省略(内容はダウンロードしたファイルを参照) ～～

    if(millis() - time_prev > INTERVAL_ms){ ┐           // 30秒以上が経過した時
        rx = true;                          ├②         // 受信設定
    }                                       ┘
    if(rx){                                             // 受信フラグがTrueの時
        time_prev = millis();                           // 現在のマイコン時刻を保持
        sipf_drawResultWindow();                        // RESULT画面の描画
        ledControl(led_stat);                           // LED制御
        M5.Lcd.printf("Requested RX data\n");           // リクエスト表示
        memset(otid, 0, sizeof(otid));                  // 変数otidの内容を消去
        static SipfObjObject objs; ←③                  // 受信結果代入用の構造体
        uint64_t stm, rtm;                              // 送信時刻，受信時刻
        uint8_t remain, qty;                            // 残データ数，受信obj数
        int ret = SipfCmdRx(otid, &stm, &rtm, &remain, &qty, &objs, 1); ←④
        if(ret > 0) {                                   // 受信に成功した時
            M5.Lcd.printf("OK\nOTID:\n%s\n", otid);
            M5.Lcd.printf("Recieved: ");                // 受信結果表示
            for(int i=0; i<4; i++) M5.Lcd.printf("%02X ",*(objs.value+i));
            led_stat = *objs.value; ←⑤                  // 受信1バイト目をLED輝度に設定
            M5.Lcd.printf("\nLED: %d",led_stat);        // LEd制御値を表示
            ledControl(led_stat); ←⑥                    // LED制御

              ～～ 一部省略(内容はダウンロードしたファイルを参照) ～～

        }
    }
}
```

入するためのオブジェクトobjsを生成します．

④SipfCmdRxは，さくらのプラットフォームが受信したデータを取得するコマンドです．丸括弧内の7個の引き数のうち第1～第6引き数は，受信結果を代入する変数用のポインタです．先頭から順に，受信をリクエスト送信するOTID，さくらのモノプラットフォームのデータ送信時刻と受信時刻，受信残件数，1受信に含まれるデータ件数，受信結果代入用オブジェクトobjsです．第7引き数はobjsに代入可能なデータ件数です．

⑤変数led_statに受信データの先頭1バイト目を代入します．

⑥RGB LEDユニットのLEDを変数led_statに応じた輝度に設定します．

column2　M5Stack CORE2対応版

モバイル通信ユニットSCO-M5SNRF9160は，M5Stack Basic専用ですが，機構的な構造としてはM5Stack CORE2にも接続することができます．ただし，製造元，出版社，筆者は推奨しない使い方であり，M5Stack Basicに接続するよりも安全性や安定性などのリスクが高くなるので，その点を理解のうえ，検討してください．

筆者が実験的に調整したソフトウェアは，m5core2フォルダ内に保存しました．執筆時点では，以下の対応を行いました．

1. M5Stack用ライブラリの変更：M5Stack CORE2用に変更しました．
2. ライブラリ初期化方法の変更：M5Stack CORE2の全機能を初期化するようにしました．
3. シリアル通信用GPIOポートの変更：M5Stack Basic用は，RX=GPIO16，TX=GPIO17でしたが，RX=GPIO13，TX=GPIO14に変更しました．
4. リセット用GPIOポートの変更：GPIO5をGPIO33に変更しました．
5. Grove 互換端子 Port A：リセット用ポートと干渉するので使用できません．RGB LEDユニットやENV Ⅲユニット，GPSユニットは，他のGPIOポートに接続してください．

筆者はGPIO25とGPIO26に接続しました．配線はM5Stack Basicに付属のバッテリ・ユニットからバッテリを外し，ユニット側面のG25をSDA，G26をSCLとして使用しました．

応用編　さくらのモノプラットフォームを活用したシステム製作

M5Stackで製作したモバイルIoT端末が送信する情報を，ラズベリー・パイで受信し，センサ値をグラフ表示するシステムと，GNSS/GPS位置情報を使った地図表示システムの製作方法について説明します．

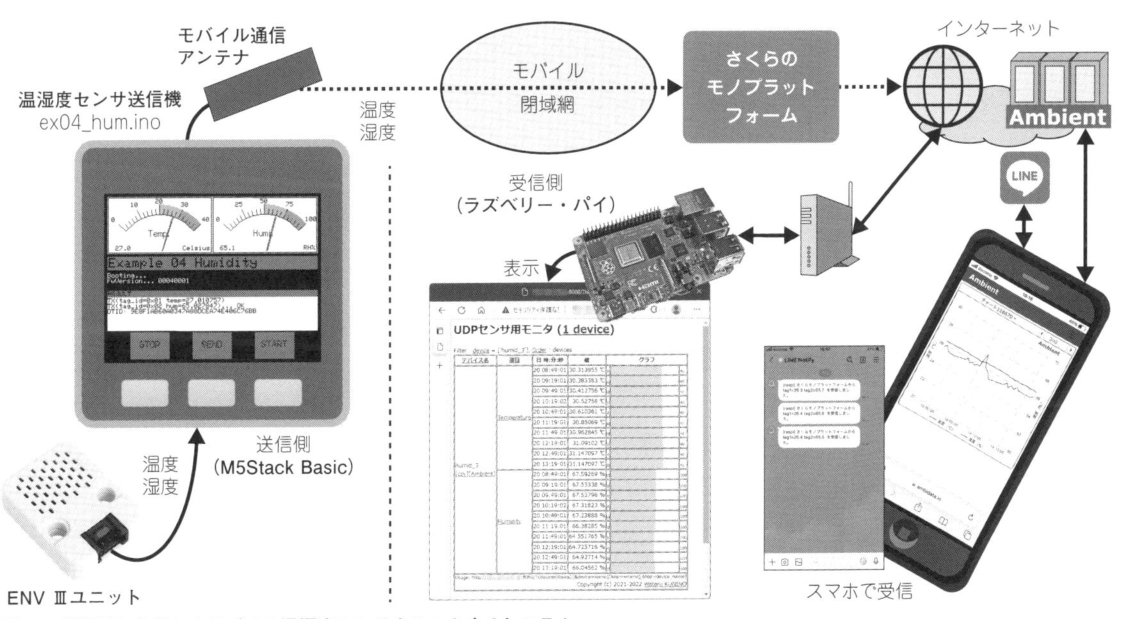

図10　遠隔地に設置したモバイル温湿度センサをモニタするシステム
M5Stackで製作したモバイル温湿度センサ・送信機が送信するセンサ値をラズベリー・パイで受信し，活用する．使用機材：M5Stack Basic本体，SCO-M5SNRF9160，ENV Ⅲ ユニット，ラズベリー・パイ(一式)

プログラム4［応用編］ モバイル温湿度センサ・送信機＋データ受信サーバで遠隔モニタ

M5Stack BasicとM5Stack製ENV Ⅲユニットでモバイル温湿度センサ・送信機を製作し，センサ値をラズベリー・パイで受信し，温度値と湿度値を表示するシステムの製作方法について説明します．また，ラズベリー・パイで受信したセンサ値をAmbientやLINEへ転送し，スマートフォンで表示してみます(**図10**)．

● モバイル温湿度センサ・送信機の製作方法

送信側のM5Stackのハードウェアとソフトウェアの製作方法について説明します．

ハードウェアは，モバイル通信ユニットSCO-M5SNRF9160と，M5Stack製ENV Ⅲユニットを M5Stack Basicに接続して製作します(**写真4**)．ENV Ⅱユニットでも動作します．

ソフトウェアは，ダウンロードしたm5sakura-mainフォルダ内のex04_humフォルダに入っているex04_hum.inoです．Arduino IDEで開き，［マイコンに書き込む］をクリックして，プログラムのコンパイルと書き込みを行ってください．書き込みが完了すると，書き込んだプログラムが自動的に起動し，30秒間隔で温湿度を取得し，センサ値をモバイル通信で送信します．

動作確認は，WebSocket確認ツール(https://bokunimo.net/iot/mesg/)を使って，さくらのモノプラットフォームから受信できるかどうか確認してみてください．実行例を**図11**に示します．

● ラズベリー・パイによる受信サーバ製作方法

ラズベリー・パイを使ってセンサ値を受信する方法について説明します．ラズベリー・パイ本体にはRaspberry Pi 4などを使用します．また，マイクロSDカードとACアダプタなども必要です．

マイクロSDカードには，ラズベリー・パイ公式のRaspberry Pi OSを書き込んでおく必要があります．パソコン(Windows，macOS，Ubuntu)に**図12**のRaspberry Pi Imagerをインストールし，①Raspberry Pi OSを選択してから，②書き込み対象のマイクロSDを選択し，③書き込みボタンをクリックしてください．

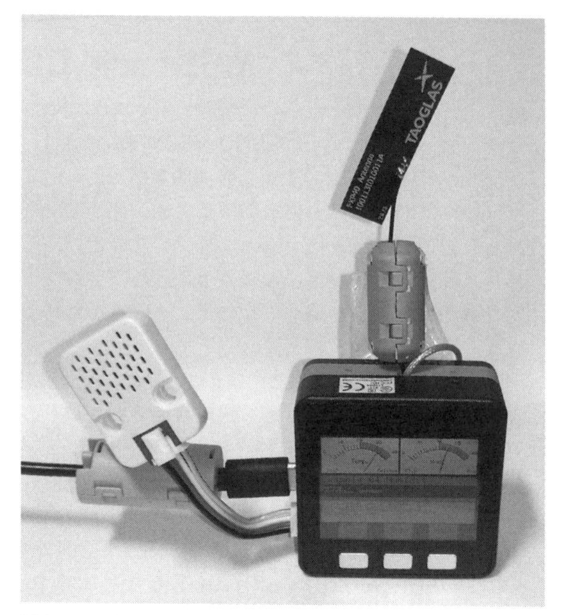

写真4　モバイル温湿度センサ・送信機の製作例
モバイル通信ユニットSCO-M5SNRF9160と，ENV Ⅲユニットを M5Stack Basicに接続して製作した

> **Raspberry Pi Imager(パソコン用ソフト)：**
> https://www.raspberrypi.org/downloads/

Raspberry Pi OSはDebianというLinux系のOSがベースになっており，システムの詳細な操作には，Bashと呼ばれる文字コマンドを用います．Bashコマンドを入力・実行するには，**図13**の左から4番目のアイコンをクリックし，LXTerminalを起動します．

LXTerminalにプロンプト［pi@raspberrypi:~ $］が表示されたらコマンド入力待ち状態です．

筆者が作成した本章用のプログラムをダウンロードするには，LXTerminalから下記のコマンド

図11
WebSocket確認ツールの実行例
ウェブ・ブラウザでhttps://bokunimo.net/iot/mesg/にアクセスし，WebSocket用トークンを入力すると，温度の値と湿度の値を受信した

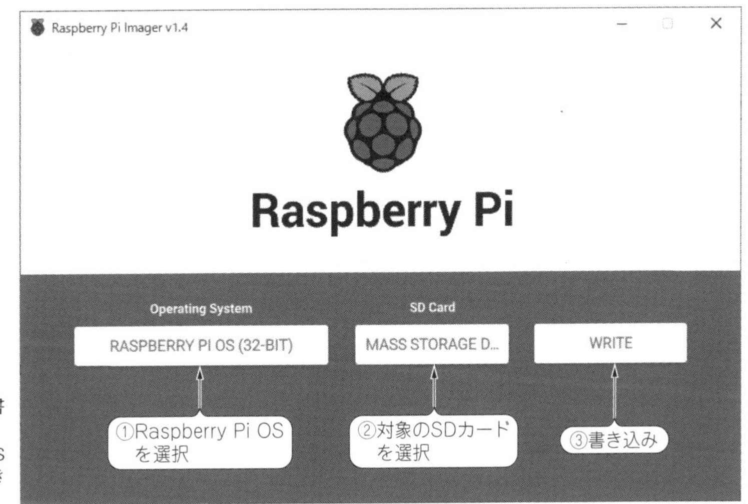

図12
マイクロSDカードにRaspberry Pi OSを書き込む
Raspberry Pi Imagerを起動し，①Raspberry Pi OSを選択し，②対象のマイクロSDを選択し，③書き込みボタンをクリックする

を入力します．m5sakura-mainフォルダと同じものがm5sakuraフォルダ内に保存されます．

本章用プログラムのダウンロード：

git clone https://bokunimo.net/git/m5sakura ⏎

また，WebSocketのライブラリを下記のコマン

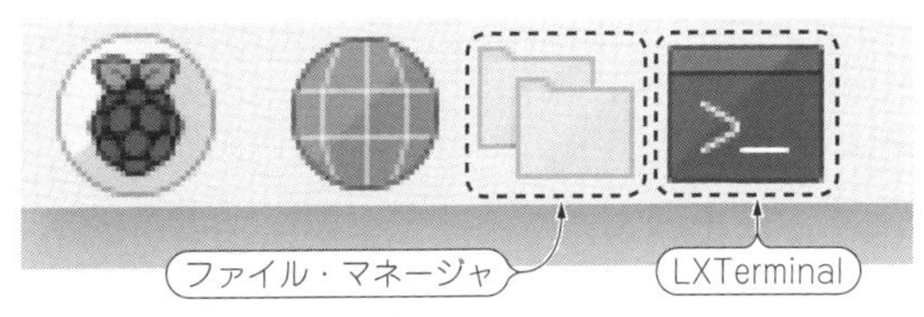

図13　ファイル・マネージャとLXTerminal
ラズベリー・パイの画面左上に表示されるファイル・マネージャと，Bashコマンドを実行するためのターミナル・ソフトLXTerminal

ドでインストールしてください．

WebSocketクライアントのインストール
pip3 install websocket-client ⏎

ラズベリー・パイ用のプログラムはtoolsフォルダに収録してあります．LXTerminal上で[cd m5sakura⏎]，[cd tools⏎]を入力して移動し，「ls⏎」でファイルの一覧を取得し，**表2**に示すプログラムが入っていることを確認してください．

以上のLXTerminal上での操作結果の一例を**図14**に示します．手順①と②は，インストール作業なので，一度，実行すれば完了です．手順③はLXTerminalを起動するたびに入力してください．

● ラズベリー・パイ用プログラムの実行方法

ラズベリー・パイ用のプログラムの中から，さくらのモノプラットフォーム用のデータ受信に対応したws_logger_sakura.pyを実行してみます．

実行前するに，準備1-5で取得したWebSocket用トークンをプログラム内に転記する必要があります．**図13**の左から3番目のアイコンでファイル・マネージャを起動し，homeフォルダ→m5sakuraフォルダ→toolsフォルダ内のプログラムws_logger_sakura.pyを開き，[token=]の後のシングル・コート(')内にトークンを入力してから，保存してください．

プログラムはLXTerminal上で実行します．toolsフォルダ内で，ファイル名の前に[./]を付与して実行してください(**図15**①)．CONNECTEDが表示され(**図15**②)，10秒ごとにkeepaliveが表示されれば(**図15**③)，さくらのモノプラットフォームのサービスアダプタに接続できています．

モバイル温湿度センサ・送信機から温湿度値を送信し，さくらのモノプラットフォームが受信すると，WebSocketでラズベリー・パイに受信データが届きます．本プログラムは，受信データから値を抽出し，**図15**⑤のように温度値と湿度値を表示します．

● スマホ用LINEアプリに通知する ws_sakuraToLINE.py

ラズベリー・パイで受信したセンサ値をLINE

表2 ラズベリー・パイ用プログラム

ファイル名	内 容
ws_logger.py	WebSocketのデータを受信し，表示する
ws_logger_sakura.py	WebSocketのデータを受信し，内容を抽出して表示する
ws_sakuraToAmbient.py	WebSocketのデータを受信し，Ambientへ転送する
ws_sakuraToLINE.py	WebSocketのデータを受信し，LINEへ転送する
ws_sakuraToUDP.py	WebSocketのデータを受信し，LAN内にUDPで転送する
udp_monitor_chart.py	LAN内に転送されたUDPデータを棒グラフ化する
udp_monitor_toAmbient.py	LAN内に転送されたUDPデータをAmbientへ転送する

```
pi@raspberrypi:~ $ git clone https://bokunimo.net/git/m5sakura ⏎ ←①

pi@raspberrypi:~/m5sakura/tools $ pip3 install websocket-client ⏎ ←②

pi@raspberrypi:~ $ cd m5sakura⏎               } ③
pi@raspberrypi:~/m5sakura $ cd tools⏎         }
pi@raspberrypi:~/m5sakura/tools $ ls ⏎ ←④
jpg2header.py              ws_logger.py               ws_sakuraToAmbient.sh
udp_monitor_chart.py       ws_logger_sakura.py        ws_sakuraToLINE.py
udp_monitor_toAmbient.py   ws_sakuraToAmbient.py      ws_sakuraToUDP.py
```

図14 LXTerminalでプログラムをダウンロードし，確認する
gitコマンドでダウンロード(①)し，pipコマンドでWebSocket用ライブラリをインストールし(②)，cdコマンドでフォルダを移動し(③)，lsコマンドで確認した(④)

```
pi@raspberrypi:~/m5sakura/tools $ ./ws_logger_sakura.py ⏎ ←①
WebSocket Logger (usage: ./ws_logger_sakura.py token)
Listening, wss://ws.sipf.iot.sakura.ad.jp/v0/XXXXXXXX-XXXX-XXXX-XXXX-XXXXXXXXXXXX
CONNECTED ←②
2022/08/20 19:10, {"type":"keepalive","timestamp":"2022-08-20T10:10:09.837Z"} ┐
2022/08/20 19:10, {"type":"keepalive","timestamp":"2022-08-20T10:10:19.841Z"} ├③
2022/08/20 19:10, {"type":"keepalive","timestamp":"2022-08-20T10:10:29.837Z"} ┘
2022/08/20 19:10, {"id":"XXXXXXXX-XXXX-XXXX-XXXX-XXXXXXXXXXXX","device_
id":"XXXXX","timestamp_src":"1970-01-01T00:00:00.000Z","timestamp_platform_from_
src":"2022-08-20T10:10:32.427Z","timestamp_platform_to_dst":"2022-08-20T10:10:32.
596Z","type":"object","payload":[{"type":"float32","tag":"01","value":28.97345},
{"type":"float32","tag":"02","value":68.68696}]} ←④
from       = XXXXX
datetime = 2022-08-20T10:10:32.427Z
----------------------------------------
tag        = 01
type       = Float
value      = 28.97345 ←温度値
----------------------------------------  ⑤
tag        = 02
type       = Float
value      = 68.68696 ←湿度値
Message    = ""
```

図15　LXTerminalでプログラムws_logger_sakura.pyを実行する
ファイル名の前に「./」を付与して実行する(①)と，CONNECTEDが表示され(②)，10秒ごとにkeepaliveが表示される(③)．データを受信すると(④)，温度値と湿度値が表示された(⑤)

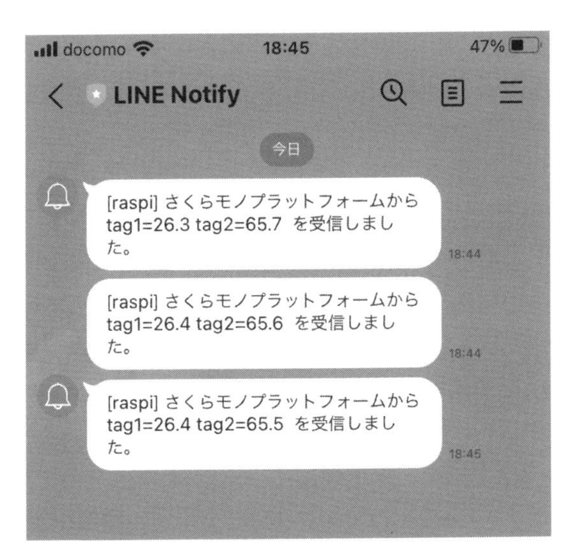

図16　LINEアプリでの受信例
モバイル温湿度センサ・送信機が送信する温度値tag1と，湿度値tag2が表示された

に転送する方法について説明します(**図16**)．使用するプログラムはws_sakuraToLINE.pyです．

プログラム内には，WebSocket用のトークンと，LINE Notify用のトークンを記述する必要があります．スマートフォンのLINEアプリにメッセージを送信するのに必要なLINE Notify用のトークンの取得手順を，以下に示します．

1. ウェブ・ブラウザを使って，https://notify-bot.line.me/ にアクセスし，ブラウザに表示された画面右上の[ログイン]から，LINEアカウントの入力と本人認証をしてください．
2. ログイン後，画面右上のアカウント・メニューから[マイページ]を選択し，**図17**の(A)[トークンを発行する]を選択すると，トークン発行ダイヤログが開きます．
3. トークン発行ダイヤログでトークン名を入力します．本例では(B)「raspi」を入力しました．
4. 送信先のトークルーム一覧で(C)「1:1でLINE Notifyから通知を受け取る」を選択します．
5. (D)[発行する]ボタンでトークンが発行されるので，[コピー]ボタンでコピーし，プログラムws_sakuraToLINE.pyのline_tokenのシングルコート(')内に貼り付けてください．

プログラムを実行するには，toolsフォルダ内で[./ws_sakuraToLINE.py⏎]を入力します．

図17　トークン発行ダイアログ
LINE Notify(http://notify-bot.line.me/)のマイページで，［トークンを発行する］を選択すると表示される

● グラフ表示サービスAmbientにデータを転送するws_sakuraToAmbient.py

Ambientは，センサ値などの数値データを蓄積し，スマートフォンやパソコンのウェブ・ブラウザにグラフ表示を行うクラウド・サービスです．アンビエントデーター社が提供しており，無料アカウントで最大8つのチャネルID(送信機ごとに付与するID)を作成できます．**図18**にAmbientでの表示例を示します．

Ambientを利用するには，ユーザ登録後，チャネルIDと，ライトキーを取得し，それらをプログラム内に設定する必要があります．チャネルIDは送信機ごとに割り当てられた16進数16桁の番号で，ライトキーはデータ送信用の認証キーです．

以下にAmbient用のチャネルIDとライトキーを取得し，設定する手順を示します．

1. Ambientのウェブ・サイト(https://ambidata.io/)にアクセスしてください．
2. 画面右上の[ユーザ登録(無料)]ボタンから，メールアドレス，パスワードを設定し，アカウントを登録します．
3. チャネル一覧画面で，［チャネルを作る］ボタンを押下し，チャネルIDを新規作成します．
4. ［チャネルID］をプログラムws_sakuraToAmbient.pyのambient_chidのシングルコート(')内に，［ライトキー］をambient_wkeyのシ

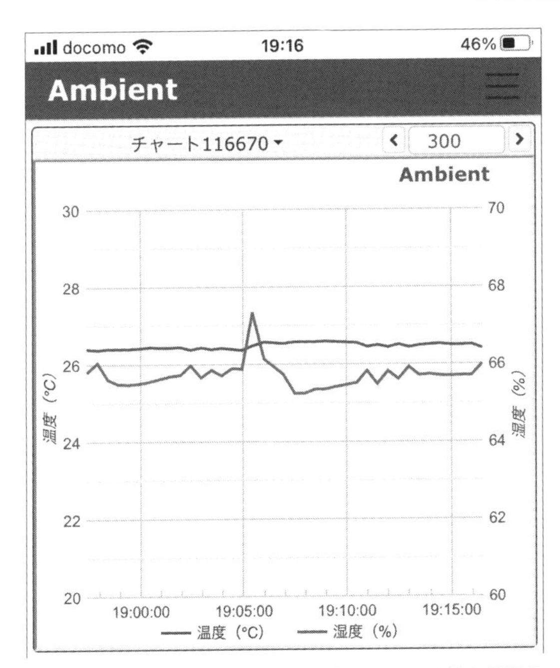

図18　遠隔地に設置したモバイル機器のセンサ値の推移をAmbientに送信する
M5Stackで製作したモバイル温湿度センサ・送信機が送信するセンサ値をスマートフォンで表示した

ングルコート(')内に入力してください．

プログラムを実行するには，toolsフォルダ内で[./ws_sakuraToAmbient.py⏎]を入力します．

● LAN内にCSV×UDP送信する ws_sakuraToUDP.py

センサ値をLAN内でブロードキャスト送信すると，さまざまな機器やプログラムでセンサ値を共有することができます．

プログラムws_sakuraToUDP.pyが送信するUDP用CSVデータは，**表3**のようなhumid_3の8文字(8バイト)から始まる形式です．はじめの5文字のhumidは温湿度センサをアンダースコア(_)1文字に続く1桁の数値は，同じ種類のセンサが複数台あったときの識別番号を示します．このようにデータ形式を定めることによって，先頭の8文字(7文字とカンマ)および終端のLF改行文字の1文字から，本システム用のデータであることを判別するとともに，さまざまな種類のセンサに対応することができ，さらに7文字目の番号を変更することで同種類の複数のセンサにも対応します．

プログラムを実行するには，LXTerminalを起動し，toolsフォルダ内で[./ws_sakuraToUDP.py⏎]を入力します．

● CSV×UDPを受信し表示する udp_monitor_chart.py

udp_monitor_chart.pyは，センサ値の棒グラフ表示機能や，複数のデバイス情報を一覧表示する機能，同種のセンサを搭載した複数のデバイスから同じ測定項目のみを比較表示する機能，受信履歴を表示する機能，CSVデータのダウンロード機能などに対応したCSV×UDP用の受信ツールです．

前述のws_sakuraToUDP.pyをラズベリー・パイ上で実行した状態で，LXTerminalをもう1つ開き，toolsフォルダ内で[./udp_monitor_chart.py⏎]を入力して実行してください．

受信したデータは，ラズベリー・パイ上または，同じLANのパソコンやラズベリー・パイで表示することもできます．同一のラズベリー・パイ上で実行したときは，ウェブ・ブラウザのURL欄に[http://127.0.0.1:8080]を入力します．127.0.0.1の部分をラズベリー・パイのIPアドレスにすれば，同じLAN上の他のパソコンなどから表示することができます．表示例を**図19**に示します．

表3　本書で使用するUDP用CSVデータの形式(括弧内は文字数・バイト数)

項　目	センサ名(5)					区切(1)	番号(1)	区切(1)	CSV数値データ(可変長)	終端(1)
定　義	センサ名					_	数値	,	カンマ区切のテキストデータ	\n
(例)温湿度センサ	h	u	m	i	d	_	3	,	27.000, 75.000	\n

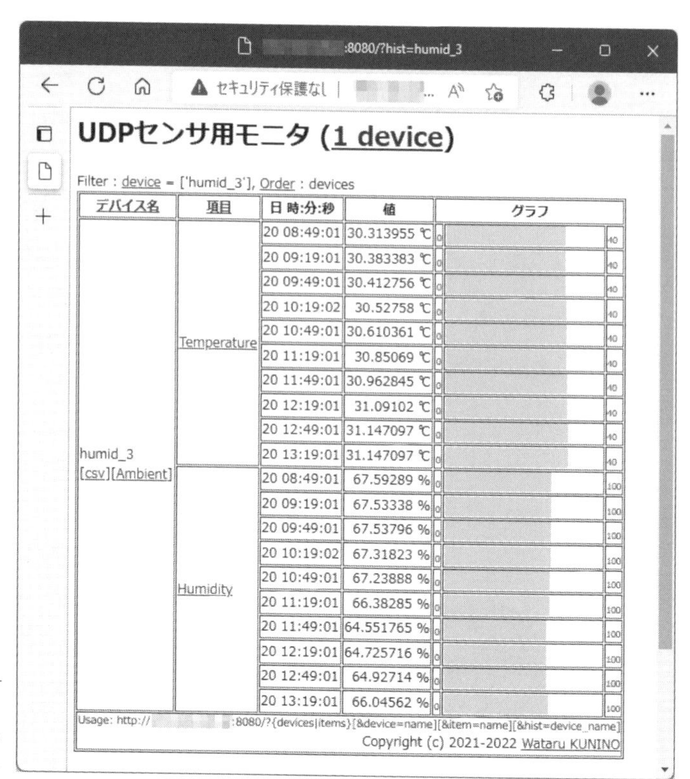

:8080/?hist=humid_3

セキュリティ保護なし

UDPセンサ用モニタ (1 device)

Filter : device = ['humid_3'], Order : devices

デバイス名	項目	日 時:分:秒	値	グラフ
humid_3 [csv][Ambient]	Temperature	20 08:49:01	30.313955 ℃	0 40
		20 09:19:01	30.383383 ℃	0 40
		20 09:49:01	30.412756 ℃	0 40
		20 10:19:02	30.52758 ℃	0 40
		20 10:49:01	30.610361 ℃	0 40
		20 11:19:01	30.85069 ℃	0 40
		20 11:49:01	30.962845 ℃	0 40
		20 12:19:01	31.09102 ℃	0 40
		20 12:49:01	31.147097 ℃	0 40
		20 13:19:01	31.147097 ℃	0 40
	Humidity	20 08:49:01	67.59289 %	0 100
		20 09:19:01	67.53338 %	0 100
		20 09:49:01	67.53796 %	0 100
		20 10:19:02	67.31823 %	0 100
		20 10:49:01	67.23888 %	0 100
		20 11:19:01	66.38285 %	0 100
		20 11:49:01	64.551765 %	0 100
		20 12:19:01	64.725716 %	0 100
		20 12:49:01	64.92714 %	0 100
		20 13:19:01	66.04562 %	0 100

Usage: http:// :8080/?{devices|items}[&device=name][&item=name][&hist=device_name]

Copyright (c) 2021-2022 Wataru KUNINO

図19
CSV×UDPを受信して表示するudp_monitor_chart.pyの実行例
CSV×UDP送信のデータ形式に対応したツール．プログラムを実行後，ウェブ・ブラウザで[http://127.0.0.1:8080]を入力すると表示できる

リスト4　プログラムws_logger.py
WebSocketの接続を行い(③)，データを受信し(④)，表示可能な文字のみを抽出し(⑤)，表示する(⑥)

```
#!/usr/bin/env python3

token = '00000000-0000-0000-0000-000000000000' ←①

import sys                                          # 引き数の入力に使用
import websocket                                    # WebSocketクライアント組み込み
import datetime                                     # 日時の取得に使用

url_ws = 'wss://ws.sipf.iot.sakura.ad.jp/v0/' ←②   # アクセス先(さくら,WebSocket)
buf_n= 128                                          # 受信バッファ容量(バイト)
argc = len(sys.argv)                                # 引数の数をargcへ代入
print('WebSocket Logger (usage:',sys.argv[0],'token)')  # タイトル表示

if argc == 2:                                       # 入力パラメータ数の確認
    token = sys.argv[1]                             # トークンを設定

url_ws += token                                     # トークンを連結
print('Listening,',url_ws)                          # URL表示
sock = websocket.create_connection(url_ws) ←③      # ソケットを作成
while sock:                                         # 作成に成功したとき
    payload=sock.recv() ←④                         # WebSocketを取得
    str=''                                          # 表示用の文字列変数str
    for c in payload:                 ┐             # WebSocket内
        if ord(c) >= ord(' '):        ├⑤           # 表示可能文字
            str += c                  ┘             # 文字列strへ追加
    date=datetime.datetime.today()                  # 日付を取得
    print(date.strftime('%Y/%m/%d %H:%M'), end='')  # 日付を出力
    print(', '+str) ←⑥                             # 受信データを出力
sock.close()                                        # ソケットの切断
```

column3　さくらのモノプラットフォームにIchigoJam用マイコンを接続してみた

BASIC言語で動作するIchigoJam用マイコンにモバイル通信ユニットSCO-M5SNRF9160を接続して，データを送信することもできます．モバイル通信ユニットとマイコンとの通信インタフェースはUARTシリアルです．IchigoJam BASICのPRINT命令(省略形＝「?」)を使って以下のようにデータをモバイル通信ユニットに送れば，さくらのモノプラットフォームに0または1を送信します．

0を送信：?␣"$$TX␣01␣03␣0000"⏎
1を送信：?␣"$$TX␣01␣03␣0001"⏎

詳細は，下記の筆者のブログを参照してください．

https://bokunimo.net/blog/ichigojam/1736/

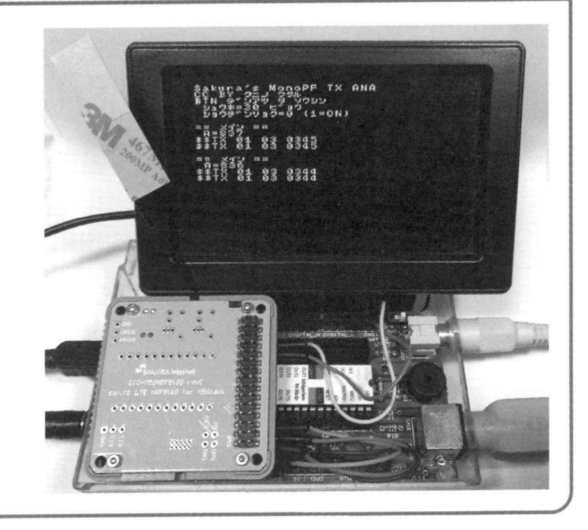

なお，udp_monitor_toAmbient.pyは，udp_monitor_chart.pyにAmbientへの送信機能を追加したバージョンです．ws_sakuraToAmbient.pyもAmbientへ転送する機能を有しますが，入力となる受信データがWebSocketかUDPかの違いがあり，本節ではUDPで受信したデータを転送します．

● WebSocketを受信する基本プログラムws_logger.py

本章では，ラズベリー・パイ上で動作するWebSocket受信用のプログラム3本(LINE通知用と，Ambient転送用，UDP送信用)を紹介しました．**リスト4**のws_logger.pyは，これらに含まれるWebSocket受信機能の単体プログラムです．以下に，おもな処理手順について説明します．

①さくらのモノプラットフォームのサービスアダプタWebSocket用のトークンを変数tokenに代入します．トークンは準備1-5で取得します．

②さくらのモノプラットフォームのWebSocket用のURLです．今後，バージョンアップなどで変更となり，GitHubからダウンロードしたファイルが最新のURLになっている場合があります．

③WebSocket通信の接続を行います．

④WebSocketの受信を行い，受信データを変数payloadに代入します．

⑤変数payloadの中から，表示可能な文字のみを変数strに代入します．

⑥変数strの内容を表示します．

他のプログラムでも同様の方法で，手順⑤の変数payloadにWebSocketの受信データを取得します．その後，受信データから必要な項目を抽出し，データを転送するなどして活用します．

プログラム5［応用編］現在位置をLCDに表示＆クラウドに送信するGNSSデータ送信機

モバイル通信ユニットSCO-M5SNRF9160に内蔵されているGNSS/GPS機能もしくは，M5Stack純正のGPSユニットから取得した位置情報をAmbientに送信し，詳細地図表示や，移動履歴の表示を行います(**図20**)．

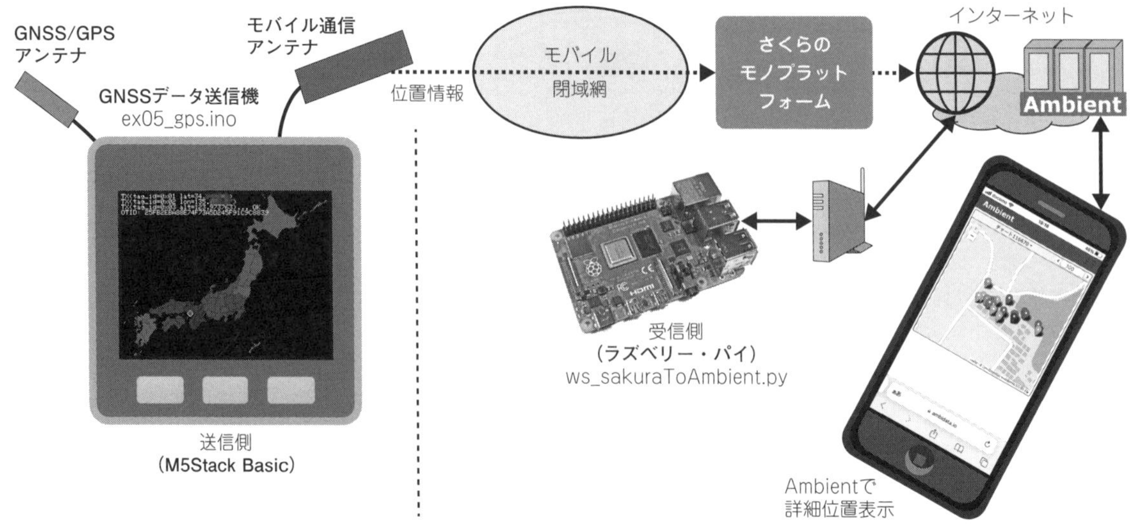

図20　現在位置をLCDに表示&クラウドに送信するGNSSデータ送信機
位置情報をモバイル送信し，ラズベリー・パイで受信し，Ambientに転送する，使用機材：M5Stack Basic本体，SCO-M5SNRF9160，ラズベリー・パイ(一式)

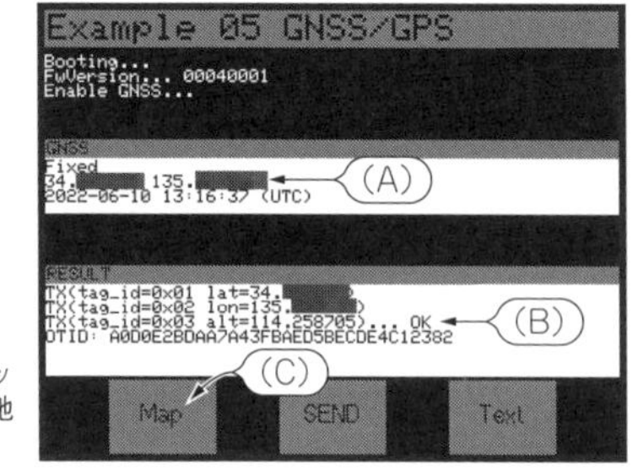

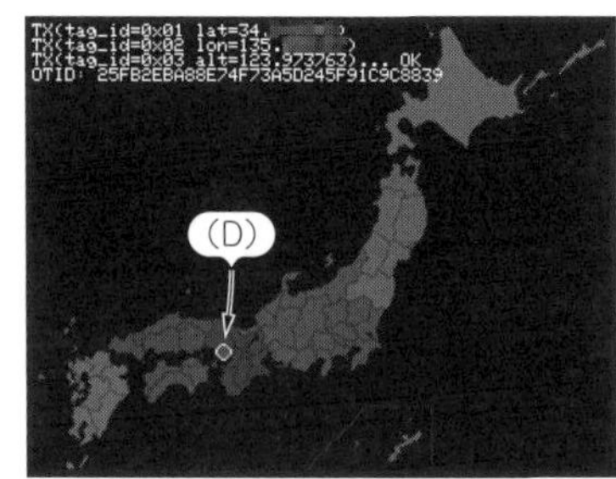

図21
GNSSデータ送信機の表示例
緯度と経度を表示し(A)，30秒ごとにモノプラットフォームに送信する(B)．(C)左ボタンで日本地図内に現在地を表示する(D)

● GNSSデータ送信機の製作方法

GNSS/GPS機能はモバイル通信ユニットSCO-M5SNRF9160に内蔵のものを使用します．アンテナは別売りです．LNA内蔵タイプのGNSS/GPS対応アンテナをモバイル通信ユニット内の同軸コネクタに接続してください．モバイル通信ユニットからは，3.3Vまたは5Vをアンテナに供給することができます．使用するアンテナに合わせて，基板上のはんだジャンパで電圧を設定してください．

ただし，執筆時点のファームウェアではGNSSの受信が安定しませんでした．2種類のアンテナで試しましたが，どちらの場合も受信できないときがありました．最新のファームウェアでも同様の現象となる場合は，M5Stack製GPSユニットをM5StackのGrove互換端子に接続してください．

M5Stack用(送信側)のソフトウェアは，モバイル通信ユニット内蔵GNSS用がex05_gps.inoで，M5Stack製GPSユニット用がex05_gps_unit.inoです．

ラズベリー・パイ用(受信側)のソフトウェアは，ws_sakuraToAmbient.pyを起動してください．

● GNSSデータ送信機の使用方法

起動してから数分が経過すると，**図21**の(A)のように緯度と経度を表示し，**図21**(B)30秒ごとに

リスト5　プログラム　ws_sakuraToAmbient.pyのAmbient転送処理部
辞書型変数body_dictを生成し(②)，①の条件に応じて緯度latと経度lngをbody_dictに追加し(④)，タグID1～8を項目d1～d8としてbody_dictに追加(⑤)してから，Ambientに送信する(⑥，⑦)

```
#!/usr/bin/env python3

token = '00000000-0000-0000-0000-000000000000'

ambient_chid='00000'                          # ここにAmbientで取得したチャネルIDを入力
ambient_wkey='0123456789abcdef'               # ここにはライトキーを入力
ambient_interval = 29                         # Ambientへの送信間隔

ambient_gnss_en = True  ┐                     # AmbientへGPS/GNSS位置情報を送信
ambient_lat = 1         ├①                    # Ambient用の緯度用tag番号
ambient_lng = 2         ┘                     # Ambient用の経度用tag番号

                # ～～ 初期設定部：一部省略（詳細はダウンロードしたファイルを参照） ～～
import urllib.request
import json
url_s = 'https://ambidata.io/api/v2/channels/'+ambient_chid+'/data'
head_dict = {'Content-Type':'application/json'}

while True:

                  # ～～ WebSocket受信部：省略（内容はリスト4などを参照） ～～

    body_dict = {'writeKey':ambient_wkey} ←②
    for data in res_payload_dict: ←③
                  # ～～ データ抽出部：省略（内容はダウンロードしたファイルを参照） ～～

        if ambient_gnss_en:
            if data_tag == ambient_lat:        ┐
                body_dict['lat'] = data_value  │
            if data_tag == ambient_lng:        ├④
                body_dict['lng'] = data_value  ┘
        if data_tag > 0 and data_tag <= 8: ┐
            key = 'd' + str(data_tag)      ├⑤
            body_dict[key] = data_value    ┘
                      # ～～ 一部省略（内容はダウンロードしたファイルを参照） ～～

    # クラウドへの送信処理
    print("\nTo Ambient",body_dict)                   # 送信内容body_dictを表示
    post = urllib.request.Request(url_s, json.dumps(body_dict).encode(), head_dict) ←⑥
                                                      # POSTリクエストデータを作成
    try:                                              # 例外処理の監視を開始
        res = urllib.request.urlopen(post) ←⑦         # HTTPアクセスを実行
    except Exception as e:                            # 例外処理発生時
        print(e,url_s)                                # エラー内容と変数url_sを表示
        continue                                      # WebSocket受信の継続
    res_str = res.read().decode()                     # 受信テキストを変数res_strへ
    res.close()                                       # HTTPアクセスの終了

                  # ～～ 一部省略（内容はダウンロードしたファイルを参照） ～～
```

さくらのモノプラットフォームに送信します．また，**図21**(C)左ボタンを押すと，日本地図の表示に切り替わり，**図21**(D)赤色の丸印で現在地を表示します．

GPSS/GNS用の衛星の電波を受けにくい建物内や地下などでは，位置情報が得られないことがあります．また，基地局の情報を併用するスマートフォンのGNSS/GPS機能に比べると，取得までの所要時間が長く，精度も劣ります．

とはいえ，送信元の住所を特定するには十分な精度があります．情報の取り扱いには十分に注意してください．また，起動直後の測定精度は低く

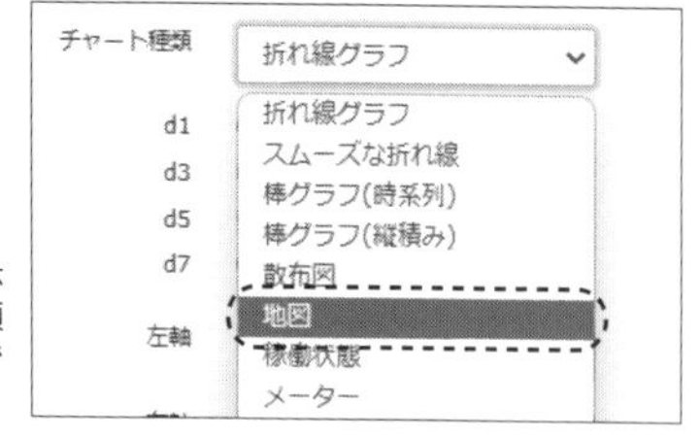

図22
Ambientのチャート設定画面
チャート作成時に表示される設定画面内の項目「チャート種類」で[地図]を選択する

ても，時間とともに精度が上がります.

Ambientで地図を表示するには，チャート作成時に表示される設定画面内の項目[チャート種類]で[地図]を選択します(**図22**).

● 受信データをAmbientへ転送するプログラムws_sakuraToAmbient.pyの内容

Ambientには，d1～d8までの8個のセンサ情報を送信することができますが，それに加えて緯度latと経度lngを送ることができます．プログラムws_sakuraToAmbient.pyは，M5Stack(送信側)のタグIDの1～8の値をAmbientのd1～d8に転送するとともに，タグID1とタグID 2の情報を，それぞれ緯度latと経度lngとしてAmbientに送信します.

プログラムws_sakuraToAmbient.pyのうち，受信データをAmbientに転送する処理部について，**リスト5**を用いて説明します.

①ambient_gnss_enは，位置情報の送信有無の設定です．送信したくないときはfalseに変更してください．ambient_latとambient_lngは，それぞれ緯度と経度のタグIDで，ここではタグID1と2を設定します.

②body_dictは，Ambientに送信する情報を格納する辞書型変数です．ここでは，アクセス認証用のライトキーを保存します.

③辞書型変数res_payload_dictには，さくらのモノプラットフォームから受信したセンサ値データが格納されています．WebSocket受信部については**リスト4**を参照してください．ここでは，複数のタグIDのセンサ値が含まれていたときに繰り返し処理を行います.

④処理①のambient_gnss_enがtrueのときの処理部です．受信したタグIDが処理①の緯度のタグIDのambient_latすなわちタグID1に一致したときに，Ambientへの送信項目latとその値を辞書型変数body_dictに追加します．また，経度のambient_lngタグID2に一致したときは，送信項目lngと値を追加します.

⑤タグIDが1～8のときに，Ambientへの送信項目d1～d8とその値をbody_dictに追加します.

⑥AmbientにHTTPリクエストを送信するための設定部です．アクセス先のURL，HTTP本体データ(辞書型変数body_dictをJSONに変換したデータ)，HTTPヘッダ(追加分)を設定します.

⑦実際にAmbientにHTTPリクエストを送信する処理部です.

以上，本章では，M5Stackをさくらのモノプラットフォームに接続するモバイル端末側のプログラムと，ラズベリー・パイを使ったサーバ側のプログラムについて解説しました．さくらのモノプラットフォームやM5Stack，モバイル通信ユニット，ラズベリー・パイを用いることでシステム応用プログラムが簡単に作成することができました.

おわりに

商用インターネットが開始された1993年から30年が経過しようとしています．今ではインターネットのない社会が想像できないほど普及し，我々の生活に欠かせないシステムになりました．ICTを支える半導体技術は5年で10倍の進化を遂げると言われ，全産業に占めるICTの割合や成長率は最大級と言われ，この30年間でインターネット技術の進化と市場の拡大が進みました．

一方で，本書で紹介したIP通信のプロトコルIPv4は，基本的な部分は30年前と変わっていません．周辺技術や環境，使われ方が大きく変化しているにも関わらず変わらなかったのは，変える必要がなかったからでもあり，完成度や汎用性の高いプロトコルだからだと言えるでしょう．

次世代プロトコルと呼ばれているIPv6も1995年に登場した古いプロトコルです．西暦2000年代に移行が開始されてからも20年以上経過していますが，現在もIPv6に完全移行していない状況こそが，IPv4の優秀さを裏付けていると思います．

今後も，しばらくはIPv4とIPv6の両対応の時代が続くでしょう(独自サービスなどでIPv6に移行を完了しているシステムを除く)．仮にIPv6が必須という時代になったとしてもIPv4しか対応していない機器が残る限り，両対応が必要だからです．例えば試作や検証段階で，どちらか一方しか実装しないIP対応機器を作る場合は，IPv4を選択するケースが多いと思います．

とはいえ，将来的にIPv4で十分であるということは決してなく，今後，IPv6化が進むのも確かです．とくに近年，モバイル通信網やホーム・ゲートウェイのWAN側のIPv6化が，この20年の中で最も急速に進んでいます．少なくとも20年後にIPv4が残っていることはないでしょうし，筆者もIPv6のみに対応したプログラムを作るようになっているでしょう．

一般的に，このような過渡期には，多種多様な関連技術の開発が進みます．本書をお読みいただいた方々が，これまでなかった新たなサービスやシステムを発明し，次世代のIP技術の発展に役立っていることを願いながら執筆させていただきました．

最後に，本書の企画，校正，出版にご尽力をいただいたCQ出版社の皆さま，クラウド・サービスAmbientを運営するアンビエントデータ株式会社様，日頃よりウェブ・サイトや，SNSなどで小生の活動を支えていただいている皆さまに，厚く御礼申し上げます．

2023年4月　国野 亘

索　引

■参考文献■

本書の作成にあたり，下記の文献を参考にしました．
• イラスト図解式 この一冊で全部わかるネットワークの基本，福永 勇二 著，SBクリエイティブ 出版
• Request for Comments(RFC技術仕様)，IETF(https://www.rfc-editor.org/)
• Python 3ドキュメント，Python Software Foundation(https://docs.python.org/ja/3/)
• MicroPython documentation，Damien P. George 他(https://micropython-docs.readthedocs.io/)
• プログラミング言語 Python情報サイト，Python.jp(https://www.python.jp/)
• Raspberry Pi，Raspberry Pi Foundation(https://www.raspberrypi.org/)
• ESP32，ESPRESSIF SYSTEMS(https://www.espressif.com/en/products/socs/esp32)

■著者略歴■

国野 亘(くにの・わたる)
ボクにもわかる電子工作https://bokunimo.net/　管理人
関西生まれ．さまざまな地域で暮らすも，近年は関西圏に生息し続けている哺乳類・サル目・ヒト属・関西人．おもにホビー向けのワイヤレス応用システムの研究開発を行い，その成果を公開している．

著書

2014年5月	ZigBee/Wi-Fi/Bluetooth無線用 Arduinoプログラム全集(CQ出版社)
2014年12月	ボクにもわかる衛星デジタル放送の受信方法(https://bokunimo.net/bstv/)
2016年3月	1行リターンですぐ動く！BASIC I/Oコンピュータ IchigoJam入門(CQ出版社)
2017年2月	Wi-Fi/Bluetooth/ZigBee無線用 Raspberry Pi プログラム全集(CQ出版社)
2019年2月	超特急Web接続！ ESPマイコン・プログラム全集(CQ出版社)
2021年12月	Pythonで作るIoTシステム プログラム・サンプル集(CQ出版社)

ラズパイ/M5Stack用サンプルで学ぶ IPネットワーク通信プログラム入門

2023年5月1日　初版発行
2023年8月1日　第2版発行

著　者　国野　亘
発行人　櫻田洋一
発行所　CQ出版株式会社
〒112-8619　東京都文京区千石 4-29-14
電話　編集　03-5395-2149
　　　販売　03-5395-2141
振替　00100-7-10665

ISBN978-4-7898-4224-2
定価はカバーに表示してあります

乱丁・落丁本はお取り替えします

編集担当者　今 一義
DTP　西澤 賢一郎
印刷・製本　三晃印刷株式会社
カバー・表紙デザイン　千村 勝紀
Printed in Japan